Mathématiques appliquées aux technologies du bâtiment et du territoire

Mathématiques appliquées aux technologies du bâtiment et du territoire

André Ross

les éditions
Le Griffon d'argile

Coordination de l'édition : Sophie Descoteaux ;   **Graphisme et montage :** André Ross
Illustrations de scientifiques : Réjean Roy ;   **Couverture :** Charles Lessard ; Photos de couverture © 2000 Photodisc.

les éditions
Le Griffon d'argile

Membre du Groupe Modulo
514 738-9818 • 1 888 738-9818
Télécopieur: 514 738-5838
www.groupemodulo.com

Mathématiques appliquées aux technologies du bâtiment et du territoire
ISBN 978-2-89443-130-6

Nous reconnaissons l'aide financière du gouvernement du Canada par l'entremise du
Programme d'aide au développement de l'industrie de l'édition (PADIE) pour nos activités d'édition.

Gouvernement du Québec - Programme de crédit d'impôt pour l'édition de livres - Gestion SODEC

Dépôt légal
Bibliothèque nationale du Canada
Bibliothèque nationale du Québec
3ᵉ trimestre 2000

À France, Magali, Noémie et Jean-Christian

REMERCIEMENTS

C'est avec plaisir que je remercie toutes les personnes qui ont collaboré à la réalisation de cet ouvrage. De nombreuses personnes m'ont fait des commentaires et des suggestions au cours des années, et elles ont toute ma gratitude. Les suggestions des lecteurs sont toujours grandement appréciées, elles contribuent à l'amélioration de l'ouvrage.

Pour la révision du texte et des exercices, je tiens à remercier tout particulièrement:
Robert Bilinski (Cégep Saint-Jean-sur-Richelieu),
Josée Breton,
Luc Cloutier (Collège de Limoilou),
Jenny Dugas,
Jean Fradette (Collège Bois-de-Boulogne),
Jean-Claude Girard (Cégep Saint-Jean-sur-Richelieu),
Vincent Godbout (Collège Montmorency),
Marie-Claude Hardy (Cégep de Victoriaville),
Maude Lemay,
Lucie Nadeau (Cégep de Lévis-Lauzon).

Je remercie également Sophie Descoteaux pour la coordination du projet.

André Ross

AVANT-PROPOS

Cet ouvrage a été conçu pour les cours de mathématiques dispensés dans les programmes des techniques du bâtiment et du territoire. L'ouvrage met l'accent sur les applications mathématiques dans le champ de concentration des clientèles. Cette approche permet d'optimiser la contribution des mathématiques à la formation des étudiantes et des étudiants. Les mathématiques, on le sait, permettent un apprentissage progressif de la résolution de problèmes en proposant aux étudiantes et aux étudiants des situations qu'ils doivent analyser et comparer à des problématiques déjà rencontrées, et pour lesquelles il faut faire une synthèse de l'information, adapter des procédures de résolution à la situation particulière, appliquer la procédure de résolution et critiquer les résultats obtenus dans le contexte.

L'application des mathématiques, dans quelque domaine que ce soit, nécessite un transfert des connaissances, ce qui implique une adaptation au contexte et une meilleure intégration des acquis. C'est une activité d'apprentissage de haut niveau et l'étudiant doit être soutenu dans cet apprentissage. C'est l'objectif visé par cet ouvrage et par les cours de mathématiques dans les programmes techniques. Pour en faciliter l'atteinte, on accordera une attention particulière aux unités de mesure lors de la résolution des exercices contextualisés.

Le dernier chapitre est consacré à des exercices à caractère récapitulatif pour préparer l'étudiant à l'examen de synthèse en fin de session. Un recueil complet des solutions aux exercices est disponible pour les professeurs. Ils peuvent se le procurer chez l'éditeur.

André Ross

STRUCTURE DES CHAPITRES

Différents éléments graphiques sont utilisés dans la mise en page pour repérer rapidement certains éléments du contenu. Le sens de ces symboles est donné ci-dessous.

6.1 TITRE DE SECTION

OBJECTIF: Les objectifs de section présentent les éléments de compétence visés par les activités d'apprentissage de la section.

SOUS-TITRES
Les sous-titres indiquent les divisions en sous-sections.

DÉFINITIONS ET THÉORÈMES
Les définitions et les théorèmes constituent les fondements des procédures utilisées dans la résolution des problèmes.

PROCÉDURE
Les procédures présentent une méthode générale de résolution pour un type de problème donné. Elles constituent un outil sans imposer un cheminement ferme. Il faut pouvoir adapter la procédure à des situations nouvelles. L'application correcte des procédures, incluant l'interprétation des résultats dans le contexte, est la manifestation concrète de la maîtrise de l'élément de compétence.

 EXEMPLE

Les exemples illustrent les procédures de résolution de problèmes sans que les étapes ne soient clairement identifiées pour ne pas alourdir le texte. Ils comportent toujours une question à laquelle on répond en adaptant et en appliquant une ou des procédures.

REMARQUE

Les remarques apportent un complément d'information pour faciliter la compréhension et l'intégration des notions, concepts et procédures.

NOTES HISTORIQUES
Les notes historiques permettent de mieux connaître quelques-uns des mathématiciens ayant œuvré sur les notions qui constituent les fondements des applications en technologie du bâtiment et du territoire.

PRÉPARATION À L'ÉVALUATION ET VOCABULAIRE UTILISÉ DANS LE CHAPITRE
À la fin de chaque chapitre, des pages sont consacrées à la préparation à l'évaluation et au vocabulaire utilisé dans le chapitre. La préparation à l'évaluation passe en revue les objectifs et les procédures du chapitre.

TABLE DES SUJETS

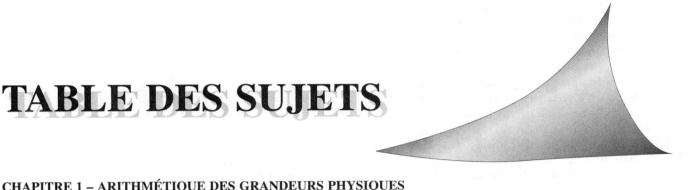

CHAPITRE 9 – MATRICES, SYSTÈME D'ÉQUATIONS LINÉAIRES ET PROGRAMMATION LINÉAIRE

CHAPITRE 10 – VECTEURS ET FORCES

CHAPITRE 11 – PRODUITS DE VECTEURS

ARITHMÉTIQUE DES GRANDEURS PHYSIQUES

1

1.0 PRÉAMBULE

Les valeurs numériques nous renseignent sur les grandeurs physiques. Cependant, lorsqu'on mesure une grandeur physique, la valeur exacte est inonnue; il y a toujours une incertitude liée à une mesure. Si l'on effectue des opérations sur des nombres comportant une incertitude, les incertitudes se combinent et peuvent entraîner une distorsion. Il existe des règles pour la présentation des résultats de calculs portant sur des nombres affectés d'incertitude. La connaissance et le respect de ces règles constituent une facette importante des manipulations de grandeurs physiques.

Les activités d'apprentissage de ce chapitre visent à développer l'élément de compétence suivant:

« manipuler les grandeurs physiques selon les exigences technologiques. »

1.1 OPÉRATIONS SUR DES NOMBRES ARRONDIS

Lorsqu'on effectue des calculs à l'aide d'une calculatrice, le résultat des opérations est généralement un nombre qui contient beaucoup plus de chiffres que les nombres sur lesquels ont porté les opérations. Ces chiffres sont-ils tous importants? Lesquels faut-il conserver? Dans cette section, nous rappellerons d'abord comment procéder pour arrondir un nombre, puis nous énoncerons des règles pour déterminer combien de chiffres il faut conserver dans le résultat d'un calcul.

OBJECTIF: Utiliser correctement les règles de présentation des résultats d'opérations sur des nombres arrondis.

CHIFFRES SIGNIFICATIFS

Les *chiffres significatifs* sont ceux qui ont une des caractéristiques suivantes:
- Les chiffres véhiculant une information exacte.
- Le chiffre estimé ou arrondi.
- Les zéros à droite du nombre lorsque celui-ci a une virgule décimale.

Les indications suivantes apportent une précision supplémentaire à cette définition:
- Un chiffre non nul est toujours significatif.
- Le chiffre 0 est significatif sauf:
    - s'il précède tous les chiffres non nuls.
    - s'il est à la fin d'un entier sans virgule décimale.

Ainsi, dans les nombres 3 507 et 27,80 tous les chiffres sont significatifs. Cependant, dans le nombre 0,0035, seuls le 3 et le 5 sont significatifs.

 EXEMPLE 1.1.1

Combien de chiffres significatifs comportent les nombres suivants?

a) 0,067 *b)* 13,70 *c)* 2 750

Solution
a) 0,067 a deux chiffres significatifs.
b) 13,70 a quatre chiffres significatifs.
c) 2 750 a trois chiffres significatifs.

PROCÉDURE D'ARRONDI

Lorsqu'on arrondit un nombre, on intervient sur le nombre de chiffres qu'il comportera. Une telle intervention a pour but de ne conserver que les chiffres qui véhiculent une information exacte. On laisse donc tomber certains chiffres. Parmi ceux-ci, le plus à gauche est appelé le *chiffre-test*. Ainsi, pour arrondir à 4 chiffres le nombre 22,53<u>8</u>7595, le chiffre-test est le 8.

PROCÉDURE POUR ARRONDIR UN NOMBRE

1. On identifie le chiffre-test.
2. Si le chiffre-test est inférieur à 5, les chiffres restants demeurent inchangés. Ainsi, le nombre 124,72328 arrondi à 4 chiffres donne 124,7.
3. Si le chiffre-test est supérieur à 5 ou si c'est un 5 suivi d'au moins un chiffre non nul, le chiffre qui précède le chiffre-test est augmenté de 1.
4. Si le chiffre-test est un 5 suivi uniquement de 0, on distingue deux cas:
   - le chiffre qui précède demeure inchangé s'il est pair;
   - le chiffre qui précède est augmenté de 1 s'il est impair.

Nombre	Nombre arrondi
22,5357895	22,54
0,0324185512	0,03242
3214,5002	3215
782,979	783,0
273,55	273,6
0,073245	0,07324
32,5450	32,54

La règle 4 est la convention de l'entier pair, dite *règle de GAUSS*. En pratique, elle n'est utilisée que pour des mesures expérimentales en laboratoire pour éviter d'introduire un biais systématique.

Le schéma suivant présente une autre façon d'expliquer cette procédure.

PROCÉDURE POUR ARRONDIR UN NOMBRE

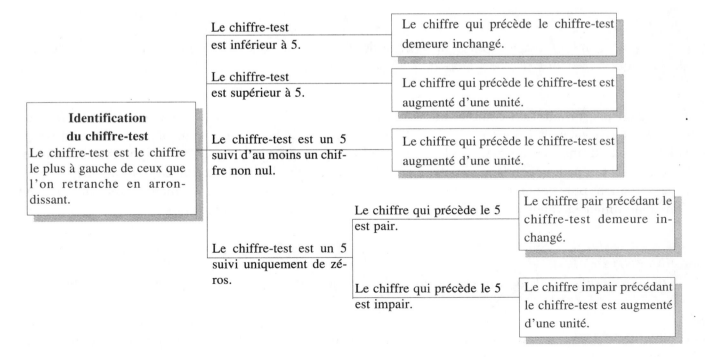

EXEMPLE 1.1.2

Arrondir les nombres suivants à trois chiffres significatifs.

a) 0,05772   *b*) 73,0054   *c*) 200,71

     0,0577   73.0   201

Solution

a) Les zéros à gauche du nombre n'étant pas significatifs, le nombre arrondi est

0,0577

b) Les zéros placés entre deux chiffres non nuls étant significatifs et les zéros à droite d'un nombre comportant une virgule décimale étant significatifs, le nombre arrondi est

73,0

c) Les zéros placés entre deux chiffres non nuls étant significatifs, le nombre arrondi est

201

INCERTITUDE

Lorsqu'une donnée est obtenue directement par une mesure, les premiers chiffres sont exacts et le dernier chiffre est estimé en tenant compte de la plus petite subdivision de l'instrument de mesure. Lorsqu'une donnée est obtenue par des opérations sur d'autres données, il faut arrondir le résultat des opérations. Les premiers chiffres sont alors exacts et le dernier chiffre est une approximation, car il est arrondi en respectant la procédure présentée plus haut. Puisqu'on ne peut donner la valeur exacte de la mesure ou du résultat des opérations, mais seulement une valeur approchée, on commet alors une *erreur*. L'erreur ainsi commise est la valeur absolue de la différence entre la valeur réelle et la valeur arrondie.

ERREUR

Soit a' un nombre et a une valeur approchée de a'. L'*erreur* commise en utilisant l'approximation plutôt que la valeur exacte est alors donnée par $E = |a' - a|$.

En prenant une mesure, on commet une erreur, car le dernier chiffre est toujours estimé. En effet, on estime alors la valeur à l'unité ou à la subdivision la plus proche. Par conséquent, on ne connaît pas la valeur exacte d'une mesure mais seulement sa valeur approximative; il est donc impossible de calculer cette erreur. On peut cependant assurer que la différence entre la valeur estimée et la valeur exacte est nécessairement plus petite que la moitié de la plus petite subdivision de l'instrument de mesure. On peut donc déterminer la valeur maximale de l'erreur qu'on appelle *incertitude absolue*.

INCERTITUDE ABSOLUE

On appelle *incertitude absolue* la valeur maximale de l'erreur commise en estimant un nombre.

L'incertitude d'une mesure expérimentale est la moitié de la plus petite subdivision de l'instrument de mesure et l'incertitude découlant d'un arrondi est majorée par la demi-unité de la position du dernier chiffre significatif retenu.

On représente l'incertitude absolue par Δa (qui se lit: « delta a ») et on note le nombre arrondi ou estimé $a \pm \Delta a$. Ainsi, si $a = 1,57$ est une approximation obtenue en arrondissant un nombre a', sachant que la valeur maximale de l'erreur commise en arrondissant a est égale à la moitié de la valeur de position du dernier chiffre significatif, on peut conclure que a' est un nombre compris entre 1,565 et 1,575 ou $a' = 1,57 \pm 0,005$. C'est donc dire que

$$\Delta a = 0,005$$

> **REMARQUE**

Il faut bien différencier les notions d'erreur et d'incertitude absolue. Pour déterminer l'erreur, il faut connaître a et a', alors que pour déterminer l'incertitude absolue il suffit de connaître la valeur approchée a. Si a est un nombre arrondi ou estimé au cours d'une mesure, l'incertitude Δa est plus petite que la moitié de la valeur de position du dernier chiffre significatif du nombre arrondi ou estimé.

OPÉRATIONS SUR DES NOMBRES ARRONDIS OU ESTIMÉS
Le résultat de calculs sur des nombres arrondis ou estimés ne doit pas laisser croire à une exactitude plus grande que celle que l'on peut garantir. Il est donc très important de ne conserver, à la suite d'opérations sur des nombres arrondis ou estimés, que les chiffres qui véhiculent une information fiable. Nous allons, à l'aide d'exemples, illustrer les règles de présentation du résultat d'opérations sur des nombres arrondis ou estimés.

SOMMES ET DIFFÉRENCES
Considérons la somme des nombres arrondis suivants:
$$52,32 + 243,8 + 5,343 = 301,463$$
Les chiffres du résultat de l'opération sont-ils tous exacts? Pour le déterminer, il faut tenir compte du fait que chaque nombre présente une incertitude d'une demi-unité sur son dernier chiffre significatif. Le nombre 52,32 est en réalité une approximation et, si l'on spécifiait son incertitude, il s'écrirait $52,32 \pm 0,005$. Par conséquent, en écrivant 52,32, on représente un nombre dont la valeur exacte (inconnue) est comprise entre 52,315 et 52,325. Il en est de même pour 243,8, qui est une approximation d'un nombre compris entre 243,75 et 243,85 et pour 5,343, qui est compris entre 5,3425 et 5,3435. La valeur maximale de la somme de ces trois nombres est alors
$$52,325 + 243,85 + 5,3435 = 301,5185$$
et la valeur minimale est $\quad 52,315 + 243,75 + 5,3425 = 301,4075$
On constate que les seuls chiffres qui demeurent inchangés sont les trois premiers et que la première décimale n'est pas certaine. En pratique, on n'effectue pas le calcul de la plus grande et de la plus petite valeur d'une somme. On effectue plutôt la somme des nombres arrondis et on détermine par la suite le nombre de décimales qu'il faut conserver. Ainsi, la somme de 52,32, de 243,8 et de 5,343 donne
$$52,32 + 243,8 + 5,343 = 301,5$$
On a arrondi la somme à une décimale car, comme les calculs précédents l'ont illustré, seuls les trois premiers chiffres du résultat sont exacts et la première décimale est une approximation. L'exemple 1.1.3 illustre la règle des sommes et des différences.

RÈGLE 1 *(SOMMES ET DIFFÉRENCES DE NOMBRES ARRONDIS)*
Lorsqu'on additionne (ou soustrait) des nombres arrondis, le résultat ne doit pas comporter plus de décimales que le nombre qui en a le moins.

EXEMPLE 1.1.3

Effectuer la somme indiquée, sachant que les nombres représentent des mesures expérimentales:
$$2,37 + 12,227 + 3,249$$
Solution

On additionne d'abord les termes, ce qui donne
$$2,37 + 12,227 + 3,249 = 17,846$$
Parmi les trois nombres à additionner, 2,37 est celui qui a le moins de décimales, soit deux. Puisque le résultat ne doit pas comporter plus de décimales que le nombre qui en a le moins, on arrondira donc à deux décimales, ce qui donne
$$2,37 + 12,227 + 3,249 = 17,85$$

PRODUITS ET QUOTIENTS

Considérons le produit des nombres arrondis suivants:
$$15,27 \times 253,68 = 3\,873,6936$$
Chaque nombre ayant été arrondi, il présente une incertitude d'une demi-unité sur son dernier chiffre significatif. Le nombre 15,27 est en réalité une approximation et si l'on spécifiait son incertitude, il s'écrirait $15,27 \pm 0,005$. Par conséquent, en écrivant 15,27, on représente un nombre dont la valeur exacte (inconnue) est comprise entre 15,265 et 15,275. Il en est de même pour 253,68 qui est une approximation d'un nombre compris entre 253,675 et 253,685. La valeur maximale du produit de ces deux nombres est alors
$$15,275 \times 253,685 = 3\,875,038375$$
et sa valeur minimale est
$$15,265 \times 253,675 = 3\,872,348875$$
On constate que les trois premiers chiffres significatifs sont exacts puisqu'ils sont identiques dans les deux produits. Cependant, à partir du quatrième chiffre on n'a plus de certitude. En pratique, on n'effectue jamais le calcul de la plus grande et de la plus petite valeur d'un produit. On effectue plutôt le produit des nombres arrondis et on détermine par la suite le nombre de chiffres significatifs qu'il faut retenir. Ainsi, le produit de 15,27 par 253,68 donne
$$15,27 \times 253,68 = 3\,873,6936$$
Cependant, on a vu par les calculs précédents que seuls les trois premiers chiffres du résultat de ce produit sont exacts. On arrondira donc à quatre chiffres significatifs et on retiendra 3 874 comme résultat du produit. Cet exemple illustre la deuxième règle de présentation des résultats d'opérations sur des nombres.

RÈGLE 2 *(PRODUITS ET QUOTIENTS DE NOMBRES ARRONDIS)*
Lorsqu'on multiplie (ou divise) des nombres arrondis, le résultat ne doit pas comporter plus de chiffres significatifs que le nombre qui en a le moins.

REMARQUE

Il est à noter qu'il s'agit ici simplement d'une règle empirique de présentation des résultats et non d'un calcul d'incertitude. Lorsqu'on fait le calcul d'incertitude, on considère les nombres sous la forme $a \pm \Delta a$ et $b \pm \Delta b$. Le produit P est alors tel que
$$(a - \Delta a)(b - \Delta b) \leq P \leq (a + \Delta a)(b + \Delta b)$$
Ce qui donne $\quad ab - a\Delta b - b\Delta a + \Delta a\Delta b \leq P \leq ab + a\Delta b + b\Delta a + \Delta a\Delta b$
En négligeant $\Delta a\Delta b$, on a alors $ab - (a\Delta b + b\Delta a) \leq P \leq ab + (a\Delta b + b\Delta a)$
d'où $P = ab \pm (a\Delta b + b\Delta a)$. Ainsi, dans le cas du produit étudié plus haut $15,27 \times 253,68$, en tenant compte du calcul d'incertitudes, on a $(15,27 \pm 0,005) \times (253,68 \pm 0,005) = 3\,873,6936 \pm 1,34475$
Le résultat de l'opération donne alors $3\,874 \pm 1,3$.

Dans le calcul d'incertitude, il faut souvent tenir compte de différents facteurs de correction selon les conditions d'utilisation des instruments de mesure. D'autres cours du programme permettent de faire cet apprentissage tout en utilisant les instruments d'usage courant dans le champ de spécialisation.

> **RÈGLE 3** *(PRODUIT OU QUOTIENT D'UN NOMBRE ARRONDI PAR UN NOMBRE EXACT)*
> Lorsqu'on multiplie (ou divise) un nombre arrondi par un nombre exact, le nombre de chiffres significatifs est le même que dans le nombre arrondi.

Pour illustrer cette règle, considérons, par exemple, le produit $8 \times 542{,}36 = 4\,338{,}88$
où 542,36 est un nombre arrondi. La valeur maximale du produit est alors
$$8 \times 542{,}365 = 4\,338{,}92$$
et la valeur minimale est $\qquad 8 \times 542{,}355 = 4\,338{,}84$
On donnera donc cinq chiffres significatifs dans le résultat, soit 4 338,9.

 EXEMPLE 1.1.4

Effectuer le produit indiqué, sachant que les nombres représentent des mesures expérimentales:
$$3{,}9 \times 122{,}7 \times 8{,}3$$

Solution

On effectue d'abord le produit, ce qui donne
$$3{,}9 \times 122{,}7 \times 8{,}3 = 3\,971{,}799$$
Puisque le résultat ne doit pas comporter plus de chiffres significatifs que le nombre qui en a le moins, on arrondira donc à deux chiffres significatifs, ce qui donne
$$3{,}9 \times 122{,}7 \times 8{,}3 = 3\,971{,}799 \approx 4\,000$$
Le nombre 4 000 a cependant un seul chiffre significatif. Pour pouvoir spécifier le nombre de chiffres significatifs, il est préférable d'écrire $4{,}0 \times 10^3$. Le nombre a alors deux chiffres significatifs.

> **REMARQUE**

La règle du produit (quotient) a préséance sur la règle de la somme (différence). Si la séquence d'opérations comporte à la fois des produits et des sommes, le nombre de chiffres significatifs sera le même que celui du nombre qui en a le moins. Si la séquence d'opérations ne comporte que des sommes ou des différences, la règle sur le nombre de décimales s'applique. On peut illustrer cela à l'aide d'un exemple numérique. Considérons la séquence d'opérations suivante sur des nombres arrondis
$$(5{,}27 + 2{,}3) \times 4{,}5$$
La valeur minimale de cette séquence d'opérations est
$$(5{,}265 + 2{,}25) \times 4{,}45 = 33{,}44175$$
et sa valeur maximale est $\qquad (5{,}275 + 2{,}35) \times 4{,}55 = 34{,}69375$
On constate que le deuxième chiffre significatif est incertain. En pratique, on effectuera la séquence d'opérations et on appliquera la règle du produit, soit
$$(5{,}27 + 2{,}3) \times 4{,}5 = 34{,}065$$
que l'on arrondit à deux chiffres significatifs. On acceptera donc 34 comme résultat de cette suite d'opérations. En pratique, on effectue toutes les opérations et on arrondit à la fin.

EXEMPLE 1.1.5

Effectuer les opérations indiquées, sachant que les nombres représentent des mesures expérimentales
$$(3,9 \times 32,5) + (11,4 \times 8,3)$$

Solution

On effectue d'abord les opérations, ce qui donne
$$(3,9 \times 32,5) + (11,4 \times 8,3) = 221,37$$
Cependant, la séquence d'opérations comporte des produits et une addition. La règle du produit a donc préséance. Par conséquent, le résultat ne doit pas comporter plus de chiffres significatifs que le nombre qui en a le moins. On arrondira donc à deux chiffres significatifs, ce qui donne
$$(3,9 \times 32,5) + (11,4 \times 8,3) \approx 220 = 2,2 \times 10^2$$

PROCÉDURE DE PRÉSENTATION DES RÉSULTATS D'OPÉRATIONS

1. Effectuer d'abord toutes les opérations.
2. Si la séquence d'opérations ne comporte que des sommes ou des différences, arrondir le résultat pour qu'il ait le même nombre de décimales que le nombre qui en a le moins.
3. Si la séquence d'opérations ne comporte que des produits ou des quotients, arrondir le résultat pour qu'il ait le même nombre de chiffres significatifs que le nombre qui en a le moins.
4. Si la séquence d'opérations comporte des sommes (différences) et des produits (quotients), arrondir le résultat pour qu'il ait le même nombre de chiffres significatifs que le nombre qui en a le moins.

C'est par cette procédure que l'on détermine les chiffres qu'il faut conserver dans la présentation des résultats d'opérations. Ces chiffres étant connus, on peut alors identifier le chiffre-test et appliquer la procédure d'arrondi.

REMARQUE

Les nombres que nous aurons à manipuler dans ce cours ne devront pas toujours être considérés comme des mesures. Par exemple, si notre objectif est de calculer la longueur des côtés d'un triangle ayant une hypoténuse de 5 cm et un angle aigu de 27°, cette longueur et cet angle devront être traités comme des valeurs exactes. Par ailleurs, si l'on mesure un côté et un angle d'un triangle et que l'on obtient 5 cm et 27°, il faudra alors considérer ces valeurs comme des nombres estimés et le résultat des opérations pour trouver les longueurs des autres côtés ne pourra comporter plus de chiffres significatifs que les valeurs mesurées. Il en va de même pour les pièces produites par l'industrie: il faudra les considérer comme des valeurs exactes à moins d'indication contraire. Si une machine produit des clous de 10 cm, nous considérerons qu'ils mesurent 10 cm. L'appareil peut produire des clous qui mesurent entre 9,9 cm et 10,1 cm ou entre 9,99 cm et 10,01 cm. Si ces détails ne sont pas donnés dans l'énoncé du problème, on utilisera la valeur exacte.

EXEMPLE 1.1.6

Sachant que le volume d'un parallélépipède rectangle est le produit de sa longueur, de sa largeur et de sa hauteur, calculer le volume de la boîte illustrée dont on a mesuré les côtés. Quel volume, en mètres cubes, occuperaient quatre boîtes identiques à celle illustrée? Six boîtes identiques? Dix boîtes identiques?

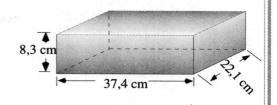

Solution

Les nombres à manipuler proviennent de mesures; on doit appliquer les règles de présentation des résultats. On effectue le produit des dimensions pour trouver le volume d'une des boîtes, ce qui donne

$$8,3 \text{ cm} \times 37,4 \text{ cm} \times 22,1 \text{ cm} = 6\ 860,282 \text{ cm}^3$$

Puisque le nombre du produit qui contient le moins de chiffres significatifs en contient seulement deux, on arrondit à deux chiffres significatifs, ce qui donne

$$6\ 900 \text{ cm}^3$$

Les quatre boîtes occuperont alors un volume de

$$4 \times 6\ 900 \text{ cm}^3 = 27\ 600 \text{ cm}^3$$

En appliquant la règle du produit, on arrondit à 28 000 cm^3. Pour convertir en mètres cubes, on doit se rappeler qu'un mètre vaut 100 centimètres, et on a donc

$$1 \text{ m}^3 = 100^3 \text{ cm}^3 = 1\ 000\ 000 \text{ cm}^3 = 10^6 \text{ cm}^3$$

Il faut donc diviser le volume par 10^6 cm^3 pour trouver le volume en mètres cubes, ce qui donne 0,028 m^3. Un raisonnement semblable montre que les six boîtes occuperont un volume de 0,041 m^3 et que les dix boîtes occuperont un volume de 0,069 m^3.

REMARQUE

Pour calculer le volume en mètres cubes, on peut également exprimer les dimensions en mètres avant de calculer le volume, ce qui donne

$$0,083 \text{ m} \times 0,374 \text{ m} \times 0,221 \text{ m} = 0,006\ 860\ 282 \text{ m}^3$$

Compte tenu de la précision des mesures, on retient donc 0,0069 m^3 comme volume d'une des boîtes.

NOTATION SCIENTIFIQUE ET NOTATION DE L'INGÉNIEUR

Dans les applications techniques, on a souvent à écrire des nombres très grands ou très petits. Pour en simplifier l'écriture, on utilise les puissances de 10. Ainsi, on peut écrire 6,86 × 10^3 cm^3 plutôt que 6 860 cm^3. De la même façon, on écrit 6,9 × 10^{-3} m^3 pour 0,00686 m^3. Chaque nombre est représenté en ne conservant qu'un seul chiffre avant la virgule dont on spécifie la position dans le nombre original par le produit d'une puissance de 10. C'est ce que l'on appelle la *notation scientifique*. Dans cette notation, un nombre comporte deux parties: la *puissance* de 10, qui sert à situer la virgule décimale, et la *mantisse* du nombre. Avec le temps, on a donné des noms aux différentes puissances de 10 pour obtenir ce que l'on appelle *notation de l'ingénieur* ou *notation du technicien*. Dans cette notation, les unités sont dotées d'un préfixe qui indique la puissance de 10 du nombre. Ces préfixes sont donnés dans le tableau suivant:

PRÉFIXES DE LA NOTATION DE L'INGÉNIEUR					
Puissances positives			Puissances négatives		
Préfixe	Puissance	Symbole	Préfixe	Puissance	Symbole
exa	10^{18}	E	déci	10^{-1}	d
péta	10^{15}	P	centi	10^{-2}	c
téra	10^{12}	T	milli	10^{-3}	m
giga	10^{9}	G	micro	10^{-6}	μ
méga	10^{6}	M	nano	10^{-9}	n
kilo	10^{3}	k	pico	10^{-12}	p
hecto	10^{2}	h	femto	10^{-15}	f
déca	10^{1}	da	atto	10^{-18}	a

Dans les techniques, on utilise surtout les préfixes associés aux exposants qui sont des multiples de 3. Ces préfixes sont utilisés avec les différentes unités fondamentales et les unités dérivées du système international (SI), données dans les tableaux suivants:

UNITÉS DE BASE		
Grandeur	Unité	Symbole
Longueur	mètre	m
Masse	kilogramme*	kg
Temps	seconde	s
Courant électrique	ampère	A
Température thermodynamique	kelvin**	K
Quantité de matière	mole	mol
Intensité lumineuse	candela	cd

   * Le kilogramme est la seule unité de base qui s'écrit avec un préfixe, le gramme s'étant révélé une unité trop petite à l'usage.

  ** Le kelvin est l'unité de base pour la température, mais dans la vie courante on utilise le degré Celsius.

En combinant les unités de base, on obtient les unités dérivées. Les grandeurs comme l'aire et le volume sont mesurées à l'aide d'unités dérivées des unités fondamentales, et il en est de même pour la vitesse, l'accélération, etc.

UNITÉS DÉRIVÉES		
Grandeur	Unité	Symbole
Superficie	mètre carré	m^2
Volume	mètre cube	m^3
Vitesse	mètre par seconde	m/s
Accélération	mètre par seconde au carré	m/s^2
Masse volumique	kilogramme par mètre cube	kg/m^3
Quantité de mouvement	kilogramme-mètre par seconde	kg·m/s
Moment cinétique	kilogramme-mètre carré par seconde	$kg·m^2/s$
Volume massique	mètre cube par kilogramme	m^3/kg
Concentration molaire volumique	mole par mètre cube	mol/m^3
Luminance	candela par mètre carré	cd/m^2

Pour simplifier l'écriture, on donne un nom spécial à certaines unités dérivées. C'est le cas de l'unité de force, que l'on appelle le newton (N) en l'honneur du savant Isaac NEWTON. En unités de base, le newton vaut un kilogramme-mètre par seconde au carré (1 N = 1 kg·m/s^2). De la même façon, l'unité dérivée de puissance vaut 1 J/s = 1 N·m/s = 1 kg·m^2/s^3. On l'appelle le watt (W) en l'honneur du savant James WATT. Plusieurs unités portant un nom spécial sont d'utilisation courante en techniques.

UNITÉS SPÉCIALES			
Grandeur	Unité	Symbole	Dérivation
Fréquence	hertz	Hz	1/s
Force	newton	N	kg·m/s^2
Pression	pascal	Pa	N/m^2
Énergie, travail	joule	J	N·m
Puissance	watt	W	J/s
Charge électrique	coulomb	C	A·s
Potentiel électrique	volt	V	W/A = J/C
Résistance électrique	ohm	Ω	V/A

Dans les techniques, on n'utilise pas tous les préfixes. On préfère déplacer la virgule décimale par des multiples de trois et l'on obtient alors une variante de la notation scientifique que l'on appelle *notation de l'ingénieur*. Si l'on procède de cette façon, certaines données comportent plus d'un chiffre à gauche de la virgule décimale. Cependant, il est recommandé de choisir les préfixes de telle sorte que les valeurs soient comprises entre 1 et 1 000. Ainsi, on a

$$0,000\ 023\ 4\ F = 23,4 \times 10^{-6}\ F = 23,4\ \mu F$$
$$46\ 300\ W = 46,3 \times 10^3\ W = 46,3\ kW$$
$$0,0032\ A = 3,2 \times 10^{-3}\ A = 3,2\ mA$$

Il existe des unités propres à l'électricité autres que celles déjà mentionnées. On en trouve quelques exemples dans le tableau suivant:

[note manuscrite: notation de l'ingénieur on utilise un préfixe qui indique la puissance de 10.
ex: 3.000.000 g.]

UNITÉS SPÉCIFIQUES À L'ÉLECTRICITÉ		
Grandeur	Unité	Symbole
Admittance	siemens	S
Capacité	farad	F
Conductance	siemens	S
Inductance	henry	H

OPÉRATIONS ALGÉBRIQUES

Pour effectuer les opérations sur les nombres en notation de l'ingénieur, il faut tenir compte de la valeur des préfixes que l'on convertit en puissances de 10 et appliquer les propriétés des exposants entiers consignées dans le prochain tableau.

[note manuscrite: ex: 6860 = 6.86 × 10³ mantisse puissance   notation scientifique nombre réel → 1 seul chiffre avant la virgule]

PROPRIÉTÉS DES EXPOSANTS ENTIERS	
Pour tout m et $n \in \mathbf{Z}$ et pour tout a et $b \in \mathbf{R}$, on a	
1. $a^m a^n = a^{m+n}$	5. $\dfrac{a^n}{b^n} = \left(\dfrac{a}{b}\right)^n$, si $b \neq 0$
2. $\dfrac{a^m}{a^n} = a^{m-n}$, si $a \neq 0$	6. $a^0 = 1$, si $a \neq 0$
3. $(a^m)^p = a^{mp} = a^{pm} = (a^p)^m$	7. $a^{-n} = \dfrac{1}{a^n}$, si $a \neq 0$
4. $a^n b^n = (ab)^n$	

Les opérations sur les nombres exprimés à l'aide des exposants se font en tenant compte des propriétés des exposants. Les résultats de ces opérations sont arrondis en tenant compte des règles d'opérations sur les nombres arrondis.

PRODUITS ET QUOTIENTS
Pour effectuer un produit, on multiplie les mantisses et l'on additionne les exposants. Pour effectuer une division, on divise les mantisses et l'on soustrait les exposants.

   EXEMPLE 1.1.7

Effectuer le produit suivant en utilisant les propriétés des exposants.
$$(1,7 \times 10^4) \times (2,3 \times 10^2)$$
Solution $3,91 \times 10^6$
En regroupant les mantisses et les puissances de 10, on a
$$(1,7 \times 10^4) \times (2,3 \times 10^2) = (1,7 \times 2,3) \times (10^4 \times 10^2)$$
En effectuant le produit des mantisses, on obtient 3,91. Cependant, le résultat du produit doit avoir le même nombre de chiffres significatifs que le facteur qui en a le moins. On arrondit donc la mantisse à deux chiffres significatifs, ce qui donne 3,9. De plus, en appliquant les lois des exposants aux puissances de 10, on obtient
$$3,9 \times (10^4 \times 10^2) = 3,9 \times 10^6$$

   EXEMPLE 1.1.8

Calculer le quotient en utilisant les propriétés des exposants.

$$\frac{3,5 \times 10^5}{2,2 \times 10^3}$$

Solution
En regroupant les mantisses et les puissances de 10, on a:

$$\frac{3,5 \times 10^5}{2,2 \times 10^3} = \frac{3,5}{2,2} \times \frac{10^5}{10^3}$$

En effectuant le quotient des mantisses, on trouve 1,59090... Cependant, le résultat du quotient doit avoir le même nombre de chiffres significatifs que le terme qui en a le moins. On arrondit donc la mantisse à deux chiffres significatifs, ce qui donne 1,6. De plus, en appliquant les lois des exposants aux puissances de 10, on obtient

$$1,6 \times \frac{10^5}{10^3} = 1,6 \times 10^2$$

 EXEMPLE 1.1.9

Trouver RC sachant que $R = 12$ kΩ et $C = 800$ µF.

Solution
Si on exprime les préfixes de R et C en puissances de dix, on obtient
$$R = 12 \text{ k}\Omega = 12 \times 10^3 \ \Omega \text{ et } C = 800 \text{ µF} = 800 \times 10^{-6} \text{ F}$$
d'où $\qquad RC = 12 \times 10^3 \times 800 \times 10^{-6} = 9\ 600 \times 10^{-3} = 9,6 \ \Omega\cdot\text{F} = 10 \ \Omega\cdot\text{F}$

SOMMES ET DIFFÉRENCES

Pour additionner ou soustraire des nombres exprimés avec des exposants, il faut ajuster les exposants pour mettre en évidence la même puissance de 10. L'ajustement doit être fait sur le nombre ayant le plus petit exposant lorsque les deux sont positifs, et sur le nombre ayant le plus grand exposant lorsqu'ils sont négatifs. Après l'ajustement, on effectue l'opération sur les mantisses et on applique la règle de présentation des résultats, la lecture du nombre de décimales étant faite après l'ajustement des exposants. L'exemple suivant présente un cas d'ajustement.

 EXEMPLE 1.1.10

Effectuer la somme suivante en utilisant les propriétés des exposants.
$$(2,435 \times 10^4) + (2,264 \times 10^3)$$

Solution
Les exposants étant différents et positifs, on doit faire un ajustement pour avoir la même puissance de 10: on choisit toujours le plus grand des deux exposants. On doit donc transformer l'expression $2,264 \times 10^3$. Puisqu'on veut pouvoir mettre en évidence 10^4, on doit multiplier 10^3 par 10 et, pour conserver l'égalité, on divise la mantisse par 10, ce qui donne

$$2,264 \times 10^3 \times \frac{10}{10} = \frac{2,264}{10} \times 10^3 \times 10 = 0,2264 \times 10^4$$

En ajustant les exposants, on a donc

$$(2,435 \times 10^4) + (2,264 \times 10^3) = (2,435 \times 10^4) + (0,2264 \times 10^4)$$
$$= (2,435 + 0,2264) \times 10^4$$

La somme des mantisses donne 2,6614. Cependant, le résultat de la somme devant comporter le même nombre de décimales que le terme qui en a le moins, il sera arrondi à trois décimales, ce qui donne 2,661. On obtient

$$(2,435 + 0,2264) \times 10^4 = 2,661 \times 10^4$$

CODE D'ÉCRITURE EN SI

1. Les symboles des unités sont toujours imprimés en caractères droits et les symboles des grandeurs sont imprimés en italique. Ainsi, W est le symbole des watts et *W* représente le travail.

2. De façon générale, les symboles sont écrits en minuscules; s pour seconde, m pour mètre. Cependant, les symboles dérivés d'un nom propre sont représentés par une lettre majuscule: A, pour ampère, V pour volt, etc. Les symboles des préfixes sont également écrits en minuscules: cm pour centimètre, km pour kilomètre. Cependant, les préfixes méga (M), giga (G), téra (T), péta (P) et exa (E) font exception.

3. Lorsqu'on écrit les unités au complet, la première lettre est minuscule, même pour les unités dérivées d'un nom propre, à moins que l'unité ne soit en début de phrase. Cependant, Celsius prend toujours une majuscule.

4. Il ne faut pas mettre de point après un symbole d'unité, sauf en fin de phrase.

5. Les symboles d'unités ne prennent jamais la marque du pluriel. Par contre, les noms complets des unités peuvent prendre la marque du pluriel.

6. On utilise les décimales plutôt que les fractions ordinaires et on laisse toujours une espace entre la valeur numérique et la première lettre du symbole des unités.

7. Les préfixes sont également en caractères droits sans laisser d'espace entre le symbole du préfixe et celui des unités: kg pour kilogramme.

8. Le multiple doit être choisi de telle sorte que les valeurs numériques soient comprises entre 1 et 1 000. Par exemple

   23,4 kV pour 23 400 V
   27,842 km pour 27 842 m

9. Le produit d'unités est indiqué sous forme symbolique par un point placé entre les symboles et de préférence au-dessus de la ligne. Par exemple

   N·m pour newton-mètre
   kW·h pour kilowatt-heure

   Cependant, le point n'est en général pas employé pour indiquer le produit de valeurs numériques. On écrit habituellement 27 × 35 et non 27·35.

10. C'est par une barre oblique ou horizontale ou encore par des puissances négatives que l'on indique le quotient d'unités: m/s^2 ou m·s^{-2}. Cependant, une même expression ne doit jamais contenir plus d'une barre oblique.

11. Lorsque les unités sont écrites en toutes lettres, on utilise le mot « par » pour indiquer la division et un trait d'union pour indiquer le produit d'unités. Ainsi, on écrit 5 volts par seconde et non 5 volts/seconde. On écrit également 1 newton-mètre et 15 newtons-mètres.

1.2 EXERCICES

1. Quel est le nombre de chiffres significatifs des nombres suivants?
   a) 0,147 =)3
   b) 2,57 =) 3
   c) 175,20 =)5
   d) 5 240 =)3
   e) 2,275 =)4
   f) 70,003 =)5
   g) 2 400, =)2
   h) 38 200 =)3

2. Arrondir à deux décimales et indiquer le nombre de chiffres significatifs.
   a) 0,073 85 0.07 =)1
   b) 5,2735 5.27=) 3
   c) 813,515 813,52 =)5
   d) 0,000 1952 2×10⁻³ =) 0.00 =)0
   e) 51,389 51.39 =)4
   f) 2,0372 2.04 =)3
   g) 37,527 37.53 =)4
   h) 0,378 0.38 =)2
   i) 234,775 234.78 =)5
   j) 21,885 21.88 =)4

3. Arrondir les nombres suivants à quatre chiffres significatifs.
   a) 253,57 253,6
   b) 54,382 54.38
   c) 353,7005 353,7
   d) 357,289 357.3
   e) 532,75 532.8
   f) 42,725 42.72
   g) 37,715 37.72
   h) 0,123 67 0.1237
   i) 0,000 357 83 0.0003578
   j) 3 579,999 3.580×10³
   k) −543,827 −543,8
   l) −14,545 −14,54

4. Arrondir les nombres suivants à trois chiffres significatifs.
   a) 35,999 36.0
   b) 32,543 32.5
   c) 0,005 678 32 0.005 68
   d) −54,319 −54.3
   e) −27,5685 −27.6
   f) −0,003 476 8 −0,00348

5. Effectuer les opérations suivantes en tenant compte du fait que les nombres ont été préalablement arrondis.
   a) 275,3 + 3,754 279.1
   b) 45,72 − 32,24 13.48
   c) 33,12 × 7,21 239
   d) 125,4 × 0,032 4.0
   e) 284,3 ÷ 53,12 5.352
   f) 26,55 ÷ 8 (8 est exact) 3.319
   g) 51,33 ÷ 3 (3 est exact) 17.11
   h) 335,27 ÷ 9,4 36

6. On a relevé quatre mesures pour déterminer la longueur du segment $\overline{AE}$. Calculer cette longueur.

A	B	C	D	E
128,14 m	149,492 m	170,84 m	106,7 m	

   555.172

7. En mesurant le côté d'un carré, on obtient une mesure de 15,4 cm. Trouver l'aire de ce carré ($A = c^2$).

8. En mesurant le diamètre d'un cercle, on obtient 62,3 cm. Sachant que l'aire d'un cercle est donnée par $A = \pi r^2$ où r est le rayon, trouver l'aire de ce cercle.

9. On évalue le diamètre d'un cercle à 17,2 cm. Évaluer l'aire de ce cercle.

10. On évalue le diamètre d'une sphère à 67 cm. Évaluer le volume de cette sphère, sachant que le volume d'une sphère est décrit par

$$V = \frac{4}{3}\pi r^3$$

11) Effectuer les opérations suivantes en respectant les règles régissant les opérations impliquant des nombres arrondis.

a) $128,5 + 57,38$ b) $342,6 - 287,26$ c) $26,2 + 38,27 + 15,347$

d) $22,57 \times 15,3$ e) $28,534 \times 22,7$ f) $0,1259 \times 15,8$
g) $0,232 \times 2,8857$ h) $51,005 \times 3,82$ i) $8,4 \div 2,3$
j) $543,2 \div 18,2$ k) $6,3 \div 8,4$ l) $542,7 \div 69,32$

12.) Effectuer les opérations suivantes en respectant les règles régissant les opérations impliquant des nombres arrondis.

a) $(38,2 + 17,43) \times 15,1$ b) $(72,3 - 87,26) \times 17,2$
c) $(26,2 \times 18,4) + 25,3$ d) $(17,23 \times 8,12) + 18,4$
e) $(1,534 \times 2,73) + (2,216 \times 1,65)$ f) $(0,323 \times 1,24) + (3,512 \times 1,78)$
g) $(2,432 \times 2,73) \div (2,216 + 1,65)$ h) $(5,726 - 4,57) \div$
$(1,2034 + 2,34)$

13. Le volume d'un cylindre droit est donné par le produit de sa hauteur par l'aire de sa base.

a) Calculer le volume du cylindre illustré dont le diamètre est de 10,2 cm et la hauteur de 15,0 cm.

b) On désire fabriquer des boîtes rectangulaires pouvant contenir 12 de ces cylindres. Quel sera le volume intérieur des boîtes?

c) Quel sera le volume extérieur de ces boîtes, sans compter le couvercle, sachant que le matériau utilisé a une épaisseur de 1,2 cm?

14. Écrire les nombres suivants en notation scientifique.

a) $386\ 400$ 3.864×10^5 b) $56\ 300\ 000$ 5.63×10^7
c) $0,000\ 25$ 2.5×10^{-4} d) $0,000\ 003\ 45$ 3.45×10^{-6}

15. Exprimer sous forme conventionnelle les nombres suivants:

a) $1,23 \times 10^6$ $1\ 230\ 000$ b) $3,14 \times 10^{-3}$ $0,00314$
c) $7,35 \times 10^4$ $73\ 500$ d) $8,92 \times 10^{-6}$ $0,00000892$

16. Effectuer les opérations suivantes en utilisant les propriétés des exposants.

a) $3,23 \times 10^6 \times 2,56 \times 10^{-4}$ 8.27×10^2 b) $3,23 \times 10^3 \div 1,26 \times 10^2$ 2.56×10
c) $7,22 \times 10^3 \div 3,54 \times 10^{-2}$ 2.04×10^5 d) $7,07 \times 10^6 + 3,27 \times 10^5$ 7.40×10^6
e) $4,18 \times 10^{-3} + 7,56 \times 10^{-2}$ $7,98 \times 10^{-2}$ f) $4,27 \times 10^{-1} - 6,35 \times 10^{-2}$ 3.64×10^{-1}

17. Écrire les nombres suivants en notation de l'ingénieur.

a) $53\ 000$ ohms $53\ kohms$ b) $27\ 000\ 000$ hertz $27\ mg\ herts$
c) 1800 watts $4\ hecto\ watts$ d) $0,000\ 000\ 000\ 28$ farad $0.28\ nano$
e) $225\ 000$ volts   f) $152\ 000\ 000$ millimètres $152\ Km$

18. Écrire les nombres suivants en unités de base.

a) 34 millisecondes   b) 48 millimètres
c) $2,34$ kilowatts   d) 456 kilovolts
e) 235 kilomètres   f) 233 picofarads
g) $24,6$ milliampères   h) 27 microfarads

1.3 PROPORTIONNALITÉ

Dans les domaines techniques, on utilise beaucoup le langage mathématique des équations pour décrire de manière précise et concise les liens entre les variables et entre les notions. La notion de proportionnalité y est souvent présente et une utilisation correcte de ces descriptions exige une bonne maîtrise des procédures de résolution d'équations et de la notion de proportionnalité.

OBJECTIF: Utiliser les propriétés des rapports et proportions dans la résolution de situations concrètes.

> *RAPPORT ET PROPORTION*
> Le quotient de deux quantités *a/b* est appelé le *rapport* de *a* sur *b*. Un rapport est une expression fractionnaire dont la valeur peut être exprimée en décimales. La fraction inverse d'un rapport est appelée *rapport inverse*. Ainsi, *b/a* est le rapport inverse du rapport *a/b*. Une *proportion* est une égalité de deux rapports.

Ainsi,

$$\frac{a}{b} = \frac{c}{d}$$

est une proportion. Une proportion est composée de quatre termes. Les termes *a* et *d* sont appelés les *extrêmes* et les termes *b* et *c* sont appelés les *moyens*. Dans une proportion de la forme

$$\frac{a}{b} = \frac{b}{d}$$

le terme *b* est appelé *moyen proportionnel* entre *a* et *d*. Ainsi, puisque

$$\frac{8}{4} = \frac{4}{2},$$

4 est moyen proportionnel entre 8 et 2.

> *PRODUIT DES EXTRÊMES ET PRODUIT DES MOYENS*
> Dans toute proportion, le produit des extrêmes est égal au produit des moyens. Pour tout *a*, *b*, *c* et *d*
>
> non nuls, $\dfrac{a}{b} = \dfrac{c}{d}$ si et seulement si $ad = bc$

On peut facilement se convaincre de cette propriété en multipliant les deux membres du rapport $\dfrac{a}{b} = \dfrac{c}{d}$ par

bd et en simplifiant l'expression obtenue.

 EXEMPLE 1.3.1

Dire si les termes suivants forment une proportion:
$$147,\ 1\ 260,\ 63,\ 540$$

Solution
Pour savoir si les termes forment une proportion, il faut vérifier si les rapports sont égaux, ce qui sera le cas si le produit des extrêmes est égal au produit des moyens. Les rapports sont:

$$\frac{147}{1260} \text{ et } \frac{63}{540}$$

Le produit des extrêmes est $\quad\quad 147 \times 540 = 79\ 380$

Le produit des moyens est $\quad\quad 1\ 260 \times 63 = 79\ 380$

Les deux produits étant égaux, les nombres 147, 1 260, 63 et 540 forment une proportion.

 EXEMPLE 1.3.2

Déterminer un moyen proportionnel entre 5 et 125.

Solution

On cherche x tel que
$$\frac{5}{x} = \frac{x}{125}$$

d'où
$$x^2 = 625$$

En extrayant, on a $x = \pm 25$. Il y a deux moyens proportionnels: –25 et 25.

RAPPORTS ET PROPORTIONS EN GÉOMÉTRIE

TRIANGLES SEMBLABLES

En géométrie plane, on rencontre de beaux cas de proportionnalité. En effet, les longueurs homologues de figures semblables sont proportionnelles. Ainsi, dans les triangles semblables, les côtés homologues sont proportionnels. Dans la figure suivante, on a

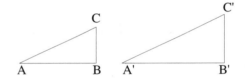

$$\frac{m\overline{BC}}{m\overline{AC}} = \frac{m\overline{B'C'}}{m\overline{A'C'}}$$

Cette proportionnalité des côtés homologues de figures semblables permet de trouver la longueur de côtés inconnus. Les triangles semblables permettent de se donner une image mentale de la proportionnalité. Considérons d'abord la figure ci-contre donnant le plan en coupe d'une rampe d'accès. Les supports de cette rampe forment avec la pente et l'horizontale des triangles semblables. Dans ces triangles, le rapport de la hauteur sur la base est constant. On peut l'exprimer mathématiquement sous forme d'une égalité de rapports en écrivant

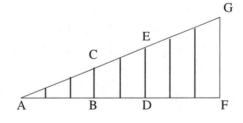

$$\frac{\text{Longueur du support } \overline{BC}}{\text{Distance } \overline{BA}} = \frac{\text{Longueur du support } \overline{DE}}{\text{Distance } \overline{DA}} = \frac{\text{Longueur du support } \overline{FG}}{\text{Distance } \overline{FA}}$$

Cette suite d'égalités indique que le rapport de la longueur d'un support à sa distance au pied de la rampe est constant. En d'autres mots, la *longueur d'un support est proportionnelle à sa distance au pied de la rampe*. Ce rapport est appelé la *pente* de la rampe. Cette propriété nous permet de trouver la longueur de chacun des supports, connaissant leur distance au pied de la rampe.

EXEMPLE 1.3.3

Considérant le plan ci-contre, représentant une rampe d'accès pour fauteuils roulants, on demande de déterminer la longueur des supports sachant que la distance entre deux supports est de 1 m.

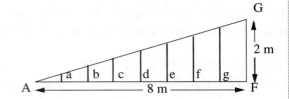

Solution

Comme il s'agit d'un plan, on peut considérer les longueurs comme des valeurs exactes. Le rapport entre la longueur d'un support et sa distance au bas de la rampe est égal à

$$\frac{m\overline{FG}}{m\overline{FA}} = \frac{2}{8} = 0,25 \text{ m/m}$$

On peut trouver la longueur de chaque support en effectuant le produit du rapport des longueurs et de la distance du support au bas de la rampe, ce qui donne

$$m\text{ a} = 0,25 \text{ m/m} \times 1 \text{ m} = 0,25 \text{ m}$$
$$m\text{ b} = 0,25 \text{ m/m} \times 2 \text{ m} = 0,50 \text{ m}$$
$$m\text{ c} = 0,25 \text{ m/m} \times 3 \text{ m} = 0,75 \text{ m}$$
$$m\text{ d} = 0,25 \text{ m/m} \times 4 \text{ m} = 1,00 \text{ m}$$
$$m\text{ e} = 0,25 \text{ m/m} \times 5 \text{ m} = 1,25 \text{ m}$$
$$m\text{ f} = 0,25 \text{ m/m} \times 6 \text{ m} = 1,50 \text{ m}$$
$$m\text{ g} = 0,25 \text{ m/m} \times 7 \text{ m} = 1,75 \text{ m}$$

EXEMPLE 1.3.4

On a mesuré les dimensions d'une rampe d'accès pour les fauteuils roulants dont l'esquisse est donnée ci-contre. On désire modifier le plan tout en conservant les mêmes proportions et la même largeur pour permettre l'accès à une galerie qui est à 0,71 m du sol. Trouver la longueur au sol de cette nouvelle rampe d'accès.

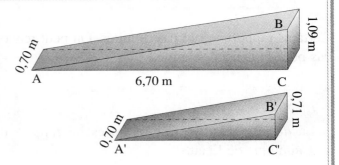

Solution

Puisqu'il s'agit de mesures, on devra respecter les règles de présentation des résultats d'opérations. Pour conserver les mêmes proportions, les triangles ABC et A'B'C' doivent être semblables. On désire trouver la longueur $m\overline{A'C'}$, sachant que $m\overline{B'C'} = 0,71$. Par les rapports des côtés, on trouvera

$$\frac{m\overline{A'C'}}{m\overline{B'C'}} = \frac{m\overline{AC}}{m\overline{BC}}$$

et en substituant, on a

$$\frac{m\overline{A'C'}}{0,71} = \frac{6,70 \text{ m}}{1,09 \text{ m}}$$

Ce qui donne $m\overline{A'C'} = 4,4$ m puisqu'on ne peut garantir que deux chiffres significatifs.

RAPPORTS ET PROPORTIONS EN PHYSIQUE

En physique, on rencontre plusieurs grandeurs qui sont des rapports. C'est le cas, par exemple, de la masse volumique qui est le rapport de la masse sur le volume et de la densité relative d'une substance qui est le rapport de la masse volumique de cette substance sur celle de l'eau.

MASSE VOLUMIQUE ET DENSITÉ

La masse volumique d'un corps est le rapport de sa masse sur son volume. L'unité de masse volumique est le kilogramme par mètre cube (kg/m³).

 EXEMPLE 1.3.5

Estimer la masse volumique du métal constituant le lingot dont les dimensions sont données ci-contre, sachant que la masse de ce lingot est de 17,5 kg.

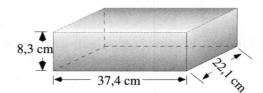

Solution

La masse volumique étant donnée par le rapport de la masse sur le volume, on doit trouver le volume du lingot en mètres cubes, ce qui donne

$$V = 0,083 \times 0,221 \times 0,374 = 0,006\ 860\ 282 \text{ m}^3$$

Le rapport de la masse sur le volume est alors

$$\frac{M}{V} = \frac{17,5 \text{ kg}}{0,006\ 860\ 282 \text{ m}^3} = 2\ 550,9155 \text{ kg / m}^3$$

La valeur retenue est donc 2 600 kg/m³.

Certains rapports n'ont pas d'unités. On peut rencontrer des rapports qui sont des nombres purs: c'est le cas pour la densité relative.

DENSITÉ RELATIVE

La *densité relative* d'un corps est le rapport de la masse volumique de ce corps sur la masse volumique de l'eau.

 EXEMPLE 1.3.6

Trouver la densité relative du métal constituant le lingot de l'exemple 1.3.5, sachant que la masse volumique de l'eau est de 1 000 kg/m³.

Solution

La densité d'une substance étant le rapport de la masse volumique de cette substance sur la masse volumique de l'eau, la densité cherchée est

$$d = \frac{2\ 600 \text{ kg/m}^3}{1\ 000 \text{ kg/m}^3} = 2,6$$

Chaque matériau se caractérise par sa masse volumique et sa densité relative. Le tableau ci-contre contient les masses volumiques et la densité de différentes substances.

En comparant la densité relative du métal de l'exemple 1.3.6 aux densités consignées dans le tableau, on est porté à conclure que le métal du lingot est l'aluminium.

Masse volumique et densité relative		
	Masse volumique kg/m^3	Densité relative
Aluminium	2 700	2,70
Cuivre	8 920	8,92
Fer	7 860	7,86
Plomb	11 300	11,30
Argent	10 500	10,50
Liège	240	0,24
Verre	2 500	2,50
Eau	1 000	1,00
Mercure	13 600	13,60

FORCE DUE À L'ATTRACTION TERRESTRE

Deux masses exercent l'une sur l'autre une force de gravitation. La force exercée par la Terre sur une masse d'un kilogramme et de 9,8 newtons au niveau de la mer.

PRESSION

La *pression* est la force exercée par unité d'aire. Elle se mesure en pascals (Pa) et est définie par l'égalité

$$p = \frac{F}{A}$$

La relation entre les unités est 1 N/m^2 = 1 Pa. Pour calculer la pression, il faut donc calculer la force exercée divisée par l'aire de la surface de contact.

 EXEMPLE 1.3.7

Le lingot illustré ci-contre est déposé sur une table. Estimer la force et la pression exercées sur la table, sachant que la masse de ce lingot est de 17,5 kg.

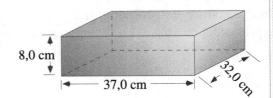

Solution

La force exercée est donnée par
$$F = 9,8 \text{ N/kg} \times 17,5 \text{ kg} = 171,5 \text{ N}$$
La pression exercée étant le rapport de la force exercée sur l'aire de la surface de contact, il faut trouver, en mètres carrés, l'aire de la base du lingot, ce qui donne
$$A = 0,37 \text{ m} \times 0,32 \text{ m} = 0,1184 \text{ m}^2$$
La pression exercée est alors $p \approx \dfrac{F}{A} = \dfrac{171,5 \text{ N}}{0,1184 \text{ m}^2} = 1\,448,48 \text{ Pa} \approx 1,45 \text{ kPa}.$

 EXEMPLE 1.3.8

On estime le rayon d'un piston à 12 cm. Calculer la pression exercée sur le liquide si l'on applique une force de 340 N sur le piston.

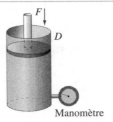

Manomètre

Solution

Il nous faut d'abord calculer la surface de contact qui est l'aire d'un cercle dont le rayon est de 12 cm ou de 0,12 m. L'aire est donc

$$A = \pi \times 0,12^2 = 0,045239 \text{ m}^2$$

La pression étant le rapport de la force sur la surface de contact, on a

$$p = \frac{F}{A} = \frac{340 \text{ N}}{0,045239 \text{ m}^2} = 7515,639 \text{ Pa} \approx 7,5 \text{ kPa}.$$

GALILÉE

GALILÉE (1564-1642) est à l'origine de la démarche scientifique moderne et de la notion de fonction. Ses réflexions l'ont amené à considérer que la seule démarche qui pouvait être couronnée de succès en sciences était d'établir les relations numériques entre les variables d'un phénomène physique. Né en 1564, il enseigne les mathématiques à Pise en 1589 et à Padoue en 1592. Il est nommé mathématicien de la cour à Florence en 1610. Il étudie la chute des corps du haut de la tour de Pise et, à l'aide de plans inclinés, il formule les lois du mouvement accéléré en fonction du temps. On lui doit également plusieurs découvertes en astronomie. Il découvrit quatre des lunes de Jupiter et les phases de Vénus. Il fit beaucoup pour répandre les idées de COPERNIC, ce qui le fit accuser d'hérésie par le pape en 1633.

RÉSOLUTION DE PROBLÈMES COMPORTANT DES PROPORTIONNALITÉS

Pour résoudre un problème impliquant des proportionnalités, il faut d'abord déterminer le rapport des expressions en cause, en tenant compte des unités, ce qui donne la constante de proportionnalité.

 EXEMPLE 1.3.9

Lorsqu'on suspend une masse à un ressort, celui-ci subit une élongation qui est proportionnelle à la masse suspendue. Supposons qu'une masse de 12 kg suspendue à un ressort produit une élongation de 4,2 cm. Quelle serait l'élongation si l'on suspendait une masse de 20 kg?

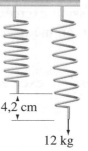

4,2 cm

12 kg

Solution

Soit *x* l'élongation causée par une masse de 20 kg. L'élongation étant proportionnelle à la masse, on détermine le rapport de l'élongation sur la masse, ce qui donne

$$\frac{x \text{ cm}}{20 \text{ kg}} = \frac{4,2 \text{ cm}}{12 \text{ kg}}$$

Le produit de ce rapport par la masse de 20 kg donne l'élongation résultante, soit

$$x \text{ cm} = \frac{4,2 \text{ cm}}{12 \text{ kg}} \times 20 \text{ kg} = 7 \text{ cm}$$

PROCÉDURE POUR RÉSOUDRE UN PROBLÈME DE PROPORTIONNALITÉ
1. Identifier l'inconnue du problème et la représenter par une lettre.
2. S'assurer que les données forment une proportion.
3. Établir les rapports de cette proportion et résoudre.
4. Interpréter correctement le résultat dans le contexte du problème en tenant compte des unités.

1.4 EXERCICES

Dire quelles sont les quantités proportionnelles.

1. 8; 12; 18; 27

2. x; x^2y; y; xy^2

3. $x - y$; $x^2 - y^2$; $x + y$; $x^2 + 2xy + y^2$

Trouver la quatrième proportionnelle des nombres ou expressions donnés.

4. 2; 5; 8

5. x; xy; y

6. x; x^2; 1

7. $(x - y)$; $(x + y)$; $(x^2 - y^2)$

Trouver un moyen proportionnel entre les nombres ou expressions donnés.

8. 4 et 69

9. $\dfrac{1}{4}$ et $\dfrac{1}{16}$

10. $(x^2 + xy)$ et $(y^2 + xy)$

11. $\dfrac{x - 3}{x + 3}$ et $x^2 - 9$

12. Un tuyau de renvoi a une dénivellation de 8 cm par mètre. Exprimer cette dénivellation sous forme d'un rapport.

13. Résoudre les équations suivantes:

a) $\dfrac{5}{x + 4} = \dfrac{4}{x - 2}$

b) $\dfrac{x - 4}{x + 4} = \dfrac{9}{11}$

c) $\dfrac{x - 3}{4} = \dfrac{5}{x - 2}$

d) $\dfrac{x - 7}{3} = \dfrac{10}{2x - 3}$

14. Trouver la quatrième proportionnelle.

a) 7 ; 9 ; 14

b) x^2; xy; xy

c) $(x - 4)$; $(x + 4)$; $x^2 - 16$

d) $(x - 5)$; $(x + 5)$; $(x^2 - 7x + 10)$

e) $(x - 3)$; $(x + 3)$; $(x^3 - 6x^2 + 13x - 12)$

15. Trouver un moyen proportionnel entre les nombres ou expressions donnés.

a) 6 et 54

b) 5 et 125

c) 18 et 98

d) $x^2 + 4x$ et $16 + 4x$

e) a^3b et abc^2

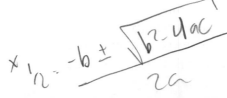

16. Un carré mesure a cm de côté.
    a) Si on multiplie la longueur du côté par 2, par quel facteur a-t-on multiplié l'aire de la surface?
    b) Exprimer ce facteur à l'aide des exposants.
    Remarque: Le rapport des aires est égal au rapport des carrés des côtés.

17. Un carré mesure a cm de côté.
    a) Si on multiplie la longueur du côté par un facteur b, par quel facteur a-t-on multiplié l'aire de la surface?
    b) Quelle est alors la surface du carré obtenu?

18. Un cube mesure a cm de côté.
    a) Si on multiplie la longueur du côté par 4, par quel facteur a-t-on multiplié le volume?
    b) Exprimer ce facteur à l'aide des exposants.
    Remarque: Le rapport des volumes est égal au rapport des cubes des côtés.

19. Un cube mesure a cm de côté.
    a) Si on multiplie la longueur du côté par un facteur b, par quel facteur a-t-on multiplié le volume?
    b) Quel est alors le volume du cube obtenu?

20. La maquette d'une sculpture de béton a une masse de 12 kg et mesure 40 cm de hauteur. On veut réaliser la sculpture dans le même matériau, mais avec une hauteur de 1,8 m. Exprimer la masse de la sculpture à l'aide des exposants. (Suggestion: les volumes sont directement proportionnels au cube de leurs lignes homologues et les masses de solides du même matériau sont directement proportionnelles au volume.)

21. Si une sphère de 7,00 cm de diamètre a une masse de 102 g, quelle sera la masse d'une sphère du même matériau dont le diamètre est de 12,0 cm?

22. Si une sphère de métal de 5,0 cm de diamètre a une masse de 16,5 g, quel sera le diamètre d'une sphère du même matériau dont la masse est de 880 g?

23. L'étirement d'un ressort est directement proportionnel à la masse que l'on suspend à ce ressort. En suspendant une masse de 30 g à un ressort, celui-ci s'étire de 5,0 cm. Quelle masse faudrait-il pour étirer ce ressort de 7,0 cm?

24. Lorsqu'il y a un orage, la distance qui nous sépare de la foudre est directement proportionnelle au temps écoulé entre le moment où on voit l'éclair et celui où on entend le tonnerre. Si on entend le tonnerre neuf secondes après avoir vu l'éclair, la foudre a frappé à environ trois kilomètres. À quelle distance la foudre a-t-elle frappé si le son nous parvient quatre secondes après avoir vu l'éclair? Que représente la constante de proportionnalité trouvée?

25. On doit construire une rampe avec une dénivellation de 1,5 m pour une distance horizontale de 9 m (longueurs exactes). Les supports de cette rampe doivent être espacés de 1 m. Quelle sera la longueur de chacun des supports?

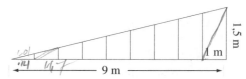

26. On doit construire un toit avec une dénivellation de 2 m pour une longueur horizontale de 4 m. Les supports du toit devront être espacés de 1 m. Calculer leur longueur.

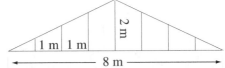

27. Le rapport idéal pour la pente d'un escalier est de 7/10. Quelle devra être la longueur d'un escalier dont la hauteur est de 2,1 m?

$$\frac{7}{10} \quad \frac{2.1}{x} \qquad x = 3\,m$$

28. Il faut ériger un socle pour une sculpture de béton de 2,4 m de hauteur. Déterminer la masse que devra supporter ce socle, sachant que la maquette en béton de la sculpture mesurant 30 cm de hauteur a une masse de 1,75 kg.

29. Lorsqu'on suspend une masse à un ressort, celui-ci subit une élongation qui est proportionnelle à la masse suspendue. Si on suspend une masse de 14 kg à un ressort, celui-ci subit une élongation de 3,4 cm. Quelle serait l'élongation si on suspendait une masse de 24 kg?

30. La masse du lingot ci-contre est de 485 kg.
    a) Estimer la masse volumique du métal constituant le lingot.
    b) Trouver la densité relative du métal constituant le lingot.
    c) Identifier ce métal à l'aide de sa densité.

31. Au cours d'un voyage dans Charlevoix, vous apercevez le panneau routier ci-contre. Quelle est la signification de ce panneau en terme de distances?

32. On vous demande de concevoir une boîte avec couvercle. La largeur doit être égale à la hauteur et la longueur doit être de 40 cm. L'aire de la surface de cette boîte devra être de 0,4 m². Quelles seront les dimensions de la boîte? Quel sera son volume en mètres cubes?

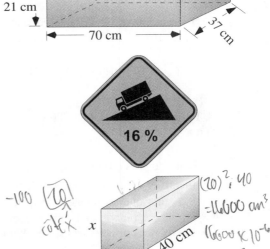

$$0,4\,m^2 = 0,4 \times 10^4\,cm^2 \quad S = (x^2) \times 2$$
$$4000 = 2x^2 + 160x \quad 2x^2 + 160x - 4000 = 0 \quad + (40x) \times 4$$

33. On vous demande de concevoir une boîte sans couvercle dont la longueur doit être le double de la largeur et dont la hauteur doit être de 60 cm. L'aire de la surface de cette boîte devra être de 17 600 cm². Quelles seront les dimensions de la boîte? Quel sera son volume en mètres cubes?

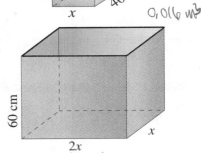

34. Un homme de 80 kg et chaussé de bottes de 33 cm sur 12 cm se déplace sur la neige.
    a) Quelle est la pression exercée par cet homme sur la neige lorsque tout sa masse repose sur un seul pied?
    b) Pour continuer sa promenade, cet homme décide de chausser ses skis qui mesurent 1,8 m sur 10 cm. Quelle est alors la pression exercée par cet homme sur la neige lorsque tout son poids repose sur un seul ski?

PRÉPARATION À L'ÉVALUATION

Pour préparer votre examen, assurez-vous d'avoir atteint les objectifs suivants.

Consignez à la page suivante des indications pour vous remémorer plus facilement les notions et concepts qui vous posent le plus de difficultés.

Si vous avez atteint l'objectif , cochez.

☆ **MANIPULER LES GRANDEURS PHYSIQUES SELON LES EXIGENCES TECHNOLOGIQUES.**

○ UTILISER CORRECTEMENT LES RÈGLES DE PRÉSENTATION DES RÉSULTATS D'OPÉRATIONS SUR DES NOMBRES ARRONDIS.

◇ Appliquer correctement la procédure pour arrondir un nombre.

◇ Appliquer les règles de présentation des résultats d'opérations.
  ❑ Présenter le résultat de sommes ou de différences de nombres arrondis en conservant le nombre de décimales approprié.
  ❑ Présenter le résultat de produits ou de quotients de nombres arrondis en conservant le nombre de chiffres significatifs approprié.
  ❑ Présenter le résultat d'une séquence de sommes (différences) et de produits (quotients) en conservant le nombre de chiffres significatifs approprié.

◇ Écrire les résultats d'opérations en respectant le code d'écriture en SI.

○ UTILISER LES PROPRIÉTÉS DES RAPPORTS ET PROPORTIONS DANS LA RÉSOLUTION DE SITUATIONS CONCRÈTES.

◇ Résoudre des problèmes de proportionnalité.
  ❑ Identifier l'inconnue du problème et la représenter par une lettre.
  ❑ S'assurer que les données forment une proportion.
  ❑ Établir les rapports de cette proportion et résoudre.
  ❑ Interpréter correctement le résultat dans le contexte du problème en tenant compte des unités.

Signification des symboles	☆ Élément de compétence	○ Objectif de section
	◇ Procédure ou démarche	❑ Étape d'une procédure

Notes personnelles

VOCABULAIRE UTILISÉ DANS LE CHAPITRE

CHIFFRE SIGNIFICATIF

Un chiffre significatif d'un nombre est un chiffre qui est porteur d'information sur la grandeur représentée par le nombre.

CHIFFRE-TEST

Le chiffre-test est le chiffre le plus à gauche de ceux qu'on laisse tomber lorsqu'on arrondit un nombre.

ERREUR

C'est la valeur absolue de la différence entre la valeur réelle et la valeur estimée. Dans le cas d'une mesure, la valeur réelle est toujours inconnue et on ne peut qu'estimer la valeur maximale de l'erreur.

INCERTITUDE ABSOLUE

C'est la valeur maximale de l'erreur commise en estimant un nombre. Cette estimation peut être le résultat d'une mesure ou découler de l'utilisation d'une valeur arrondie. Par exemple, lorsqu'on utilise 3,1416 au lieu de π.

NOMBRE ARRONDI

C'est un nombre dont on a laissé tomber certains chiffres. On laisse tomber les chiffres qui ne véhiculent pas une information fiable sur la grandeur représentée par le nombre.

NOTATION SCIENTIFIQUE

C'est une notation qui consiste à représenter les puissances de 10 par un préfixe, sans contrainte sur le nombre de chiffres devant la virgule décimale. En techniques, on privilégie l'utilisation des préfixes associés aux puissances qui sont des multiples de 3 (par exemple kilojoules, (kJ), milliampères (mA), microfarad (μF), etc.)

PRODUIT DES EXTRÊMES ET PRODUIT DES MOYENS

C'est le nom donné à la transformation d'une proportion qui consiste à obtenir une expression algébriquement équivalente. Cette expression algébrique est une égalité dont l'un des membres est le produit des moyens et l'autre, le produit des extrêmes.

PROPORTION

Une *proportion* est l'égalité de deux rapports que l'on représente sous forme fractionnaire. Une proportion est formée de quatre termes:

$$\frac{\text{premier terme}}{\text{deuxième terme}} = \frac{\text{troisième terme}}{\text{quatrième terme}}$$

Le premier et le quatrième termes sont appelés les *extrêmes* de la proportion, alors que le deuxième et le troisième termes sont appelés les *moyens*.

RAPPORT

Le rapport de deux quantités est le quotient de ces deux quantités. On peut représenter ce rapport de différentes façons, entre autres:
- sous forme fractionnaire, sans effectuer la division (par exemple 1/2);
- sous forme décimale (par exemple 0,5);
- en pourcentage % (par exemple 50 %).

Le rapport inverse est la fraction inverse d'un rapport exprimé sous forme fractionnaire ou l'inverse multiplicatif d'un rapport exprimé sous forme décimale (par exemple $\frac{1}{1/2} = 2$).

RÈGLE DE TROIS

C'est une procédure de résolution qui consiste à trouver le terme inconnu d'une proportion dont trois termes sont connus. On utilise le produit des extrêmes et le produit des moyens pour trouver l'inconnue. Elle n'est utilisable que dans le cas où les quantités concernées sont proportionelles; il faut d'abord s'en assurer.

VARIATIONS DIRECTES ET INVERSES

Au chapitre 1, nous avons présenté, entre autres, la notion de proportionnalité. Nous aborderons mainte-nant l'étude de situations comportant deux variables dont l'une varie de façon directement proportion-nelle, ou inversement proportionnelle à l'autre ou à son carré. Nous allons voir comment reconnaître graphiquement le type de lien entre les variables en cause dans ce genre de situations et comment confirmer algébriquement l'existence de ce lien.

Les activités d'apprentissage de ce chapitre visent à développer l'élément de compétence suivant:

« modéliser des situations mettant en cause des variations directement proportionnelles
ou inversement proportionnelles. »

2.1 VARIATIONS

Dans cette section, nous allons étudier les variations directement proportionnelles et les variations inversement proportionnelles. Ces modèles décrivent plusieurs situations physiques importantes.

OBJECTIF: Établir un lien de proportionnalité directe ou inverse entre deux variables à partir de données.

VARIATION DIRECTEMENT PROPORTIONNELLE

Considérons de nouveau la rampe d'accès de l'exemple 1.3.3 qui doit être soutenue par des supports perpendiculaires disposés à intervalles réguliers. L'analyse d'une telle situation peut se faire en considérant qu'il y a deux variables en cause, soit la distance du support au pied de la rampe et la longueur du support. Dans cette situation, la longueur du support dépend de sa distance au pied de la rampe. La distance au pied de la rampe est donc la variable indépendante, alors que la longueur du support est la variable dépendante. On peut représenter

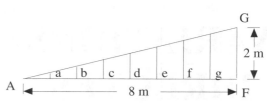

graphiquement la relation entre les variables: la variable indépendante est représentée sur l'axe horizontal et la variable dépendante sur l'axe vertical. Les valeurs correspondantes sont

x (m)	0	1	2	3	4	5	6	7	8
y (m)	0	0,25	0,50	0,75	1,00	1,25	1,50	1,75	2,00

La représentation graphique de ces données forme un *nuage de points* qui sont tous sur une même droite passant par l'origine (0;0). Le lien algébrique entre les variables de cette situation est

$$y = 0,25x$$

Une variation décrite par une équation de la forme $y = mx$ est appelée *variation directement proportionnelle*, parce que la valeur de la variable dépendante est directement proportionnelle à la valeur de la variable indépendante.

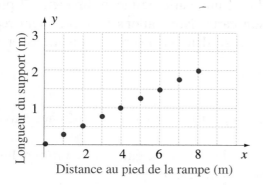
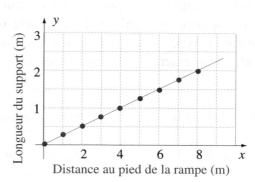

Graphiquement, une variation directement proportionnelle est représentée par une droite passant par l'origine. Cette caractéristique graphique permet de déceler visuellement l'existence d'un lien directement proportionnel. Pour confirmer l'existence du lien directement proportionnel entre les variables, on utilise une forme équivalente de l'équation $y = mx$, soit l'équation

$$\frac{y}{x} = m$$

La confirmation de l'existence de ce lien se fait en calculant le rapport de chaque valeur de la variable dépendante sur la valeur correspondante de la variable indépendante. Lorsque ce rapport est constant pour l'ensemble des données, l'existence du lien de proportionnalité directe est confirmée.

VARIATION DIRECTEMENT PROPORTIONNELLE

Soit x et y deux variables d'un phénomène. On dit que *y varie de façon directement proportionnelle* à x si:

1. $y = 0$ lorsque $x = 0$.
2. Le rapport des variables est constant lorsque $x \neq 0$.

Autrement dit $\qquad \dfrac{y}{x} = m$ si $x \neq 0$ et $y = 0$ lorsque $x = 0$

où m est une constante appelée *constante de proportionnalité*.

 EXEMPLE 2.1.1

L'industrie qui vous emploie produit des poutres de différentes dimensions et vous devez déterminer la charge que ces poutres (de même longueur, de même épaisseur mais de différentes largeurs) peuvent supporter sans se déformer. Vous avez fait des essais et avez relevé, pour chacune des largeurs testées, la charge maximale avant déformation. Les données recueillies sont consignées dans le tableau suivant:

x (cm)	4	6	8	10	12	14	16
C (kg)	148	224	300	378	446	516	594

Vous devez maintenant faire rapport de votre travail en produisant un tableau de spécifications donnant les charges et incluant les largeurs intermédiaires qui n'ont pas été testées pour des raisons d'économie.

Solution

Dans cette situation, les dimensions des poutres seront considérées comme des valeurs exactes, mais les charges sont des mesures expérimentales. Représentons graphiquement les données pour déceler visuellement le lien entre les variables.

La forme générale semble être celle d'une droite. De plus, cette droite passe à l'origine puisqu'une poutre de largeur nulle ne pourra supporter qu'un poids nul. En calculant le rapport des valeurs correspondantes, on obtient le tableau suivant:

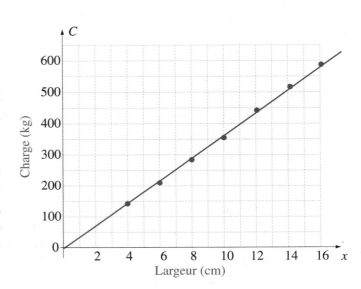

On constate que la valeur du quotient C/x est relativement constante. On peut donc considérer que le modèle le plus plausible est la variation directement proportionnelle. Cependant, le quotient n'est pas parfaitement constant. Quelle valeur choisir? On pourrait choisir la plus grande ou la plus petite valeur du produit. Supposons que notre décision est de choisir la valeur moyenne; on aura donc $m = 37,25$. Le modèle serait alors

$$C = 37,25x$$

Lorsqu'on établit un modèle mathématique à partir de données expérimentales, on exprime les paramètres (dans le cas présent, la constante de proportionnalité) avec un chiffre significatif de plus que dans les données pour ne pas gonfler artificiellement l'incertitude sur le résultat. On présente cependant le résultat des calculs en respectant la précision des données expérimentales.

x (cm)	C (kg)	C/x (kg/cm)
4	148	37,00
6	224	37,33
8	300	37,50
10	378	37,80
12	446	37,17
14	516	36,86
16	594	37,12

À l'aide du modèle, on peut alors produire le tableau de spécifications suivant:

x (cm)	4	5	6	7	8	9	10	11	12	13	14	15	16
C (kg)	149	186	224	261	298	335	372	410	447	484	522	559	596

REMARQUE

Pour indiquer clairement que la charge dépend de la largeur, on note $C(7)$ la charge que peut supporter une poutre de 7 cm de largeur. Dans ce contexte, $C(x)$ représente la charge que peut supporter une poutre de x cm de largeur, x étant la variable indépendante et C la variable dépendante. On a donc $C(7) = 261$ et $C(x) = 37,25x$. Cette notation est celle des fonctions. Une *fonction* est une correspondance pour laquelle à chaque valeur de la variable indépendante correspond une seule valeur de la variable dépendante.

FONCTION
Une variable y est *fonction d'une variable x* lorsque la valeur prise par la variable y dépend de la valeur attribuée à la variable x, qu'on appelle *variable indépendante*.

VARIATION INVERSEMENT PROPORTIONNELLE
Pour détecter visuellement une variation inversement proportionnelle, nous allons établir une procédure analogue à celle élaborée pour déceler une variation directement proportionnelle. Nous allons donc analyser la représentation graphique des variations inversement proportionnelles et mettre en évidence le critère algébrique qui permettra de confirmer l'existence du type de variation décelé.

VARIATION INVERSEMENT PROPORTIONNELLE

Si la relation entre deux variables x et y est telle que leur produit est égal à une constante, soit $yx = a$, on dit que *y varie de façon inversement proportionnelle à x*. Pour bien faire ressortir le lien entre les variables, on représente les variations inversement proportionnelles sous la forme

$$y = \frac{a}{x}$$

REPRÉSENTATION GRAPHIQUE

Pour pouvoir déceler une variation inversement proportionnelle à partir d'une représentation graphique, il faut connaître la forme d'une telle représentation. Nous allons donc représenter graphiquement la relation $y = 1/x$. On sait déjà que cette correspondance n'est pas définie à zéro puisque la division par zéro n'est pas définie sur **R**. On peut alors calculer différentes valeurs pour identifier la forme du graphique.

Variation dans l'intervalle]−∞;−1[		Variation dans la réunion d'intervalles [−1;0[∪]0;1]				Variation dans l'intervalle [1;∞[	
x	$y = 1/x$	x	$y = 1/x$	x	$y = 1/x$	x	$y = 1/x$
−10 000	−0,0001	−1	−1	0,0001	10 000	1	1
−1 000	−0,001	−0,5	−2	0,001	1 000	2	0,5
−100	−0,01	−0,1	−10	0,01	100	10	0,1
−10	−0,1	−0,01	−100	0,1	10	100	0,01
−2	−0,5	−0,001	−1 000	0,5	2	1 000	0,001
−1	−1	−0,0001	−10 000	1	1	10 000	0,0001

En représentant graphiquement les valeurs calculées, on obtient le graphique ci-contre.

On constate que le graphique a un comportement particulier. En suivant la courbe, le graphique s'approche de plus en plus d'une droite. On dit alors que le graphique a un comportement asymptotique.

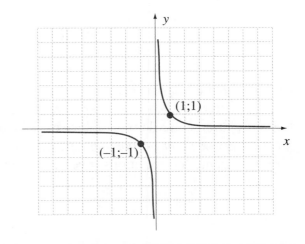

ASYMPTOTE

Lorsque la distance entre un graphique et une droite tend vers zéro, on dit que le graphique est *asymptotique* à la droite. Cette droite est alors appelée l'*asymptote*.

On rencontrera deux types d'asymptotes dans ce cours: l'asymptote verticale et l'asymptote horizontale. Comme le graphique plus haut permet de le constater, la relation $y = 1/x$ a une asymptote verticale à $x = 0$ et une asymptote horizontale à $y = 0$.

VARIATION DIRECTEMENT PROPORTIONNELLE AU CARRÉ

Une *variation directement proportionnelle au carré* est un phénomène descriptible par un modèle de la forme $y = ax^2$. On peut écrire cette équation sous la forme équivalente

$$\frac{y}{x^2} = a$$

> ### VARIATION DIRECTEMENT PROPORTIONNELLE AU CARRÉ
>
> Soit x et y deux variables. On dit que *y varie de façon directement proportionnelle au carré de x* si:
> 1. $y = 0$ lorsque $x = 0$.
> 2. Le rapport de y sur le carré de x est constant lorsque $x \neq 0$.
>
> Autrement dit $\qquad \dfrac{y}{x^2} = a$ si $x \neq 0$ et $y = 0$ si $x = 0$
>
> où a est une *constante de proportionnalité*.

REPRÉSENTATION GRAPHIQUE

La représentation graphique d'une variation directement proportionnelle au carré, c'est-à-dire de la forme $y = ax^2$, est une parabole dont le sommet est au point $(0;0)$.

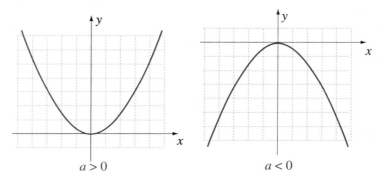

$a > 0$ $\qquad\qquad\qquad\qquad\qquad$ $a < 0$

> ### VARIATION INVERSEMENT PROPORTIONNELLE AU CARRÉ
>
> Si la relation entre deux variables est telle que $yx^2 = a$, où a est une constante, on dit que *y varie de façon inversement proportionnelle au carré de x*. Pour bien faire ressortir le lien entre les variables, on représente les variations inversement proportionnelles au carré de x sous la forme
>
> $$y = \frac{a}{x^2}$$

REPRÉSENTATION GRAPHIQUE

La représentation graphique de la relation $y = 1/x^2$ est donnée ci-contre.

On remarque que la relation $y = 1/x^2$ a une asymptote verticale à $x = 0$ et une asymptote horizontale à $y = 0$.

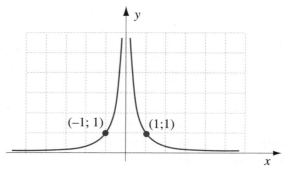

$(-1; 1)$ $\qquad$ $(1;1)$

EXEMPLE 2.1.2

On a relevé expérimentalement les correspondances suivantes:

x	0,4	0,8	1,2	1,6	2,0	2,4	2,8
y	9,62	2,41	1,07	0,60	0,38	0,27	0,20

a) Déterminer un modèle mathématique permettant de décrire la correspondance entre les variables.

b) À l'aide de ce modèle, déterminer la valeur correspondante lorsque la variable indépendante prend la valeur 1,4.

Solution

a) Pour déceler visuellement le type de relation permettant de décrire ce phénomène, représentons graphiquement les données.

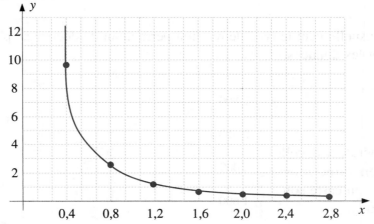

La représentation graphique permet de soupçonner l'existence d'une variation inversement proportionnelle ou d'une variation inversement proportionnelle au carré. On peut confirmer l'existence de l'un de ces liens en calculant les produits xy et x^2y afin de déterminer lequel de ces produits est constant. On trouve alors les valeurs consignées dans le tableau ci-contre.

x	y	xy	$x^2 y$
0,4	9,62	3,848	1,539
0,8	2,41	1,928	1,542
1,2	1,07	1,284	1,541
1,6	0,60	0,960	1,536
2,0	0,38	0,760	1,520
2,4	0,27	0,648	1,555
2,8	0,20	0,560	1,568

On constate que le produit x^2y est à peu près constant. On peut donc considérer que le modèle le plus plausible est la variation inversement proportionnelle au carré. Cependant, le produit n'est pas parfaitement constant. On doit donc choisir la valeur qui nous semble la plus plausible pour construire le modèle mathématique. Supposons que notre décision est de choisir la valeur moyenne; on aura donc $a = 1,543$. Le modèle choisi pour décrire le phénomène est alors

$$y = \frac{1,543}{x^2}$$

b) Si $x = 1,4$, on trouve $\qquad y = \frac{1,543}{(1,4)^2} = 0,78724\ldots$

La valeur correspondante retenue est $y = 0,79$, compte tenu de la précision des valeurs à partir desquelles le modèle a été établi.

EXEMPLE 2.1.3

On a soumis des poutres d'un même matériau ayant même largeur, même longueur mais de différentes épaisseurs à des essais pour déterminer la charge que ces poutres pouvaient supporter sans se déformer. Pour chacune des épaisseurs testées, on a relevé la charge maximale avant déformation. Ces données sont consignées dans le tableau suivant:

x (cm)	4	6	8	10	12	14	16
C (kg)	150	335	595	920	1 330	1 815	2 370

a)   Déterminer un modèle mathématique permettant de décrire la correspondance entre les variables.

b)   À l'aide de ce modèle, déterminer la charge que peut supporter une poutre dont l'épaisseur est de 7 cm.

Solution

a)   Pour déceler visuellement le type de relation permettant de décrire ce phénomène, représentons graphiquement les données.

La forme générale est celle d'une variation directement proportionnelle au carré soit:
$$C = ax^2$$

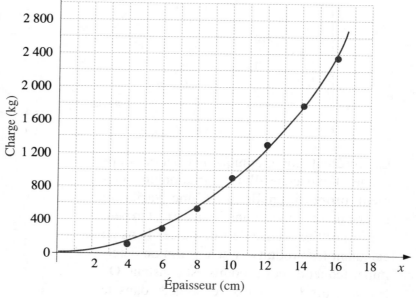

On confirme algébriquement en calculant les rapports dans le tableau ci-contre.

x (cm)	C (kg)	C/x^2
4	150	9,375
6	335	9,306
8	595	9,297
10	920	9,200
12	1 330	9,236
14	1 815	9,260
16	2 370	9,258

En posant $a = 9{,}28$, la valeur moyenne arrondie à trois chiffres significatifs, on a $C(x) = 9{,}28x^2$.

b)   Pour une épaisseur de 7 cm, on a
$$C(7) = 9{,}28 \times 7^2 = 455 \text{ kg.}$$

EXEMPLE 2.1.4

On a soumis des poutres d'un même matériau ayant même largeur, même épaisseur mais de différentes longueurs à des essais pour déterminer la charge que ces poutres pouvaient supporter sans se déformer. Pour chacune des longueurs testées, on a relevé la charge maximale que supportait la poutre avant de se déformer. Ces données sont consignées dans le tableau suivant:

x (m)	2	4	6	8	10	12	14
C (kg)	4 804	2 401	1 595	1 205	958	809	690

a)   Déterminer un modèle mathématique permettant de décrire la correspondance entre les variables.

b)   À l'aide de ce modèle, déterminer la charge que peut supporter une poutre dont la longueur est de 9 m.

Solution

a)   Pour déceler visuellement le type de fonction permettant de décrire ce phénomène, représentons graphiquement les données.

La forme générale est celle d'une variation inversement proportionnelle ou inversement proportionnelle au carré, soit de la forme $C = a/x$ ou $C = a/x^2$.

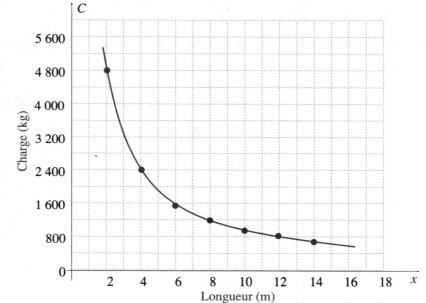

On confirme algébriquement en calculant les produits dans le tableau ci-contre.

Il est manifeste que la variation est inversement proportionnelle à la longueur. La valeur de la constante a est 9 620, en prenant la moyenne des valeurs dans la colonne Cx. Le modèle est donc

$$C(x) = 9\ 620/x$$

b)   Si la longueur est de 9 m, la charge sera
$$C(9) = 9\ 620/9 = 1\ 069 \text{ kg}.$$

x (m)	C (kg)	Cx	Cx^2
2	4 804	9 608	19 216
4	2 401	9 604	38 416
6	1 595	9 570	57 420
8	1 205	9 640	77 120
10	958	9 580	95 800
12	809	9 708	116 496
14	690	9 660	135 240

PROCÉDURE POUR DÉCRIRE ALGÉBRIQUEMENT
  LE LIEN DE VARIATION DIRECTE OU DE VARIATION INVERSE

1. Identifier la variable indépendante et la variable dépendante.

2. Représenter graphiquement les données

3. Détecter, à partir de la forme graphique, le type de lien entre les variables.

4. Confirmer algébriquement l'existence du lien décelé en vérifiant que les données satisfont le critère algébrique caractérisant ce type de lien.

5. Déterminer, à l'aide des données et de la forme générale de la relation, les valeurs des paramètres de cette situation particulière.

6. Utiliser le modèle pour analyser la situation.

7. Interpréter les résultats dans le contexte.

VARIATIONS DIRECTES ET INVERSES			
Variation	Graphique		Critère algébrique
Directement proportionnelle	$m > 0$	$m < 0$	Le graphique est une droite passant par (0;0). $\dfrac{y}{x} = m$ où m est une constante. Forme $y = mx$
Directement proportionnelle au carré	$a > 0$	$a < 0$	Le graphique est une parabole passant par (0;0). $\dfrac{y}{x^2} = a$ où a est une constante. Forme $y = a x^2$
Inversement proportionnelle	$a > 0$	$a < 0$	Le graphique est asymptotique aux deux axes. $yx = a$ où a est une constante. Forme $y = \dfrac{a}{x}$
Inversement proportionnelle au carré	$a > 0$	$a < 0$	Le graphique est asymptotique aux deux axes. $yx^2 = a$ où a est une constante. Forme $y = \dfrac{a}{x^2}$

2.2 EXERCICES

1. On a soumis à des essais des poutres d'un même matériau ayant même longueur, même épaisseur, mais de différentes largeurs, pour déterminer la charge que ces poutres pouvaient supporter sans se déformer. Pour chacune des largeurs testées, on a relevé la charge maximale avant déformation. Ces données sont consignées dans le tableau suivant:

x (cm)	5	7	9	11	13	15	17
C (kg)	148	208	266	326	385	444	503

a) Déterminer un modèle mathématique permettant de décrire la correspondance entre les variables.

b) À l'aide de ce modèle, déterminer la charge que peut supporter une poutre dont la largeur est de 8 cm.

2. On a soumis à des essais des poutres d'un même matériau ayant même largeur, même longueur, mais de différentes épaisseurs, pour déterminer la charge que ces poutres pouvaient supporter sans se déformer. Pour chacune des épaisseurs testées, on a relevé la charge maximale avant déformation. Ces données sont consignées dans le tableau suivant:

x (cm)	4	6	8	10	12	14	16
C (kg)	163	367	652	1 019	1 467	1 998	2 608

a) Déterminer un modèle mathématique permettant de décrire la correspondance entre les variables.

b) À l'aide de ce modèle, déterminer la charge que peut supporter une poutre dont l'épaisseur est de 7 cm.

3. On a soumis à des essais des poutres d'un même matériau ayant même largeur, même épaisseur, mais de différentes longueurs, pour déterminer la charge que ces poutres pouvaient supporter sans se déformer. Pour chacune des longueurs testées, on a relevé la charge maximale avant déformation. Ces données sont consignées dans le tableau suivant:

x (m)	2	4	6	8	10	12	14
C (kg)	5 765	2 881	1 914	1 446	1 150	971	828

a) Déterminer un modèle mathématique permettant de décrire la correspondance entre les variables.

b) À l'aide de ce modèle, déterminer la charge que peut supporter une poutre dont la longueur est de 9 m.

4. On a mesuré le volume occupé par 32 g d'oxygène à 0 °C en faisant varier la pression exercée sur ce gaz et on a obtenu les valeurs du tableau ci-contre.

a) Quelle est la variable indépendante dans ce problème?

b) Représenter graphiquement les données obtenues expérimentalement. Quel modèle mathématique est suggéré par cette représentation graphique pour décrire la relation entre les variables?

c) Confirmer l'existence de ce lien.

d) Décrire mathématiquement cette correspondance.

Pression et volume de 32 g d'oxygène à 0 °C	
Pression (kilopascal)	Volume (litres)
10	224,0
20	112,0
40	56,0
60	37,3
80	28,0
100	22,4

5. Dans un circuit comprenant une source de tension constante et une résistance variable, on a mesuré le courant dans celui-ci en faisant varier la résistance, et on a obtenu les valeurs ci-contre.

   a) Quelle est la variable indépendante dans ce problème?

   b) Représenter graphiquement les données obtenues expérimentalement. Quel modèle mathématique est suggéré par cette représentation graphique pour décrire la relation entre les variables?

   c) Confirmer l'existence de ce lien.

   d) Décrire mathématiquement cette correspondance.

Courant dans le circuit en fonction de la résistance	
Résistance (ohms)	Courant (ampères)
1,2	6,1
1,7	4,3
2,2	3,3
2,7	2,7
3,2	2,3
3,7	2,0

6. On a mesuré la puissance dissipée dans une résistance en faisant varier le courant circulant dans celle-ci. On a établi les correspondances ci-contre.

   a) Quelle est la variable indépendante dans ce problème?

   b) Représenter graphiquement les données obtenues expérimentalement. Quel modèle mathématique est suggéré par cette représentation graphique pour décrire la relation entre les variables?

   c) Confirmer l'existence de ce lien.

   d) Décrire mathématiquement cette correspondance.

Puissance dissipée en fonction du courant	
Courant (ampères)	Puissance (watts)
0,5	0,4
1,0	1,7
1,5	3,9
2,0	6,9
2,5	10,8

7. On a mesuré le volume occupé par 32 g d'ammoniac à 0 °C en faisant varier la pression exercée sur ce gaz et on a obtenu les valeurs du tableau ci-contre.

   a) Quelle est la variable indépendante dans ce problème?

   b) Représenter graphiquement les données obtenues expérimentalement. Quel modèle mathématique est suggéré par cette représentation graphique pour décrire la relation entre les variables?

   c) Confirmer l'existence de ce lien.

   d) Décrire mathématiquement cette correspondance.

Pression et volume de 32 g d'ammoniac à 0 °C	
Pression (kilopascals)	Volume (litres)
10	420,0
20	210,0
40	105,0
60	70,0
80	52,5
100	42,0

8. On a déterminé la résistance de conducteurs du même matériau et de même longueur mais de diamètres différents. Les correspondances établies sont celles du tableau suivant:

d (mm)	0,75	1,00	1,25	1,50	1,75	2,00	2,25	2,50
R (Ω)	0,0416	0,0234	0,0150	0,0104	0,0076	0,0059	0,0046	0,0037

   a) Représenter ces données graphiquement.

   b) Déterminer la nature du lien entre les variables et confirmer l'existence de ce lien.

   c) Déterminer un modèle mathématique permettant de décrire le lien entre les variables.

   d) En quelles unités s'exprime le paramètre?

2.3 MODÉLISATIONS DIVERSES

La description algébrique d'un phénomène ou d'une situation ne se fait pas toujours à partir de données obtenues expérimentalement. On rencontre également des situations pour lesquelles le lien entre les variables est connu. Ainsi, dans une situation donnée, on peut savoir que le lien entre les variables est inversement proportionnel. Pour décrire algébriquement le phénomène, il suffit alors de déterminer la constante de proportionnalité à l'aide des données du problème en substituant ces dernières dans le modèle général. Par exemple, on sait que la distance parcourue par un mobile qui se déplace à une vitesse constante est directement proportionnelle au temps. Pour décrire algébriquement une situation de ce type, il suffit alors de déterminer la constante de proportionnalité, qui est la vitesse.

OBJECTIF: Utiliser les modèles de variation directe et inverse pour décrire et analyser différents phénomènes.

 EXEMPLE 2.3.1

Une personne se déplaçant à une vitesse constante parcourt 2 kilomètres en 30 minutes. Quelle distance parcourra-t-elle en 45 minutes? en 75 minutes?

Solution
Les variables du problème sont la distance et le temps puisque la vitesse est constante. Le temps est la variable indépendante et la distance parcourue est directement proportionnelle au temps. La situation est donc décrite par un modèle de la forme $d = vt$ où d est la distance parcourue en kilomètres (km), v est la vitesse en kilomètres par heure (km/h) et t est le temps en heures (h). La constante de proportionnalité étant la vitesse, on doit la déterminer pour connaître le modèle dans ce cas particulier. En substituant les données du problème dans le modèle général, on obtient

$$v = \frac{d}{t} = \frac{2 \text{ km}}{0,5 \text{ h}} = 4 \text{ km/h}$$

et la distance parcourue est décrite par $d(t) = 4t$ km
Après 45 minutes ou trois quarts d'heure, on a $d(0,75) = 4 \times 0,75 = 3$ km.
Après 75 minutes ou une heure et quart, on a $d(1,25) = 4 \times 1,25 = 5$ km.

Dans l'exemple 2.3.1, on aurait également pu résoudre en exprimant la vitesse en kilomètres par minute de la façon suivante. Puisque d est directement proportionnelle à t, on a

$$v = \frac{d}{t} = \frac{2 \text{ km}}{30 \text{ min}} = \frac{1}{15} \text{ km/min}$$

ce qui donne

$$d(t) = \frac{1}{15} \, t \text{ km}$$

Dans cette expression, on obtient la distance parcourue dès que l'on assigne une valeur en minutes à la variable t. Ainsi

$$\text{si } t = 45, d(45) = \frac{1}{15} \times 45 = 3 \text{ km}$$

$$\text{si } t = 75, d(75) = \frac{1}{15} \times 75 = 5 \text{ km}$$

> *PROCÉDURE POUR RÉSOUDRE DES PROBLÈMES*
> *DE VARIATION DIRECTE ET DE VARIATION INVERSE*
> 1. Identifier la variable indépendante et la variable dépendante.
> 2. Calculer la constante de proportionnalité en tenant compte des unités.
> 3. Établir le modèle décrivant le lien entre les variables.
> 4. Utiliser le modèle pour analyser le phénomène ou pour résoudre le problème.
> 5. Représenter graphiquement le lien de proportionnalité directe ou inverse.
> 6. Interpréter correctement le résultat dans le contexte du problème.

VITESSES ANGULAIRES

La constante de proportionnalité peut être établie de différentes façons, et non seulement à partir du calcul du rapport des données
observées. Ainsi, pour établir la relation entre la vitesse de rotation
des deux poulies illustrées ci-contre, il faut prendre le temps d'analyser la situation. Supposons que la petite poulie est motrice et représentons sa circonférence par C_1.

Lorsque la petite poulie fait un tour complet, le déplacement de la courroie est égal à la circonférence de
la poulie. La grande poulie ne fait pas un tour complet mais une fraction de tour que l'on peut déterminer
par le rapport des circonférences. En représentant par C_2 la circonférence de la grande poulie, la fraction
de tour dont elle tourne (lorsque la petite fait un tour complet) est donc donnée par le rapport

$$\frac{C_1}{C_2}$$

Par exemple, si la circonférence de la petite roue est de 40 cm et celle de la grande de 65 cm, à chaque
fois que la petite poulie fait un tour, la grande fait 40/65 tour, ou 8/13 tour. Ainsi, si la vitesse v_1 de la petite
poulie est de 20 t/min, la vitesse v_2 de la grande poulie sera

$$v_2 = \frac{8}{13} v_1 = \frac{8}{13} \times 20 \text{ t/min}$$

De façon plus générale, la vitesse de la grande poulie est

$$v_2 = \frac{C_1}{C_2} v_1$$

On peut également exprimer cette relation de la façon suivante:

$$\frac{v_2}{v_1} = \frac{C_1}{C_2}$$

On constate que les vitesses sont dans le rapport inverse des circonférences. De plus, puisque la circonférence est donnée par $C = 2\pi r$, en représentant par r_1 et r_2 le rayon des poulies, on a

$$\frac{v_2}{v_1} = \frac{C_1}{C_2} = \frac{2\pi r_1}{2\pi r_2} = \frac{r_1}{r_2}$$

On conclut finalement que le rapport des vitesses des poulies est égal au rapport inverse des rayons.

On peut adapter notre raisonnement pour établir la relation entre les vitesses de deux roues d'engrenage qui sont en prise. Les dents de ces roues doivent être de même dimension pour que les roues puissent tourner. La circonférence de chaque roue est alors un multiple de la largeur des dents. Ainsi, on a $C_1 = n_1 d$ où d est la largeur des dents et n_1 est le nombre de dents de la première roue d'engrenage. De la même façon, $C_2 = n_2 d$ pour la deuxième roue d'engrenage. On a alors

$$\frac{v_2}{v_1} = \frac{C_1}{C_2} = \frac{n_1 d}{n_2 d} = \frac{n_1}{n_2}$$

Le rapport des vitesses est alors égal au rapport inverse du nombre de dents des roues d'engrenage. On remarque que, dans ce cas, les roues tournent en sens inverse l'une de l'autre.

 EXEMPLE 2.3.2

Une roue d'engrenage de 20 dents est entraînée par une roue de 30 dents. Déterminer la relation entre la vitesse de rotation de ces deux roues, les vitesses étant données en tours par minute. Représenter cette correspondance graphiquement.

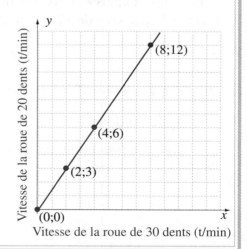

Solution

Soit x la vitesse de l'engrenage de 30 dents et y la vitesse de l'engrenage de 20 dents. Puisque les engrenages sont en prise, lorsque la roue de 30 dents fait un tour complet, la roue de 20 dents fait 30/20 tour. Ainsi, si la grande roue fait 1 tour par seconde, la petite roue fera 30/20 tour par seconde. La relation entre les vitesses est une variation directement proportionnelle, mais la constante de proportionnalité est le rapport inverse du nombre de dents. Le rapport des vitesses est alors

$$\frac{y}{x} = \frac{30}{20}$$

d'où

$$y = \frac{30}{20} x = \frac{3}{2} x$$

Calculons d'abord quelques correspondances:

x (t/min)	0	1	2	3	4	8
y (t/min)	0	3/2	3	9/2	6	12

Il suffit de peu de correspondances, puisque l'on sait que la variation est directement proportionnelle et que son graphique est une droite passant par l'origine.

VARIATIONS MIXTES

Les variations directement ou inversement proportionnelles se rencontrant rarement à l'état pur, on a plutôt des variations mixtes, c'est-à-dire qu'une variable peut dépendre de plusieurs autres variables, mais pour étudier plus précisément la relation entre deux de ces variables, on considère les autres comme constantes. Nous allons maintenant étudier certaines situations comportant des variations mixtes.

EXEMPLE 2.3.3

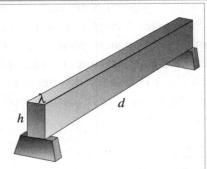

Une poutre supportée aux extrémités peut porter en toute sécurité une charge qui varie comme le produit de sa largeur par le carré de son épaisseur et inversement comme la distance entre les deux supports. Si une poutre de 6 cm de largeur, de 12 cm d'épaisseur et dont la distance entre les supports est de 2 m peut porter une charge de 240 kg, déterminer la relation entre ces variables. Quelle charge pourrait supporter une poutre de même type mesurant 3 m de longueur?

Solution

Représentons par C la charge que la poutre peut supporter. De plus, représentons l'épaisseur de la poutre par h, sa largeur par λ (lambda) et la distance entre les supports par d. L'énoncé permet alors d'écrire que la charge que peut supporter la poutre est donnée par

$$C = k\,\frac{\lambda\,h^2}{d}$$

où k est la constante de proportionnalité. On peut déterminer cette constante en substituant les données de l'énoncé dans la forme générale de la relation entre les variables

$$240 = k\,\frac{6 \times 12^2}{200}$$

et en isolant k, on a

$$k = \frac{240 \times 200}{6 \times 12^2} = 55,6 \text{ kg/cm}^2$$

La relation est donc

$$C = 55,6\,\frac{\lambda\,h^2}{d} \text{ kg}$$

Pour étudier plus précisément la relation entre la charge et la longueur de la poutre, il faut considérer la largeur et l'épaisseur comme des valeurs constantes. Dans le présent exemple, la largeur étant de 6 cm et l'épaisseur de 12 cm, le modèle décrivant cette relation est

$$C = 55,6 \times \frac{6 \times 12^2}{d} \text{ kg} = \frac{48\,000}{d} \text{ kg}$$

On remarque que le produit $55,6 \times 6 \times 12^2 = 48\,038,4$, mais on utilisera 48 000 comme constante.

Le modèle est donc

$$C(d) = \frac{48\,000}{d} \text{ kg}$$

La charge que peut porter une poutre de même largeur, de même épaisseur et du même matériau mais de 300 cm de longueur est

$$C(300) = \frac{48\,000}{300} = 160 \text{ kg}$$

PROCÉDURE POUR RÉSOUDRE DES PROBLÈMES DE VARIATION MIXTE

1. Établir la relation entre les différents paramètres et utiliser les données pour calculer la constante de proportionnalité en tenant compte des unités.
2. Identifier, dans le problème à résoudre, la variable indépendante et la variable dépendante et établir le modèle décrivant le lien entre ces variables.
3. Utiliser le modèle pour étudier le phénomène et interpréter correctement dans le contexte du problème.

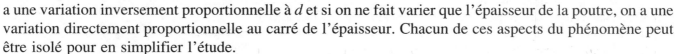

> **REMARQUE**

Dans l'exemple 2.3.3, le phénomène est descriptible par une variation mixte. La charge que la poutre peut supporter sans déformation est décrite par

$$C = k\,\frac{\lambda\,h^2}{d}$$

où C est la charge (kg) que la poutre peut supporter, h est l'épaisseur de la poutre (m), λ sa largeur (m), d la distance entre les supports (m) et k la constante de proportionnalité. Cependant, si on ne fait varier que la distance entre les supports, on a une variation inversement proportionnelle à d et si on ne fait varier que l'épaisseur de la poutre, on a une variation directement proportionnelle au carré de l'épaisseur. Chacun de ces aspects du phénomène peut être isolé pour en simplifier l'étude.

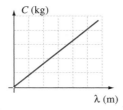

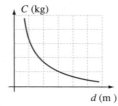

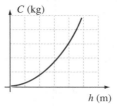

La charge que peut supporter la poutre est directement proportionnelle à sa largeur.

La charge que peut supporter la poutre est inversement proportionnelle à la distance entre les supports.

La charge que peut supporter la poutre est directement proportionnelle au carré de son épaisseur.

THALÈS

THALÈS de Milet (vers 624-548 av. J.-C.), homme d'État, marchand, ingénieur, astronome, philosophe et mathématicien, est considéré comme l'un des sept sages de l'Antiquité. Originaire de Milet, colonie grecque d'Asie mineure, il fut d'abord marchand et amassa une fortune qui lui permit de consacrer son temps aux voyages et à l'étude. Au cours de ses voyages, il s'est familiarisé avec les mathématiques et l'astronomie égyptienne. C'est le premier mathématicien auquel on attribue des découvertes précises, dont les suivantes:
- Tout diamètre divise le cercle en deux parties égales;
- Les angles à la base d'un triangle isocèle sont égaux;
- Les angles verticaux formés par deux droites qui se coupent sont égaux;
- Deux triangles qui ont respectivement deux angles égaux et un côté adjacent égal sont congrus.

Il aurait également trouvé comment mesurer la distance du rivage à un bateau en mer et comment mesurer la hauteur d'une pyramide à l'aide de l'ombre d'un bâton vertical en se basant sur les triangles semblables. Une des difficultés de ce problème, est que la mesure n'est possible qu'aux jours de l'année où les rayons du Soleil sont perpendiculaires à l'arête de la base. La plus grande contribution de THALÈS est d'avoir cherché à regrouper toutes les connaissances empiriques des géomètres égyptiens en un système logique pouvant se déduire de quelques définitions et axiomes.

Ses recherches ont été poursuivies par PYTHAGORE et par les disciples de ce dernier, qui ont été les premiers à faire une étude systématique des rapports et proportions. Leurs recherches étaient motivées par leur conviction que les nombres constituaient l'essence de l'univers et qu'en découvrant les propriétés des nombres, on découvrait les secrets de l'univers.

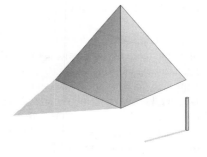

NOTES HISTORIQUES SUR LA MODÉLISATION

GALILÉE, le précurseur

La modélisation à partir de données observées pour établir le lien entre deux variables remonte à l'époque de GALILÉE (1564-1642). Dans les situations qu'il a étudiées, le mouvement du pendule et la chute des corps, une des variables est le temps.

BOYLE, l'étude des gaz

C'est le chimiste anglais Robert BOYLE (1627-1691) qui fut le premier à étudier des phénomènes dans lesquels le temps n'est pas une variable. L'expérience menée par BOYLE porte sur les gaz et consiste à emprisonner une certaine quantité de gaz dans un tube recourbé en y versant du mercure. Par la suite, en ajoutant du mercure dans le tube, il augmente la pression subie par le volume de gaz qui diminue à mesure que la pression augmente. Dans cette expérience, il est simple de calculer le volume occupé par le gaz puisque la colonne est cylindrique. On a en effet: $V = 2\pi r h$ ou h est la hauteur de la colonne de gaz. La pression est mesurée en pouces de mercure; c'est la différence de niveau Δn de la figure ci-contre. En mesurant le volume pour différentes pressions, il obtient un ensemble de données dont la description mathématique a été faite par le physicien anglais Richard TOWNELEY (1629-1707) qui a été le premier à concevoir et à énoncer la loi décrivant les résultats de BOYLE, loi connue sous le nom de BOYLE-MARIOTTE car elle a également été réalisée en 1661 par le Français Edmée MARIOTTE (1620-1684). Ce que TOMNELEY a constaté, c'est que le produit de la pression par le volume est constant, ce qui s'exprime par la relation

$$pV = k$$

où p est la pression. Elle était mesurée en pouces de mercure (po de Hg) à l'époque de BOYLE; elle est maintenant mesurée en kilopascals (kPa).

CHARLES, volume et température

En 1787, le physicien français Jacques CHARLES a étudié les effets quantitatifs de la température sur les gaz. Il a constaté que tous les gaz se dilatent d'une même fraction de leurs volumes originaux lorsqu'on élève leur température d'un même nombre de degrés. Cette expérience peut être réalisée de la façon suivante. On verse une goutte de mercure dans un tube capillaire. La goutte tombe et emprisonne un échantillon d'air au fond du tube. Puisque le diamètre intérieur est uniforme, la longueur de l'échantillon d'air donne la mesure du volume. Le bouchon de mercure agit alors comme un piston et il monte ou descend pour maintenir la pression constante. L'expérience de CHARLES révèle que le volume d'un gaz ne dépend pas seulement de la pression mais également de la température. On a donc une *variation mixte* impliquant le volume, la pression et la température. En gardant la température constante, on retrouve la loi de BOYLE et en gardant la pression constante, on retrouve la loi de CHARLES.

AVOGADRO

L'étude des gaz s'est poursuivie et, en 1811, le chimiste italien Amadeo AVOGADRO a postulé que des volumes de gaz égaux, maintenus à la même température et à la même pression, contenaient le même nombre de particules. C'est la *Loi d'AVOGADRO* qui, mathématiquement, s'écrit

$$V = an$$

où V est le volume de gaz en litres (L), a est une constante de proportionnalité et n est le nombre de moles. En combinant les trois lois, on obtient la relation

$$pV = nRT$$

que l'on appelle *Loi des gaz parfaits*, où T est la température en degrés kelvins et R est une constante de proportionnalité qu'on appelle *constante molaire des gaz*. Lorsque la pression est en kilopascals (kPa) et le volume en litres, la constante molaire des gaz, R, vaut 8,314 510 kPa·L/K·mol.

Depuis, la modélisation de données quantitatives s'est avérée très fructueuse car elle a permis d'établir plusieurs lois dans tous les domaines de la science et des techniques. Les mathématiques ont permis le développement de plusieurs autres modèles et procédures pour modéliser les phénomènes physiques. Nous en présenterons quelques-uns dans le présent ouvrage.

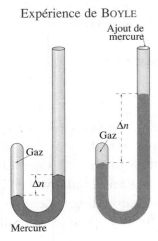

Expérience de BOYLE

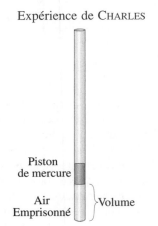

Expérience de CHARLES

Tube capillaire contenant une goutte de mercure qui emprisonne un échantillon d'air. En plongeant le tube capillaire dans des liquides à différentes températures, le piston de mercure monte ou descend pour conserver une pression constante. Cela permet de constater qu'à pression constante, le volume de gaz augmente avec la température.

2.4 EXERCICES

1. Une roue d'engrenage de 15 dents, est entraînée par une roue de 24 dents. Déterminer la relation entre la vitesse de rotation de ces deux roues, les vitesses étant données en tours par minute. Représenter cette relation graphiquement.

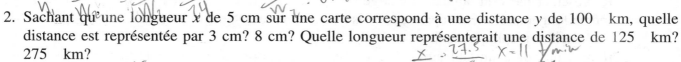

2. Sachant qu'une longueur x de 5 cm sur une carte correspond à une distance y de 100 km, quelle distance est représentée par 3 cm? 8 cm? Quelle longueur représenterait une distance de 125 km? 275 km?

3. Une poulie de 55 cm de diamètre tourne à une vitesse de 6 tours par seconde et, par l'entremise d'une courroie, entraîne une poulie de 30 centimètres de diamètre. Déterminer la vitesse de rotation de la deuxième poulie.

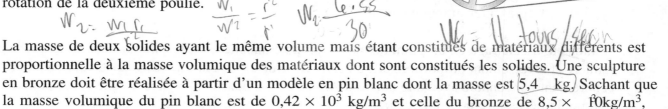

4. La masse de deux solides ayant le même volume mais étant constitués de matériaux différents est proportionnelle à la masse volumique des matériaux dont sont constitués les solides. Une sculpture en bronze doit être réalisée à partir d'un modèle en pin blanc dont la masse est 5,4 kg. Sachant que la masse volumique du pin blanc est de $0{,}42 \times 10^3$ kg/m³ et celle du bronze de $8{,}5 \times$ 10kg/m³, trouver :

   a) le volume de la sculpture;

   b) la masse de cette sculpture lorsqu'elle aura été réalisée en bronze.

5. Une roue d'engrenage de 30 dents entraîne deux roues, l'une de 20 dents et l'autre de 15 dents. Si la roue de 30 dents effectue 15 t/s, quelle est la vitesse des autres roues?

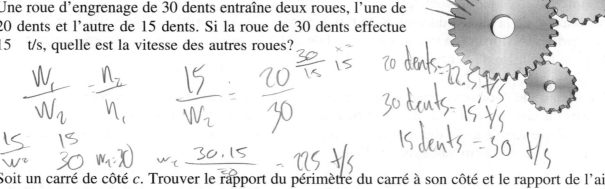

6. Soit un carré de côté c. Trouver le rapport du périmètre du carré à son côté et le rapport de l'aire du carré au carré de son côté.

7. La distance parcourue par une automobile se déplaçant à vitesse constante est directement proportionnelle à sa vitesse et à son temps de parcours. Une automobile a parcouru une distance de 180 km en deux heures et quart.

   a) Trouver la vitesse de l'automobile.

   b) Déterminer le modèle mathématique permettant de décrire la distance parcourue par rapport au temps.

   c) Trouver le temps nécessaire pour parcourir 500 km à cette vitesse.

   d) Représenter graphiquement le modèle mathématique décrivant ce phénomène.

d) Représenter graphiquement le modèle mathématique décrivant ce phénomène.

8. Une poutre supportée aux extrémités peut porter en toute sécurité une charge qui varie comme le produit de la largeur par le carré de l'épaisseur et inversement comme la distance entre les supports.

   a) Sachant qu'une telle poutre de 8 cm de largeur sur 10 cm d'épaisseur et dont la distance entre les supports est de 2,4 m peut porter une charge de 400 kg, déterminer la constante de proportionnalité en kg/cm².

   b) Représenter dans un tableau la charge que peut supporter une poutre du même matériau ayant même longueur et même épaisseur mais dont la largeur est de 4 cm, 6 cm, 8 cm, 10 cm, 12 cm. Représenter graphiquement.

   c) Représenter dans un tableau la charge que peut supporter une poutre du même matériau ayant 8 cm de largeur, 2,4 m de longueur et dont l'épaisseur est de 8 cm, 10 cm, 12 cm, 14 cm. Représenter graphiquement.

   d) Représenter dans un tableau la charge que peut supporter une poutre du même matériau ayant 8 cm de largeur, 10 cm d'épaisseur et dont la longueur est de 2,0 m, 2,2 m, 2,4 m, 2,6 m, 2,8 m, 3,0 m. Représenter graphiquement.

9. L'intensité d'éclairage en un point donné est proportionnelle à l'intensité lumineuse de la source de lumière et inversement proportionnelle au carré de la distance à la source. Si un lecteur bénéficie d'un éclairement convenable avec une lampe de 60 watts à 1 mètre de la page, quelle est la puissance de l'ampoule nécessaire pour un éclairement identique à une distance de 1,3 mètre?

10. La distance parcourue par un corps en chute libre varie comme le carré du temps. Si le corps tombe de 4,9 m durant la première seconde, quelle distance aura-t-il parcourue en trois secondes? Quel temps prendra-t-il pour tomber d'une hauteur de 30 mètres?

11. La force exercée par le vent sur la vitre d'un édifice varie comme le produit de l'aire de sa surface par le carré de la vitesse du vent. Si la force exercée sur une surface de 0,25 mètre carré (m²) est de 50 newtons (N) lorsque la vitesse du vent est de 20 km/h, trouver la pression sur une surface de 1,6 m² lorsque la vitesse du vent est de 32 km/h.

12. La distance de l'horizon en mer varie comme la racine carrée de la hauteur du point d'observation au-dessus du niveau de la mer. Si la lampe d'un phare située à 60,0 m au-dessus du niveau de la mer cesse d'être visible à une distance de 25 km, trouver la distance à laquelle sera visible la lampe d'un bateau située à 12,0 m au-dessus de l'eau.

13. Un cycliste qui se déplace en pédalant à un rythme constant a déterminé que sa roue, dont le diamètre est de 0,8 m, fait 4 tours à la seconde.

   a) Déterminer la distance parcourue en dix secondes.

   b) Déterminer la distance parcourue en deux minutes.

14. L'aire de la surface d'une sphère varie comme le carré de son rayon. Si l'aire d'une sphère de 3 cm de rayon est égale à 36π cm², quelle est l'aire d'une sphère de 8 cm de rayon? 17 cm de rayon?

15. Le volume d'une sphère varie comme le cube de son rayon. Si le volume d'une sphère de 6 cm de

rayon est égal à 288π cm^3, quel est le volume d'une sphère de 12 cm de rayon? 15 cm de rayon?

16. Soit l'expression $I = V/R$. Étudier la variation de I en fonction de R pour les valeurs suivantes du paramètre V : $V = 1$, $V = 4$. Représenter graphiquement ces variations sur un même système d'axes pour illustrer le rôle du paramètre V.

17. La puissance électrique fournie à une composante est donnée par $P = VI$. On désire maintenir P constant et on voudrait étudier le comportement de I en faisant varier V.
    a) Identifier la variable indépendante et la variable dépendante de cette situation.
    b) Représenter graphiquement cette variation.
    c) Pourquoi faut-il augmenter la tension lorsque le courant diminue pour fournir la même puissance?
    d) Pourquoi faut-il augmenter le courant lorsque la tension diminue pour fournir la même puissance?

18. Considérer l'assemblage ci-contre.
    a) Trouver le diamètre d_2 de la petite poulie motrice (ou le rayon r_2).
    b) Quel devrait être le diamètre d_2 pour doubler la vitesse de la courroie c_2?
    c) À la suite d'une panne, on doit changer le moteur du système. Deux modèles de moteurs sont disponibles sur le marché: l'un tourne à 650 t/min et l'autre à 400 t/min. Quelle sera la vitesse v de la courroie selon le moteur choisi?
    d) On veut que la vitesse de la courroie demeure de 5 m/min après avoir changé le moteur. Pour ce faire, on doit également changer la roue centrale. Quel devrait être le diamètre d_2 selon le moteur choisi pour que la vitesse de la courroie soit conservée?

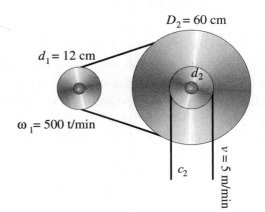

PRÉPARATION À L'ÉVALUATION

Pour préparer votre examen, assurez-vous d'avoir atteint les objectifs suivants.
Consignez à la page suivante des indications pour vous remémorer plus facilement les notions et concepts qui vous posent le plus de difficultés.

Si vous avez atteint l'objectif , cochez.

☆ **MODÉLISER DES SITUATIONS METTANT EN CAUSE DES VARIATIONS DIRECTEMENT PRO-PORTIONNELLES OU INVERSEMENT PROPORTIONNELLES.**

○ ÉTABLIR UN LIEN DE PROPORTIONNALITÉ DIRECTE OU INVERSE ENTRE DEUX VARIABLES À PARTIR DE DONNÉES.

◇ Décrire algébriquement le lien de variation directe ou inverse.
- ❏ Représenter graphiquement les données.
- ❏ Détecter, à partir de la forme graphique, le type de lien entre les variables.
- ❏ Confirmer algébriquement l'existence du lien décelé en vérifiant que les données satisfont le critère algébrique caractérisant ce type de lien.
- ❏ Déterminer, à l'aide des données et de la forme générale de la relation, les valeurs des paramètres de cette situation particulière.
- ❏ Utiliser le modèle pour analyser la situation.
- ❏ Interpréter les résultats dans le contexte.

○ UTILISER LES MODÈLES DE VARIATION DIRECTE ET INVERSE POUR ANALYSER DIFFÉRENTS PHÉNOMÈNES.

◇ Résoudre un problème de variation mixte.
- ❏ Établir la relation entre les différents paramètres.
- ❏ Utiliser les données pour calculer la constante de proportionnalité en tenant compte des unités.
- ❏ Identifier, dans le problème à résoudre, la variable indépendante et la variable dépendante.
- ❏ Établir le modèle décrivant le lien entre les variables.
- ❏ Utiliser le modèle pour analyser le phénomène ou pour résoudre le problème.
- ❏ Représenter graphiquement le lien de proportionnalité directe ou inverse.
- ❏ Interpréter correctement le résultat dans le contexte du problème.

Signification des symboles   ☆ Élément de compétence   ○ Objectif de section

◇ Procédure ou démarche   ❏ Étape d'une procédure

Notes personnelles

VOCABULAIRE UTILISÉ DANS LE CHAPITRE

ASYMPTOTE

Dans la représentation graphique d'une fonction, l'asymptote horizontale est la droite qui décrit la tendance d'une variable qui se stabilise.

FONCTION

Une fonction est une relation entre deux variables:
- dont l'une est la variable indépendante et l'autre la variable dépendante;
- qui a comme caractéristique que, pour chaque valeur de la variable indépendante, il y a une seule valeur correspondante pour la variable dépendante.

MODÈLE

C'est la représentation mathématique d'une situation. Il permet de mieux étudier la situation et de mieux comprendre le comportement et l'interaction des variables en cause.

RELATION

Une relation est un lien entre des variables qui est généralement décrit par une règle de correspondance (ou formule de correspondance). Par extension, le mot relation désigne parfois la règle de correspondance elle-même.

VARIABLE

Terme d'une situation dont la valeur est indéterminée et peut changer.

La *variable indépendante* d'un modèle, ou d'une fonction, est la variable dont on veut, ou dont on peut, modifier la valeur pour analyser l'effet de cette modification sur la variable dépendante.

La *variable dépendante* d'un modèle, ou d'une fonction, est celle dont la valeur dépend de celle assignée à la variable indépendante.

VARIATION

On appelle variation tout changement de la valeur d'une variable. La variation d'une variable x est notée Δx et elle est définie par $\Delta x = x_2 - x_1$ où x_1 est la valeur au début et x_2, la valeur à la fin de l'intervalle de variation.

VARIATION DIRECTEMENT PROPORTIONNELLE

Une variation directement proportionnelle désigne une relation entre deux variables, x et y, pour laquelle la valeur de l'une est proportionnelle à la valeur de l'autre. Si la valeur de x double, celle de y est doublée.

VARIATION INVERSEMENT PROPORTIONNELLE

Une variation inversement proportionnelle désigne une relation entre deux variables pour laquelle la valeur de l'une est dans le rapport inverse de la valeur de l'autre. Si la valeur de x double, celle de y est divisée par 2.

TAUX

C'est le rapport de deux quantités qui peuvent être de même nature ou de nature différente.

TAUX DE VARIATION

Lorsqu'il y a un lien entre deux variables, le taux de variation est le rapport de la variation de la variable dépendante sur la variation de la variable indépendante. Dans une situation pour laquelle x représente la variable indépendante et y la variable dépendante, le taux de variation dans un intervalle $[x_1;x_2]$ est le rapport

$$\frac{\Delta y}{\Delta x} = \frac{y_2 - y_1}{x_2 - x_1}$$

Ce rapport correspond alors à la pente m de la droite sur un graphique illustrant la relation entre les variables.

MODÉLISATION AFFINE

3.0 PRÉAMBULE

Un modèle affine est un modèle dont la représentation graphique est une droite. Nous avons déjà vu un cas particulier de modèle affine, soit le modèle linéaire, qui décrit la variation directement proportionnelle dont la représentation graphique est une droite passant par l'origine. Construire un modèle affine signifie trouver la pente et l'ordonnée à l'origine d'une droite satisfaisant aux particularités de la situation à décrire. Nous verrons différents types de situations pour lesquelles le modèle affine est pertinent. Les premières situations abordées sont celles pour lesquelles la description permet de préciser deux points ou un point et la pente de la droite, et de trouver le modèle par une procédure vue en quatrième secondaire.

Dans le deuxième type de situations, on aura un ensemble de données pouvant provenir de mesures, expérimentales ou autres, dont on souhaite décrire le comportement. Dans ce cas, la représentation graphique des données constitue la première étape de modélisation qui donne une représentation visuelle du phénomène à l'étude. La deuxième étape est la description algébrique du lieu géométrique formé par les points. Nous avons déjà utilisé cette approche de modélisation pour les variations directes et les variations inverses, et nous l'emploierons également pour les exponentielles. Pour ces situations, nous recommandons fortement l'utilisation d'un chiffrier électronique pour mettre l'accent sur l'analyse des résultats plutôt que sur les détails des calculs.

Les activités de ce chapitre visent à développer l'élément de compétence suivant:

« modéliser des situations nécessitant l'explicitation du lien entre les variables en cause. »

3.1 MODÉLISATION AFFINE

Lorsque les points qui représentent graphiquement les valeurs correspondantes forment une droite, le lien entre les variables est décrit par l'équation de cette droite. La démarche pour trouver cette équation et déterminer son domaine de validité est appelée *modélisation affine*.

OBJECTIF: Construire un modèle affine pour décrire le lien entre deux variables et utiliser le modèle pour analyser le phénomène en cause.

 EXEMPLE 3.1.1

La compagnie de construction pour laquelle vous travaillez veut présenter une soumission pour construire une maison de dix mètres sur sept et, avant de présenter la soumission, vous devez déterminer le coût de l'excavation. Après consultation des entreprises spécialisées, vous avez déterminé que le coût pour une excavation comprend des frais fixes (transport de l'équipement) et des frais variables en fonction du nombre de mètres cubes de terre à enlever. L'une de ces entreprises exige des frais fixes de 250 $ et des frais variables de 15 $ par mètre cube:

a)   Identifier la variable indépendante et la variable dépendante de cette situation.

b)   Déterminer la fonction décrivant le coût d'une excavation selon le nombre de mètres cubes à enlever.

c)   Selon les devis, le volume de l'excavation est 210 m^3. Quel en sera le coût?

d)   Cette entreprise a été chargée d'une excavation ayant coûté 2 875 $. Déterminer le volume de terre ayant été enlevé.

Solution

a)   La variable indépendante est le nombre de mètres cubes de terre à enlever et le coût d'excavation dépend du volume de terre à enlever.

b)   La fonction est de la forme
$$f(x) = mx + b$$
où b représente les frais fixes et m représente le coût par mètre cube de terre. On a donc
$$f(x) = 15x + 250$$
où x est le volume d'excavation en mètres cubes.

c)   Le coût pour une excavation de 210 m^3 est l'image de 210 par la fonction, soit:
$$f(210) = (15 \times 210) + 250 = 3\ 400\ \$.$$

d)   On connaît le coût d'excavation et on cherche le volume de terre enlevé. On cherche donc x tel que $f(x) = 15x + 250 = 2\ 875$. En isolant x dans cette équation, on trouve
$$x = \frac{2\ 875 - 250}{15} = 175\ \text{m}$$

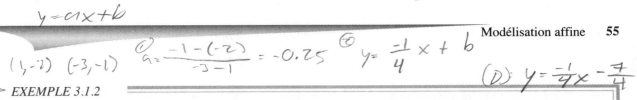

L'entreprise qui vous emploie doit remplacer temporairement un appareil électronique nécessitant des réparations dont la durée pourrait être de deux à trois mois. Deux compagnies de location ont présenté une soumission. La première compagnie demande 12 $ par jour de location tous services inclus. La deuxième compagnie demande 8 $ par jour et des frais d'installation de 210 $. L'appareil est muni d'un dispositif qui détermine le nombre de jours d'utilisation pour tenir compte seulement des jours ouvrables dans la facturation. Vous devez préparer une étude comparative de ces offres pour le conseil d'administration qui devra choisir un fournisseur.

Solution

Pour décrire algébriquement une situation, il faut d'abord identifier les variables. Dans cette situation, les variables sont le coût et la durée de la location ou, plus précisément, le nombre de jours d'utilisation de l'appareil. De plus, le coût dépend du nombre de jours d'utilisation. Représentons par x le nombre de jours d'utilisation et par C le coût. Comme il y a deux soumissions, on utilisera C_1 pour le coût de la première soumission et C_2 pour le coût de la deuxième. On peut décrire algébriquement la relation entre les variables par

$$C_1(x) = 12x$$

et

$$C_2(x) = 8x + 210$$

Ces modèles mathématiques sont de la forme $y = mx + b$. La représentation graphique du premier modèle est une droite dont la pente, $m = 12$, représente les frais variables. La représentation graphique du deuxième modèle est une droite dont la pente, $m = 8$, représente les frais variables et l'ordonnée à l'origine, $b = 210$, représente les frais fixes. On représente la variable indépendante sur l'axe horizontal et la variable dépendante sur l'axe vertical, ce qui donne la représentation graphique suivante.

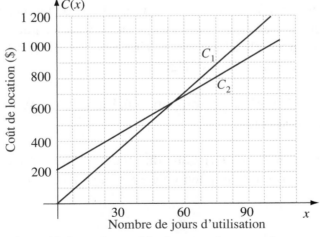

Le coût pour 2 mois (environ 40 jours ouvrables) pour chacune des soumissions donne

$$C_1(40) = 12 \times 40 = 480 \ \$ \text{ et } C_2(40) = 8 \times 40 + 210 = 530 \ \$$$

Le coût pour 3 mois (environ 60 jours ouvrables) pour chacune des soumissions donne

$$C_1(60) = 12 \times 60 = 720 \ \$ \text{ et } C_2(60) = 8 \times 60 + 210 = 690 \ \$$$

L'offre de la première compagnie est donc avantageuse pour une utilisation de deux mois, tandis que l'offre de la deuxième compagnie est avantgeuse pour une utilisation de trois mois.

FONCTION AFFINE

Une *fonction affine* est une fonction de la forme
$$f(x) = mx + b$$
où $m \in \mathbf{R}$, $b \in \mathbf{R}$ et $m \neq 0$

REPRÉSENTATION GRAPHIQUE

La représentation graphique de $f(x) = mx + b$ est une droite dont l'intersection avec l'axe vertical est $(0;b)$ et dont la *pente* est m. Lorsque la règle de correspondance d'une fonction affine n'est pas connue, on peut trouver la pente de la droite à partir de deux points de cette droite.

PENTE D'UNE DROITE

Soit $(x_1;y_1)$ et $(x_2;y_2)$, deux points d'une droite tels que $x_1 \neq x_2$. On définit la *pente* de cette droite par le rapport

$$m = \frac{\Delta y}{\Delta x} = \frac{y_2 - y_1}{x_2 - x_1}$$

Le rapport $\Delta y / \Delta x$ est appelé le *taux de variation* de la fonction.

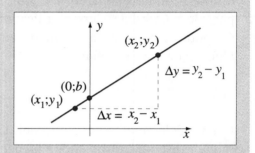

REMARQUE

Lorsque la constante b est nulle, on a $f(x) = mx$ ou $y = mx$, et y varie de façon *directement proportionnelle* à x, car le rapport y/x est constant et égal à m. Lorsque $m = 0$, on a une *fonction constante* $f(x) = b$. Graphiquement, c'est une droite parallèle à l'axe des x. Une fonction affine est *croissante* lorsque sa pente est positive et *décroissante* lorsque sa pente est négative.

Dans un modèle affine où $b \neq 0$, y n'est pas proportionnel à x, mais Δy est proportionnel à Δx et la constante de proportionnalité est la pente.

Le taux de variation constant est une caractéristique du modèle affine. Dans une situation donnée, si le taux de variation est constant, on sait que le phénomène est modélisable par une fonction affine.

ÉQUATION D'UNE DROITE

On doit souvent trouver la règle de correspondance entre deux variables à partir de données numériques ou à partir de couples. Lorsque le phénomène est affine, il faut trouver l'équation d'une droite. Différents cas peuvent se présenter.

DEUX POINTS DE LA DROITE SONT CONNUS

Soit $(x_1;y_1)$ et $(x_2;y_2)$, deux points d'une droite tels que $x_1 \neq x_2$. Pour qu'un point quelconque $(x;y)$ soit sur la même droite que $(x_1;y_1)$ et $(x_2;y_2)$, il faut que la pente entre ces trois points pris deux à deux soit constante. Traduite algébriquement, cette condition donne

$$\frac{y - y_1}{x - x_1} = \frac{y_2 - y_1}{x_2 - x_1}$$

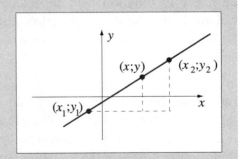

UN POINT ET LA PENTE SONT CONNUS

Soit $(x_1;y_1)$ un point et m la pente de la droite. Pour qu'un point $(x;y)$ soit sur cette droite, il faut que la valeur de la pente entre les points $(x;y)$ et $(x_1;y_1)$ soit égale à m. Traduite algébriquement, cette condition s'écrit

$$\frac{y - y_1}{x - x_1} = m$$

ou encore $y - y_1 = m\,(x - x_1)$

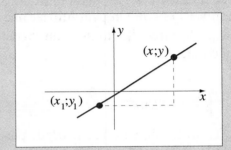

 EXEMPLE 3.1.3

Trouver l'équation de la droite passant par les points $(-3;1)$ et $(4;6)$.

Solution

En utilisant $\dfrac{y - y_1}{x - x_1} = \dfrac{y_2 - y_1}{x_2 - x_1}$

on trouve $\dfrac{y - 1}{x - (-3)} = \dfrac{6 - 1}{4 - (-3)} = \dfrac{5}{7}$

et $\dfrac{y - 1}{x + 3} = \dfrac{5}{7}$

d'où $7\,(y - 1) = 5\,(x + 3)$
$$7y - 7 = 5x + 15$$
$$7y = 5x + 22$$

et $y = \dfrac{5x}{7} + \dfrac{22}{7}$

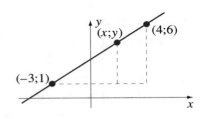

IMAGE ET PRÉIMAGE

Soit $(a;c)$, un couple d'une relation fonctionnelle f. Le premier élément du couple est appelé la *préimage* de c par la fonction f, et le deuxième élément du couple est appelé l'*image* de a par la fonction f. Lorsqu'une variable est fonction d'une autre, l'image d'un élément quelconque est notée $f(x)$ qui se lit « f de x » et signifie l'*image de x par la fonction f*. Ainsi, dans l'exemple précédent, on écrira

$$f(x) = \frac{5x}{7} + \frac{22}{7}$$

La forme générale de la règle de correspondance d'une fonction affine comporte deux paramètres représentés par les lettres m et b. Dans la représentation graphique, m est la *pente de la droite* et b, son *ordonnée à l'origine*, c'est-à-dire l'ordonnée du point d'intersection du graphique et de l'axe vertical. Pour construire un modèle affine dans une situation donnée, on doit utiliser les données de la situation pour trouver ces paramètres.

Lorsqu'on cherche l'équation d'une droite, on doit trouver la valeur des paramètres m et b dans l'expression $y = mx + b$. On peut utiliser une autre procédure que celle utilisée dans l'exemple 3.1.3 pour trouver les paramètres. Il s'agit de substituer les données dans le modèle et de traiter les paramètres comme des inconnues.

 EXEMPLE 3.1.4

Trouver l'équation de la droite passant par le point (3;2) et dont la pente est −2. Trouver son ordonnée à l'origine et son abscisse à l'origine.

Solution

On cherche l'équation d'une droite. Il faut donc trouver les valeurs de m et b dans l'expression $y = mx + b$. La valeur de la pente est donnée; $m = -2$, et le modèle cherché est de la forme $y = -2x + b$. La droite passe par le point (3; 2). Les coordonnées de ce point doivent donc satisfaire à l'équation $y = -2x + b$. En substituant les coordonnées du point dans l'équation, on obtient

$$2 = -2 \times 3 + b$$

En isolant b dans cette équation, on trouve alors $b = 8$. L'équation de la droite est donc

$$y = -2x + 8$$

L'ordonnée à l'origine est 8; c'est l'ordonnée du point de rencontre avec l'axe vertical.

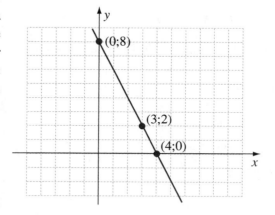

L'abscisse à l'origine est l'abscisse du point de rencontre avec l'axe horizontal; on l'obtient en posant $y = 0$, ce qui donne

$$-2x + 8 = 0$$

d'où

$$x = 4$$

REMARQUE

L'appellation « abscisse à l'origine », qui désigne l'abscisse du point de rencontre avec l'axe horizontal, est celle de la géométrie analytique. Dans le langage des fonctions, on note $f(x) = mx + b$ et l'abscisse du point de rencontre avec l'axe horizontal s'appelle « zéro de la fonction ». Cette appellation est utilisée pour toutes les fonctions, et non seulement pour les fonctions affines. L'appellation « ordonnée à l'origine », quant à elle, est utilisée telle quelle dans l'étude des fonctions.

EXEMPLE 3.1.5

Un propriétaire de blocs à logements observe que ses coûts de chauffage mensuels dépendent de la température extérieure et il estime que le lien entre les variables est un lien affine. Il a relevé qu'en octobre, la température moyenne a été de 13°C et le coût de chauffage pour l'ensemble de ses logements a été de 1 340 $. Par ailleurs, en novembre, pour une température moyenne de 8°C, les coûts se sont élevés à 2 530 $.

a)   En supposant que le phénomène est effectivement modélisable par un lien affine, trouver ce modèle, interpréter la signification des paramètres dans le contexte et représenter graphiquement.

b)   Trouver le zéro de la fonction et interpréter dans le contexte.

c)   Selon les données accumulées par le service de météo local, la température moyenne durant le mois de janvier, pour les années précédentes, a été de −18°C. En utilisant le modèle, estimer le coût de chauffage pour le prochain mois de janvier.

Solution

a)   Soit C, le coût mensuel de chauffage et T, la température moyenne durant le mois. Si l'hypothèse du propriétaire est valide, la relation est de la forme $C = mT + b$.

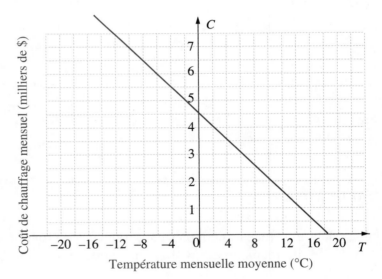

La pente de la droite représentant graphiquement le modèle affine cherché est

$$m = \frac{1\,340 - 2\,530}{13 - 8} = -238 \text{ \$/°C}$$

Le modèle est donc de la forme $C = -238T + b$. En substituant les coordonnées d'un des points connus, on peut trouver b, ce qui donne

$$2\,530 = -238 \times 8 + b$$

et

$$b = 4\,434 \text{ \$}$$

La fonction est donc $C(T) = -238T + 4\,434$ \$.

La pente est de –238 \$/°C. Elle signifie que le coût mensuel de chauffage diminue de 238 \$ pour chaque augmentation de 1 °C de la température mensuelle moyenne. L'ordonnée à l'origine est de 4 434 \$; c'est le coût mensuel de chauffage lorsque la température mensuelle moyenne est de 0 °C.

b) Le zéro de la fonction est la température mensuelle moyenne pour laquelle le coût de chauffage mensuel sera nul. On a donc

$$-238T + 4\,434 = 0$$

et

$$T = 18{,}63 \text{ °C}$$

c) Si la température moyenne pour le mois de janvier se maintient à –18 °C, le coût de chauffage mensuel estimé à l'aide du modèle est

$$C(-18) = -238 \times -18 + 4\,434 = 8\,718 \text{ \$}$$

On peut également prendre les correspondances deux par deux et calculer le taux de variation entre ces données pour juger de la pertinence du modèle affine. Si le taux de variation est constant, on peut conclure que le modèle est affine. Dans la pratique, lorsque les données sont des mesures, il est illusoire de s'attendre à ce que la pente entre deux points quelconques donne toujours la même valeur.

COUPLE RÉCIPROQUE

Soit $(x;y)$ un couple. On appelle *couple réciproque* le couple $(y;x)$. Graphiquement, les couples réciproques sont disposés symétriquement par rapport à la droite $y = x$.

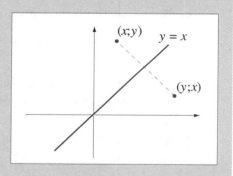

RELATION RÉCIPROQUE

Soit f une fonction. On appelle *relation réciproque* de f l'ensemble des couples $\{(f(a);a)\}$, c'est-à-dire la relation formée des couples réciproques de la fonction f. Lorsque la relation réciproque d'une fonction est elle-même une fonction, on l'appelle *fonction inverse* et on la note f^{-1}.

Puisque le couple réciproque de $(x;y)$ est le couple $(y;x)$, on peut trouver la règle de correspondance de la relation réciproque en isolant la variable indépendante dans la règle de correspondance de la fonction f. L'usage, en mathématiques, veut que l'on emploie la lettre x pour désigner la variable indépendante. C'est pourquoi, après avoir isolé celle-ci, on réécrit la règle de correspondance en substituant x à y et y à x pour représenter la règle de correspondance de la relation réciproque. On peut également construire rapidement le graphique de la relation réciproque puisque, dans un système cartésien, les couples réciproques sont placés symétriquement par rapport à la droite $y = x$.

Dans les applications, il n'est pas pertinent de changer les noms des variables car les symboles utilisés pour les représenter indiquent habituellement la variable physique représentée.

 *EXEMPLE 3.1.6*

Dans le contexte de l'exemple précédent, le propriétaire de blocs à logements souhaite établir le modèle permettant de calculer la température mensuelle moyenne en fonction du coût mensuel de chauffage pour l'ensemble de ses logements.

a) Établir cette correspondance, représenter graphiquement et interpréter les paramètres du modèle dans le contexte.

b) À l'aide de ce modèle, estimer la température moyenne du mois de février si la facture de chauffage a été de 7 650 $.

c) À l'aide de ce modèle, estimer la température moyenne du mois d'avril si la facture de chauffage a été de 5 200 $.

Solution

a) Le modèle décrivant la relation entre la température mensuelle moyenne et le coût de chauffage est

$$C = -238T + 4\ 434\ \$$$

En isolant T dans ce modèle, on a

$$T = \frac{C - 4\ 434}{-238} = -\frac{1}{238}\ C + \frac{4\ 434}{238} = -0{,}0042C + 18{,}63\ °C$$

Le modèle est donc $T(C) = -0{,}0042C + 18{,}63\ °C$
La représentation graphique est donnée ci-contre. Dans ce modèle, la pente m représente le taux de variation de la température par rapport au coût de chauffage. Il indique que pour chaque augmentation d'un dollar du coût de chauffage mensuel, il y a une diminution de 0,0042 °C. L'ordonnée à l'origine représente la température mensuelle moyenne pour laquelle le coût de chauffage mensuel est nul.

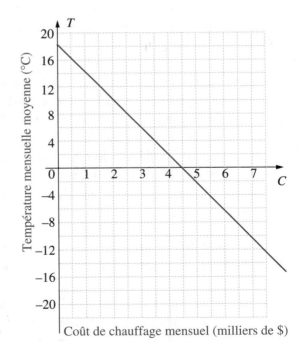

b) On cherche
$T(7\ 650) = -0{,}0042 \times 7\ 650 + 18{,}63° = -13{,}5\ °C$.
La température mensuelle moyenne de février est donc estimée à –13,5 °C.

c) On cherche
$T(5\ 200) = -0{,}0042 \times 5\ 200 + 18{,}63° = -3{,}21\ °C$.
La température mensuelle moyenne d'avril est donc estimée à –3,21 °C. En réalité, on ne peut garantir une telle précision et on peut dire que la température moyenne a été d'environ –3 °C.

> ### REMARQUE
>
> Dans les correspondances entre deux unités de mesure, on rencontre des liens de proportionnalité directe comme la relation entre les livres et les kilogrammes ou la relation entre les milles et les kilomètres. On rencontre des relations affines lorsque le zéro représente des grandeurs différentes dans les deux unités. Dans l'échelle Celsius, le point de congélation de l'eau est 0 °C, alors que dans l'échelle Fahrenheit, il est de 32 °F. Dans ce cas, on a une relation affine.

3.2 EXERCICES

1. Trouver l'équation de la droite passant par les points donnés.

   a) (−3;2) et (7;1)

   b) (6;−3) et (−1;5)

   c) (4;−7) et (−3;3)

2. Trouver l'équation de la droite passant par le point P et de pente *m*.

   a) P = (8;2) et *m* = −1/5

   b) P = (−3;2) et *m* = 3/4

   c) P = (2;−5) et *m* = 4

3. Un technicien en réparation d'appareils à chauffage affiche un taux de 30 $ par demi-heure de travail. Cependant, il exige un supplément de 20 $ pour le temps de déplacement.

   a) Déterminer le modèle mathématique décrivant le coût de la main-d'oeuvre pour les réparations d'appareils à chauffage effectuées par ce technicien.

   b) Déterminer le coût de la main-d'œuvre pour une réparation qui a nécessité une demi-heure de travail.

4. Une personne désirant établir la correspondance entre les kilogrammes et les livres se pèse à l'aide d'une balance graduée selon les deux échelles de mesure. Sur l'échelle graduée en kilogrammes, cette personne évalue sa masse à 70 kg et sur l'échelle graduée en livres, elle fait une lecture de 154 livres.

   a) À l'aide de ces données, établir la correspondance entre les deux unités de mesure.

   b) Esquisser le graphique de cette correspondance.

   c) Quel est l'équivalent en livres de 80 kg? de 100 kg?

   d) Sachant qu'une personne a maigri de 8 livres au cours du dernier mois, combien a-t-elle perdu de kilogrammes?

5. Un thermomètre est gradué en Celsius et en Fahrenheit. Déterminer le modèle mathématique décrivant la relation entre les unités de mesure.

   a) Trouver la fonction exprimant la température en Celsius en fonction de la température en Fahrenheit.

   b) Esquisser le graphique de la fonction.

   c) Exprimer en Celsius les températures de 25 °F, 100 °F, 180 °F.

   d) Trouver une expression algébrique permettant de convertir des degrés Celsius en degrés Fahrenheit.

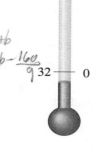

Daniel Gabriel FAHRENHEIT

Daniel Gabriel FAHRENHEIT (1686-1736), physicien allemand, s'est beaucoup intéressé à la thermométrie (mesure de la température). Il a construit des thermomètres et a innové en utilisant le mercure comme liquide thermométrique, ce qui lui a permis de produire des thermomètres de petite dimension et de le rendre célèbre. Il a défini de façon empirique la première échelle de température en prenant comme points fixes la température d'un corps froid (glace pilée et sel d'ammoniac) et la température du corps humain, et en déterminant des divisions de l'intervalle ainsi obtenu sur la colonne du thermomètre. Il a laissé son nom à une échelle de température, l'échelle Fahrenheit.

Anders CELSIUS

Anders CELSIUS (1701-1744), astronome et physicien suédois, est à l'origine de l'échelle thermométrique centésimale. Il avait cependant désigné par 0 le point d'ébullition de l'eau et par 100 le point de congélation, ce qui a été changé depuis ce temps.

ANDERS CELSIUS

6. Vous désirez faire planter une haie de cèdres autour de votre résidence et le spécialiste en aménagement paysager que vous consultez dit que le coût pour un tel travail comporte des frais fixes de 50 $ et des frais variables de 36 $ le mètre; ces frais variables incluent le creusage de la tranchée, la terre et les plants nécessaires.

   a) Quelle est la variable indépendante et quelle est la variable dépendante dans cette situation?

   b) Déterminer la fonction permettant d'évaluer le coût d'un tel travail. Représenter cette situation graphiquement.

   c) Votre terrain mesurant 20 mètres de largeur par 32 mètres de profondeur, déterminer le coût si vous décidez de faire planter la haie sur un seul côté; sur les deux côtés; à l'arrière seulement; ou sur les côtés et à l'arrière.

   d) Vous contactez un autre entrepreneur qui déclare pouvoir planter une haie sur les deux côtés et à l'arrière pour la somme de 2 444 $. Sachant que les frais fixes sont également de 50 $, déterminer le coût par mètre de haie plantée.

7. Vous contactez deux entrepreneurs paysagistes pour faire la pelouse de votre terrain. L'un de ces entrepreneurs charge 1,80 $ le mètre carré et des frais fixes de 120 $. L'autre entrepreneur charge 2,10 $ le mètre carré sans frais fixes.

   a) Quelle est la variable indépendante et quelle est la variable dépendante de cette situation?

   b) Déterminer dans chacun des cas la fonction permettant d'évaluer le coût. Représenter graphiquement ces fonctions sur un même système d'axes.

   c) Sachant que la partie de terrain que vous désirez recouvrir de pelouse a une superficie de 300 m^2, lequel de ces entrepreneurs exige le moins cher?

   d) Quelle devrait être la superficie à couvrir pour qu'il soit plus avantageux de choisir l'autre entrepreneur?

8. L'entreprise qui vous emploie doit remplacer temporairement un appareil nécessitant des réparations. Ce remplacement pourrait durer de deux à trois mois. Deux compagnies de location ont présenté une soumission. La première compagnie demande 10 $ par jour de location, tous services inclus. La deuxième compagnie demande 6 $ par jour et des frais d'installation de 180 $. L'appareil est muni d'un dispositif qui détermine le nombre de jours d'utilisation pour tenir compte seulement des jours ouvrables dans la facturation. Vous devez préparer une étude comparative de ces offres pour le conseil d'administration qui devra choisir un fournisseur.

a) Déterminer pour chaque cas le modèle mathématique décrivant le coût en fonction de la durée de la location. Représenter graphiquement les deux modèles sur un même système d'axes.

b) Quel sera le coût pour une location de 30 jours? de 90 jours?

c) Suite à l'analyse des modèles, quelle stratégie recommanderiez-vous au conseil d'administration pour le choix du fournisseur?

9. Vous désirez faire nettoyer les tapis des bureaux de votre compagnie. Après avoir consulté les petites annonces, vous avez déniché une compagnie spécialisée dans le nettoyage des tapis pour les édifices commerciaux. Elle affiche les prix suivants:

60 $ de frais fixes et 0,50 $ le mètre carré de tapis à nettoyer.

a) Définir un modèle algébrique décrivant le coût en fonction de la superficie.

b) Avant de faire appel à cette compagnie de nettoyage, vous souhaitez estimer approximativement le coût d'une telle opération pour vos bureaux. Vous estimez que la superficie à nettoyer est comprise entre 200 m^2 et 250 m^2. À l'aide du modèle, déterminer le coût pour le nettoyage d'une superficie de 200 m^2; de 250 m^2.

c) La compagnie de nettoyage vous envoie une facture de 175 $. Déterminer, à l'aide du modèle, la superficie que la compagnie estime avoir nettoyée.

d) Une compagnie rivale demande un montant fixe de 200 $ peu importe la superficie à nettoyer. Représenter graphiquement cette situation et déterminer à partir de quelle superficie il aurait été préférable de retenir les services de la deuxième compagnie.

10. Un groupe de cyclistes part en excursion et se déplace à une vitesse de 30 km/h. Une heure et quarante-cinq minutes plus tard, la camionnette transportant l'équipement lourd et la nourriture part à leur suite à une vitesse de 50 km/h.

a) Déterminer un modèle mathématique décrivant la distance parcourue par la camionnette en fonction du temps *t*, à partir du moment où la poursuite est entamée.

b) Déterminer un modèle mathématique décrivant la distance parcourue par les cyclistes.

c) Représenter graphiquement ces modèles mathématiques sur un même système d'axes.

d) Dans cette représentation graphique, que représente l'abscisse du point de rencontre des droites? Que représente l'ordonnée du point de rencontre des droites?

e) Combien de temps faudra-t-il à la camionnette pour rejoindre le groupe et quelle sera alors la distance parcourue?

11. Deux cyclistes partent simultanément de deux endroits distants de 300 km et se dirigent l'un vers l'autre. André part du point A et roule à 22 km/h, alors que Bertrand part du point B et roule à 26 km/h.

a) Exprimer, en fonction du temps, la distance de chacun des cyclistes par rapport au point A.

b) Représenter graphiquement les deux fonctions sur un même système d'axes.

c) Dans cette représentation graphique, que représente l'abscisse du point de rencontre des droites? Que représente l'ordonnée du point de rencontre des droites?

d) Déterminer dans combien de temps les deux cyclistes vont se rencontrer.

e) Déterminer la distance parcourue par chacun des cyclistes au moment de la rencontre.

3.3 DROITE DE RÉGRESSION

Lorsqu'on obtient des données à partir d'une expérience de laboratoire, d'un sondage ou d'une recherche, même si le phénomène peut être décrit par un modèle affine, il faut s'attendre à ce qu'il y ait une différence entre les valeurs observées et les valeurs décrites par le modèle. En effet, aucun modèle n'est une description exacte d'un phénomène expérimental. La règle de correspondance obtenue à partir de données expérimentales est un *modèle empirique* et sa fiabilité dépend, entre autres, de la précision des données expérimentales utilisées et de la qualité de l'ajustement du modèle aux données. Lorsqu'on étudie la relation entre les variables d'un phénomène pour lequel on dispose de données empiriques, la représentation graphique se révèle un moyen efficace pour déceler si le phénomène est descriptible par un modèle affine. Dans la pratique, on a plusieurs couples formant un nuage de points et on cherche à déterminer la droite qui décrit le phénomène le plus fidèlement possible.

OBJECTIF: Utiliser la droite de régression pour construire un modèle affine à partir de données numériques.

MÉTHODE DES MOINDRES CARRÉS

La *droite de régression* est celle qui s'ajuste le mieux à un nuage de points représentant des données observées (ou expérimentales), celle qui est globalement la plus « proche » de l'ensemble des points. La *méthode des moindres carrés* consiste à déterminer la droite dont la somme des carrés des distances aux points est minimale. Les deux paramètres de cette droite sont donnés par les expressions suivantes:

$$m = \frac{n\sum x_i y_i - \left(\sum x_i\right)\left(\sum y_i\right)}{n\sum x_i^2 - \left(\sum x_i\right)^2}$$

$$b = \frac{\sum y_i - m\sum x_i}{n}$$

Le symbole Σ, qui signifie *sommation*, représente une somme de termes. Ainsi,
$$\sum x_i = x_1 + x_2 + x_3 + ... + x_n$$
où n est le nombre de valeurs de la variable.

REMARQUE

Il est fortement recommandé d'utiliser le logiciel Excel, ou une calculatrice avec fonctions statistiques, pour calculer les paramètres m et b de façon à pouvoir se concentrer sur l'analyse de la situation à l'aide du modèle.

PROCÉDURE POUR CALCULER LES PARAMÈTRES D'UNE DROITE DE RÉGRESSION
1. Représenter graphiquement les données pour s'assurer que le modèle affine est pertinent.
2. Pour simplifier le traitement et la gestion des données, construire un tableau en réservant une colonne pour chacun des paramètres x, y, xy et x^2. La dernière ligne du tableau sera réservée aux sommations utilisées dans les formules précédentes.

EXEMPLE 3.3.1

Le constructeur d'habitations pour lequel vous travaillez a décidé d'évaluer le coût de chauffage des maisons qu'il construit afin d'améliorer sa publicité. Il a fait relever, pour des périodes de 24 heures, la consommation moyenne de mazout en fonction de la température extérieure. Les relevés ont été faits en fonction de la température moyenne durant ces 24 heures. Les données obtenues sont compilées dans le tableau suivant:

T (°F)	−13	−8	−4	2	8	15
Q (L)	52,0	44,0	36,8	28,0	18,0	6,8

Trouver, par la méthode des moindres carrés, le modèle affine décrivant la relation entre la température et la quantité de mazout consommée.

Solution

Dans cette situation, la quantité de mazout consommé dépend de la température extérieure. En représentant graphiquement les données, on a

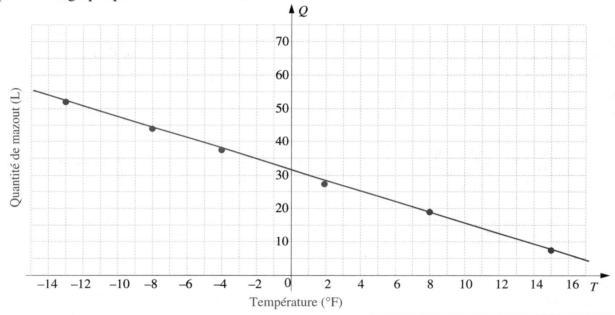

Le nuage de points suggère une droite, mais les points ne sont pas parfaitement alignés. Pour calculer la valeur des paramètres de la droite, il faut d'abord calculer les produits TQ des valeurs correspondantes et les carrés des valeurs de la variable indépendante puis faire la somme de ces résultats. On peut effectuer tous ces calculs dans un même tableau. La ligne supplémentaire sous le tableau donne les sommes des valeurs dans les colonnes. En utilisant les expressions permettant de calculer la valeur des paramètres, on a alors

Valeurs expérimentales			
T	Q	TQ	T^2
−13	52,0	−676,0	169
−8	44,0	−352,0	64
−4	36,8	−147,2	16
2	28,0	56,0	4
8	18,0	144,0	64
15	6,8	102,0	225
Σ 0	185,6	−873,2	542

$$m = \frac{n \sum T_i Q_i - \left(\sum T_i\right)\left(\sum Q_i\right)}{n \sum T_i^2 - \left(\sum T_i\right)^2} = \frac{6 \times (-873,2) - 0 \times 185,6}{6 \times 542 - (0)^2} = -1,611$$

$$b = \frac{\sum Q_i - m \sum T_i}{n} = \frac{185,6 - (-1,612) \times 0}{6} = 30,93$$

Le modèle est donc $Q(T) = -1,611T + 30,93$

PRÉCISION DU MODÈLE

On a dit que le modèle des moindres carrés est le meilleur ajustement affine des données. Mais ce modèle mathématique que nous avons construit est-il fiable? Quelle est la qualité de l'ajustement du modèle aux données? Nous allons présenter deux *mesures* qui donnent des éléments de réponse à cette question. Ces mesures sont le calcul des résidus et le coefficient de corrélation.

CALCUL DES RÉSIDUS

On peut mesurer la précision du modèle obtenu en calculant, pour chaque valeur de la variable indépendante, la différence entre la valeur observée et la valeur donnée par le modèle mathématique. Ces différences sont appelées les *résidus*. La somme des carrés des résidus est une mesure de précision du modèle mathématique. Le calcul des résidus de l'exemple précédent donne

Valeurs observées				Valeurs théoriques	Résidus	Carrés des résidus
T	Q	TQ	T^2	$Q(T)$	$Q - Q(T)$	
-13	52,0	-676,0	169	51,873	0,127	0,016129
-8	44,0	-352,0	64	43,818	0,182	0,033124
-4	36,8	-147,2	16	37,374	-0,574	0,329476
2	28,0	56,0	4	27,708	0,292	0,085264
8	18,0	144,0	64	18,042	-0,042	0,001764
15	6,8	102,0	225	6,765	0,035	0,001225
Σ	0	185,6	-873,2	542			0,466982

Ce tableau illustre ce qui se passe lorsqu'on effectue le calcul des résidus. Pour chacune des données, on calcule la différence entre la valeur observée et la valeur théorique (décrite par le modèle). Parmi ces différences, certaines sont négatives, d'autres positives, et on les élève au carré pour obtenir des nombres positifs. La somme du carré des résidus est alors la somme des carrés des distances verticales des points à la droite. Dans notre exemple, la somme des carrés des résidus est petite par rapport aux valeurs expérimentales: on peut donc conclure que le modèle est valide pour l'analyse de cette situation. Rappelons que la droite de régression est la droite pour laquelle cette somme des carrés des résidus est minimale. Cependant, si la dispersion des points de part et d'autre de la droite est importante, la somme des carrés des résidus sera aussi importante.

COEFFICIENT DE CORRÉLATION

Le coefficient de corrélation est une mesure de l'intensité du lien de linéarité entre deux variables. Il indique le degré de regroupement des points dans le voisinage de la droite. Ce coefficient est donné par

$$r = \frac{n\sum x_i y_i - (\sum x_i)(\sum y_i)}{\sqrt{n\sum x_i^2 - (\sum x_i)^2}\ \sqrt{n\sum y_i^2 - (\sum y_i)^2}}$$

Dans l'exemple précédent, on peut écrire

$$r = \frac{n\sum T_i Q_i - (\sum T_i)(\sum Q_i)}{\sqrt{n\sum T_i^2 - (\sum T_i)^2}\ \sqrt{n\sum Q_i^2 - (\sum Q_i)^2}}$$

Les colonnes du tableau de la page précédente donnent déjà quatre des sommes apparaissant dans cette définition. Il manque seulement $\sum y_i^2$. On peut donc assez simplement calculer ce coefficient en ajoutant une colonne au tableau. Dans l'exemple précédent, en ajou-

Valeurs expérimentales				
T	Q	TQ	T^2	Q^2
−13	52,0	−676,0	169	2 704,00
−8	44,0	−352,0	64	1 936,00
−4	36,8	−147,2	16	1 354,24
2	28,0	56,0	4	784,00
8	18,0	144,0	64	324,00
15	6,8	102,0	225	46,24
Σ 0	185,6	−873,2	542	7 148,48

tant cette colonne, on a le tableau ci-contre. Le calcul du coefficient donne

$$r = \frac{6 \times (-873,2) - 0 \times 185,6}{\sqrt{6 \times 542 - (0)^2}\ \sqrt{6 \times 7\,148,48 - (185,6)^2}} = -0,9998$$

Le coefficient de corrélation linéaire r est un nombre compris entre −1 et 1 ($-1 \leq r \leq 1$). Lorsque $r = 0$ (corrélation nulle), le modèle affine n'est pas du tout indiqué pour modéliser le phénomène. Lorsque r est proche de 1 ou de −1, le regroupement des points dans le voisinage de la droite est important.

Lorsque la valeur de r est positive (en fait, r est du même signe que la pente m), les variables varient dans le même sens, c'est-à-dire que la valeur de la variable dépendante augmente lorsque la valeur de la variable indépendante augmente. Lorsque la valeur de r est négative, les valeurs des variables varient en sens inverse, c'est-à-dire que la valeur de la variable dépendante diminue lorsque la valeur de la variable indépendante augmente. C'est ce qui se produit dans l'exemple 3.3.1: la quantité de mazout consommée diminue lorsque la température augmente. De plus, le coefficient est −0,9998, ce qui est très près de −1. La corrélation est donc très forte.

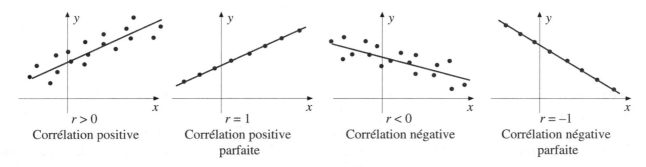

Corrélation positive   Corrélation positive parfaite   Corrélation négative   Corrélation négative parfaite

Le coefficient de corrélation peut être calculé assez simplement avec le logiciel Excel. On le retrouve dans la catégorie « Statistiques » de la banque de fonctions. L'activité de laboratoire en annexe vous permettra de voir comment l'utiliser.

DROITE DE TENDANCE

Il est indispensable en gestion de « prévoir » pour prendre la meilleure décision possible, mais l'estimation obtenue par le modèle mathématique n'impose pas une décision; elle donne des informations qui aident à prendre, avec précaution, la meilleure décision. Sans le modèle, il faudrait quand même prendre la décision, mais avec moins d'information. Ainsi, un distributeur d'huile peut devoir estimer la quantité de mazout nécessaire pour ses clients, et la quantité qu'il devra acheter, en se basant sur les prévisions météorologiques et sur ses statistiques de consommation. De même, Hydro-Québec peut vous acheminer une facture établie à partir d'une estimation de votre consommation. Il y aura ensuite un réajustement, une fois la lecture du compteur faite.

La droite de régression permet de construire des modèles simples utilisés pour analyser des situations ou pour décrire une tendance. On l'appelle alors *droite de tendance*. On distingue deux cas dans l'analyse de tendance, selon que les valeurs sont à l'intérieur ou à l'extérieur de l'intervalle des données observées.

INTERPOLATION

Lorsque les prévisions portent sur des valeurs à l'intérieur de l'intervalle des données, le processus est alors appelé *interpolation*. Il ne faut cependant pas attendre du modèle une précision plus grande que les données qu'il décrit. Ainsi, si des données provenant d'une étude de marché ne comportent que deux chiffres significatifs, les prévisions obtenues par le modèle doivent être arrondies à deux chiffres significatifs. Si les données sont en milliers d'unités, les résultats des calculs devront être arrondis au millier près. Généralement, les estimations provenant d'une interpolation sont plutôt fiables.

EXTRAPOLATION

Lorsque les prévisions portent sur des valeurs à l'extérieur de l'intervalle des données, le processus est alors appelé *extrapolation*. Il faut noter que la fiabilité est plus grande lorsque l'on fait des prédictions pour des valeurs proches de l'intervalle des données observées. Les prédictions portant sur des valeurs éloignées de cet intervalle donnent une estimation qui, sans être à rejeter, doit être considérée de façon plus prudente.

 EXEMPLE 3.3.2

Une association d'automobilistes a demandé à ses membres de lui communiquer la distance qu'ils ont parcourue et le coût d'utilisation pour la dernière année en incluant les frais d'enregistrement, les assurances, l'essence et l'entretien. L'association a dressé le tableau suivant de ces données pour la voiture la plus populaire auprès de ses membres

Distance (km)	5 000	10 000	15 000	20 000	25 000	30 000
Coût ($)	1 950	2 860	3 740	4 600	5 520	6 460

a) Trouver un modèle mathématique décrivant la correspondance entre les variables.
b) Donner une mesure de la précision du modèle par le calcul des résidus.
c) Prévoir, à l'aide du modèle, le coût d'utilisation de cette voiture pour une distance annuelle de 45 000 km.

Solution

a) Dans cette situation, le coût d'utilisation annuel dépend de la distance parcourue. Représentons graphiquement ces données.

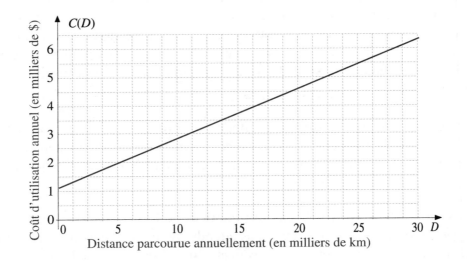

Pour obtenir la valeur des paramètres de la droite de régression, il faut calculer les produits des valeurs correspondantes et le carré des valeurs de la variable indépendante et faire la somme de ces données et résultats. On peut compiler tous ces calculs dans un même tableau. Après avoir complété les quatre premières colonnes, on peut calculer les paramètres, ce qui donne

$$m = \frac{n\sum x_i y_i - (\sum x_i)(\sum y_i)}{n\sum x_i^2 - (\sum x_i)^2} = \frac{6 \times 518\ 250\ 000 - 105\ 000 \times 25\ 130}{6 \times 2\ 275\ 000\ 000 - (105\ 000)^2} = 0,1794$$

et $b = \dfrac{\sum y_i - m\sum x_i}{n} = \dfrac{25\ 130 - 0,1794 \times 105\ 000}{6} = 1\ 049,33$

Le modèle est donc

$$C(D) = 0,18D + 1\ 050$$

Valeurs expérimentales				Valeurs du modèle	Résidus	Carrés des résidus
D (km)	*C* ($)	*DC*	D^2	*C(D)*	*C* − *C(D)*	
5 000	1 950	9 750 000	25 000 000	1 950	0	0
10 000	2 860	28 600 000	100 000 000	2 850	10	100
15 000	3 740	56 100 000	225 000 000	3 750	−10	100
20 000	4 600	92 000 000	400 000 000	4 650	−50	2 500
25 000	5 520	138 000 000	625 000 000	5 550	−30	900
30 000	6 460	193 800 000	900 000 000	6 450	10	100
Σ 105 000	25 130	518 250 000	2 275 000 000			3 700

b) Après avoir complété tout le tableau, on a la somme des carrés des résidus, soit 3 700. La somme des carrés des résidus nous indique que la droite ne recouvre pas chacun des points car cette somme n'est pas nulle.

c) Le modèle donne une estimation de
$$C(45\ 000) = 0{,}18 \times 45\ 000 + 1\ 050 = 9\ 150\ \$.$$

On conserve trois chiffres significatifs car les données en comportent également trois. Il faut peut-être douter de la fiabilité de ce résultat puisque la somme des carrés des résidus est assez élevée et que la valeur de 45 000 km est éloignée de l'ensemble des données.

REMARQUE

Le calcul des résidus donne des indications sur la validité du modèle, mais, dans chaque situation, son analyse doit tenir compte du contexte. Il se peut, par exemple, que pour une même valeur de la somme des résidus, les points soient presque tous du même côté de la droite ou encore, dispersés également de part et d'autre de celle-ci. Le coefficient de corrélation donnera de l'information supplémentaire dans un tel cas. Il faut aussi tenir compte de l'ordre de grandeur des données. Ainsi, une valeur de la somme du carré des résidus peut sembler élevée tout en étant petite par rapport à l'ordre de grandeur des données. Une réflexion doit donc accompagner les mesures de validité du modèle, à l'étape de l'interprétation. Un traitement approfondi des mesures de validité englobant tous les types de situations dépasse cependant les objectifs de cet ouvrage. En effet, une telle analyse nécessite la prise en compte de plusieurs paramètres, comme par exemple, le nombre de données et la fiabilité des instruments de mesure.

Sir Francis GALTON

Sir Francis GALTON (1822-1911), physiologiste et grand voyageur, est né à Birmingham en Grande-Bretagne. Il était cousin de Charles DARWIN. Il fut l'un des fondateurs de l'eugénisme qui est l'étude des conditions favorables au maintien de la qualité de la race humaine. Il s'est également fait connaître par sa contribution à l'élaboration de la méthode statistique. Dans son traité *Hereditary genius* (1869), il a consacré un chapitre à l'hérédité des scientifiques.

C'est à la suite de ses études sur l'hérédité qu'il avait découvert que des parents de petite taille avaient des enfants plus petits que la moyenne, mais plus grands que leurs parents. De même, des parents plus grands que la moyenne avaient des enfants plus grands que la moyenne, mais plus petits que leurs parents. Ce phénomène est une régression par rapport à la moyenne et c'est de là que vient l'appellation *droite de régression*. Il serait intéressant de vérifier si cette constatation est toujours valable de nos jours.

3.4 EXERCICES

1. Le propriétaire d'une salle de cinéma de 800 places veut tenter de déterminer l'influence du prix d'entrée sur le nombre de spectateurs. Il décide donc de fixer des prix différents pour chacun des samedis du mois et, à la fin du mois, il a recueilli les données ci-contre.

   a) Représenter graphiquement les données.

   b) Identifier la variable indépendante et la variable dépendante.

   c) Déterminer un modèle affine décrivant la relation entre le prix d'entrée et le nombre de spectateurs.

   d) Quel prix d'entrée devrait-il fixer pour que toutes les places soient occupées?

   e) Dans quel intervalle le modèle est-il le plus fiable?

Prix d'entrée ($)	Nombre de spectateurs
8,50	404
8,00	506
7,50	600
7,00	706

2. Le constructeur d'habitations pour lequel vous travaillez a décidé d'évaluer le coût de chauffage des maisons qu'il construit afin d'améliorer sa publicité. Il a fait relever la consommation moyenne de mazout en fonction de la température à l'extérieur. Les relevés ont été faits pour des périodes de 24 heures en fonction de la température moyenne. Les données obtenues ont été compilées dans le tableau ci-contre.

   a) Représenter graphiquement les données.

   b) Trouver le modèle affine décrivant la relation entre la température et la quantité de mazout consommée.

   c) Évaluer la quantité de mazout consommée en une journée lorsque la température extérieure est de 9 °F.

   d) Si la moyenne des températures en janvier est de −12 °F, estimer la consommation mensuelle de mazout.

   e) Évaluer la quantité de mazout consommée en une journée lorsque la température extérieure est de −20 °F.

T (°F)	Q (L)
−11	48,0
−7	41,0
−1	32,0
2	27,0
6	20,0
12	11,0

3. Votre compagnie entend commercialiser un nouveau modèle d'armoire avec serrure pour mettre des médicaments hors de portée des enfants. Une étude de marché a été effectuée dans la municipalité avant de fixer le prix de ce produit. Les résultats de l'étude sont compilés dans le tableau ci-contre.

   a) Quelle est la variable indépendante et quelle est la variable dépendante de cette situation?

   b) Déterminer la règle de correspondance entre le prix de l'article et le nombre de clients potentiels.

   c) Faire un tableau donnant le nombre de clients prédit par le modèle mathématique pour chacun des prix choisis pour l'étude.

   d) Estimer la précision du modèle à l'aide des résidus et du coefficient de corrélation.

Prix de l'article ($)	Nombre de clients potentiels
35	540
40	492
45	458
50	406
55	336
60	294

4. Vous travaillez pour une entreprise d'entretien ménager d'édifices. Il est très important pour l'entreprise d'estimer le mieux possible le temps nécessaire à l'entretien d'un édifice avant de faire une soumission. Le coût que la compagnie demande dans ses soumissions dépend de cette estimation. La compagnie effectue déjà l'entretien de différents édifices et elle a établi un tableau donnant la superficie de chacun et le temps nécessaire pour en faire l'entretien.

   a) Représenter graphiquement les données.

   b) À l'aide de ces données, établir un modèle décrivant la relation entre le temps consacré à l'entretien et la superficie.

   c) La compagnie doit soumissionner pour l'entretien d'un édifice de 56 000 m². Estimer le temps d'entretien à l'aide du modèle que vous avez construit. *273*

   d) Calculer le coefficient de corrélation. Que vous indique ce coefficient?

Superficie (m²)	Nombre d'heures par semaine
87 000	320
81 000	400
69 000	260
64 000	388
60 000	325
51 000	284
44 000	227
39 000	180
28 000	125

$y = 0.0038x + 54.8$

5. Vous devez finaliser une étude pour voir s'il y a un lien entre le nombre de logements mis en chantier et le taux hypothécaire annuel. L'étude porte plus précisément sur le mois de juin et les données ci-contre ont été recueillies.

   a) Représenter graphiquement les données.

   b) À l'aide de ces données, établir un modèle décrivant la relation entre le taux hypothécaire et le nombre de mises en chantier.

   c) Calculer le coefficient de corrélation. Que vous indique ce coefficient?

Année	Taux hypothécaire	Nombre de logements
1981	18,55 %	9 000
1982	19,75 %	3 500
1983	13,00 %	10 100
1984	14,50 %	7 800
1985	11,75 %	8 800

6. Une étude de marché a été réalisée pour préparer la commercialisation de petites remises pour les outils de jardinage. Ces remises ont des dimensions réduites et sont conçues pour être fixées sur le mur de la maison ou du garage. L'étude de marché a été effectuée afin de fixer le prix de ce produit. Les résultats de l'étude sont compilés dans le tableau ci-contre.

   a) Quelle est la variable indépendante et quelle est la variable dépendante de cette situation?

   b) Déterminer la règle de correspondance entre le prix de l'article et le nombre de clients potentiels.

   c) Faire un tableau donnant le nombre de clients prédit par le modèle mathématique pour chacun des prix choisis pour l'étude.

   d) Estimer la précision du modèle à l'aide des résidus et du coefficient de corrélation.

Prix de l'article ($)	Nombre de clients potentiels
250	1 200
300	1 050
350	975
400	850
450	775
500	650

PRÉPARATION À L'ÉVALUATION
Pour préparer votre examen, assurez-vous d'avoir atteint les objectifs suivants.

Consignez à la page suivante des indications pour vous remémorer plus facilement les notions et concepts qui vous posent le plus de difficultés.

Si vous avez atteint l'objectif, cochez.

☆ **MODÉLISER DES SITUATIONS NÉCESSITANT L'EXPLICITATION DU LIEN ENTRE LES VARIABLES EN CAUSE.**

○ CONSTRUIRE UN MODÈLE AFFINE POUR DÉCRIRE LE LIEN ENTRE DEUX VARIABLES.
○ UTILISER LE MODÈLE AFFINE DÉCRIVANT LE LIEN ENTRE DEUX VARIABLES POUR ANALYSER LE PHÉNOMÈNE EN CAUSE.

◇ Construire un modèle affine.
  ❏ Identifier les données et les variables du problème.
  ❏ Modéliser mathématiquement.
    Choisir la variable indépendante et la variable dépendante.
    Trouver l'équation d'une droite dont on connaît deux points.
    Trouver l'équation d'une droite dont on connaît un point et la pente.
    Trouver l'équation d'une droite de régression.
    Trouver l'équation d'un modèle connaissant les frais variables et les frais fixes.
  ❏ Utiliser le modèle mathématique pour analyser la situation.
    Interpréter dans le langage mathématique les questions posées.
    Interpréter la signification de l'image et de la préimage dans le contexte.
    Représenter graphiquement et interpréter le graphique.

○ UTILISER LA DROITE DE RÉGRESSION POUR CONSTRUIRE UN MODÈLE AFFINE À PARTIR DE DONNÉES NUMÉRIQUES.

◇ Utiliser la méthode des moindres carrés.
  ❏ Calculer les paramètres m et b du modèle à l'aide d'un tableau (x, y, xy et x^2).
  ❏ Estimer la fiabilité du modèle (calcul des résidus ou coefficient de corrélation).
  ❏ Vérifier si la réponse est plausible et réalisable.
  ❏ Utiliser le modèle pour prédire le comportement de la variable dépendante.

Signification des symboles   ☆ Élément de compétence   ○ Objectif de section
                               ◇ Procédure ou démarche   ❏ Étape d'une procédure

Notes personnelles

VOCABULAIRE UTILISÉ DANS LE CHAPITRE

COEFFICIENT DE CORRÉLATION

C'est une mesure de la précision du modèle affine. Plus $|r|$ est près de 1, plus le modèle affine est approprié.

DROITE DE RÉGRESSION

C'est une droite utilisée pour modéliser un ensemble de données dont la représentation graphique (nuage de points) suggère un tel modèle. On veut minimiser le carré de la différence des valeurs de la variable dépendante (modèle et données brutes), de sorte que le modèle décrive le plus fidèlement possible le phénomène. Les points appartenant à la droite de régression répondent à cette condition.

FONCTION AFFINE

C'est une fonction de la forme $f(x) = mx + b$ dont la représentation graphique est une droite. Elle est caractérisée par sa pente m et son ordonnée à l'origine b.

FRAIS FIXES

Dans un coût de production, les *frais fixes* représentent les coûts d'opération qu'il faut assumer indépendamment du nombre d'articles produits (par exemple, frais de location de bureau, d'éclairage, de chauffage, etc.).

FRAIS VARIABLES

Dans un coût de production, les *frais variables* représentent le coût des matières premières ou les autres coûts liés à la production et qui dépendent du nombre d'articles produits (par exemple, coûts d'opération de la machinerie).

IMAGE

L'*image* d'une valeur a de la variable indépendante est la valeur correspondante de la variable dépendante. Dans la notation des fonctions, l'image d'un élément a est la valeur de y telle que $y = f(a)$. On la calcule en substituant la valeur a à la variable indépendante dans la règle de correspondance de la fonction ou du modèle.

ORDONNÉE À L'ORIGINE

L'*ordonnée à l'origine* est l'ordonnée du point de rencontre du graphique d'une fonction avec l'axe vertical. C'est la valeur de la variable dépendante lorsque la variable indépendante a une valeur nulle. Dans le cas d'un modèle décrivant un coût, cette valeur représente les frais fixes. Lorsque la variable indépendante est le temps, l'ordonnée à l'origine représente la valeur initiale (à $t = 0$).

PENTE D'UNE DROITE

La *pente d'une droite* est le rapport de la variation de la variable dépendante sur la variation correspondante de la variable indépendante. La pente d'une droite est un rapport constant quel que soit l'intervalle considéré. Dans un modèle représentant un coût, la pente représente les frais variables pour chaque unité de la variable indépendante.

PRÉIMAGE

La *préimage* d'une valeur b de la variable dépendante est la valeur correspondante de la variable indépendante. Dans la notation des fonctions, la préimage d'un élément b est la valeur de x telle que $f(x) = b$. On la calcule en substituant la valeur b à la variable dépendante dans la règle de correspondance de la fonction, ou du modèle, et en résolvant l'équation ainsi construite.

RELATION RÉCIPROQUE

La *relation réciproque* d'une fonction est la relation obtenue en intervertissant les composantes de chaque couple de la fonction. La relation réciproque est parfois une fonction; on l'appelle alors *fonction inverse* et on la note f^{-1}.

RÉSIDUS

Les *résidus* sont les différences entre les ordonnées des points de la droite servant de modèle et ceux provenant des observations. La somme des carrés des résidus est une mesure de la précision du modèle.

FONCTIONS TRIGONOMÉTRIQUES

4

Le mot *trigonométrie* est formé de trois mots grecs: *tri* (trois), *gon* (angle) et *metria* (mesure). À l'origine, en effet, la trigonométrie était l'étude de la mesure des côtés et des angles des triangles. Elle prend sa source dans les anciennes civilisations égyptienne et babylonienne. La trigonométrie est maintenant beaucoup plus que la mesure des angles et des côtés d'un triangle. Le mot *trigonométrie* désigne à la fois l'aspect géométrique traditionnel et l'aspect fonctionnel plus moderne. L'aspect géométrique est celui qui traite de problèmes portant sur les longueurs des côtés, les mesures d'angles et l'aire des triangles. Cette partie de la trigonométrie permet de trouver les formules utilisables en arpentage, en navigation, en astronomie, etc.

Dans l'approche fonctionnelle, on étudie les rapports trigonométriques en tant que fonctions d'un angle. Pour cette approche, on utilise couramment le radian comme unité de mesure d'angle, alors que le degré est plutôt réservé à l'approche géométrique.

Les activités d'apprentissage de ce chapitre visent à développer l'élément de compétence suivant:

> « utiliser les notions et modèles trigonométriques pour analyser des situations
> mettant en cause des vitesses angulaires. »

4.1 ANGLES

La première section est consacrée aux mesures des angles, aux longueurs des arcs et aux vitesses angulaires. Nous verrons les deux principales unités de mesure des angles, soit les degrés et les radians, ainsi que la correspondance entre ces unités.

OBJECTIF: Résoudre des problèmes mettant en cause des mesures d'angles, des longueurs d'arcs et des vitesses angulaires.

Les unités de mesure des angles sont basées sur des rapports de longueurs des éléments du cercle. Si l'on considère la figure ci-contre, on constate qu'un angle au centre d'un cercle intercepte un arc dont la longueur dépend de la longueur du rayon du cercle.

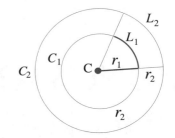

Pour définir la mesure de cet angle, il faut avoir recours à un rapport de deux longueurs du même cercle. La similitude des figures permet d'écrire les proportions suivantes:

$$\frac{L_1}{C_1} = \frac{L_2}{C_2} \text{ et } \frac{L_1}{r_1} = \frac{L_2}{r_2}$$

Le rapport de la longueur de l'arc intercepté L sur la circonférence C est constant pour un angle donné, quelle que soit la grandeur du cercle. De la même façon, le rapport de la longueur de l'arc intercepté sur le rayon est constant. Chacun de ces rapports permet de définir une unité de mesure des angles.

MESURE D'UN ANGLE

Degrés

La *mesure en degrés* d'un angle est le rapport de la longueur L de l'arc intercepté sur la longueur C de la circonférence du cercle multiplié par 360, soit

$$\theta = \frac{L}{C} \times 360 \text{ degrés}$$

Un *angle au centre de 1 degré* est un angle au centre qui intercepte sur la circonférence un arc de 1 degré, soit 1/360 de la longueur de la circonférence.

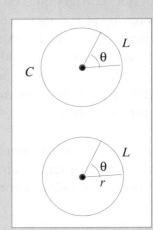

Radians

La *mesure en radians* d'un angle est le rapport de la longueur L de l'arc intercepté sur la longueur r du rayon du cercle, soit

$$\theta = \frac{L}{r} \text{ radians}$$

Un *angle au centre de 1 radian* est un angle au centre qui intercepte sur la circonférence un arc de 1 radian, soit un arc de cercle dont la longueur est égale au rayon. Le symbole du radian est rad.

Pour un rayon donné, la mesure de l'angle en radians est la mesure de l'arc.

> **REMARQUE**

La constante 360 apparaissant dans la définition de la mesure en degrés nous vient des Babyloniens qui utilisaient un système de numération en base 60, soit le système sexagésimal.

NOTATIONS

La mesure d'un angle A peut être notée $m\angle A$, surtout lorsque A représente un sommet d'un polygone géométrique et que l'on veut désigner la mesure de l'angle formé par les droites se rencontrant en ce sommet. Cependant, pour alléger l'écriture, on représentera plutôt un angle et sa mesure par les lettres grecques α (alpha), β (bêta), γ (gamma), δ (delta) ou θ (thêta).

 EXEMPLE 4.1.1

Trouver la mesure en radians et en degrés d'un angle au centre d'un cercle dont le rayon mesure 11 cm et qui intercepte un arc de 22 cm.

Solution

La mesure en radians étant le rapport de la longueur de l'arc sur le rayon, on a donc

$$\theta = \frac{L}{r} = \frac{22 \text{ cm}}{11 \text{ cm}} = 2 \text{ rad}$$

La mesure en degrés est le rapport de la longueur de l'arc sur la circonférence multiplié par 360. Il faut donc trouver la longueur de la circonférence, ce qui donne

$$C = 2\pi r = 22\pi \text{ cm}$$

La mesure de l'angle en degrés est

$$\theta = \frac{L}{C} \times 360° = \frac{22 \text{ cm}}{22\pi \text{ cm}} \times 360° = \frac{360}{\pi} = 114,59°$$

 EXEMPLE 4.1.2

Trouver la mesure en degrés et en radians d'un angle au centre qui intercepte la moitié de la circonférence.

Solution

Si l'angle intercepte la moitié de la circonférence, la longueur de l'arc intercepté est $C/2$ et, par définition de la mesure en degrés, la mesure de l'angle est

$$\theta = \frac{L}{C} \times 360° = \frac{C/2}{C} \times 360 = \frac{1}{2} \times 360 = 180°$$

Par ailleurs, puisque la longueur de la circonférence est $C = 2\pi r$, la moitié de la circonférence est πr et, par définition de la mesure en radians, on a

$$\theta = \frac{L}{r} = \frac{\pi r}{r} = \pi \text{ rad}$$

Lorsqu'on regarde un rapporteur d'angles, on constate que l'on mesure un angle en faisant coïncider son sommet avec le centre d'un cercle et que la graduation du rapporteur est basée sur la longueur de l'arc intercepté par l'angle au centre.

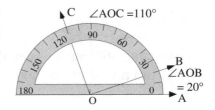

RELATION ENTRE LES UNITÉS DE MESURE

Pour trouver la mesure en radians d'un angle dont on connaît la mesure en degrés, ou inversement, il suffit de se rappeler que les unités de mesure d'angles sont obtenues à partir du rapport de l'arc intercepté L à la circonférence C du cercle. Par conséquent, le rapport de l'angle au centre interceptant l'arc L à l'angle au centre interceptant la circonférence C est constant, quelles que soient les unités de mesure. On a donc

$$\frac{L}{C} = \frac{\theta \text{ rad}}{2\pi \text{ rad}} = \frac{\alpha°}{360°}$$

Pour utiliser cette relation, on substitue la mesure connue, en degrés ou en radians, et on calcule le terme inconnu de la proportion

$$\frac{\theta \text{ rad}}{2\pi \text{ rad}} = \frac{\alpha°}{360°}$$

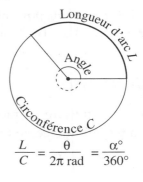

$$\frac{L}{C} = \frac{\theta}{2\pi \text{ rad}} = \frac{\alpha°}{360°}$$

 EXEMPLE 4.1.3

Trouver la mesure en radians d'un angle de 45° et trouver l'équivalent en décimales.

Solution

En substituant 45° à $\alpha°$ dans $\dfrac{\theta \text{ rad}}{2\pi \text{ rad}} = \dfrac{\alpha°}{360°}$, on obtient

$$\frac{\theta}{2\pi} = \frac{45°}{360°}, \text{ d'où } \theta = \frac{45°}{360°} \times 2\pi = \frac{1}{4} \times \pi = \frac{\pi}{4} \text{ rad}$$

Pour exprimer cette mesure en décimales, il suffit de remplacer π par sa valeur numérique et d'effectuer la division. On trouve alors

$$\theta = \frac{\pi}{4} \text{ rad} = 0,7853... \text{ rad}$$

REMARQUE

Lorsqu'on exprime un angle en décimales, on utilise une valeur approchée et on commet une erreur qui entraîne une incertitude sur le résultat des calculs effectués avec cette valeur approchée. Si ces calculs impliquent également des mesures, il faut tenir compte du nombre de décimales et de chiffres significatifs dans le résultat des opérations.

 EXEMPLE 4.1.4

Trouver l'équivalent en degrés d'un angle de 1 radian. Spécifier le nombre de minutes et de secondes de cette mesure. (Un degré vaut 60 minutes d'arc et une minute d'arc vaut 60 secondes d'arc.)

Solution

En substituant 1 rad à θ dans $\dfrac{\theta \text{ rad}}{2\pi \text{ rad}} = \dfrac{\alpha°}{360°}$, on obtient

$$\frac{1 \text{ rad}}{2\pi \text{ rad}} = \frac{\alpha°}{360°} \text{ , d'où } \alpha° = \frac{1}{2\pi} \times 360° = 57{,}296°$$

Pour donner cette mesure en degrés, minutes, secondes, il faut exprimer la partie décimale en base 60 en la multipliant par 60, ce qui donne

$$0{,}296 \times 60 = 17{,}75 \text{ minutes}$$

On doit à nouveau exprimer la partie décimale en base 60, ce qui donne

$$0{,}75 \times 60 = 45 \text{ secondes}$$

La mesure de l'angle est donc de 57°17' 45".

LONGUEUR D'ARC ET VITESSE ANGULAIRE

La mesure en radians d'un angle est particulièrement intéressante car elle établit une relation simple entre la longueur de l'arc, le rayon du cercle et la mesure de l'angle. Lorsqu'on connaît la mesure de l'angle et le rayon, on peut trouver directement la longueur de l'arc. En effet, puisque

$$\theta = \frac{L}{r} \text{ rad, il s'ensuit que } L = r\,\theta$$

où θ est la mesure de l'angle en radians, r est le rayon et L est la longueur de l'arc intercepté.

 EXEMPLE 4.1.5

Trouver les longueurs L_1 et L_2 des arcs de la figure ci-contre, sachant que l'angle au centre est de 1,2 radian.

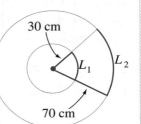

Solution

Puisque $\qquad\qquad L = r\,\theta$

on a $\qquad L_1 = 30 \text{ cm} \times 1{,}2 = 36 \text{ cm}$

et $\qquad L_2 = 70 \text{ cm} \times 1{,}2 = 84 \text{ cm}$

 EXEMPLE 4.1.6

Un pendule oscille au bout d'une corde de 60 cm. Sachant que l'angle décrit est de 64°, trouver la longueur de l'arc décrit.

Solution

Puisque l'angle est en degrés, on doit d'abord l'exprimer en radians. Puisque le rapport de la mesure de l'angle en degrés sur celle de la demi-circonférence donne 64/180, la mesure en radians est

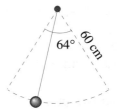

$$\theta = \frac{64°}{180°} \times \pi \text{ rad}$$

La longueur de l'arc est donc $L = r\,\theta = 60 \text{ cm} \times \dfrac{64°}{180°} \times \pi = 67{,}0 \text{ cm}$.

VITESSE ANGULAIRE

La vitesse angulaire d'un corps est la vitesse de rotation de ce corps autour d'un axe. Elle est représentée par la lettre grecque ω (oméga) et elle est définie par la mesure de l'angle parcouru par unité de temps. L'angle étant mesuré en radians et le temps en secondes, la vitesse angulaire est donnée en radians par seconde (rad/s). On a donc la relation

$$\omega = \frac{\theta}{t} \text{ rad/s}$$

Lorsqu'un corps décrit une trajectoire circulaire, on peut également définir sa vitesse linéaire au sens habituel, soit la distance parcourue (longueur de l'arc) par unité de temps. On a alors

$$v = \frac{L}{t} \text{ m/s}$$

Et, puisque $L = r\,\theta$, on obtient

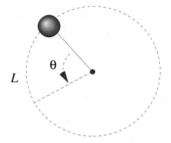

$$v = \frac{L}{t} = \frac{r\,\theta}{t} = r\,\frac{\theta}{t} = r\,\omega \text{ d'où } v = r\,\omega.$$

Cette relation décrit la correspondance entre la vitesse d'un point sur la circonférence d'une roue et la vitesse angulaire de la roue ou encore la vitesse d'une courroie entraînant une poulie et la vitesse angulaire de la poulie.

 EXEMPLE 4.1.7

Une poulie de 0,5 mètre de diamètre est entraînée par une courroie qui se déplace à la vitesse de 10 m/s. Trouver la vitesse angulaire de la poulie.

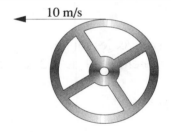

Solution
La relation entre les vitesses est

$$v = r\,\omega$$

D'où

$$\omega = \frac{10 \text{ m/s}}{0,25 \text{ m}} = 40 \text{ rad/s}$$

 EXEMPLE 4.1.8

Une roue de 0,6 mètre de diamètre tourne à une vitesse angulaire de 1,2 rad/s. Quelle est la vitesse linéaire de cette roue?

Solution
La relation entre la vitesse linéaire et la vitesse angulaire d'une roue est

$$v = r\,\omega$$

Ainsi, on a

$$v = (0,3 \text{ m}) \times (1,2 \text{ rad/s}) = 0,36 \text{ m/s}$$

HIPPARQUE

HIPPARQUE, astronome et mathématicien grec du IIe siècle avant J.-C., conçut un procédé trigonométrique basé sur le calcul des cordes pour décrire mathématiquement les observations astronomiques. Il introduisit en Grèce la division du cercle en 360 degrés, la division du degré en 60 minutes et de la minute en 60 secondes. En divisant le diamètre en 120 parties, il calcula la valeur des cordes sous-tendues par les arcs de cercle par rapport à ces parties du diamètre. En géographie, il introduisit les parallèles et les méridiens qui permettent de décrire les positions dans un système de coordonnées.

Longitudes et latitudes

C'est l'origine du système de latitude et de longitude, la sphère étant quadrillée par des cercles correspondant à des angles au centre de 15°. La latitude est mesurée à partir de l'équateur et la longitude à partir de l'observatoire de Greenwich en Angleterre.

EUCLIDE

Mathématicien grec qui vécut vers 300 ans avant J.-C., EUCLIDE est connu surtout par ses ouvrages, car on connaît peu de détails de sa vie. L'influence de PLATON (420-340 avant J.-C.), qui est manifeste dans l'œuvre d'EUCLIDE, permet de supposer qu'il vécut peu après ou à l'époque de PLATON. On sait également qu'il s'installa à Alexandrie où il fonda l'école de mathématiques de l'Université d'Alexandrie. Il a longtemps été confondu avec le philosophe EUCLIDE de Mégare dont il est question dans le *Théétète* de PLATON.

EUCLIDE a rédigé une dizaine d'ouvrages. Le plus connu, *Les Éléments*, est divisé en treize livres dont les six premiers portent sur la géométrie plane (points, droites, cercles, parallélogrammes, etc.). Les livres 7 à 9 traitent d'arithmétique et de théorie des nombres. Le dixième aborde les nombres irrationnels et les trois derniers, la géométrie des solides ainsi que les cinq corps réguliers de PLATON (tétraèdre, hexaèdre, octaèdre, dodécaèdre, icosaèdre).

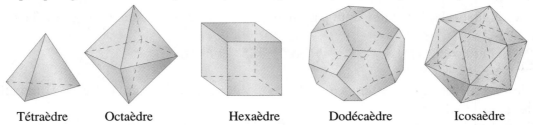

| Tétraèdre   Octaèdre   Hexaèdre   Dodécaèdre   Icosaèdre |

L'axiome qui caractérise la géométrie euclidienne (dans une écriture équivalente moderne) est le suivant:

D'un point hors d'une droite, on peut tracer, dans le même plan, une droite et une seule qui ne coupe pas la première.

L'existence des droites parallèles dans un plan est une des conséquences importantes de cet axiome. Il caractérise ce que l'on appelle un *espace euclidien* dont la structure interne est régie par l'existence des parallèles. D'autres géométries basées sur des axiomes différents, qui ont comme conséquence l'existence de plusieurs parallèles ou d'aucune parallèle, ont été élaborées au XIXe siècle par Nikolaï LOBATCHEVSKI, Janos BOLYAI et Bernhard RIEMANN. Dans ces géométries, les théorèmes sont différents de ceux de la géométrie euclidienne et la structure spatiale est différente. C'est le cas de la géométrie sphérique de RIEMANN. Dans cette géométrie, les *grands cercles* d'une sphère, soit les cercles ayant même rayon que la sphère, jouent le rôle des droites de la géométrie d'EUCLIDE. Dans cette géométrie sphérique, deux droites quelconques se rencontrent toujours en deux points; il n'y a pas de parallèles. De plus, la somme des angles d'un triangle sphérique est toujours plus grande que 180°, comme l'illustre la figure ci-après.

Il existe une devinette basée sur cette caractéristique: un chasseur quitte son camp, marche 1 km vers le sud puis 1 km vers l'est et tue un ours. Il marche ensuite 1 km vers le nord et parvient à son camp. Quelle est la couleur de l'ours?

L'ours est blanc. En effet, pour que le chasseur revienne à son point de départ, il doit nécessairement partir du pôle Nord.

α Brad

Verw

α = 40°   α = 40 × $\frac{2\pi}{360}$ =   α = 1,5 rad   α = 1,5 · $\frac{360}{2\pi}$ =

4.2 EXERCICES

min = 0,5099 × 60 = 30,594 × 60 = 35,4

1. Trouver la mesure en degrés (minutes, secondes) d'un angle au centre d'un cercle de rayon *r* qui intercepte sur la circonférence un arc de longueur *L*.

   137°30'36"   *a)* $r = 5$ cm ; $L = 12$ cm   *b)* $r = 2$ m ; $L = 6,5$ m

   $x = \frac{12}{5} = 2,4$ rad = 137,5099

2. Trouver la mesure en radians d'un angle au centre d'un cercle de rayon *r* qui intercepte sur la circonférence un arc de longueur *L*.

   a) $r = 4$ cm ; $L = 5$ cm   *b)* $r = 3,47$ m ; $L = 2,38$ m

   $\frac{5}{4} = 1,25$ rad

3. Trouver la mesure en radians d'un angle au centre d'un cercle de circonférence *C* qui intercepte sur la circonférence un arc de longueur *L*.

   a) $C = 48$ m ; $L = 12$ m   *b)* $C = 36,28$ cm ; $L = 15$ cm

   $\frac{12}{48} \times 2\pi = \frac{\pi}{2}$ rad

4. Exprimer en radians les angles suivants:

   a) 30° $\frac{2\pi \cdot \pi}{360 \cdot 6}$ 0,57   *b)* 45°   *c)* 90°   *d)* 36°
   e) 72° $\frac{360}{6}$ 0,52   *f)* 120°   *g)* 315°   *h)* 240°

5. Exprimer les angles suivants en degrés.

   a) π rad = 180°   *b)* 2π rad $\frac{360}{2\pi}$ *c)* π/3 rad   *d)* 5π/4 rad
   e) 1 rad × $\frac{360}{2\pi}$ = 57,3   *f)* 5π/6 rad   *g)* 4π/3 rad   *h)* 7π/4 rad

6. Trouver la longueur de l'arc intercepté par un angle au centre de θ radians (ou α°) dans un cercle de rayon *r*. $\theta = \frac{L}{r}$

   a) $\theta = 2\pi$ rad et $r = 5$ *b)* $\alpha° = 135°$ et $r = 8$

   $2\pi = \frac{L}{5}$ $L = 10\pi$

7. Trouver le rayon *r* et la circonférence *C* du cercle dont un angle au centre de θ radians (ou α°) intercepte un arc de longueur *L*.

   a) $\theta = 2\pi$ rad et $L = 20$ *b)* $\alpha° = 25°$ et $L = 12$

   $r = \frac{L}{\theta}$ $\frac{20}{2\pi}$ $2\pi = \frac{20}{r}$ $r = 3,18$ $\frac{12 \cdot 360}{25} =$

8. Une roue tourne à raison de 24 tours/min. Exprimer cette vitesse angulaire en

   24 t/m   *a)* tours par seconde $\frac{24}{60}$ t/s (0,4)   *b)* radians par minute   1 tours = 2π rad

   24 → 60s   *c)* radians par seconde $\frac{0,4 \, t/s}{} = 2,5$ r/s   24 t/min   24 tours = 48π rad/min

   6 t/s $\frac{24}{60}$ t/s   2π·0,4 m/s   150,8 rad/min

9. L'aiguille des minutes d'une horloge a 6 cm de long. Quelle est la longueur de l'arc décrit par l'extrémité de l'aiguille

   a) en 20 minutes?   *b)* en 35 minutes?

10. En supposant que la terre est une sphère de 6 373 km de rayon, trouver la distance à l'équateur d'un point situé à 30° de latitude nord.

    α = 30° $\alpha = \frac{L}{2\pi r} \cdot 360°$ $L = \frac{2\pi r \times \alpha}{360°} = \frac{2\pi \cdot 6373 \cdot 30}{360} = 3337$ Km

    r = 6373 Km

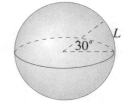

11. Deux villes sont situées à 434 kilomètres l'une de l'autre sur le même méridien. Trouver leur différence de latitude en considérant que la terre est une sphère de 6 373 km de rayon.

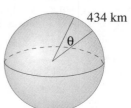

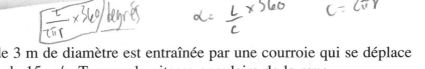

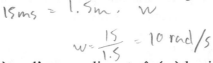

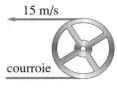

12. Une roue de 3 m de diamètre est entraînée par une courroie qui se déplace à la vitesse de 15 m/s. Trouver la vitesse angulaire de la roue.

$V = r\omega$ $15 ms = 1.5 m \cdot \omega$

$\omega = \dfrac{15}{1.5} = 10 \ rad/s$

13. Trouver le diamètre d'une poulie entraînée à la vitesse angulaire de 50 t/min par une courroie se déplaçant à une vitesse de 12 m/s.

14. L'extrémité d'un pendule de 35 cm de long décrit un arc de cercle de 15 cm. Quel est l'angle décrit au cours d'une oscillation du pendule?

15. ÉRATHOSTHÈNE était bibliothécaire d'Alexandrie et il disposait de tous les renseignements sur les événements curieux observés dans l'empire d'Alexandre. C'est ainsi qu'il apprit qu'à un certain jour de l'année la lumière du Soleil se réfléchissait à midi dans l'eau d'un puits profond de Syène (aujourd'hui Assouan) non loin de la première cataracte du Nil. À ce moment, le Soleil était donc à la verticale du puits. Le même jour à midi, dans la ville d'Alexandrie située à 800 km au nord, l'ombre d'un pilier permettait de déterminer que le soleil était à 7,5° de la verticale.

Si l'on considère que les rayons du soleil sont parallèles, les rayons de la sphère terrestre aboutissant à Syène et à Alexandrie forment un angle de 7,5° et interceptent un arc dont la longueur est de 800 km (unité de mesure moderne). Utiliser ces renseignements pour calculer le rayon de la terre comme le fit ÉRATHOSTHÈNE.

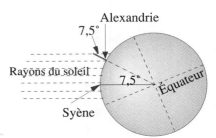

16. Une automobile se déplace à une vitesse de 75 km/h. Sachant que le diamètre des roues est de 0,68 m, trouver la vitesse angulaire des roues.

17. Représenter graphiquement la vitesse de rotation d'une roue d'automobile, dont le diamètre est de 0,70 m, en fonction de la vitesse de l'automobile.

18. Une poulie de 0,30 m de diamètre entraîne une poulie de 0,48 m de diamètre. La poulie de 0,30 m a une vitesse angulaire de 50 t/min. Calculer la vitesse de la seconde poulie.

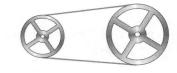

19. Une poulie de 0,52 m de diamètre entraîne une poulie de 0,28 m de diamètre. La poulie de 0,52 m a une vitesse angulaire de 68 t/min. Calculer la vitesse de la seconde poulie.

20. Une poulie de 0,52 m de diamètre entraîne une poulie de 0,24 m de diamètre. La vitesse de la courroie est de 2,8 m/s. Calculer la vitesse angulaire de chacune des deux poulies.

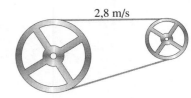

21. Une poulie de rayon r_1 et de vitesse angulaire ω_1 entraîne une poulie de rayon r_2. Montrer que le rapport des vitesses angulaires est égal au rapport inverse des rayons.

22. Soit un triangle rectangle dont les mesures des côtés de l'angle droit sont a et b alors que la mesure de l'hypoténuse est c. On reproduit ce triangle de façon à former la figure ci-contre. Démontrer la relation de PYTHAGORE à l'aide de cette figure. « Dans tout triangle rectangle, le carré de l'hypoténuse est égal à la somme des carrés des côtés de l'angle droit. » (Suggestion: calculer l'aire du carré de deux façons.)

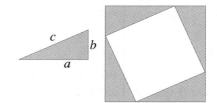

23. Soit un triangle rectangle dont les mesures des côtés de l'angle droit sont a et b alors que la mesure de l'hypoténuse est c. On reproduit ce triangle de façon à former la figure ci-contre. Démontrer la relation de PYTHAGORE à l'aide de cette figure. (Suggestion: calculer l'aire du carré de deux façons.)

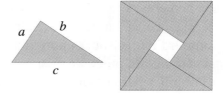

TRIPLETS PYTHAGORICIENS

Lorsque trois nombres entiers satisfont à la relation de PYTHAGORE, on dit qu'ils forment un triplet pythagoricien. Les nombres 3, 4 et 5 forment un triplet pythagoricien, tout comme les nombres 6, 8 et 10, et les nombres 5, 12 et 13. Les triplets pythagoriciens sont utilisés pour vérifier la perpendicularité des murs d'une construction. On mesure des distances de 3 m et 4 m (ou 1,5 et 2 m) à partir d'un coin A de façon à déterminer des points B et C. Si les murs sont perpendiculaires, la longueur de l'hypoténuse BC sera de 5 m (ou 2,5 m).

Il existe également une méthode en topométrie pour élever une perpendiculaire en un point A d'une droite BC; cette méthode est basée sur les triplets pythagoriciens. On prend des multiples de 3, 4 et 5. Disons 15, 20 et 25 m. On détermine sur BC le point E à 15 m du point A. On place les extrémités d'une chaîne de 50 m aux points A et E et on joint les graduations 20 et 25 de la chaîne tendue, déterminant ainsi le point F de la perpendiculaire FA.

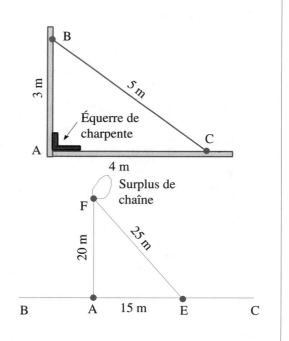

4.3 FONCTIONS TRIGONOMÉTRIQUES

Nous allons rappeler les principales caractéristiques des fonctions trigonométriques, la définition des fonctions à partir du cercle trigonométrique, les valeurs particulières et leur utilisation pour obtenir le graphique des fonctions trigonométriques. Cependant, notre objectif est l'utilisation de ces fonctions pour modéliser des phénomènes périodiques. Les exercices porteront donc exclusivement sur cet aspect.

OBJECTIF: Utiliser les fonctions trigonométriques pour résoudre des problèmes divers.

CERCLE TRIGONOMÉTRIQUE

On appelle *cercle trigonométrique* le cercle de rayon 1 centré à l'origine d'un système d'axes cartésien. L'équation du cercle trigonométrique est

$$x^2 + y^2 = 1$$

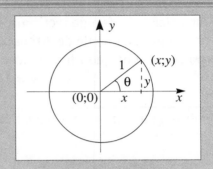

Démonstration

Soit $(x;y)$ un point du cercle trigonométrique. En abaissant la perpendiculaire à l'axe horizontal, on obtient un triangle rectangle dont la mesure de l'hypoténuse est 1 et dont les mesures des côtés de l'angle droit sont respectivement x et y. Par le théorème de PYTHAGORE, le carré de l'hypoténuse est égal à la somme des carrés des côtés de l'angle droit. On a donc

$$x^2 + y^2 = 1$$

Dans un cercle trigonométrique, les angles sont mesurés à partir de la direction positive de l'axe des x. Ils sont mesurés positivement dans le sens antihoraire et négativement dans le sens horaire. Tout angle au centre θ est formé par deux rayons du cercle dont l'un est sur l'axe des x et à droite de l'origine et l'autre intercepte sur la circonférence un point de coordonnées $(a;b)$ que nous désignerons par $P(\theta)$.

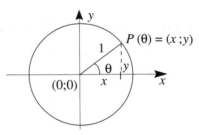

FONCTIONS TRIGONOMÉTRIQUES

Soit un cercle trigonométrique et un angle θ, tel que $P(\theta) = (a;b)$. Les *fonctions trigonométriques* sont définies de la façon suivante:

Le sinus de l'angle θ: $\qquad \sin\theta = b$

Le cosinus de l'angle θ: $\qquad \cos\theta = a$

La tangente de l'angle θ: $\qquad \tan\theta = \dfrac{b}{a} = \dfrac{\sin\theta}{\cos\theta}$

La cotangente de l'angle θ: $\qquad \cot\theta = \dfrac{a}{b} = \dfrac{1}{\tan\theta}$

La sécante de l'angle θ: $\qquad \sec\theta = \dfrac{1}{a} = \dfrac{1}{\cos\theta}$

La cosécante de l'angle θ: $\qquad \csc\theta = \dfrac{1}{b} = \dfrac{1}{\sin\theta}$

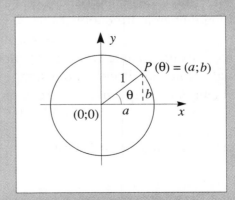

ANGLES REMARQUABLES

Angle de 30° ou π/6 radian

Considérons un angle de 30° ou π/6 radian dans le cercle trigonométrique. Trouvons l'image de cet angle par chacune des trois principales fonctions trigonométriques. On cherche les coordonnées $(x;y)$ du point $P(30°)$. Les coordonnées de ce point doivent satisfaire à l'équation du cercle trigonométrique

$$x^2 + y^2 = 1$$

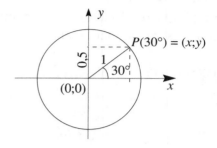

De plus, dans un triangle rectangle ayant un angle de 30°, la mesure du côté opposé à l'angle de 30° est égale à la moitié de la mesure de l'hypoténuse. Puisque l'hypoténuse est le rayon du cercle, on a

$$y = 1/2$$

En substituant cette valeur dans l'équation du cercle, on obtient $x^2 + \left(\dfrac{1}{2}\right)^2 = 1$. En isolant x^2, on a

$$x^2 = 1 - \left(\frac{1}{2}\right)^2 = 1 - \frac{1}{4} = \frac{3}{4} \text{ d'où } x = \pm\frac{\sqrt{3}}{2}$$

Le point $P(30°)$ étant dans le premier quadrant, la valeur négative est à rejeter. Les coordonnées du point sont alors

$$P(30°) = P(\pi/6) = \left(\frac{\sqrt{3}}{2}; \frac{1}{2}\right)$$

La définition des fonctions trigonométriques permet alors d'écrire

$$\sin 30° = \frac{1}{2}, \quad \cos 30° = \frac{\sqrt{3}}{2} \text{ et } \tan 30° = \frac{1}{\sqrt{3}} = \frac{\sqrt{3}}{3}$$

Angle de 45° ou π/4 radian

Considérons un angle de 45° ou π/4 radian dans le cercle trigonométrique. Trouvons l'image de cet angle par chacune des trois principales fonctions trigonométriques. On cherche les coordonnées $(x;y)$ du point $P(45°)$. Les coordonnées de ce point doivent satisfaire à l'équation du cercle trigonométrique

$$x^2 + y^2 = 1$$

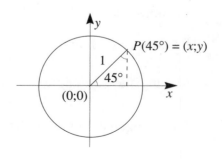

De plus, dans un triangle rectangle ayant un angle de 45°, les côtés de l'angle droit sont égaux, ce qui signifie que $x = y$. En substituant cette valeur dans l'équation du cercle, on obtient

$$x^2 + x^2 = 1$$

En regroupant, on a $2x^2 = 1$ d'où $x^2 = \dfrac{1}{2}$ et $x = \pm\dfrac{1}{\sqrt{2}} = \pm\dfrac{\sqrt{2}}{2}$

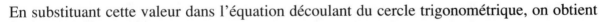

$$\cos^2\theta + \sin^2\theta = 1$$

Le point $P(45°)$ étant dans le premier quadrant, la valeur négative est à rejeter. Les coordonnées du point sont alors

$$P(45°) = P(\pi/4) = \left(\frac{\sqrt{2}}{2} ; \frac{\sqrt{2}}{2} \right)$$

La définition des fonctions trigonométriques permet alors d'écrire

$$\sin 45° = \frac{\sqrt{2}}{2}, \quad \cos 45° = \frac{\sqrt{2}}{2} \text{ et } \tan 45° = 1$$

Angle de 60° ou $\pi/3$ radian

Considérons un angle de 60° ou $\pi/3$ radian dans le cercle trigonométrique. On cherche les coordonnées $(x;y)$ du point $P(60°)$ qui doivent satisfaire à l'équation du cercle trigonométrique

$$x^2 + y^2 = 1$$

De plus, si la mesure de l'angle à la base du triangle est de 60°, la mesure de l'angle complémentaire est de 30°. Or dans un triangle rectangle ayant un angle de 30°, la mesure du côté opposé à l'angle de 30° est égale à la moitié de la mesure de l'hypoténuse. Puisque l'hypoténuse est le rayon du cercle, on a

$$x = 1/2$$

En substituant cette valeur dans l'équation découlant du cercle trigonométrique, on obtient

$$\left(\frac{1}{2} \right)^2 + y^2 = 1$$

En isolant y^2, on a $y^2 = 1 - \left(\frac{1}{2} \right)^2 = 1 - \frac{1}{4} = \frac{3}{4}$ d'où $y = \pm \frac{\sqrt{3}}{2}$

Le point $P(60°)$ étant dans le premier quadrant, la valeur négative est à rejeter. Les coordonnées du point sont alors

$$P(60°) = P(\pi/3) = \left(\frac{1}{2} ; \frac{\sqrt{3}}{2} \right)$$

La définition des fonctions trigonométriques permet alors d'écrire

$$\sin 60° = \frac{\sqrt{3}}{2}, \quad \cos 60° = \frac{1}{2} \text{ et } \tan 60° = \sqrt{3}$$

REMARQUE

Ces trois exemples permettent de comprendre comment on peut déterminer géométriquement la valeur des fonctions trigonométriques pour des angles remarquables (les multiples de 30° et de 45°). On pourrait, en utilisant d'autres propriétés géométriques ou trigonométriques, calculer la valeur des fonctions pour plusieurs autres angles compris entre 0° et 90° (0 et $\pi/2$), mais les valeurs obtenues dans les exemples qui précèdent suffisent pour obtenir, par symétrie, les principales valeurs de 0° à 360° (0 à 2π) dont nous allons nous servir pour esquisser le graphique des fonctions dans cet intervalle.

LE NOMBRE π

Le nombre π qui représente le rapport de la circonférence d'un cercle sur son diamètre, a intéressé plusieurs mathématiciens au cours de l'histoire. Ce nombre, qui a tardé à révéler sa véritable nature et sa véritable valeur, s'est d'abord vu attribuer la valeur de 3, selon une phrase de la Bible faisant état d'un bassin rond construit par ordre de Salomon. C'est également cette valeur que les Babyloniens utilisaient, quoiqu'un archéologue français eut exhumé à Suze une tablette sur laquelle on arrive à une valeur de 3 1/8. ARCHIMÈDE (287-212 av. J.-C.), en utilisant des polygones réguliers inscrits et circonscrits à un cercle parvint à montrer que 3 10/71 < π < 3 1/7. Cependant, un mathématicien chinois du Moyen-Âge a donné le nombre rationnel 355/113 comme valeur approximative de π. Cette fraction est plus précise que 3 1/7. En effet, le rapport 22/7(ou 3 1/7) donne 3,1428... alors que 355/113 = 3,1415929...

Claudius PTOLÉMAUS d'Alexandrie (85-165), auteur de l'*Almageste,* qui a joué en astronomie un rôle aussi important que les *Éléments* d'EUCLIDE en géométrie, a donné de π l'approximation suivante:

$$\pi = 3 + \frac{8}{60} + \frac{30}{60^2} = 3,14166...$$

Vers 628, le mathématicien hindou BRAHMAGUPTA a donné $\sqrt{10}$ comme approximation de π, soit 3,16227...

Le mathématicien hollandais Ludolph VAN CEULEN (1540-1610) avec l'aide de sa femme Adriana SYMONSZ calcula 35 décimales de π. Ce fait, ainsi que la valeur calculée, ont été gravés sur sa tombe à Leyden. Le mathématicien français François VIÈTE (1540-1603) a découvert la première formule exacte pour π qui est également le premier produit infini, soit

$$\frac{2}{\pi} = \frac{\sqrt{2}}{2} \times \frac{\sqrt{2 + \sqrt{2}}}{2} \times \frac{\sqrt{2 + \sqrt{2 + \sqrt{2}}}}{2} \times ...$$

LEIBNIZ, quant à lui, démontra que arctan $x = x - \frac{x^3}{3} + \frac{x^5}{5} - \frac{x^7}{7} + ...$ et puisque arctan $1 = \pi/4$, on obtient alors, pour $x = 1$, la formule

$$\frac{\pi}{4} = 1 - \frac{1}{3} + \frac{1}{5} - \frac{1}{7} + ...$$

Deux amis, les mathématiciens lord William BROUNCKER (1620-1684) et John WALLIS (1617-1703), ont donné chacun une formule exprimant π. Lord BROUNCKER a exprimé π sous forme de fraction continue, soit

$$\frac{4}{\pi} = 1 + \cfrac{1^2}{2 + \cfrac{3^2}{2 + \cfrac{5^2}{2 + ...}}}$$

alors que John WALLIS a donné le produit infini

$$\frac{2}{\pi} = \prod_{n=1}^{\infty} \frac{(2n)(2n)}{(2n-1)(2n+1)} = \frac{2 \times 2 \times 4 \times 4 \times 6 \times 6 \times 8 \times 8 \times ...}{1 \times 3 \times 3 \times 5 \times 5 \times 7 \times 7 \times 9 \times ...}$$

La convergence de ces expressions n'est cependant pas très rapide et des expressions basées sur l'intégration permettent un calcul beaucoup plus rapide. De nos jours, des formules de ce genre peuvent être utilisées pour calculer autant de décimales du nombre π que l'on veut. La forme décimale exacte de π nous est cependant inaccessible car c'est un nombre irrationnel. Son expression exacte comporterait donc une infinité de décimales.

REPRÉSENTATION GRAPHIQUE

Nous avons déterminé l'image des angles de $\pi/6$, $\pi/4$ et $\pi/3$ radians par chacune des trois principales fonctions trigonométriques. On qualifie ces angles d'*angles remarquables*. Les multiples de ces angles sont également des angles remarquables, ce qui inclut les angles associés aux points d'intersection avec le système d'axes. Les valeurs déjà obtenues et les symétries du système d'axes permettent de trouver les images pour chacun des angles remarquables. Dans le cercle suivant, les coordonnées des points associés aux angles remarquables sont données.

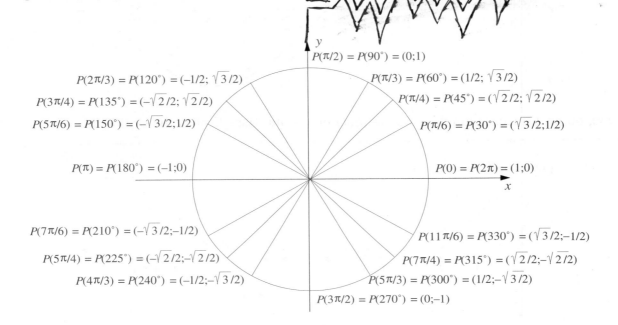

On remarque que toutes les coordonnées appartiennent à l'ensemble $\left\{\pm\sqrt{n}\,/\,2 \mid n = 0,1,2,3,4\right\}$. C'est ce qui définit les angles remarquables. On peut utiliser les coordonnées de ces points pour trouver l'image des angles remarquables par les fonctions trigonométriques.

$t°$	θ	$\sin\theta$		$\cos\theta$		$\tan\theta$	
0°	0	0	0	1	1	0	0
30°	$\pi/6$	1/2	0,5	$\sqrt{3}/2$	0,866...	$\sqrt{3}/3$	0,577...
45°	$\pi/4$	$\sqrt{2}/2$	0,707...	$\sqrt{2}/2$	0.707...	1	1
60°	$\pi/3$	$\sqrt{3}/2$	0,866...	1/2	0,5	$\sqrt{3}$	1,732...
90°	$\pi/2$	1	1	0	0	—	—
120°	$2\pi/3$	$\sqrt{3}/2$	0,866...	$-1/2$	$-0,5$	$-\sqrt{3}$	$-1,732...$
135°	$3\pi/4$	$\sqrt{2}/2$	0,707...	$-\sqrt{2}/2$	$-0,707...$	-1	-1
150°	$5\pi/6$	1/2	0,5	$-\sqrt{3}/2$	$-0,866...$	$-\sqrt{3}/3$	$-0,577...$
180°	π	0	0	-1	-1	0	0
210°	$7\pi/6$	$-1/2$	$-0,5$	$-\sqrt{3}/2$	$-0,866...$	$\sqrt{3}/3$	0,577...
225°	$5\pi/4$	$-\sqrt{2}/2$	$-0,707...$	$-\sqrt{2}/2$	$-0,707...$	1	1
240°	$4\pi/3$	$-\sqrt{3}/2$	$-0,866...$	$-1/2$	$-0,5$	$\sqrt{3}$	1,732...
270°	$3\pi/2$	-1	-1	0	0	—	—
300°	$5\pi/3$	$-\sqrt{3}/2$	$-0,866...$	1/2	0,5	$-\sqrt{3}$	$-1,732...$
315°	$7\pi/4$	$-\sqrt{2}/2$	$-0,707...$	$\sqrt{2}/2$	0,707...	-1	-1
330°	$11\pi/6$	$-1/2$	$-0,5$	$\sqrt{3}/2$	0,866...	$-\sqrt{3}/3$	$-0,577...$
360°	2π	0	0	1	1	0	0

À l'aide des valeurs consignées dans le tableau de la page précédente, on peut tracer le graphique de la fonction sinus dans l'intervalle de 0 à 2π.

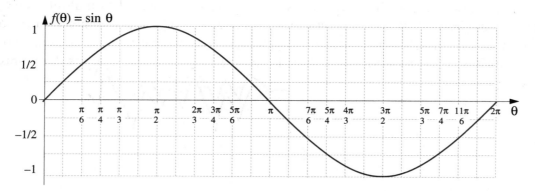

De même, on peut tracer le graphique de la fonction cosinus dans l'intervalle de 0 à 2π.

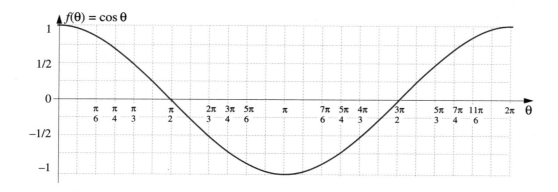

On peut également tracer le graphique de la fonction tangente dans l'intervalle de 0 à 2π.

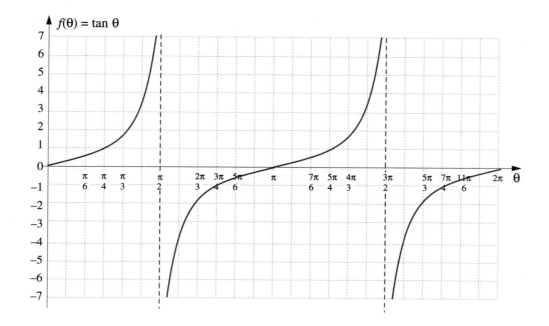

$\omega \approx 1\ rad/s$ $\Theta(t) = t$

Pour définir les fonctions trigonométriques, nous avons considéré un cercle de rayon unitaire. Cependant, lorsque le rayon n'est pas de longueur unitaire, on peut quand même déterminer la valeur des fonctions trigonométriques en se basant sur la proportionnalité des éléments homologues de figures semblables. On peut alors obtenir la valeur des fonctions trigonométriques d'un angle de la façon suivante:

$$\sin\theta = \frac{b}{1} = \frac{\text{ordonnée du point}}{\text{longueur du rayon}} = \frac{d}{r}$$

$$\cos\theta = \frac{a}{1} = \frac{\text{abscisse du point}}{\text{longueur du rayon}} = \frac{c}{r}$$

$$\tan\theta = \frac{b}{a} = \frac{\text{ordonnée du point}}{\text{abscisse du point}} = \frac{d}{c}$$

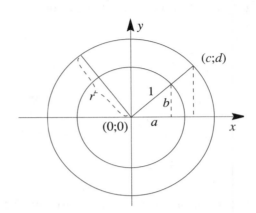

MODÈLE SINUSOÏDAL

Considérons deux vecteurs, l'un de longueur 1 et l'autre de longueur 2, en rotation uniforme autour de l'origine, à une vitesse angulaire de 1 rad/s. Les modèles engendrés par la projection verticale de ces vecteurs sont

$$f(t) = \sin t \ \text{ et } \ g(t) = 2 \sin t$$

La représentation graphique de ces modèles est

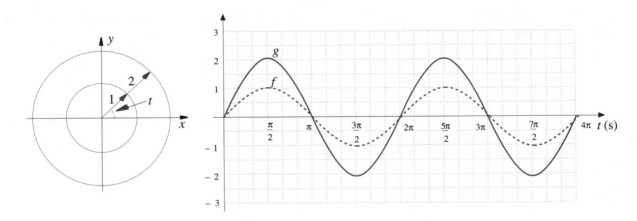

On constate que l'*amplitude* du modèle $g(t)$ est le double de celle de $f(t)$.

AMPLITUDE

L'*amplitude* d'un modèle sinusoïdal est la demi-différence entre la valeur maximale et la valeur minimale de ce modèle. Dans un modèle vibratoire simple de la forme
$$f(t) = A \sin(\omega t + \varphi)$$
l'amplitude est donnée par le paramètre A.

Considérons maintenant deux vecteurs unitaires en rotation uniforme autour de l'origine dont l'un a une vitesse angulaire de 1 rad/s et l'autre, une vitesse angulaire de 2 rad/s. Les modèles engendrés par la projection verticale de ces vecteurs sont

$$f(t) = \sin t \text{ et } g(t) = \sin 2t$$

La représentation graphique de ces vecteurs donne

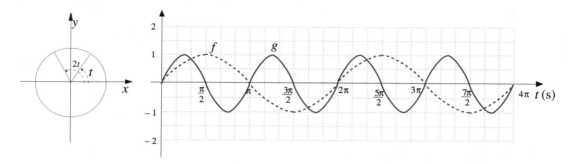

Puisqu'un cycle correspond à un angle au centre de 2π rad et que la vitesse de rotation du deuxième vecteur est de 2 rad/s, le temps nécessaire pour faire un tour est alors de π secondes ou 3,1416 s. Si la durée d'un cycle est T sec, alors $\omega = \dfrac{2\pi \text{ rad}}{T \text{ sec}}$ et $T = \dfrac{2\pi}{\omega}$. On peut donc obtenir la durée d'un cycle en prenant la longueur du cycle, soit 2π rad, divisée par la vitesse angulaire ω. Cet intervalle de temps T est la *période* de l'onde sinusoïdale.

FRÉQUENCE ET PÉRIODE

Soit une onde sinusoïdale $g(t) = \sin(\omega t)$; la *fréquence* de cette onde, notée f, est donnée par
$$f = \omega/(2\pi)$$
et représente le nombre de tours par seconde du vecteur décrivant l'onde sinusoïdale. L'unité de mesure de la fréquence est le hertz (Hz).

La *période* de cette onde sinusoïdale, notée T, peut être définie par
$$T = \frac{1}{f} = \frac{1}{\omega/2\pi} = \frac{2\pi}{\omega}$$
et représente le temps nécessaire pour effectuer un cycle complet. L'unité de mesure est la seconde (s).

REMARQUE

La fréquence et la période sont en relation inverse l'une de l'autre, c'est-à-dire
$$T = 1/f \text{ ou encore } f = 1/T$$

DÉPHASAGE

Considérons deux vecteurs unitaires en rotation uniforme autour de l'origine à une vitesse angulaire de 1 rad/s, et supposons que l'un des vecteurs a commencé sa rotation $\pi/2$ secondes avant l'autre. Les modèles engendrés par la projection verticale de ces vecteurs sont

$$f(t) = \sin t \text{ et } g(t) = \sin(t + \pi/2)$$

La représentation graphique de ces vecteurs donne

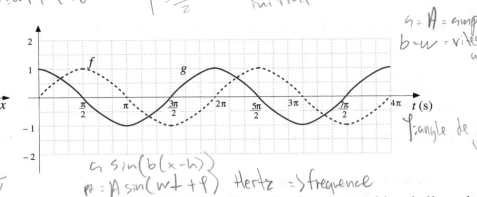

Au temps 0, le vecteur décrivant le modèle $g(t)$ fait un angle $\pi/2$ avec la direction positive de l'axe des x. Cet angle est appelé *angle de phase initial*. Graphiquement, un cycle de $\sin(\omega t + \varphi)$ débute lorsque $\omega t + \varphi = 0$, d'où $\omega t = -\varphi$ et $t = -\varphi/\omega$ secondes. Cet intervalle de temps est appelé *le déphasage* de l'onde ou du modèle sinusoïdal. Dans l'exemple ci-haut, le déphasage de la fonction g est de $-\pi/2$ s.

ANGLE DE PHASE INITIAL ET DÉPHASAGE

Soit un modèle sinusoïdal $f(t) = A \sin(\omega t + \varphi)$; l'angle φ est appelé *angle de phase initial*, alors que le *déphasage* de l'onde sinusoïdale est $t = -\varphi/\omega$ secondes.

REMARQUE

Le déphasage est l'intervalle de temps entre le début de la période du modèle $f(t) = \sin t$ et le début de la période du modèle $g(t) = \sin(\omega t + \varphi)$.

EXEMPLE 4.3.1

Soit les modèles sinusoïdaux
$$f(t) = \sin(2\pi t), \ g(t) = \sin(2\pi t + \pi/2) \text{ et } h(t) = \sin(2\pi t - \pi/2)$$
a) Trouver l'angle de phase initial de chacun de ces modèles.
b) Trouver le déphasage de chacun de ces modèles.
c) Trouver l'amplitude, la période et la fréquence de chacun de ces modèles.
d) Esquisser le graphique de chacun de ces modèles sur un même système d'axes.

Solution
a) L'angle de phase initial est l'angle que le vecteur fait avec la direction positive de l'axe horizontal au temps 0. L'angle de phase initial de la fonction $f(t)$ est 0 rad, celui de la fonction $g(t)$ est $\pi/2$ rad et celui de la fonction $h(t)$ est $-\pi/2$ rad.

b) Le déphasage de la fonction $f(t)$ est obtenu en posant $2\pi t = 0$ et en isolant t, ce qui donne
$$t = \frac{0}{2\pi} = 0 \text{ s}$$

Le déphasage de la fonction $g(t)$ est obtenu en posant $2\pi t + \pi/2 = 0$ et en isolant t, ce qui donne
$$t = \frac{-\pi/2}{2\pi} = -\frac{1}{4} \text{ s}$$

C'est donc dire que la fonction g commence son cycle 1/4 seconde avant la fonction $f(t)$. On dit alors que la fonction $g(t)$ est en avance de 1/4 seconde sur la fonction $f(t)$.

Le déphasage de la fonction $h(t)$ est obtenu en posant $2\pi t - \pi/2 = 0$ et en isolant t, ce qui donne

$$t = \frac{\pi/2}{2\pi} = \frac{1}{4} \text{ s}$$

C'est donc dire que la fonction $h(t)$ commence son cycle 1/4 seconde après la fonction $f(t)$. On dit alors que la fonction $h(t)$ est en retard de 1/4 seconde sur la fonction $f(t)$.

c) L'amplitude des trois fonctions est de 1 unité, leur période est $T = \dfrac{2\pi}{\omega} = \dfrac{2\pi}{2\pi} = 1$ s et leur

fréquence est $f = \dfrac{1}{T} = 1 \text{ Hz}$.

d) La représentation graphique de ces modèles donne

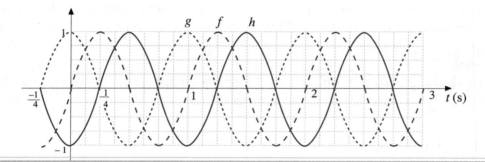

 EXEMPLE 4.3.2

Trouver la période, la fréquence, le déphasage et l'amplitude ainsi que la règle de correspondance de la fonction dont la représentation graphique est donnée.

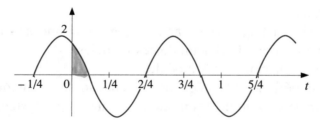

Solution

La fonction ayant un cycle complet durant l'intervalle de temps de −1/4 à 2/4, la période est alors

$$T = \frac{2}{4} - \left(-\frac{1}{4}\right) = \frac{3}{4} \text{ s}$$

On a donc

$$T = \frac{2\pi}{\omega} = \frac{3}{4} \text{ d'où } \omega = \frac{8\pi}{3}$$

La fréquence est $f = \dfrac{1}{T} = \dfrac{4}{3}$ Hz. L'amplitude est égale à 2 unités et le déphasage est obtenu par $\omega t + \varphi = 0$, soit

$$t = -\frac{\varphi}{\omega} = -\frac{\varphi}{8\pi/3} = -\frac{1}{4}, \text{ d'où } \varphi = \frac{8\pi}{12} = \frac{2\pi}{3}$$

La fonction est donc

$$f(t) = 2\sin\left(\frac{8\pi t}{3} + \frac{2\pi}{3}\right)$$

MOUVEMENTS OSCILLATOIRES

Les modèles sinusoïdaux et leur description vectorielle sont utilisés dans la description des phénomènes périodiques comme les mouvements oscillatoires.

Considérons le montage illustré ci-dessous, formé d'un ressort, d'une masse M suspendue au ressort, et d'une échelle graduée de telle sorte que le point 0 indique la position d'équilibre du ressort. Si l'on donne une impulsion à la masse M, celle-ci va osciller autour du point d'équilibre du ressort.

En supposant que les frottements sont négligeables, on peut décrire le mouvement de la masse à l'aide d'un modèle sinusoïdal en associant la position de la masse à la projection verticale d'un vecteur en rotation autour de l'origine. Pour ce faire, on modélise le montage à l'aide d'un système d'axes, l'échelle graduée est alors l'axe vertical et le temps est représenté sur l'axe horizontal.

Lorsque la masse oscille, le ressort est tour à tour étiré puis comprimé. Supposons que la masse oscille entre –6 dm et 6 dm, ce qui dépend en fait de la masse et de la rigidité du ressort, et supposons que la masse fait 4 oscillations complètes par seconde, ce qui signifie que $f = 4$ Hz et $\omega = 2\pi f = 8\pi$. La position de la masse M au temps t est donc décrite par le modèle sinusoïdal

$$f(t) = 6 \sin(8\pi t + \varphi)$$

qui est la projection sur l'axe vertical du vecteur de longueur 6 en rotation à une vitesse de 8π rad/s.

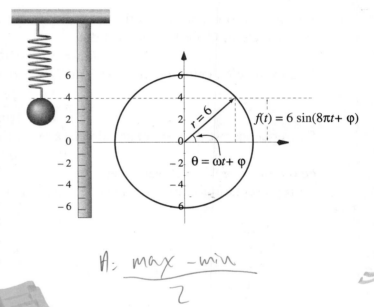

$f(t) = 6 \sin(8\pi t + \varphi)$

$\theta = \omega t + \varphi$

$A: \dfrac{max - min}{2}$

> **EXEMPLE 4.3.3**

Une masse M suspendue à un ressort oscille de –3 dm à 3 dm en effectuant cinq oscillations complètes par seconde.

a) Quelle est la vitesse angulaire du vecteur dont la projection sur l'axe vertical décrit la position de la masse en fonction du temps t?

b) Donner la longueur et l'angle de phase initial du vecteur en rotation autour de l'origine, dont la projection verticale décrit le mouvement du ressort si celui-ci est en position 3 au temps initial.

c) Donner l'amplitude, la période, la fréquence et le déphasage et tracer le graphique du modèle décrivant la position de la masse au temps t pour un intervalle d'une seconde.

Solution

a) Puisque la fréquence est de 5 oscillations par seconde, la vitesse angulaire est

$$\omega = 2\pi f = 5 \times 2\pi = 10\pi \text{ radians par seconde}$$

b) L'amplitude est de 3 dm; le rayon vecteur est donc de longueur 3. La vitesse angulaire est de

10π rad/s et l'angle de phase initial est de π/2 rad puisque la masse est en position 3 à l'instant initial.

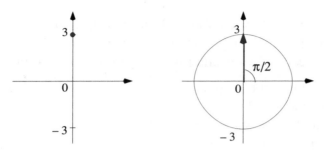

c) La fonction donnant la position de la masse au temps *t* est la projection sur l'axe vertical du rayon vecteur. Cette fonction est donc

$$f(t) = 3 \sin(10\pi t + \pi/2)$$

L'amplitude de cette fonction est 3 dm. Sa période est

$$T = \frac{2\pi}{\omega} = \frac{2\pi}{10\pi} = \frac{1}{5} \text{ s}$$

Sa fréquence est de 5 Hz et son déphasage est l'instant *t* pour lequel

$$10\pi t + \pi/2 = 0$$

ce qui donne *t* = −1/20 seconde.

La représentation graphique de cette fonction est alors

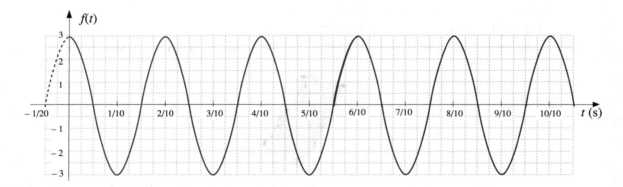

Robert HOOKE

Robert HOOKE (1635-1703), mécanicien, physicien, astronome et naturaliste anglais, est l'un des plus grands expérimentateurs de l'histoire de la physique et a été le premier à étudier le mouvement d'une masse suspendue à un ressort. Il était professeur de mathématiques et de mécanique au collège Gresham. Il fut un émule et en même temps un adversaire de NEWTON. Les polémiques entre les deux savants ont suscité le développement rapide des théories de l'optique mathématique. Il a inventé des instruments pour mesurer l'humidité de l'atmosphère et la force du vent. Il améliora le microscope et découvrit la structure cellulaire des plantes. Il s'est beaucoup intéressé à la conception d'une horloge facile à utiliser (en comparaison avec le sablier) et pensait que les ressorts fourniraient les composantes essentielles à la fabrication d'une telle horloge. On lui doit la « Loi de HOOKE » portant sur la résistance des matériaux selon laquelle les déformations des matériaux sont élastiques et proportionnelles aux forces appliquées.

La trigonométrie et la mesure du temps

La mise au point d'instruments permettant une mesure précise du temps est devenue une préoccupation de premier plan au XVIIᵉ siècle. L'activité scientifique croissante et la recherche de données quantitatives descriptibles mathématiquement créaient un besoin pressant d'instruments pratiques de mesure du temps. De plus, pour calculer la longitude d'un navire en mer, on doit avoir une bonne horloge. En effet, la longitude est mesurée à l'aide du décalage horaire en prenant comme point de repère le premier méridien. Puisque la Terre tourne de 360° de longitude par jour, elle tourne de 15° chaque heure. Par conséquent, pour chaque 15° à l'ouest du premier méridien, le décalage horaire est d'une heure. Lorsque le Soleil est au zénith, le capitaine d'un bateau en mer sait qu'il est midi à sa position. S'il possède une horloge indiquant l'heure exacte au premier méridien, il peut alors déterminer sa longitude. La latitude, quant à elle, est déterminée par la position des étoiles. C'est par l'étude de la vibration d'un ressort et par la description de cette vibration à l'aide des fonctions trigonométriques qu'il a été possible de mesurer la grandeur de l'impulsion nécessaire pour compenser l'amortissement du ressort et construire une horloge répondant aux exigences de l'époque. Une grande partie de ce travail a été réalisé par le physicien anglais Robert HOOKE.

PROCÉDURE POUR DÉCRIRE ALGÉBRIQUEMENT UNE SINUSOÏDE
   DONT LE GRAPHIQUE EST DONNÉ

1. Trouver sur le graphique l'instant t_1 auquel commence le premier cycle.
2. Repérer sur le graphique l'instant t_2 auquel se termine le premier cycle.
3. Calculer la période T, soit l'intervalle de temps entre le début et la fin du premier cycle, $T = t_2 - t_1$.
4. Déterminer la fréquence, soit l'inverse de la période: $f = 1/T$.
5. Déterminer la vitesse angulaire $\omega = 2\pi f = 2\pi/T$.
6. Déterminer l'angle de phase initial φ à l'aide du temps initial t_1 de la façon suivante: $\omega t_1 + \varphi = 0$ d'où $\varphi = -\omega t_1$.
7. Déterminer l'amplitude, soit la demi-différence entre la valeur maximale et la valeur minimale: $A = (V_{max} - V_{min})/2$.
8. Écrire le modèle mathématique $f(t) = A \sin(\omega t + \varphi)$

PROCÉDURE POUR REPRÉSENTER GRAPHIQUEMENT UNE SINUSOÏDE
   DONT L'ÉQUATION EST DONNÉE

Soit $f(t) = A \sin(\omega t + \varphi)$
1. Calculer le déphasage, soit l'instant auquel commence le premier cycle (poser $\omega t + \varphi = 0$, d'où $t = -\varphi/\omega$).
2. Calculer la période, soit l'intervalle de temps entre le début et la fin du premier cycle ($T = 2\pi/\omega$).
3. Déterminer la fréquence, soit l'inverse de la période ($f = 1/T = \omega/(2\pi)$).
4. Esquisser le graphique d'une sinusoïde.
5. Graduer l'axe horizontal en tenant compte du déphasage et de la période.
6. Situer l'axe vertical en tenant compte du déphasage et de la période.
7. Déterminer l'amplitude, soit la valeur absolue du coefficient du sinus.
8. Graduer l'axe vertical en tenant compte de l'amplitude.

4.4 EXERCICES

Représenter graphiquement les modèles sinusoïdaux suivants. (En programmant une feuille de calcul d'Excel, vous pouvez faire ces représentations graphiques aisément: voir à ce sujet le laboratoire en annexe.)

1. $f(t) = \sin t$ et $g(t) = 0{,}5 \sin t$
2. $f(t) = \sin t$ et $g(t) = \sin 2t$
3. $f(t) = \sin t$ et $g(t) = 3 \sin t$
4. $f(t) = \sin t$ et $g(t) = 2 \sin t$
5. $f(t) = \sin t$ et $g(t) = \sin(t + \pi/2)$
6. $f(t) = \sin t$ et $g(t) = 2{,}5 \sin (t + \pi/2)$
7. $f(t) = \sin t$ et $g(t) = 2 \sin(t - \pi/2)$
8. $f(t) = \sin t$ et $g(t) = 2 \sin 2t$
9. $f(t) = \sin t$ et $g(t) = 2 \sin(2t - \pi)$
10. $f(t) = \sin t$ et $g(t) = 2 \sin(2t - \pi/2)$

Trouver la période, la fréquence, le déphasage et l'amplitude ainsi que la règle de correspondance des fonctions dont la représentation graphique est donnée ci-dessous.

11.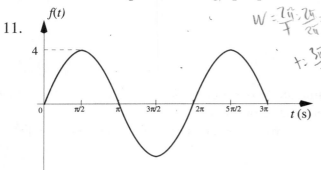

12.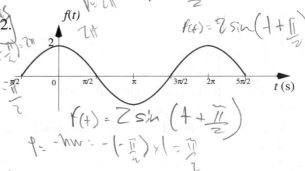

13.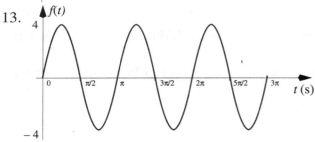

14.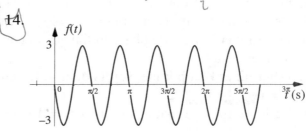

15.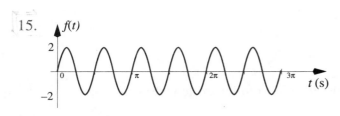

16.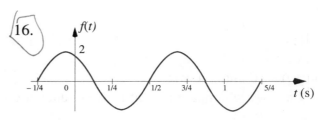

17.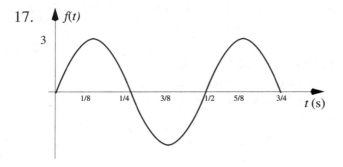

18.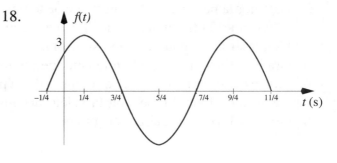

19. Un vecteur $\vec{V}$ de longueur 4 est en mouvement circulaire à une vitesse angulaire de 15 t/s.
    a) Trouver la fréquence de ce mouvement.
    b) Trouver la période de ce mouvement.
    c) Trouver la vitesse angulaire en radians par seconde.
    d) Exprimer la position du vecteur en fonction du temps t si la position initiale est 0.
    e) Calculer la position du vecteur à 1/60 s.

20. Un vecteur $\vec{V}$ de longueur 2 est en mouvement circulaire à une vitesse angulaire de 8π rad/s.
    a) Trouver la fréquence de ce mouvement.
    b) Trouver la période de ce mouvement.
    c) Trouver la vitesse angulaire en tours par seconde.
    d) Exprimer la position du vecteur en fonction du temps t si l'angle de phase initial est $\pi/2$ rad.
    e) Calculer la position du vecteur à 1/32 s.

21. Un vecteur $\vec{V}$ de longueur 6 est en mouvement circulaire avec une période de 0,02 s.
    a) Trouver la fréquence de ce mouvement.
    b) Trouver la vitesse angulaire en radians par seconde.
    c) Exprimer la position du vecteur en fonction du temps t si l'angle de phase initial est $-\pi/2$ rad.
    d) Calculer la position du vecteur à 1/200 s.

22. La position d'un vecteur $\vec{V}$ en mouvement circulaire est décrite par $f(t) = 6 \sin(6\pi t - \pi/2)$
    a) Trouver l'amplitude du mouvement.
    b) Trouver la période et la fréquence de ce mouvement.
    c) Trouver la vitesse angulaire en radians par seconde.
    d) Trouver l'angle de phase initial de ce mouvement.

23. Une masse M suspendue à un ressort oscille de -4 dm à 4 dm en effectuant cinq oscillations complètes par seconde.
    a) Quelle est la vitesse angulaire du vecteur dont la projection sur l'axe vertical décrit la position de la masse en fonction du temps t?
    b) Donner la longueur et l'angle de phase initial du vecteur en rotation autour de l'origine, dont la projection verticale décrit le mouvement du ressort si celui-ci est en position 4 au temps initial.
    c) Donner l'amplitude, la période, la fréquence et le déphasage et tracer le graphique du modèle décrivant la position de la masse au temps t pour un intervalle d'une seconde.

24. Une masse M suspendue à un ressort oscille de -5 dm à 5 dm en effectuant huit oscillations complètes par seconde.
    a) Quelle est la vitesse angulaire du vecteur dont la projection sur l'axe vertical décrit la position de la masse en fonction du temps t?
    b) Donner la longueur et l'angle de phase initial du vecteur en rotation autour de l'origine, dont la projection verticale décrit le mouvement du ressort si celui-ci est en position 0 au temps initial.
    c) Donner l'amplitude, la période, la fréquence et le déphasage et tracer le graphique du modèle décrivant la position de la masse au temps t pour un intervalle d'une seconde.

PRÉPARATION À L'ÉVALUATION
Pour préparer votre examen, assurez-vous d'avoir atteint les objectifs suivants.

Consignez à la page suivante des indications pour vous remémorer plus facilement les notions et concepts qui vous posent le plus de difficultés.

Si vous avez atteint l'objectif, cochez.

☆ **UTILISER LES NOTIONS ET MODÈLES TRIGONOMÉTRIQUES POUR ANALYSER DES SITUATIONS METTANT EN CAUSE DES VITESSES ANGULAIRES.**

○ RÉSOUDRE DES PROBLÈMES METTANT EN CAUSE DES MESURES D'ANGLES, DES LONGUEURS D'ARCS ET DES VITESSES ANGULAIRES.

◇ Calculer la mesure d'un angle en degrés en utilisant les données pertinentes.
◇ Calculer la mesure d'un angle en radians en utilisant les données pertinentes.
◇ Calculer la longueur d'un arc de cercle en utilisant les données pertinentes.
◇ Exprimer en radians un angle dont la mesure est donnée en degrés.
◇ Exprimer en degrés un angle dont la mesure est donnée en radians.
◇ Résoudre des problèmes nécessitant l'utilisation de la relation entre la vitesse angulaire et la vitesse linéaire.

○ UTILISER LES FONCTIONS TRIGONOMÉTRIQUES POUR MODÉLISER DES PHÉNOMÈNES PÉRIODIQUES.

◇ Décrire algébriquement une sinusoïde dont le graphique est donné.
❏ Trouver sur le graphique l'instant t_1 auquel commence le premier cycle.
❏ Repérer sur le graphique l'instant t_2 auquel se termine le premier cycle.
❏ Calculer la période T, soit l'intervalle de temps entre le début et la fin du permier cycle, $T = t_2 - t_1$.
❏ Déterminer la fréquence, soit l'inverse de la période: $f = 1/T$.
❏ Déterminer la vitesse angulaire $\omega = 2\pi/T$.
❏ Déterminer l'angle de phase initial $\omega t_1 + \varphi = 0$ d'où $\varphi = -\omega t_1$.
❏ Déterminer l'amplitude, soit la demi-différence entre la valeur maximale et la valeur minimale: $A = (V_{max} - V_{min})/2$.
❏ Écrire le modèle mathématique $f(t) = A \sin(\omega t + \varphi)$.

◇ Représenter graphiquement une sinusoïde dont l'équation est donnée.
Soit $f(t) = A \sin(\omega t + \varphi)$
❏ Calculer le déphasage, soit l'instant auquel commence le premier cycle (Poser $\omega t + \varphi = 0$ d'où $t = -\varphi/\omega$).
❏ Calculer la période, soit l'intervalle de temps entre le début et la fin du permier cycle ($T = 2\pi/\omega$).
❏ Déterminer la fréquence, soit l'inverse de la période ($f = 1/T = \omega/(2\pi)$).
❏ Esquisser le graphique d'une sinusoïde.
❏ Graduer l'axe horizontal en tenant compte du déphasage et de la période.
❏ Situer l'axe vertical en tenant compte du déphasage et de la période.
❏ Déterminer l'amplitude, soit la valeur absolue du coefficient du sinus.
❏ Graduer l'axe vertical en tenant compte de l'amplitude.

Signification des symboles   ☆ Élément de compétence   ○ Objectif de section
◇ Procédure ou démarche   ❏ Étape d'une procédure

Notes personnelles

VOCABULAIRE UTILISÉ DANS LE CHAPITRE

AMPLITUDE

L'*amplitude* d'un modèle sinusoïdal est la demi-différence entre la valeur maximale et la valeur minimale de ce modèle. Dans un modèle vibratoire simple de la forme

$$f(t) = A \sin(\omega t + \varphi)$$

l'amplitude est donnée par le paramètre A.

ANGLE DE PHASE INITIAL ET DÉPHASAGE

L'angle de phase initial d'un modèle sinusoïdal $f(t) = A \sin(\omega t + \varphi)$ est l'angle φ. C'est l'angle que fait le rayon-vecteur au temps $t = 0$. Le déphasage de l'onde sinusoïdale est $t_1 = -\varphi/\omega$ secondes. C'est le temps nécessaire pour que le rayon-vecteur décrivant la sinusoïde parcoure l'angle de phase initial.

ANGLES REMARQUABLES

Ce sont les angles dont on peut calculer les rapports trigonométriques en utilisant seulement des propriétés géométriques de triangles rectangles.

CERCLE TRIGONOMÉTRIQUE

Le cercle trigonométrique est le cercle de rayon centré à l'origine d'un système d'axes cartésien. Son équation est

$$x^2 + y^2 = 1$$

DEGRÉ

Le degré est une unité de mesure d'un angle. Un angle au centre de 1 degré est un angle au centre qui intercepte sur la circonférence un arc de 1 degré, soit 1/360 de la longueur de la circonférence.

FRÉQUENCE

Soit une onde sinusoïdale $f(t) = \sin(\omega t)$, la *fréquence* de cette onde, notée f, est donnée par

$$f = \omega/2\pi$$

et représente le nombre de tours par seconde du vecteur décrivant l'onde sinusoïdale. L'unité de mesure de la fréquence est le hertz (Hz).

MODÈLE SINUSOÏDAL

Un modèle sinusoïdal est un modèle de la forme $f(t) = A \sin(\omega t + \varphi)$. Il est utilisé pour décrire les phénomènes vibratoires simples ainsi que le courant alternatif.

PÉRIODE

La *période* de cette onde sinusoïdale, notée T, est définie par

$$T = \frac{1}{f} = \frac{1}{\omega/(2\pi)} = \frac{2\pi}{\omega}$$

et représente le temps nécessaire pour effectuer un cycle complet. L'unité de mesure est la seconde (s).

RADIAN

Le radian est une unité de mesure d'un angle. Un *angle au centre de 1 radian* est un angle au centre qui intercepte sur la circonférence un arc de 1 radian, soit un arc de cercle dont la longueur est égale au rayon. Le symbole du radian est rad.

VITESSE ANGULAIRE

La vitesse angulaire est la vitesse de rotation autour d'un axe. Elle est représentée par ω et est mesurée en rad/s.

TRIGONOMÉTRIE DES TRIANGLES

5.0 PRÉAMBULE

Le présent chapitre nous permettra d'étudier certaines caractéristiques des fonctions trigonométriques comme les identités de base et les procédures pour trouver une préimage par une fonction trigonométrique. Nous verrons de plus comment utiliser les fonctions trigonométriques dans la résolution de triangles. Ces procédures seront également utilisées au cours de l'étude des vecteurs.

Les activités d'apprentissage de ce chapitre visent à développer l'élément de compétence suivant:

« résoudre des problèmes faisant appel à la trigonométrie des triangles. »

5.1 IDENTITÉS TRIGONOMÉTRIQUES

Rappelons d'abord qu'une identité est une équation qui est vraie pour toutes les valeurs de la ou des variables en cause. De façon analogue, on peut dire qu'une identité est une forme propositionnelle dont l'ensemble solution est l'ensemble des réels. Les identités trigonométriques sont utilisées pour transformer les équations trigonométriques. Ces transformations peuvent avoir pour objet de simplifier ou de résoudre l'équation. Les identités trigonométriques fondamentales sont établies à partir de la définition des fonctions.

OBJECTIF : Utiliser les identités trigonométriques fondamentales dans la recherche de la préimage d'une fonction trigonométrique.

FONCTIONS TRIGONOMÉTRIQUES ET TRIANGLES
À l'origine, les rapports trigonométriques ont été définis dans les triangles rectangles. La définition présentée au chapitre 4 est une généralisation des rapports trigonométriques. Il y a six rapports trigonométriques possibles, en considérant les rapports de côtés. Ces rapports sont

$$\sin\theta = \frac{\text{côté opposé à }\theta}{\text{hypoténuse}} = \frac{b}{1}; \quad \cos\theta = \frac{\text{côté adjacent à }\theta}{\text{hypoténuse}} = \frac{a}{1};$$

$$\tan\theta = \frac{\text{côté opposé à }\theta}{\text{côté adjacent à }\theta} = \frac{b}{a}; \quad \cot\theta = \frac{\text{côté adjacent à }\theta}{\text{côté opposé à }\theta} = \frac{a}{b};$$

$$\sec\theta = \frac{\text{hypoténuse}}{\text{côté adjacent à }\theta} = \frac{1}{a}; \quad \csc\theta = \frac{\text{hypoténuse}}{\text{côté opposé à }\theta} = \frac{1}{b}.$$

Ce sont ces rapports que l'on utilise le plus souvent dans la résolution de triangles.

Les identités trigonométriques décrivent les relations entre les fonctions trigonométriques. Ces identités, dont l'étude relève d'un cours d'initiation à la trigonométrie, ne seront énoncées ici qu'à titre d'aide-mémoire.

IDENTITÉS TRIGONOMÉTRIQUES FONDAMENTALES

1. $\sin^2\theta + \cos^2\theta = 1$
2. $1 + \tan^2\theta = \sec^2\theta$
3. $1 + \cot^2\theta = \csc^2\theta$
4. $\tan\theta = \dfrac{\sin\theta}{\cos\theta}$
5. $\cot\theta = \dfrac{\cos\theta}{\sin\theta}$
6. $\tan\theta = \dfrac{1}{\cot\theta}$
7. $\cot\theta = \dfrac{1}{\tan\theta}$
8. $\csc\theta = \dfrac{1}{\sin\theta}$
9. $\sin\theta = \dfrac{1}{\csc\theta}$
10. $\cos\theta = \dfrac{1}{\sec\theta}$
11. $\sec\theta = \dfrac{1}{\cos\theta}$

IDENTITÉS DE SOMMES ET DE DIFFÉRENCES D'ANGLES

1. $\sin(\alpha + \beta) = \sin \alpha \cos \beta + \cos \alpha \sin \beta$ 2. $\sin(\alpha - \beta) = \sin \alpha \cos \beta - \cos \alpha \sin \beta$

3. $\cos(\alpha + \beta) = \cos \alpha \cos \beta - \sin \alpha \sin \beta$ 4. $\cos(\alpha - \beta) = \cos \alpha \cos \beta + \sin \alpha \sin \beta$

5. $\tan(\alpha + \beta) = \dfrac{\tan \alpha + \tan \beta}{1 - \tan \alpha \tan \beta}$ 6. $\tan(\alpha - \beta) = \dfrac{\tan \alpha - \tan \beta}{1 + \tan \alpha \tan \beta}$

Dans le cas particulier où $\alpha = \beta = \theta$, les identités de somme d'angles donnent :

7. $\sin 2\theta = 2 \sin \theta \cos \theta$ 8. $\cos 2\theta = \cos^2 \theta - \sin^2 \theta$

9. $\tan(2\theta) = \dfrac{2 \tan \theta}{1 - \tan^2 \theta}$

SYMÉTRIE PAR RAPPORT À L'AXE DES x

$\sin(-\theta) = -\sin \theta$

$\cos(-\theta) = \cos \theta$

$\tan(-\theta) = -\tan \theta$

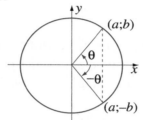

$\sin(-\theta) = -b = -\sin \theta$

$\cos(-\theta) = a = \cos \theta$

$\tan(-\theta) = \dfrac{-b}{a} = -\tan \theta$

SYMÉTRIE PAR RAPPORT À LA BISSECTRICE DU PREMIER QUADRANT

$\sin(\pi/2 - \theta) = \cos \theta$

$\cos(\pi/2 - \theta) = \sin \theta$

$\tan(\pi/2 - \theta) = \cot \theta$

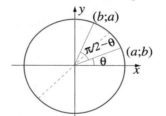

$\sin(\pi/2 - \theta) = a = \cos \theta$

$\cos(\pi/2 - \theta) = b = \sin \theta$

$\tan(\pi/2 - \theta) = \dfrac{a}{b} = \cot \theta$

SYMÉTRIE PAR RAPPORT À L'AXE DES y

$\sin(\pi - \theta) = \sin \theta$

$\cos(\pi - \theta) = -\cos \theta$

$\tan(\pi - \theta) = -\tan \theta$

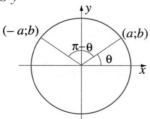

$\sin(\pi - \theta) = b = \sin \theta$

$\cos(\pi - \theta) = -a = -\cos \theta$

$\tan(\pi - \theta) = \dfrac{b}{-a} = -\tan \theta$

SYMÉTRIE PAR RAPPORT À L'ORIGINE

$\sin(\pi + \theta) = -\sin \theta$

$\cos(\pi + \theta) = -\cos \theta$

$\tan(\pi + \theta) = \tan \theta$

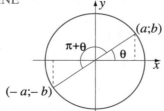

$\sin(\pi + \theta) = -b = -\sin \theta$

$\cos(\pi + \theta) = -a = -\cos \theta$

$\tan(\pi + \theta) = \dfrac{-b}{-a} = \tan \theta$

ÉQUATION TRIGONOMÉTRIQUE

Une identité trigonométrique est une égalité valide dès que les expressions qu'elle contient sont définies. Une équation trigonométrique est une égalité valide seulement pour quelques valeurs de la variable. L'objet de l'étude des équations trigonométriques est donc la résolution des équations, c'est-à-dire trouver les valeurs de la variable pour lesquelles l'équation est valide. Cet objectif est différent de celui de l'étude des identités. Dans un cas, on doit démontrer que l'égalité est une identité et dans l'autre, on doit trouver pour quelles valeurs l'égalité est vraie. La recherche de solutions d'une équation trigonométrique débouche tout naturellement sur la définition de fonctions inverses des fonctions trigonométriques.

 EXEMPLE 5.1.1

Trouver l'angle θ de la figure ci-contre sachant que $\sin \theta = 1/2$.

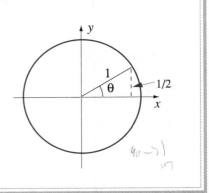

Solution
Pour résoudre cette équation, on peut facilement consulter le cercle trigonométrique du chapitre 4. Le sinus étant donné par l'ordonnée du point intercepté par le côté de l'angle, on trouve donc

$$\sin \theta = 1/2 \text{ lorsque } \theta = \pi/6 \text{ rad ou } 30°$$

On écrit $\theta = \arcsin(1/2) = \pi/6$.

Dans la plupart des cas, il faut plutôt avoir recours à la calculatrice pour résoudre une équation trigonométrique.

 EXEMPLE 5.1.2

Trouver l'angle θ de la figure ci-contre sachant que $\sin \theta = 4/5$.

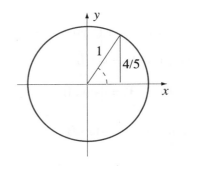

Solution
Pour résoudre cette équation, on ne peut utiliser le cercle trigonométrique, car le rapport 4/5 n'est pas une des valeurs remarquables. On doit donc avoir recours à la calculatrice pour trouver l'angle dont le sinus vaut 4/5 (ou 0,8).

On trouve la valeur de l'angle avec la séquence de touches « inv sin (4/5) = » ou « 2nd sin (4/5) = », selon le type de calculatrice. Cependant, l'ordre de la séquence des touches peut varier selon les calculatrices. On trouve alors

$$\theta = \arcsin(4/5) = 0,9273 \text{ rad ou } 53,1°$$

selon que la calculatrice est en mode radian ou degré.

Il faut cependant se méfier du résultat obtenu par la calculatrice qui ne tient pas compte de la périodicité des fonctions trigonométriques dans sa recherche de l'angle. Il faut utiliser les identités de symétrie pour vérifier et apporter les corrections qui s'imposent afin de tenir compte du contexte du problème.

> **EXEMPLE 5.1.3**
>
> Trouver en radians et en degrés la mesure de l'angle que fait le rayon de la figure ci-contre avec la direction positive de l'axe des x.
>
> *Solution*
>
> Par la fonction sinus, on a $\sin\theta = \dfrac{\text{ordonnée du point}}{\text{longueur du rayon}} = \dfrac{4}{5}$
>
> La préimage est alors $\qquad\qquad \arcsin\dfrac{4}{5} = 0{,}9273 \text{ rad}$
>
> La calculatrice donne une valeur d'angle θ comprise entre $-\pi/2$ et $\pi/2$; ce n'est manifestement pas la valeur cherchée. Cependant, puisqu'on a l'identité de symétrie
>
> $$\sin(\pi - \theta) = \sin\theta \text{ ou } \sin(180° - \theta) = \sin\theta$$
>
> on peut effectuer la correction et on obtient
>
> $$\pi - 0{,}9273 = 3{,}1416 - 0{,}9273 = 2{,}2143 \text{ rad}$$
>
> En degrés, on trouve $\arcsin\dfrac{4}{5} = 53{,}13°$
>
> et l'angle cherché est $\qquad 180° - 53{,}13° = 126{,}87°$

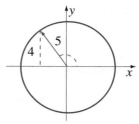

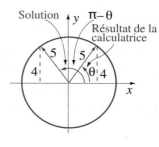

INTERVALLE PRINCIPAL

Les fonctions trigonométriques sont des fonctions périodiques, ce qui signifie que les valeurs de la variable dépendante se répètent périodiquement. La calculatrice ne peut tenir compte de cette caractéristique dans la recherche de la valeur de l'angle dont un rapport trigonométrique est donné. Pour chaque fonction trigonométrique, la calculatrice donnera une valeur d'angle à l'intérieur d'un intervalle appelé *intervalle principal* à l'intérieur duquel se situe la valeur principale de l'angle cherché. Pour faciliter l'interprétation du résultat, cet intervalle est choisi le plus près possible de l'origine et il doit contenir toutes les valeurs que peut prendre la fonction, et ce, une et une seule fois. Le tableau suivant indique l'intervalle principal associé aux fonctions sinus, cosinus et tangente.

INTERVALLE DE LA PRÉIMAGE PRINCIPALE

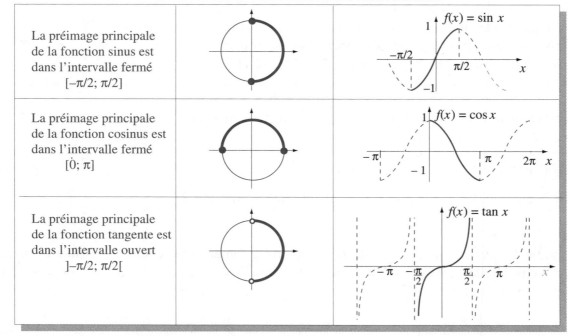

EXEMPLE 5.1.4

Trouver en radians et en degrés la mesure de l'angle que fait le rayon avec la direction positive de l'axe horizontal dans la situation illustrée ci-contre.

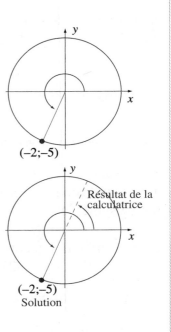

Solution
Par la fonction tangente, on a

$$\tan\theta = \frac{\text{ordonnée du point}}{\text{abscisse du point}} = \frac{-5}{-2} = \frac{5}{2}$$

La préimage est alors $\arctan\dfrac{5}{2} = 1{,}1903$ rad. La calculatrice nous donne une valeur comprise dans l'intervalle $]-\pi/2;\pi/2[$. Ce n'est manifestement pas l'angle cherché. Cependant, on observe la symétrie

$$\tan(\pi + \theta) = \tan\theta \text{ ou } \tan(180° + \theta) = \tan\theta$$

En effectuant la correction, on obtient

$$\pi + 1{,}1903 = 3{,}1416 + 1{,}1903 = 4{,}3319 \text{ rad}$$

En degrés, on obtient $\arctan\dfrac{5}{2} = 68{,}20°$

et l'angle cherché est $180° + 68{,}20° = 248{,}20°$

Le contexte dont il faut tenir compte est parfois présenté sous la forme d'un intervalle.

 EXEMPLE 5.1.5

Trouver θ tel que $\cos\theta = 0{,}4$ et $\theta \in [180°;360°]$.

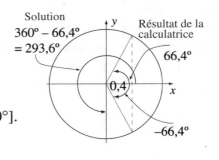

Solution
Dans ce cas, la calculatrice nous donne

$$\theta = \arccos 0{,}4 = 66{,}4218...°$$

ce qui n'est pas la valeur cherchée puisque $66{,}4218...° \notin [180°;360°]$.
La symétrie par rapport à l'axe des x permet alors de trouver

$$\theta = 360° - 66{,}4218...° = 293{,}5782...° = 293°34'41''.$$

Dans certaines situations, il faut simplifier l'équation trigonométrique à l'aide des identités pour pouvoir la résoudre.

 EXEMPLE 5.1.6

Résoudre l'équation $3\sin^2\theta - \cos^2\theta = 2$ sachant que $\theta \in [\pi/2;3\pi/2]$.

Solution
Pour résoudre l'équation, il faut qu'elle ne comporte qu'une seule fonction trigonométrique. On utilisera donc l'identité $\sin^2\theta + \cos^2\theta = 1$ pour obtenir $\sin^2\theta = 1 - \cos^2\theta$. En substituant cette identité dans l'équation, on a alors

$$3(1 - \cos^2\theta) - \cos^2\theta = 2$$
$$3 - 4\cos^2\theta = 2$$
$$-4\cos^2\theta = -1$$
$$\cos^2\theta = 1/4$$
$$\cos\theta = \pm 1/2$$

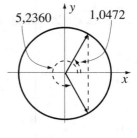

On a donc deux équations à résoudre avec une contrainte sur l'intervalle de variation donnée au début, soit

$$\cos\theta = 1/2 \text{ avec } \theta \in [\pi/2 ; 3\pi/2]$$

et $\qquad \cos\theta = -1/2 \text{ avec } \theta \in [\pi/2 ; 3\pi/2]$

Pour la première équation, le cercle trigonométrique (ou la calculatrice) donne $\pi/3$ et $5\pi/3$, mais ces valeurs ne sont pas dans l'intervalle de variation. La première équation n'a donc pas de solution dans l'intervalle donné, soit $[\pi/2 ; 3\pi/2]$.

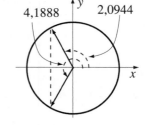

Pour la deuxième équation, le cercle trigonométrique (ou la calculatrice) donne $2\pi/3$ et $4\pi/3$ qui sont deux solutions satisfaisant la contrainte de l'intervalle de variation. On accepte donc ces deux valeurs comme solutions de l'équation.

5.2 EXERCICES

1. Trouver la valeur principale des expressions suivantes à l'aide du cercle trigonométrique, puis vérifier le résultat de vos calculs à l'aide de la calculatrice.

   a) arcsin (1)
   b) arcsin (−1/2)
   c) arctan (−1)

   d) arcsin (−1)
   e) arctan (1)
   f) arccos (−√3 / 2)

   g) arcsin (−√3 / 2)
   h) arctan (√3)
   i) arccos (−1)

   j) arccos (√3 / 2)
   k) arcsin (√3 / 2)
   l) arccos (1)

   m) arcsin (√2 / 2)
   n) arccos (0)
   o) arccos (−√2 / 2)

2. À l'aide de la calculatrice, trouver l'angle θ tel que:

   a) $\sin\theta = -0{,}88$ et $\theta \in [\pi/2 ; 3\pi/2]$
   b) $\tan\theta = -{,}44$ et $\theta \in [\pi/2 ; 3\pi/2]$
   c) $\cos\theta = 0{,}6$ et $\theta \in [\pi ; 2\pi]$
   d) $\tan\theta = 1{,}44$ et $\theta \in [0 ; 2\pi]$

3. Résoudre les équations trigonométriques suivantes en donnant la valeur principale.

   a) $\cos 3\theta = 1/2$
   b) $\sin 2\theta = 1/2$
   c) $\sec^2\theta = 4$
   d) $\tan\theta = \sin\theta$
   e) $\sin^2\theta + \sin 2\theta = 0$
   f) $2\sin^2\theta = 1 + \sin\theta$

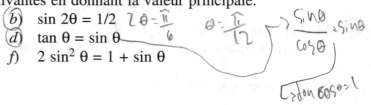

4. Trouver les angles des triangles suivants:

   a)

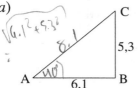

   b)

5. À l'aide de la calculatrice, trouver l'angle θ des figures suivantes:

a)
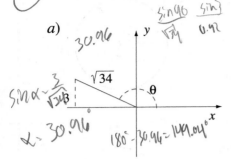

b)
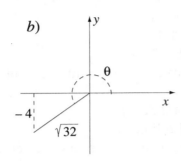

c)
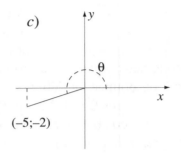

d)
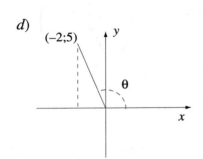

e)
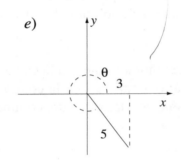

f)
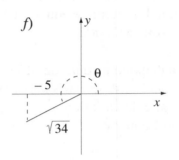

6. Trouver l'angle d'inclinaison de l'escalier illustré.

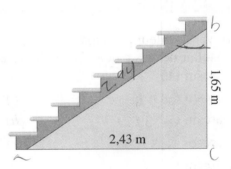

7. Montrer que, quel que soit θ ∈ **R**,
   a) $\sin(-\theta) = -\sin\theta$ b) $\cos(-\theta) = \cos\theta$

8. Montrer que, quel que soit θ ∈ **R**,
   a) $\cos(2\pi - \theta) = \cos\theta$ b) $\cos(\pi - \theta) = -\cos\theta$

9. Montrer que, quel que soit θ ∈ **R**, $\tan(\pi - \theta) = -\tan\theta$

10. Montrer que, quel que soit θ ∈ **R**,
    a) $\cos(\pi + \theta) = -\cos\theta$ b) $\sin(\pi + \theta) = -\sin\theta$ c) $\tan(\pi + \theta) = \tan\theta$

11. Montrer que quel que soit θ ∈ **R**,

    a) $\cos\left(\dfrac{\pi}{2} - \theta\right) = \sin\theta$ b) $\sin\left(\dfrac{\pi}{2} - \theta\right) = \cos\theta$ c) $\tan\left(\dfrac{\pi}{2} - \theta\right) = \cot\theta$

5.3 RÉSOLUTION DE TRIANGLES

Résoudre un triangle signifie trouver les éléments (côtés et angles) inconnus de ce triangle. La trigonométrie est un outil indispensable à la résolution de triangles. Pour les triangles rectangles, les procédures de résolution sont basées sur les rapports trigonométriques de base. Pour les triangles quelconques, on utilise surtout la loi des sinus et la loi des cosinus. Ces deux lois sont basées sur les rapports trigonométriques des triangles rectangles.

OBJECTIF: Résoudre des triangles en ayant recours aux rapports trigonométriques, à la loi des sinus et à la loi des cosinus.

TRIGONOMÉTRIE DES TRIANGLES RECTANGLES

 EXEMPLE 5.3.1

L'entreprise qui vous emploie envisage de fabriquer trois modèles de cabanons. Vous devez compléter les esquisses ci-contre en calculant, pour chaque modèle, l'angle formé par la toiture avec l'horizontale.

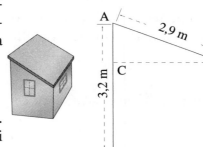

Solution

Dans le triangle ABC, $\overline{AC} = 3,2 - 2,3 = 0,9$ m et $\overline{AB} = 2,9$ m. On peut utiliser la fonction sinus pour trouver l'angle B, ce qui donne

$$\sin B = \frac{0,9}{2,9} \text{ d'où B} = \arcsin\left(\frac{0,9}{2,9}\right) = 18,08°$$

Il est à remarquer que les données du problème ne sont pas des mesures et doivent être considérées comme des valeurs exactes. Les règles de présentation de résultats d'opérations sur des nombres arrondis ne s'appliquent donc pas ici.

Dans le triangle ABC du deuxième cabanon, on connaît le côté $\overline{BC} = 2,3$ m et l'hypoténuse de 2,7 m. On peut utiliser la fonction cosinus pour trouver l'angle B, ce qui donne

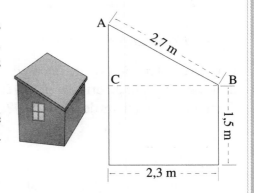

$$\cos B = \frac{2,3}{2,7} \text{ d'où B} = \arccos\left(\frac{2,3}{2,7}\right) = 31,59°$$

Dans le triangle ACD du troisième cabanon, on connaît $\overline{CD} = 0,8$ m et $\overline{AD} = 1,3$ m puisque le cabanon est symétrique. On peut utiliser la fonction tangente pour trouver l'angle A, ce qui donne

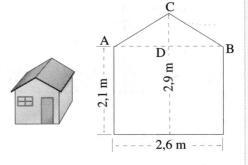

$$\tan A = \frac{0,8}{1,3} \text{ d'où A} = \arctan\left(\frac{0,8}{1,3}\right) = 31,61°$$

REMARQUE

Dans l'exemple précédent, on pourrait également calculer les longueurs des dimensions inconnues pour compléter les plans.

 EXEMPLE 5.3.2

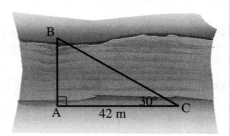

Un arpenteur a pris les relevés de la figure ci-contre pour détermi-ner la largeur de la rivière en vue de la construction d'un pont. Calculer cette largeur.

Solution

On donne la mesure du côté adjacent à l'angle de 30°, soit $\overline{AC} = 42$ et on cherche la mesure du côté opposé à l'angle de 30°.

On a donc recours à un rapport trigonométrique impliquant le côté opposé et le côté adjacent; la tangente est toute indiquée. En effet

$$\tan 30° = \frac{\overline{AB}}{\overline{AC}}$$

En isolant $\overline{AB}$, on trouve

$$\overline{AB} = \overline{AC}\tan 30°$$

$$\overline{AB} = \overline{AC}\tan 30° = 42\frac{\sqrt{3}}{3} = 14\sqrt{3} = 24,25 \text{ m}$$

Compte tenu de la précision des mesures, on acceptera 24 mètres comme longueur.

 EXEMPLE 5.3.3

Un observateur à 200 m du pied d'un phare mesure l'angle d'élévation de la galerie du phare et trouve une valeur de 25°. Quelle est la hauteur de la galerie ?

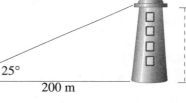

Solution

On cherche le côté opposé à l'angle θ et on connaît le côté adjacent. On utilisera donc la tangente puisque la valeur de ce rapport est donnée directement par la calculatrice. Par définition, le rapport de la tangente est

$$\tan 25° = \frac{h}{200}$$

On trouve $h = 200 \tan 25° = 200 \times 0,4663 = 93,26$ mètres. On acceptera 93 m comme hauteur.

 EXEMPLE 5.3.4

On veut assurer la stabilité d'un pylône à l'aide d'un câble d'acier fixé à une attache à 20 m du pied du pylône. Si l'angle d'élévation mesuré à partir du point d'attache est de 65°, trouver la longueur du câble ainsi que la hauteur du pylône.

Solution

Longueur du câble

On cherche l'hypoténuse du triangle et on connaît le côté adjacent à l'angle de 65°. On utilise donc le rapport du cosinus, ce qui donne

$$\cos 65° = \frac{20}{l}$$

et $\qquad l = \dfrac{20}{\cos 65°} = 47{,}32$ m, soit 47 m.

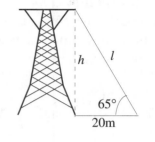

Hauteur du pylône

On cherche le côté opposé à l'angle. On peut utiliser le sinus, ce qui donne

$$\sin 65° = \frac{h}{47{,}32}$$

et $h = 47{,}32 \sin 65° = 42{,}89$ m, soit 43 m.

Dans l'exemple précédent, on peut également trouver d'abord la hauteur h puis utiliser le théorème de PYTHAGORE pour trouver la longueur du câble, Ce qui donne

$$l = \sqrt{h^2 + 20^2} = \sqrt{42{,}89^2 + 20^2} = 47{,}32$$

 EXEMPLE 5.3.5

Considérons un segment de droite horizontal dont une extrémité coïncide avec l'origine d'un système d'axes et l'autre extrémité est à une distance de 3 unités à droite de l'origine. Faisons effectuer à ce segment de droite une rotation antihoraire d'un angle de 60°. Trouver les coordonnées du point à l'extrémité du segment de droite.

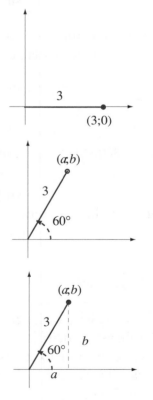

Solution

De l'extrémité du segment, abaissons une perpendiculaire à l'axe horizontal. On obtient ainsi un triangle rectangle. Les coordonnées du point à l'extrémité du segment de droite représentent alors la mesure des côtés de ce triangle. Il suffit donc de trouver les longueurs des côtés pour trouver les coordonnées du point. Par la définition des rapports trigonométriques, on a

$$\cos 60° = \frac{a}{3} \ \text{ et } \ \sin 60° = \frac{b}{3}$$

On trouve alors $\quad a = 3 \cos 60° = 3 \times \dfrac{1}{2} = \dfrac{3}{2} = 1{,}5$

et $\qquad b = 3 \sin 60° = 3 \times \dfrac{\sqrt{3}}{2} = \dfrac{3\sqrt{3}}{2} = 2{,}60$

Les coordonnées de l'extrémité sont donc (1,50;2,60). La longueur du rayon étant une longueur exacte, on n'arrondit pas le résultat.

TRIGONOMÉTRIE DES TRIANGLES QUELCONQUES

La *loi des sinus* et la *loi des cosinus* sont deux propriétés des triangles quelconques: elles décrivent des relations entre les côtés et les angles de ces triangles. Nous allons démontrer ces lois en ayant recours aux définitions des rapports trigonométriques dans le triangle rectangle, puis nous les utiliserons dans différentes situations.

LOI DES SINUS

Soit ABC un triangle quelconque de côtés a, b et c. Alors

$$\frac{a}{\sin A} = \frac{b}{\sin B} = \frac{c}{\sin C}$$

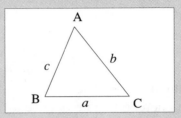

Démonstration

Nous ne présentons que le cas où les trois angles sont aigus. Abaissons la hauteur AH, formant ainsi les triangles ABH et ACH, rectangles en H, d'où

$$\sin B = \frac{h}{c} \quad \text{et} \quad h = c \sin B$$

de plus $$\sin C = \frac{h}{b} \quad \text{et} \quad h = b \sin C$$

Par conséquent $$c \sin B = b \sin C$$

et $$\frac{c}{\sin C} = \frac{b}{\sin B}$$

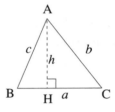

Abaissons maintenant la hauteur BH', formant ainsi les triangles ABH' et BCH' rectangles en H', d'où

$$\sin A = \frac{h'}{c} \quad \text{et} \quad h' = c \sin A$$

de plus $$\sin C = \frac{h'}{a} \quad \text{et} \quad h' = a \sin C$$

Par conséquent $$c \sin A = a \sin C$$

et $$\frac{a}{\sin A} = \frac{b}{\sin B} = \frac{c}{\sin C}$$

Cela complète la preuve.

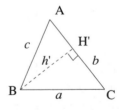

REMARQUE

Pour résoudre un triangle, il faut en connaître trois éléments. La loi des sinus sera utilisable dans deux cas.

a) On connaît deux côtés et l'angle opposé à l'un des deux côtés connus. Dans ce cas, il y a possibilité d'ambiguïté, nous verrons comment procéder après l'exemple 5.3.6.

b) On connaît deux angles et le côté opposé à l'un des deux angles connus.

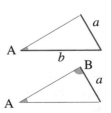

Les deux autres situations que l'on peut rencontrer sont les suivantes:

c) On connaît deux côtés et l'angle compris entre les deux.

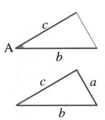

d) On connaît les trois côtés.

Dans ces deux derniers cas, la loi des sinus ne permet pas de résoudre le triangle. On choisit alors la loi des cosinus.

LOI DES COSINUS

Soit ABC un triangle quelconque de côtés *a*, *b* et *c*, alors
$$a^2 = b^2 + c^2 - 2bc \cos A$$
$$b^2 = a^2 + c^2 - 2ac \cos B$$
$$c^2 = a^2 + b^2 - 2ab \cos C$$

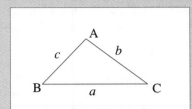

Démonstration

Considérons le cas où les angles sont aigus. Abaissons la hauteur BH qui détermine sur le côté AC deux segments de longueur *x* et *b – x*. Les triangles ABH et CBH étant rectangles en H, le théorème de PYTHAGORE nous permet d'écrire $c^2 = h^2 + x^2$ et

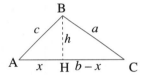

$$\begin{aligned} a^2 &= h^2 + (b-x)^2 \\ &= h^2 + b^2 - 2bx + x^2 \\ &= b^2 + h^2 + x^2 - 2bx \\ &= b^2 + c^2 - 2bx \text{ ; car } c^2 = h^2 + x^2 \end{aligned}$$

De plus, le triangle ABH donne $\cos A = \dfrac{x}{c}$ d'où $x = c \cos A$ et en substituant dans
$$a^2 = b^2 + c^2 - 2bx$$

on obtient
$$a^2 = b^2 + c^2 - 2bc \cos A$$

Cela complète la preuve.

De plus, en isolant cos A dans cette expression, on obtient
$$\cos A = \frac{b^2 + c^2 - a^2}{2bc}$$

Les deux derniers résultats déterminent une relation entre les angles et les côtés et sont indépendants des lettres utilisées. On a donc également

$$b^2 = a^2 + c^2 - 2ac \cos B, \text{ d'où } \cos B = \frac{a^2 + c^2 - b^2}{2ac}$$

$$c^2 = a^2 + b^2 - 2ab \cos C, \text{ d'où } \cos C = \frac{a^2 + b^2 - c^2}{2ab}$$

On obtiendrait les mêmes résultats en procédant de la même façon et en considérant un triangle rectangle et un triangle ayant un angle obtus.

PROCÉDURE DE RÉSOLUTION D'UN TRIANGLE QUELCONQUE
1.   Identifier les données et les éléments cherchés.
2.   Déterminer s'il est possible d'appliquer directement la loi des sinus (cas *a* et *b*, remarque précédente). Si oui, procéder.
3.   Sinon, utiliser la loi des cosinus pour trouver un élément, angle ou côté, permettant de répondre aux conditions d'utilisation de la loi des sinus.
4.   Compléter la résolution en utilisant la loi des sinus.
5.   Vérifier que les résultats satisfont à la loi des sinus.

EXEMPLE 5.3.6

Résoudre le triangle ci-contre où l'angle B est aigu.

Solution
Cherchons tout d'abord l'angle B par la loi des sinus

$$\frac{b}{\sin B} = \frac{a}{\sin A}$$

d'où

$$\sin B = \frac{b \sin A}{a} = \frac{8}{6} \sin 35°$$

et

$$B = \arcsin\left(\frac{8}{6} \sin 35°\right) = \arcsin(0,7647) = 49,89°$$

Trouvons maintenant l'angle C

$$C = 180° - (49,89° + 35°) = 95,11°$$

Pour trouver le côté *c*, on utilise de nouveau la loi des sinus

$$\frac{c}{\sin C} = \frac{a}{\sin A}$$

qui donne

$$c = \frac{a \sin C}{\sin A} = \frac{6 \sin 95,11°}{\sin 35°} = 10,42$$

REMARQUE

La figure de l'exemple 5.3.6 nous indiquait que l'angle B était plus petit que 90°. Cependant, on peut former un autre triangle ayant un angle de 35° et des côtés *a* et *b* de longueur 6 et 8 respectivement, comme l'illustre la figure ci-contre. Pour résoudre ce deuxième triangle, il faut se rappeler que

$$\sin (180° - B) = \sin B$$

Ainsi, au cours de la résolution, on a obtenu

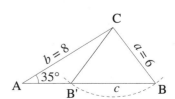

$$B = \arcsin\left(\frac{8}{6}\sin 35°\right) = \arcsin(0,7647) = 49,89°$$

Cependant, le sinus de l'angle B' tel que

$$B' = 180° - B = 180° - 49,89° = 130,11°$$

est le même que le sinus de l'angle B. On trouverait alors pour le troisième angle

$$C' = 180° - (130,11° + 35°) = 14,89°$$

et $\dfrac{c'}{\sin C'} = \dfrac{a}{\sin A}$ d'où $c' = \dfrac{a \sin C'}{\sin A} = \dfrac{6 \sin 14,89°}{\sin 35°} = 2,69$

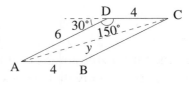

Si la figure n'est pas donnée et que l'on doit chercher un angle par la loi des sinus, il y a deux solutions possibles parce que le sinus est positif dans les deux premiers quadrants. Cependant, ces deux solutions ne sont pas nécessairement toutes les deux possibles comme dans l'exemple précédent. La solution doit satisfaire à la loi des sinus. C'est le critère pour rejeter une des valeurs d'angle obtenues lorsque la solution est unique. Le seul cas où il y a deux solutions possibles est celui pour lequel on connaît deux côtés et l'angle opposé au plus petit des deux côtés. Il faudra alors donner les deux solutions, soit quatre mesures d'angles et deux mesures de côtés.

 EXEMPLE 5.3.7

Trouver la longueur des diagonales du parallélogramme ci-contre.

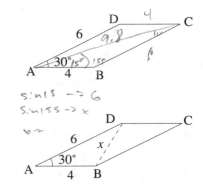

Solution

Par la loi des cosinus, on a

$$x^2 = 6^2 + 4^2 - (2 \times 6 \times 4)\cos 30° = 36 + 16 - 48 \ \cos 30°$$

$$= 52 - 48 \times \frac{\sqrt{3}}{2} = 10,43$$

d'où : $x = \sqrt{10,43} = 3,23$

Par la loi des cosinus, on obtient

$$y^2 = 6^2 + 4^2 - (2 \times 6 \times 4)\cos 150° = 36 + 16 - 48 \ \cos 150°$$

$$= 52 - 48 \times \frac{-\sqrt{3}}{2} = 93,57$$

d'où $y = \sqrt{93,57} = 9,67$

$a^2 = b^2 + c^2 - 2bc \cos A$

5.4 EXERCICES

À l'aide des rapports trigonométriques et de la loi des sinus ou des cosinus, trouver les longueurs inconnues des figures suivantes:

1.
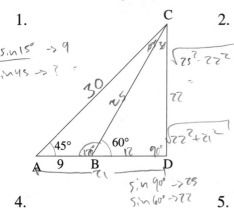

$\dfrac{\sin 15° \to 9}{\sin 45 \to ?} =$

2.
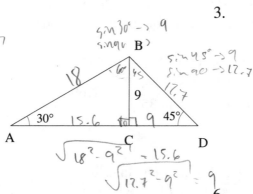

$\sin 30° \to 9$
$\sin 90 \to$
$\sin 45° \to 9$
$\sin 90 \to 12.7$
$\sqrt{18^2 - 9^2} = 15.6$
$\sqrt{12.7^2 - 9^2} = 9$
$\sin 90 \to 25$
$\sin 60 \to 22$

3.
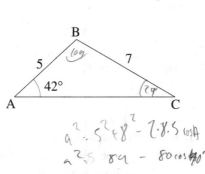

$\sin 42 \to 7$
$\gets 5$

$a^2 = 5^2 + 8^2 - 7 \cdot 8 \cdot 5 \cos A$
$a^2 = 89 - 80 \cos 40°$

4.
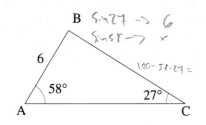

$\sin 27 \to 6$
$\sin 58 \to x$
$100 - 58 - 27 =$

5.
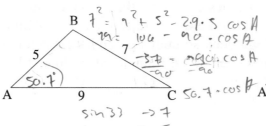

$7^2 = 9^2 + 5^2 - 2 \cdot 9 \cdot 5 \cos A$
$49 = 106 - 90 \cos A$
$\dfrac{-57}{-90} = \dfrac{-90}{-90} \cos A$
$50.7 \cdot \cos A$
$50.7°$
$\sin 33 \to 7$
$\gets 5$

6.
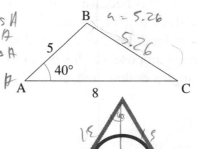

$a = 5.26$
5.26

7. Trouver le diamètre du cercle inscrit dans un triangle équilatéral de 15 cm de côté. 7.5

$\sin 60 \to 7.5$
$\sin 30 \to$
$+ \theta \times 2 = 8.66$ rép = 8.66

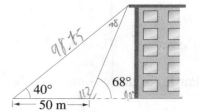

15 cm

8. Trouver le diamètre du cercle circonscrit à un triangle équilatéral de 10 cm de côté.

$\sin 60 \to 5$ $\sin 60 \to 5$
$\sin 30 \to 3$ $\sin 90 \to \times 5.77$
$5.77 \times 2 = 11.54$

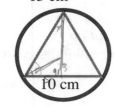

10 cm

9. On désire mesurer la hauteur d'un édifice. On a mesuré les angles d'élévation en deux points situés à 50 m l'un de l'aute. Ces angles sont de 40° et 68°. Calculer la hauteur de l'édifice.

$\sin 28 \to 50$ $\sin 90 \to 98.77$
$\sin 112 = 98.75$ $\sin 40 \to 63.48$

rép = 63.5

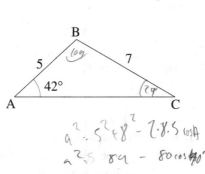

50 m

10. Un ballon vole à une altitude de 700 m en survolant un lac. Si les angles de dénivellation des rives du lac sont $\alpha = 48°$ et $\beta = 39°$, trouver la largeur du lac.

$\sin 48 \to 700$ $\sin 39 \to 700$
$\sin 90 \to 942$ $\sin 90 \to \times 1117.3$

$\sqrt{942^2 - 700^2} = 630.4$

$\sqrt{1112.3^2 - 700^2} = 864.4$

$630.4 + 864.4 = 1494.8$

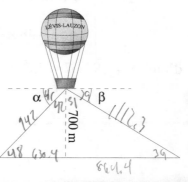

700 m

11. Un responsable de phare repère deux chaloupes en ligne avec le phare. Il mesure les angles de dénivellation des deux chaloupes et obtient respectivement 35° et 58°. Sachant que la hauteur de la galerie est 95 m, trouver la distance entre les deux chaloupes.

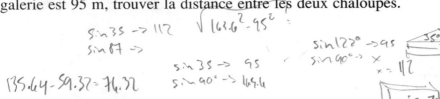

12. Un mât est planté sur le toit d'un édifice, les angles d'élévation du pied et du sommet du mât à partir d'un point situé à 35 m du pied de l'édifice sont de 47° et 68°. Trouver la longueur du mât.

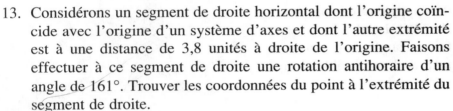

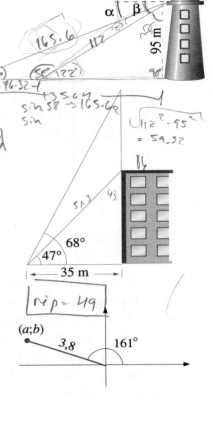

13. Considérons un segment de droite horizontal dont l'origine coïncide avec l'origine d'un système d'axes et dont l'autre extrémité est à une distance de 3,8 unités à droite de l'origine. Faisons effectuer à ce segment de droite une rotation antihoraire d'un angle de 161°. Trouver les coordonnées du point à l'extrémité du segment de droite.

14. La figure ci-contre illustre une coupe d'un roulement à billes. Sachant que l'angle A est de 65° et l'angle B de 80°, trouver le diamètre des billes.

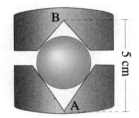

15. La figure ci-contre donne les dimensions de l'extrémité d'une hotte circulaire. Trouver l'angle θ.

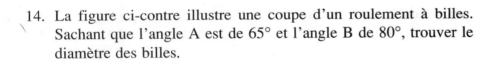

16. Trouver le rayon R de la figure ci-contre.

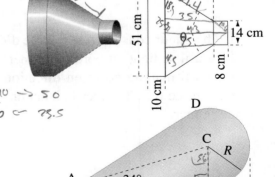

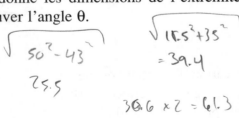

17. Trouver le diamètre des billes du détail de plan ci-contre.

18. Dans le détail de plan ci-contre:
    a) Trouver l'angle θ
    b) Trouver le rayon de la sphère.

19. Un pylône est installé au sommet d'une petite colline ayant un angle d'élévation de 12°. Ce pylône est retenu par deux câbles du même côté du pylône et dont les points d'ancrage sont distants de 20 m. Le plus long des deux câbles mesure 60 m et fait un angle de 48° avec l'horizontale. Trouver la longueur de l'autre câble et la hauteur du pylône.

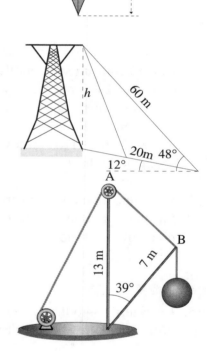

20. Trouver la longueur du câble AB reliant les deux mâts du monte-charge illustré ci-contre.

21. Un baigneur constate que l'angle d'élévation d'un phare est de 48° lorsqu'il se tient au bord de la mer. La plage est inclinée à 20° et lorsqu'il marche 60 m en direction du phare, l'angle d'élévation devient de 62°. Trouver la hauteur du phare par rapport au niveau de la mer.

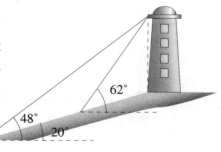

22. On doit installer une conduite d'aération circulaire entre les membrures d'un support de toit. Trouver le rayon de la conduite pour que celle-ci ait une capacité maximale en égard aux contraintes.

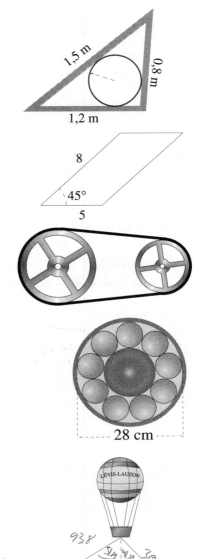

1,5 m
0,8 m
1,2 m

23. Trouver la longueur des diagonales du parallélogramme illustré ci-contre.

8
45°
5

24. Deux poulies de 50,0 cm et de 80,0 cm de diamètre, dont l'une est motrice, doivent être reliées par une courroie de transmission. La distance centre à centre des poulies est de 1,10 m. Calculer la longueur de la courroie qu'il faut utiliser.

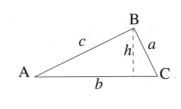

25. La figure ci-contre illustre une coupe d'un roulement à billes traversé par un essieu. Calculer le diamètre des billes et de l'essieu.

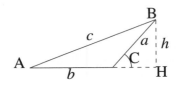

28 cm

26. Deux observateurs distants de 500 m constatent que les angles d'élévation d'un ballon sont respectivement A = 48°10' et B = 38°15'. Trouver la hauteur du ballon sachant qu'il est à la verticale du segment AB.

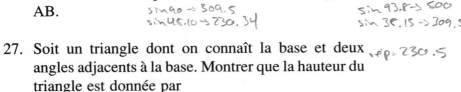

B   500 m   A

27. Soit un triangle dont on connaît la base et deux angles adjacents à la base. Montrer que la hauteur du triangle est donnée par

$$b = h\left(\frac{1}{\tan A} + \frac{1}{\tan C}\right)$$

et

$$h = \frac{b}{\left(\dfrac{1}{\tan A} + \dfrac{1}{\tan C}\right)} = \frac{b \tan A \tan C}{\tan C + \tan A}$$

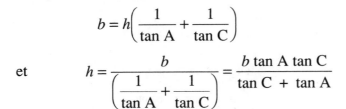

A   c   h   a   B   b   C

28. De la même façon, pour le triangle obtus ci-contre, montrer que

$$b = h\left(\frac{1}{\tan A} - \frac{1}{\tan C}\right)$$

et

$$h = \frac{b}{\left(\dfrac{1}{\tan A} - \dfrac{1}{\tan C}\right)} = \frac{b \tan A \tan C}{\tan C - \tan A}$$

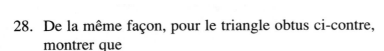

A   c   a   B   h   b   C   H

PRÉPARATION À L'ÉVALUATION
Pour préparer votre examen, assurez-vous d'avoir atteint les objectifs suivants.

Consignez à la page suivante des indications pour vous remémorer plus facilement les notions et concepts qui vous posent le plus de difficultés.

Si vous avez atteint l'objectif, cochez.

☆ **RÉSOUDRE DES PROBLÈMES FAISANT APPEL À LA TRIGONOMÉTRIE DES TRIANGLES.**

◯ UTILISER LES IDENTITÉS TRIGONOMÉTRIQUES FONDAMENTALES DANS LA RECHERCHE DE LA PRÉIMAGE D'UNE FONCTION TRIGONOMÉTRIQUE.

◇ Résoudre une équation trigonométrique.
   ❑ Transformer l'équation pour qu'elle ne comporte qu'une seule fonction trigonométrique en utilisant les identités trigonométriques.
   ❑ Trouver la préimage principale.
   ❑ Interpréter le résultat dans le contexte et apporter les ajustements requis.

◯ RÉSOUDRE DES TRIANGLES EN AYANT RECOURS AUX RAPPORTS TRIGONOMÉTRIQUES, À LA LOI DES SINUS ET À LA LOI DES COSINUS.

◇ Résoudre des triangles rectangles.
   ❑ Identifier les données du problème et les éléments cherchés.
   ❑ Identifier la fonction trigonométrique mettant en cause un élément inconnu et deux éléments connus du triangle (un angle et deux côtés).
   ❑ Utiliser cette fonction pour trouver l'élément inconnu.

◇ Résoudre des triangles quelconques.
   ❑ Identifier les données du problème et les éléments cherchés.
   ❑ Déterminer s'il est possible d'appliquer directement la loi des sinus. Si oui, procéder.
   ❑ Sinon, utiliser la loi des cosinus pour trouver un élément, angle ou côté permettant de répondre aux conditions d'utilisation de la loi des sinus.
   ❑ Compléter la résolution en utilisant la loi des sinus.
   ❑ Vérifier que les résultats satisfont à la loi des sinus.

Signification des symboles	☆ Élément de compétence	◯ Objectif de section
	◇ Procédure ou démarche	❑ Étape d'une procédure

Notes personnelles

VOCABULAIRE UTILISÉ DANS LE CHAPITRE

ÉQUATION TRIGONOMÉTRIQUE
C'est une équation comportant des fonctions trigonométriques et dont l'inconnue est un angle.

IDENTITÉ TRIGONOMÉTRIQUE
Une identité est une équation qui est vraie dès que les expressions utilisées sont définies. Une identité trigonométrique est une identité comportant une ou des fonctions trigonométriques.

INTERVALLE PRINCIPAL
C'est l'intervalle à l'intérieur duquel on détermine la préimage principale d'une fonction trigonométrique.

LOI DES COSINUS
C'est une caractéristique des triangles qui met en cause les trois cotés et un angle. Elle s'énonce « Dans tout triangle, le carré d'un côté est égal à la somme des carrés des deux autres côtés moins le double produit de ces côtés par le cosinus de l'angle compris. »

LOI DES SINUS
C'est une caractéristique des triangles qui met en cause les trois cotés et les trois angles. Elle s'énonce « Dans tout triangle, le rapport d'un côté quelconque sur le sinus de l'angle opposé est constant. »

RÉSOLUTION DE TRIANGLES
La résolution d'un triangle est la procédure visant à calculer les éléments inconnus d'un triangle. Ces éléments peuvent être des angles ou des côtés. Pour résoudre un triangle rectangle, on utilise directement les rapports trigonométriques. Pour résoudre les triangles quelconques, on doit souvent avoir recours à la loi des sinus et à la loi des cosinus.

APPLICATIONS EN TOPOMÉTRIE

6.0 PRÉAMBULE

Le présent chapitre nous permettra d'étudier quelques applications de la trigonométrie en topométrie. La topométrie est une division de la *géomatique* qui comprend toutes les méthodes d'acquisition et de traitement des dimensions physiques de la Terre. La géomatique comporte plusieurs autres branches: la *géodésie*, qui est l'étude de la forme de la Terre et de propriétés comme la gravitation et le champ magnétique; la *topographie*, qui est l'art de la représentation d'un lieu sur une carte ou un plan, la réalisation de la carte ou du plan relève de la cartographie; la *photogrammétrie*, qui est l'étude des photos aériennes pour en obtenir des informations quantitatives ou qualitatives; l'*astronomie géodésique*, qui utilise les notions d'astronomie et de trigonométrie sphérique pour déterminer la position absolue (longitude et latitude) de points sur la surface terrestre et la *topométrie*, qui est l'ensemble des techniques géométriques et trigonométriques à l'aide desquelles on détermine la forme et la dimension d'objets et de lieux en faisant abstraction de la courbure terrestre. On fait abstraction de cette courbure parce que les dimensions des lieux auxquels on s'intéresse sont petites comparées à celles de la Terre.

Les activités d'apprentissage de ce chapitre visent à développer l'élément de compétence suivant:

« résoudre des problèmes du domaine de la topométrie
faisant appel à la trigonométrie des triangles. »

6.1 HAUTEURS ET DISTANCES

Nous présenterons certaines des techniques utilisées en topométrie qui font appel à des calculs trigonométriques. Lors de la cueillette d'informations sur le terrain, il faut s'assurer que toute l'information nécessaire a été recueillie pour effectuer les calculs sans avoir à retourner sur le terrain. Cependant, le temps de cueillette est précieux et les mesures superflues représentent un coût inutile. Il se révèle fort utile de pouvoir rapidement identifier les mesures nécessaires selon la situation. Nous présenterons différentes techniques de calcul de hauteurs et de distances faisant appel à la trigonométrie selon les conditions rencontrées sur le terrain.

OBJECTIF   Utiliser la trigonométrie pour mesurer des longueurs dont au moins une des extrémités est inaccessible.

MESURE D'UNE HAUTEUR

Pour mesurer une hauteur, il faut utiliser une longueur auxiliaire qui sert de base de calcul; nous la représenterons par b. Il y a différentes façons de choisir cette longueur pour tenir compte des accidents du terrain.

Cette longueur peut être dans le même plan horizontal (de même niveau) que le pied de la hauteur à mesurer, et elle peut être dans un plan horizontal différent ou dans un plan oblique, lorsque l'édifice dont on veut mesurer la hauteur est au sommet d'une pente. De plus, on peut choisir cette longueur dans le même plan vertical que la hauteur à mesurer ou dans un autre plan. Le choix de la base doit répondre à un souci d'économie du temps de mesure et du temps de calcul. Nous allons présenter différentes situations que l'on peut rencontrer sur le terrain lorsqu'il faut mesurer une hauteur. Nous ne présenterons pas d'exemples avec des valeurs numériques dans les cas qui ont déjà fait l'objet d'exemples ou d'exercices au chapitre précédent.

MESURE D'UNE HAUTEUR DONT LE PIED EST ACCESSIBLE

La situation la plus simple est celle pour laquelle le pied de la hauteur est accessible. Il suffit alors de choisir comme base une longueur à partir du pied de la hauteur ainsi que l'angle d'élévation à l'extrémité de cette longueur.

La base et le pied de la hauteur sont dans un même plan horizontal.
On a alors

$$\tan \alpha = \frac{h}{b} \quad \text{d'où} \quad h = b \tan \alpha$$

> **REMARQUE**

En pratique, il faut parfois tenir compte de la hauteur d de l'instrument de mesure. Ainsi, dans la situation ci-contre, on aurait
$$h = d + b \tan \alpha$$
De la même façon, on peut adapter chacune des situations présentées ici en tenant compte de la hauteur de l'instrument de mesure.

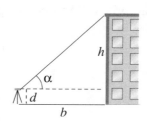

Dans la situation ci-contre, la base et le pied de la hauteur sont dans un même plan oblique. Les mesures utiles sont indiquées sur la figure. Pour calculer la hauteur, il faut utiliser la loi des sinus. On a alors

$$\frac{h}{\sin(\alpha - \beta)} = \frac{b}{\sin(90° - \alpha)}$$

d'où

$$h = \frac{b \, \sin(\alpha - \beta)}{\sin(90° - \alpha)}$$

et puisque $\sin(90° - \alpha) = \cos \alpha$, on a

$$h = \frac{b \, \sin(\alpha - \beta)}{\cos \alpha}$$

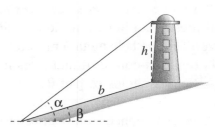

MESURE D'UNE HAUTEUR DONT LE PIED EST INACCESSIBLE

Base de calcul et hauteur dans le même plan vertical

Nous avons présenté des situations analogues à la suivante dans les exercices 5.4. La hauteur à mesurer et la base de calcul sont dans un même plan vertical. Dans le premier cas, les extrémités de la base sont du même côté de la hauteur et dans l'autre cas, ils sont de part et d'autre de la hauteur.

Dans la première situation, on a la relation $h = \dfrac{b \tan \alpha \tan \beta}{\tan \beta - \tan \alpha}$ qui a été

démontrée à l'exercice 28 de la section 5.4. On peut également utiliser la relation

$$h = \frac{b \sin \alpha \sin \beta}{\sin(\beta - \alpha)}$$

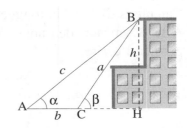

En effet, dans le triangle BCH, on a $h = a \sin \beta$ et dans le triangle BAC, la loi des sinus donne

$$a = \frac{b \sin \alpha}{\sin(180° - \alpha - (180° - \beta))} = \frac{b \sin \alpha}{\sin(\beta - \alpha)}$$

et en substituant, on a

$$h = \frac{b \sin \alpha \sin \beta}{\sin(\beta - \alpha)}$$

Dans la deuxième situation, on a la relation $h = \dfrac{b \tan \alpha \tan \beta}{\tan \beta + \tan \alpha}$ qui a été

démontrée à l'exercice 27 de la section 5.4. On peut également utiliser la relation

$$h = \frac{b \sin \alpha \sin \beta}{\sin(\beta + \alpha)}$$

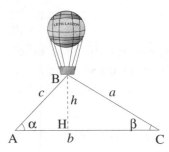

On peut adapter cette méthode pour trouver, par exemple, la hauteur de l'antenne dans la figure ci-contre.

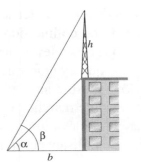

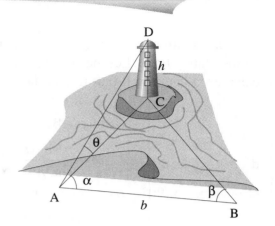

Base de calcul et hauteur dans des plans verticaux différents
Il n'est pas obligatoire de choisir la base *b* dans le même plan vertical que la hauteur à mesurer. On peut procéder comme dans la figure ci-contre. Il faut alors mesurer la longueur du segment AB et les angles α, β et θ.

Avec ces données, on peut calculer la longueur du segment AC en utilisant la loi des sinus dans le triangle ABC. Puis on calcule la hauteur *h* dans le triangle rectangle ACD qui est dans un plan perpendiculaire à celui du triangle ABC.

 EXEMPLE 6.1.1

Calculer la hauteur du phare à l'aide des données du problème.

Solution
Calculons d'abord la longueur du côté AC dans le triangle ABC. La mesure de l'angle ACB est de 80°. La loi des sinus permet d'écrire

$$\frac{\overline{AC}}{\sin 43°} = \frac{87,5}{\sin 80°}$$

d'où

$$\overline{AC} = \frac{87,5 \ \sin 43°}{\sin 80°}$$

Dans le triangle ACD, on a

$$\tan 41° = \frac{h}{\overline{AC}}$$

et

$$h = \overline{AC} \ \tan 41°$$

d'où

$$h = \frac{87,5 \ \sin 43°}{\sin 80°} \times \tan 41° = 52,6748...$$

Compte tenu de la précision de la mesure de la longueur auxiliaire, on acceptera 52,7 m comme hauteur du phare.

 EXEMPLE 6.1.2

Vous devez calculer la hauteur d'un pylône situé au sommet d'une colline dont l'inclinaison est de 16°. L'équipe qui a pris les relevés sur le terrain vous a remis le croquis ci-contre qui indique que l'angle d'élévation du sommet du pylône mesuré au pied de la colline donne 48°. L'équipe a par la suite marché 60 m en direction du pylône et mesuré l'angle d'élévation de nouveau. La mesure obtenue est de 69°. En utilisant ces données, calculer la hauteur du pylône.

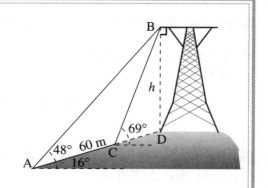

Solution

Calculons d'abord la longueur du segment AB dans le triangle ABC en utilisant la loi des sinus, pour ensuite calculer la hauteur BD en appliquant la loi des sinus au triangle ABD.

Pour appliquer la loi des sinus au triangle ABC, il faut en déterminer la mesure des angles. La mesure de l'angle BAC est 32°. La mesure de l'angle ABD est 42° et la mesure de l'angle CBD est 21°. La mesure de l'angle ABC est donc 21°. La mesure de l'angle ACB est alors 127°. Dans le triangle ABC, la loi des sinus permet d'écrire

$$\frac{\overline{AB}}{\sin 127°} = \frac{60}{\sin 21°}$$

d'où

$$\overline{AB} = \frac{60 \sin 127°}{\sin 21°}$$

Dans le triangle ABD, l'angle ADB mesure 106° et, en appliquant la loi des sinus, on a

$$\frac{\overline{BD}}{\sin 32°} = \frac{\overline{AB}}{\sin 106°}$$

$$\overline{BD} = \frac{\overline{AB} \sin 32°}{\sin 106°} = h$$

et

$$h = \frac{60 \sin 127°}{\sin 21°} \ \frac{\sin 32°}{\sin 106°} = 73,712...$$

La hauteur du pylône est environ 74 m.

DISTANCE ENTRE DEUX POINTS

La procédure pour mesurer la distance entre deux points dépend également des conditions sur le terrain. Lorsque les deux points sont facilement accessibles, on peut procéder à une mesure directe en autant que le terrain n'est pas trop accidenté. Cependant, lorsque l'un des points n'est pas accessible ou lorsque les deux points ne sont pas accessibles, il faut avoir recours à la trigonométrie.

DISTANCE ENTRE DEUX POINTS DONT L'UN EST INACCESSIBLE

Ainsi, pour mesurer la longueur AB de la situation ci-contre, dont le point B est inaccessible, on doit déterminer une direction qui fait un angle α avec AB. Dans cette direction, on mesure une longueur AC qui servira de base. Du point C, on mesure l'angle β. On peut alors appliquer la loi des sinus au triangle ABC pour calculer la longueur *d*.

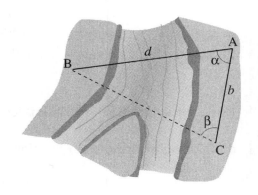

DISTANCE ENTRE DEUX POINTS INACCESSIBLES
Pour déterminer la distance d entre deux points inaccessibles E et F, on choisit une base arbitraire AB de longueur b et on forme, avec les points E et F, un quadrilatère. Sur le terrain, on mesure les angles entre les côtés et les diagonales du quadrilatère à partir des points A et B. Représentons ces angles par α, β, γ et δ. On peut alors calculer les angles φ et θ dans les triangles AEB et AFB et, en appliquant la loi des sinus et la loi des cosinus, on peut calculer la longueur d en utilisant seulement la longueur b de la base auxiliaire et les angles α, β, γ, δ, θ et φ.

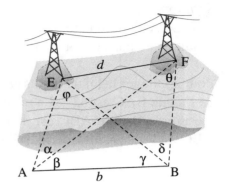

 EXEMPLE 6.1.3

On a pris les relevés apparaissant à la figure ci-contre afin de déterminer la distance entre les pylônes. Calculer cette distance.

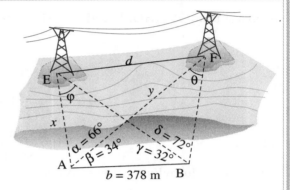

Solution
Dans le triangle AEB, on a
$$\varphi = 180° - (\alpha + \beta + \gamma) = 180° - (66° + 34° + 32°) = 48°$$

Par la loi des sinus, on a $\dfrac{x}{\sin\gamma} = \dfrac{b}{\sin\varphi}$, d'où $x = \dfrac{b\sin\gamma}{\sin\varphi}$

En substituant les données, on a alors
$$x = \frac{378\sin 32°}{\sin 48°}$$

Dans le triangle AFB, on a
$$\theta = 180° - (\beta + \gamma + \delta) = 180° - (34° + 32° + 72°) = 42°$$
Par la loi des sinus, on a

$$\frac{y}{\sin(\gamma + \delta)} = \frac{b}{\sin\theta}, \text{ d'où } y = \frac{b\sin(\gamma + \delta)}{\sin\theta}$$

En substituant les données, on a alors
$$y = \frac{378\sin 104°}{\sin 42°}$$

Dans le triangle AEF, par la loi des cosinus, on a
$$d^2 = x^2 + y^2 - 2xy\cos\alpha$$
d'où, en substituant les expressions permettant de calculer x et y, on obtient
$$d = \sqrt{x^2 + y^2 - 2xy\cos\alpha} = 502,906\ldots$$

Compte tenu de la précision des mesures, on retiendra 503 m comme distance entre les pylônes.

6.2 EXERCICES

1. Trouver la distance entre les points A et B.

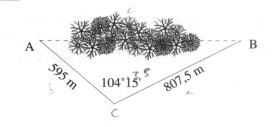

$$c^2 = 595^2 + 807,5^2 - 2 \cdot 595 \cdot 807.5 \cdot \cos 104.25$$

$$c = \sqrt{1242616.103}$$

$$c = 1114.7 \qquad \boxed{x \mid 115}$$

2. Trouver la distance entre les points A et B.

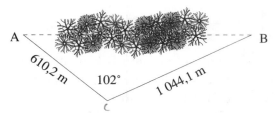

$$c^2 = 610.2^2 + 1044.1^2 - 2 \cdot 610.2 \cdot 1044.1 \cdot \cos 102°$$

$$c = \sqrt{1727414.01}$$

$$c = 1314$$

3. Trouver la hauteur de l'édifice à l'aide des données ci-contre.

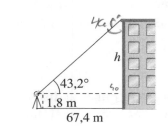

$$\sin 46.8 \to 67.4$$
$$\sin 43.2 \to x$$

$$x = 63.3 + 1.8$$
$$= 65$$

4. On doit déterminer la longueur EF d'un tronçon de route devant traverser un petit boisé. À partir d'une base de 800 m, on a mesuré les angles apparaissant à la figure ci-contre. Trouver la distance entre les points E et F.

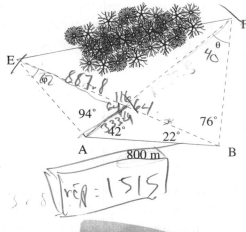

$$\sin 40 \to 800 \qquad x = 1237.5$$
$$\sin 95 \to x$$

$$\sin 116 \to 800 \qquad \sin 22 \to 333.4$$
$$\sin 22 \to 333.4 \qquad \sin 94 \to 887.8$$

$$\boxed{\text{rép} = 1515}$$

5. À l'aide des données de la figure ci-contre, trouver la longueur EF du pont devant être construit pour enjamber la rivière.

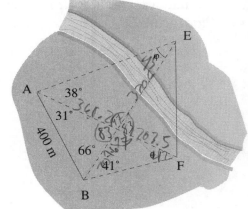

$$\sin 83 \to 400$$
$$\sin 44 \to 368.7$$
$$203,5^2 + 370.6^2 - 2 \cdot 203.5 + 370.6 \cdot \cos 83$$
$$= 358.18 \qquad \sin 83 \to 400 \qquad x = 207.6$$
$$\sin 31 \to x$$

$$\sin 42 \to 207.6$$
$$\sin 41 \to 203.5$$

$$\sin 45 \to 368.7$$
$$\sin 38 \to 370.6$$

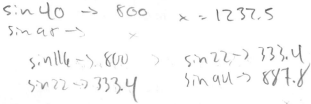
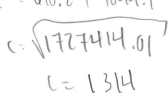

6. On projette la construction d'une jetée EF entre la rive et l'île apparaissant sur le plan ci-contre en vue de l'implantation d'une marina. Quelle sera la longueur de cette jetée?

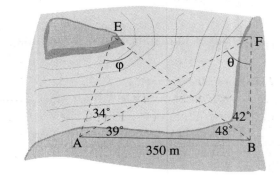

7. On désire mesurer la hauteur d'un pylône dont la base est inaccessible. Pour ce faire, on a déterminé une longueur de 200 m et à partir des extrémités de cette longueur, on a mesuré les angles d'élévation du pied et du sommet du pylône. Calculer sa hauteur.

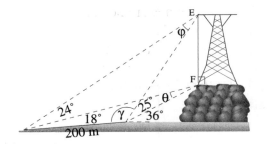

8. Pour déterminer la distance d entre deux points inaccessibles E et F, on choisit une base arbitraire AB de longueur b et on forme avec les points E et F un quadrilatère. Sur le terrain, on mesure les angles entre les côtés et les diagonales à partir des points A et B. Représentons ces angles par α, β, γ et δ. Montrer que la distance est donnée par

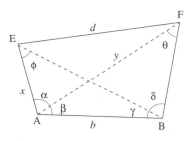

$$d = b \sqrt{\left(\frac{\sin \gamma}{\sin \phi}\right)^2 + \left(\frac{\sin(\gamma + \delta)}{\sin \theta}\right)^2 - 2\left(\frac{\sin \gamma}{\sin \phi}\right)\left(\frac{\sin(\gamma + \delta)}{\sin \theta}\right) \cos \alpha}$$

9. On envisage la construction de deux ponts pour relier une île aux deux rives d'une rivière. L'équipe qui a pris les mesures sur le terrain a rapporté le croquis ci-contre. Vous devez calculer les longueurs EF et FB.

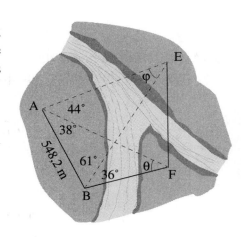

6.3 JALONNEMENT ET LOCALISATION

OBJECTIF: Résoudre des problèmes de jalonnement et des problèmes de localisation d'un point.

JALONNEMENT COMPORTANT UN OBSTACLE

Le *jalonnement* consiste à fixer des marques (piquets) à intervalle régulier suivant un alignement donné. Le jalonnement peut se faire à vue ou à l'aide d'un théodolite. Cependant, lorsqu'il y a un ou des obstacles sur la ligne à jalonner, ceux-ci rendant les extrémités de l'alignement non intervisibles, on doit procéder autrement pour s'assurer que les jalons des deux cotés de l'obstacle sont effectivement alignés.

On peut alors déterminer un point auxiliaire C visible des extrémités A et B de l'alignement, mesurer l'angle θ ainsi que les longueurs a et b. En utilisant ces longueurs et l'angle θ, on peut alors calculer les angles α et β pour s'assurer, à l'aide d'un théodolite, que les jalons entre les points A et B seront bien alignés.

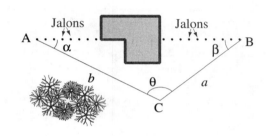

Comme l'indique la figure ci-contre, lorsqu'il y a un seul point intermédiaire C, le problème consiste à résoudre un triangle dont deux côtés et l'angle compris entre eux sont connus.

La loi des cosinus permet d'abord de trouver la longueur du côté AB. On trouve

$$\overline{AB}^2 = a^2 + b^2 - 2ab \cos \theta$$

Puis, à l'aide de la loi des sinus, on détermine les angles α et β pour que les jalons soient dans l'alignement AB.

$$\frac{a}{\sin \alpha} = \frac{\overline{AB}}{\sin \theta}, \text{ d'où } \sin \alpha = \frac{a \sin \theta}{\overline{AB}}$$

et

$$\alpha = \arcsin \left(\frac{a \sin \theta}{\overline{AB}} \right)$$

EXEMPLE 6.3.1

On veut déboiser pour tracer une route rectiligne du point A au point B. Déterminer la distance $\overline{AB}$ et les angles α et β permettant d'effectuer le jalonnement du tracé de la route.

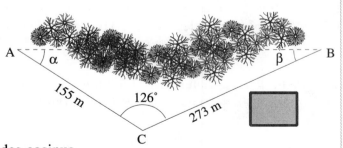

Solution

Déterminons d'abord la distance $\overline{AB}$ par la loi des cosinus.

$$\overline{AB}^2 = (155)^2 + (273)^2 - 2 \times 155 \times 273 \cos 126°$$

$$\overline{AB} = 385 \text{ m}$$

Par la loi des sinus, on a $\dfrac{273}{\sin \alpha} = \dfrac{385}{\sin 126°}$, d'où $\sin \alpha = \dfrac{273 \sin 126°}{385}$

$$\alpha = \arcsin\left(\dfrac{273 \sin 126°}{385}\right) = 35°$$

d'où

$$\beta = 180° - (35° + 126°) = 19°$$

Pour procéder au jalonnement, il est suffiant de déterminer les angles α et β. Il n'est donc pas indispensable de calculer la distance entre les points A et B pour trouver les angles α et β. L'énoncé du théorème suivant indique comment procéder.

THÉORÈME 6.3.1

Soit ABC, un triangle quelconque dont les côtés, a et b, et l'angle compris sont connus. On a alors la relation suivante

$$\tan \alpha = \dfrac{a \sin \theta}{b - a \cos \theta}$$

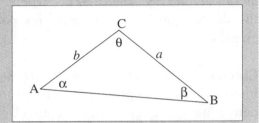

Démonstration

Considérons d'abord le cas où tous les angles sont aigus, illustré à la figure ci-contre. En abaissant la hauteur BH, on forme les triangles BCH et ABH. Dans le triangle ABH, on a

$$\tan \alpha = \dfrac{h}{b - x}$$

Cependant, dans le triangle BCH, on a $h = a \sin \theta$ et $x = a \cos \theta$. Ce qui donne

$$\tan \alpha = \dfrac{a \sin \theta}{b - a \cos \theta}$$

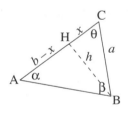

Considérons maintenant le cas où un des angles est obtus, illustré à la figure ci-contre. En abaissant la hauteur BH sur le prolongement de AC, on forme les triangles BCH et ABH. Dans le triangle ABH, on a

$$\tan \alpha = \dfrac{h}{b + x}$$

Cependant, dans le triangle BCH, on a $h = a \sin(180° - \theta) = a \sin \theta$ et $x = a \cos(180° - \theta) = -a \cos \theta$. Ce qui donne

$$\tan \alpha = \dfrac{a \sin \theta}{b - a \cos \theta}$$

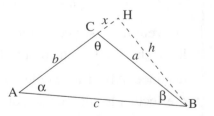

Ce théorème nous indique une autre façon de calculer l'angle α permettant d'effectuer le jalonnement puisque

$$\alpha = \arctan\left(\frac{a \sin \theta}{b - a \cos \theta}\right)$$

De plus, lorsque l'angle α est connu, on peut également trouver l'angle β puisque
$$\beta = 180° - (\alpha + \theta)$$

On peut dès lors jalonner des deux côtés de l'obstacle sans avoir à calculer la distance entre les points A et B. C'est la méthode utilisée car sur le terrain, on n'est pas installé pour faire de la résolution de triangles. Il faut calculer rapidement les angles pour procéder au jalonnement.

 EXEMPLE 6.3.2

On veut jalonner entre les points A et B pour faire passer une ligne électrique souterraine tout en minimisant l'impact sur le boisé. Déterminer les angles α et β permettant d'effectuer ce jalonnement.

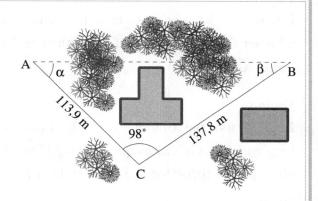

Solution
L'angle est donné par

$$\alpha = \arctan\left(\frac{a \sin \theta}{b - a \cos \theta}\right)$$

En substituant les valeurs de mesures effectuées sur le terrain tout en se rappelant que le côté a est opposé à l'angle α et que le côté b lui est adjacent, on a

$$\alpha = \arctan\left(\frac{137,8 \sin 98°}{113,9 - 137,8 \cos 98°}\right) = 45,7°$$

L'angle β est alors donné par
$$\beta = 180° - (45,7 + 98°) = 36,3°$$

Pour effectuer le jalonnement, on n'a pas besoin de connaître la distance entre les points A et B. Cette distance est cependant importante pour évaluer le coût des travaux pour enfouir la ligne électrique.

JALONNEMENT COMPORTANT DEUX OBSTACLES
Lorsqu'il est impossible de déterminer un point visible des deux extrémités A et B, on peut déterminer deux points auxiliaires C et D et mesurer les longueurs

$$\overline{AC} = a, \overline{CD} = b \text{ et } \overline{DB} = c$$

ainsi que les angles θ et γ.

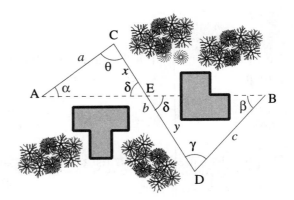

Les droites CD et AB se rencontrent alors en un point E inconnu formant les triangles ACE et BDE. On peut, à partir de ces triangles, trouver l'angle δ entre ces deux droites. Une fois cet angle connu, on peut déterminer les angles α et β puisque la somme des angles des triangles est de 180°.

 EXEMPLE 6.3.3

Déterminer les angles α et δ permettant de jalonner l'alignement AB et déterminer la distance $\overline{AB}$.

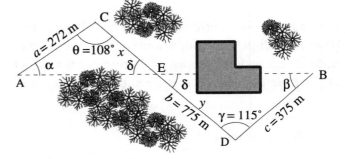

Solution
Représentons par x la longueur $\overline{CE}$ et par y la longueur $\overline{ED}$. On a alors que $x + y = 775$ m. De plus, par le théorème 6.3.1, dans le triangle ACE, on a

$$\tan \delta = \frac{a \sin \theta}{x - a \cos \theta} = \frac{272 \sin 108°}{x - 272 \cos 108°}$$

d'où

$$x - 272 \cos 108° = \frac{272 \sin 108°}{\tan \delta}$$

Par le triangle EDB, on a

$$\tan \delta = \frac{c \sin \gamma}{y - c \cos \gamma} = \frac{375 \sin 115°}{y - 375 \cos 115°}$$

d'où

$$y - 375 \cos 115° = \frac{375 \sin 115°}{\tan \delta}$$

En additionnant les deux expressions, on obtient

$$x + y - 272 \cos 108° - 375 \cos 115° = \frac{272 \sin 108°}{\tan \delta} + \frac{375 \sin 115°}{\tan \delta}$$

Or, $x + y = 775$. On a donc

$$775 - 272 \cos 108° - 375 \cos 115° = \frac{272 \sin 108° + 375 \sin 115°}{\tan \delta}$$

d'où
$$\tan \delta = \frac{272 \sin 108° + 375 \sin 115°}{775 - 272 \cos 108° - 375 \cos 115°}$$

et
$$\delta = \arctan\left(\frac{272 \sin 108° + 375 \sin 115°}{775 - 272 \cos 108° - 375 \cos 115°}\right) = 30,47°$$

D'où
$$\alpha = 180° - (\delta + \theta) = 41,53°$$

et
$$\beta = 180° - (\delta + \gamma) = 34,53°$$

On peut maintenant trouver la longueur $\overline{AB}$ par la loi des sinus, en posant $\overline{AE} = u$ et $\overline{EB} = v$. Dans le triangle ACE, on a

$$\frac{u}{\sin \theta} = \frac{a}{\sin \delta} \quad \text{d'où} \quad u = \frac{a \sin \theta}{\sin \delta}$$

et dans le triangle EDB, on
$$\frac{v}{\sin \gamma} = \frac{c}{\sin \delta} \quad \text{d'où} \quad v = \frac{c \sin \gamma}{\sin \delta}$$

et
$$\overline{AB} = u + v = \frac{a \sin \theta}{\sin \delta} + \frac{c \sin \gamma}{\sin \delta}$$

On a donc
$$\overline{AB} = \frac{272 \sin 108° + 375 \sin 115°}{\sin 30,47°} = 1\,180,37\ldots$$

Compte tenu de la précision des mesures prises pour effectuer le jalonnement, on retiendra 1 180 m comme distance entre les extrémités A et B.

REMARQUE

En reprenant le déroulement de l'exemple 6.3.3 sans substituer les valeurs numériques dans les équations, on peut démontrer le résultat général suivant qui permet de trouver directement la mesure de l'angle δ et la distance entre les points A et B. C'est la méthode utilisée car en pratique, on trouve directement l'angle δ à l'aide duquel on calcule α et β, les angles nécessaires au jalonnement comme dans l'exemple 6.3.4.

THÉORÈME 6.3.2

Soit ACDB, une ligne polygonale joignant les points A et B dont les segments de longueur a, b et c font entre eux des angles θ et γ. L'angle δ formé par les segments AB et CD est donné par

$$\delta = \arctan\left(\frac{a \sin \theta + c \sin \gamma}{b - a \cos \theta - c \cos \gamma}\right)$$

et la distance entre les extrémités de la ligne polygonale est

$$\overline{AB} = \frac{a \sin \theta + c \sin \gamma}{\sin \delta}$$

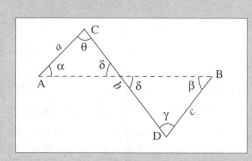

EXEMPLE 6.3.4

Déterminer les angles δ, α et β permettant de jalonner
l'alignement AB et déterminer la distance $\overline{AB}$.

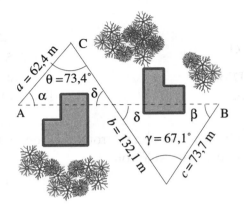

Solution
Déterminons d'abord l'angle δ.

$$\delta = \arctan\left(\frac{a\sin\theta + c\sin\gamma}{b - a\cos\theta - c\cos\gamma}\right)$$

$$= \arctan\left(\frac{62{,}4\sin 73{,}4° + 73{,}7\sin 67{,}1°}{132{,}1 - 62{,}4\cos 73{,}4° - 73{,}7\cos 67{,}1°}\right)$$

$$= 56{,}164...°$$

Compte tenu de la précision des mesures, on acceptera 56,2° comme mesure de l'angle δ.
Puisque la somme des angles d'un triangle est de 180°, on a alors

$$\alpha = 180° - (\theta + \delta) = 180° - (73{,}4° + 56{,}2) = 50{,}4°$$
$$\beta = 180° - (\gamma + \delta) = 180° - (67{,}1° + 56{,}2) = 56{,}7°$$

Conaissant ces angles, on peut calculer la distance entre les points A et B et on trouve

$$\overline{AB} = \frac{a\sin\theta + c\sin\gamma}{\sin\delta}$$

$$= \frac{62{,}4\sin 73{,}4° + 73{,}7\sin 67{,}1°}{\sin 56{,}2°}$$

$$= 153{,}73...$$

Compte tenu de la précision des mesures, on acceptera 153,7 m.

---

*PROCÉDURE POUR RÉSOUDRE UN PROBLÈME DE JALONNEMENT
NÉCESSITANT LE RECOURS À UNE LIGNE POLYGONALE*

1. Calculer l'angle entre le segment central de la ligne polygonale et le segment joignant les deux extrémités de la ligne à jalonner.
2. Calculer les angles α et β entre les segments aux extrémités de la ligne polygonale et le segment joignant les deux extrémités de la ligne à jalonner.
3. Calculer la distance entre les points A et B si demandée.

6.4 EXERCICES

1. Trouver les angles α et β de la figure permettant de procéder au jalonnement et déterminer la distance entre les points A et B.

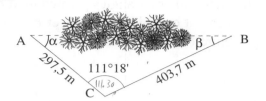

Handwritten:
$= \sqrt{297.5^2 + 403.7^2 - 2 \cdot 297.5 \cdot 405.7 \cdot \cos 111.30}$
$= 582$
sin 111.30 → 582
s: ᴵ ᴵ 297.5
180 - 111.30 - 28.44 · 46.26 $\overline{AB} = 587$ β = 28.44   α = 40.26

2. Trouver les angles α et β de la figure permettant de procéder au jalonnement et déterminer la distance entre les points A et B.

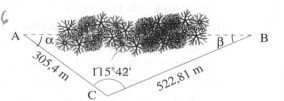

3. Trouver les angles α et β permettant de jalonner l'alignement AB et trouver la longueur de AB.

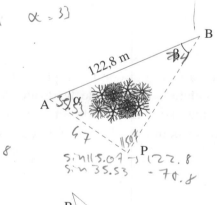

Handwritten:
$$\frac{392 \cdot \sin 84 + 280 \sin 92}{484 - 392 \cos 84 - 280 \cos 92} \quad \frac{669.7}{19.4}$$
$\frac{392 \sin 84 + 210 \sin 92}{\sin 34.5}$ ≈ 34.5

α = 32.06 β 40.06 = 800.4
β = 41   α = 33

4. La *biangulation* est l'opération consistant à localiser un point P à partir d'une droite AB en mesurant les angles α et β sous-tendus par le point P à partir des extrémités de la droite. Dans la figure ci-contre, le point P a été localisé par biangulation à partir de la droite AB. Les mesures obtenues sont α = 35°32' et β = 29°24'. Utiliser les données pour calculer les longueurs des segments AP et BP.

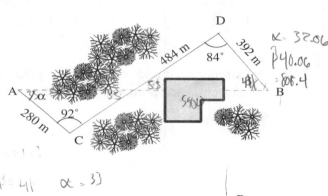

Handwritten:
sin 115.7 → 122.8
sin 29.4 → 67
$\overline{AP} = 67$ $\overline{PB} = 70.8$
sin 115.04 → 122.8
sin 35.53 → 70.8

5. La *bilatération* est l'opération consistant à localiser un point P à partir d'une droite AB en mesurant les distances *a* et *b* des extrémités de la droite au point P. Dans la figure ci-contre, le point P a été localisé par bilatération à partir de la droite AB. Utiliser les données de la figure pour calculer les angles α et β sous-tendus par le point à partir des extrémités de la droite.

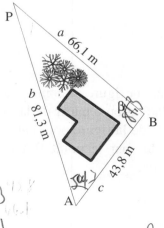

Handwritten:
$66.1 \sqrt{81.3^2 + 43.8^2 - 2 \cdot 81.3 \cdot 43.8 \cdot \cos}$
$66.1 = 1406.25 - \cos$
= 87.3
sin 87.3 → 81.3
54.3   66.1
α = 54.3   β = 87.3

6. Déterminer les angles permettant d'effectuer le jalonnement entre les points A et B, ainsi que la distance entre ces points.

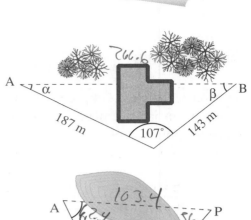

$\alpha = 36.88$

$\beta = 47.12$

$187^2 + 143^2 - 2 \cdot 187 \cdot 143 \cdot \cos 107$

$= 260.6$

$\sin 107 \rightarrow 266.6$

$47.12 \qquad 187$

7. L'*angulation-latération* est l'opération consistant à localiser un point P à partir d'une droite AB en mesurant l'angle sous-tendu par le point à partir d'une des extrémités de la droite et la distance au point P à partir de l'autre extrémité de la droite. Dans la figure, le point P a été localisé par angulation-latération à partir de la droite AB. On a obtenu une mesure de 62°24' pour l'angle α. Utiliser les données pour calculer l'angle β et la distance du point A au point P.

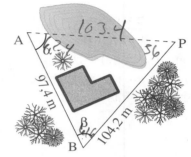

$\dfrac{\sin 62.4}{104.2} \qquad \dfrac{x}{97.4} = 56$

$\sin 47.4 \rightarrow 104.2$

$\sin 61.6 \rightarrow 103.4$

8. Déterminer les angles permettant d'effectuer le jalonnement entre les points A et B ainsi que la distance $\overline{AB}$.

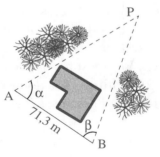

9. Dans la figure ci-contre, le point P a été localisé par biangulation à partir de la droite AB. Les mesures obtenues sont α = 61°08' et β = 75°22'. Utiliser les données pour calculer les longueurs des segments AP et BP.

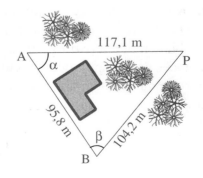

10. Dans la figure ci-contre, le point P a été localisé par bilatération à partir de la droite AB. Utiliser les données de la figure pour calculer les angles α et β sous-tendus par le point P à partir des extrémités de la droite.

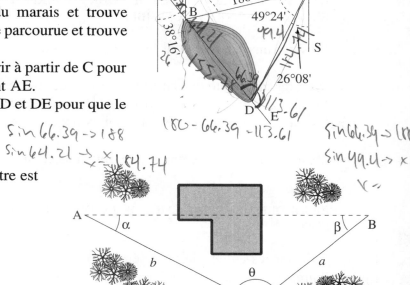

11. La *localisation d'un point par coordonnées rectangulaires* consiste à prendre une ligne droite joignant deux points connus comme axe de référence et à localiser le point en mesurant sur AB la distance jusqu'au pied de la perpendiculaire abaissée du point ainsi que la longueur de cette perpendiculaire. Dans le croquis ci-contre, l'arpenteur a situé trois des coins d'un bâtiment par coordonnées rectangulaires.

a) Déterminer les coordonnées rectangulaires du point F.

b) Déterminer l'angle entre la façade DE de l'édifice et la ligne AB. $\beta = 40.17$

12. En jalonnant suivant la ligne AE, un arpenteur rencontre un marais qu'il doit contourner. Il suit alors la direction N77°32'E jusqu'à ce qu'il voit l'autre extrémité du marais. Il mesure l'angle sous-tendu par les extrémités du marais et trouve 49°24'. Il détermine également la distance parcourue et trouve 188 m.

a) Calculer la distance qu'il doit parcourir à partir de C pour atteindre le point D dans l'alignement AE.

b) Calculer l'angle entre les directions CD et DE pour que le jalonnement soit réussi.

c) Déterminer la longueur du marais.

13. Montrer que l'angle β de la figure ci-contre est donné par

$$\beta = \arctan\left(\frac{b \sin \theta}{a - b \cos \theta}\right)$$

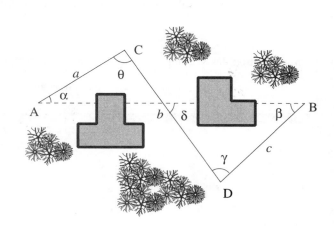

14. Considérons un jalonnement nécessitant le contournement de deux obstacles.

a) Montrer que l'angle δ permettant de jalonner en contournant ces obstacles est donné par

$$\delta = \arctan\left(\frac{a \sin \theta + c \sin \gamma}{b - a \cos \theta - c \cos \gamma}\right)$$

b) Montrer que $\overline{AB} = \dfrac{a \sin \theta + c \sin \gamma}{\sin \delta}$

PRÉPARATION À L'ÉVALUATION
Pour préparer votre examen, assurez-vous d'avoir atteint les objectifs suivants.

Consignez à la page suivante des indications pour vous remémorer plus facilement les notions et concepts qui vous posent le plus de difficultés.

Si vous avez atteint l'objectif, cochez.

☆ **RÉSOUDRE DES PROBLÈMES DU DOMAINE DE LA TOPOMÉTRIE FAISANT APPEL À LA TRIGONOMÉTRIE DES TRIANGLES.**

◯ UTILISER LA TRIGONOMÉTRIE POUR MESURER DES LONGUEURS DONT AU MOINS UNE DES EXTRÉMITÉS EST INACCESSIBLE.

◇ Mesurer une hauteur dont le pied est accessible.

◇ Mesurer une hauteur dont le pied est inaccessible.

◇ Mesurer la distance entre deux points dont l'un est inaccessible.

◇ Mesurer la distance entre deux points inaccessibles.

◯ RÉSOUDRE DES PROBLÈMES DE JALONNEMENT ET DES PROBLÈMES DE LOCALISATION D'UN POINT.

◇ Calculer les angles de jalonnement dans une situation nécessitant le recours à un point auxiliaire.

◇ Calculer les angles de jalonnement dans une situation nécessitant le recours à deux points auxiliaires.

◇ Compléter les calculs à partir du croquis de la localisation d'un point par une des méthodes suivantes: biangulation, bilatération, angulation-latération et coordonnées rectangulaires.

Signification des symboles	☆ Élément de compétence	◯ Objectif de section
	◇ Procédure ou démarche	❑ Étape d'une procédure

Notes personnelles

VOCABULAIRE UTILISÉ DANS LE CHAPITRE

ANGULATION-LATÉRATION

L'*angulation-latération* est l'opération consistant à localiser un point P à partir d'une droite AB en mesurant l'angle sous-tendu par le point à partir d'une des extrémités de la droite et la distance au point à partir de l'autre extrémité de la droite.

BIANGULATION

La *biangulation* est l'opération consistant à localiser un point P à partir d'une droite AB en mesurant les angles α et β sous-tendus par le point à partir des extrémités de la droite.

BILATÉRATION

La *bilatération* est l'opération consistant à localiser un point P à partir d'une droite AB en mesurant les distances *a* et *b* des extrémités de la droite au point P.

JALONNEMENT

Le *jalonnement* est l'opération qui consiste à fixer des marques (piquets) suivant un alignement donné. Le jalonnement peut se faire à vue ou à l'aide d'un théodolite.

LOCALISATION D'UN POINT PAR COORDONNÉES RECTANGULAIRES

La *localisation d'un point P par coordonnées rectangulaires* consiste à prendre une ligne droite joignant deux points connus comme axe de référence et à localiser le point P en mesurant sur AB la distance jusqu'au pied de la perpendiculaire abaissée du point, ainsi que la longueur de cette perpendiculaire.

CALCUL D'AIRES

7.0 PRÉAMBULE

Les calculs d'aires et de volumes sont indispensables en topométrie et en architecture. Déterminer la quantité de matériaux nécessaire pour couvrir une toiture, pour couler une fondation, calculer le coût d'une excavation sont des activités qui requièrent le calcul de l'aire d'une surface ou le calcul d'un volume. Ce chapitre sera consacré au calcul d'aires et le prochain chapitre au calcul de volumes.

Les activités d'apprentissage de ce chapitre visent à développer l'élément de compétence

« résoudre des problèmes nécessitant le calcul d'aires de figures géométriques simples. »

7.1 AIRES DE FIGURES POLYGONALES

Dans cette première section, nous allons rappeler certaines définitions pour clarifier le langage de base. Nous allons également voir différents théorèmes relatifs à l'aire d'un triangle et qui permettent de calculer cette aire en tirant profit des éléments connus du triangle: hauteur et base, longueur des trois côtés, deux côtés et l'angle compris entre les deux, etc.

OBJECTIF: Calculer l'aire de figures géométriques simples en les divisant en rectangles, triangles, parallélogrammes et trapèzes.

AIRE D'UNE SURFACE

On appelle *aire* d'une surface la mesure de l'étendue de cette surface.

On confond souvent les termes aire et surface, mais ces deux termes ont une signification distincte. Le mot surface désigne un objet de dimension deux tandis que le mot aire désigne sa mesure.

SURFACES ÉGALES

Deux surfaces sont *égales* (ou congrues) lorsqu'elles peuvent coïncider. Elles ont même forme et même étendue.

SURFACES ÉQUIVALENTES

Deux surfaces sont *équivalentes* lorsqu'elles ont la même aire sans avoir nécessairement la même forme.

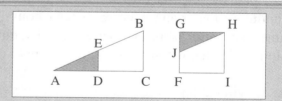

BASE ET HAUTEUR

Dans un parallélogramme, on appelle *base* la longueur de l'un quelconque des côtés et *hauteur* la distance de ce côté au côté opposé ou à son prolongement.

Dans le cas d'un rectangle, deux côtés adjacents constituent la *base* et la *hauteur*.

Dans un trapèze, on appelle *bases* les côtés parallèles et *hauteur* la distance entre ces côtés ou leur prolongement.

Dans un triangle, la *base* est un côté quelconque et la *hauteur* est la distance du sommet opposé à ce côté ou à son prolongement.

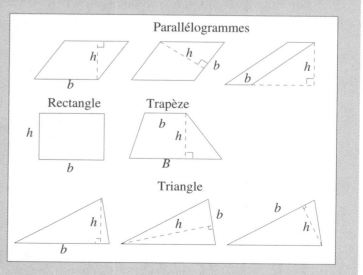

POSTULAT 7.1.1

L'aire d'un rectangle est égale au produit de sa base par sa hauteur.

$$Aire = bh$$

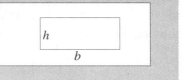

La démonstration des théorèmes suivants découle de ce postulat. Ces démonstrations sont laissées en exercices, mais le déroulement de la preuve sera illustré graphiquement.

THÉORÈME 7.1.1

L'aire d'un parallélogramme est égale au produit de sa base par sa hauteur.

$$Aire = bh$$

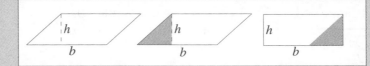

THÉORÈME 7.1.2

L'aire d'un triangle est égale à la moitié du produit de sa base par sa hauteur.

$$Aire = \frac{bh}{2}$$

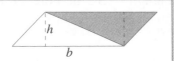
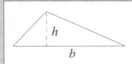

THÉORÈME 7.1.3

L'aire d'un trapèze est égale au produit de la demi-somme de ses bases par sa hauteur.

$$Aire = \frac{(B + b)h}{2}$$

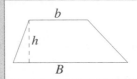
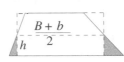
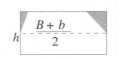

THÉORÈME 7.1.4

L'aire d'un losange est égale au demi-produit de ses deux diagonales.

$$Aire = \frac{ab}{2}$$

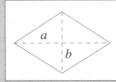
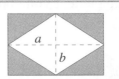

REMARQUE

Pour calculer l'aire d'un polygone quelconque, on peut le décomposer en triangles et calculer l'aire de chaque triangle (solution 1 à la page suivante). On peut également décomposer le polygone en trapèzes (solution 2 à la page suivante). Ce sont les méthodes généralement utilisées en topométrie. Pour ce faire, on trace la plus grande diagonale du polygone puis, de chacun des autres sommets, on abaisse les perpendiculaires à cette diagonale, ce qui permet de partager le polygone en triangles et en trapèzes. En mesurant ces perpendiculaires et les segments déterminés par les pieds des perpendiculaires, on obtient tous les éléments nécessaires pour calculer les aires partielles.

Solution 1
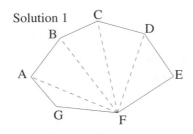

Solution 2
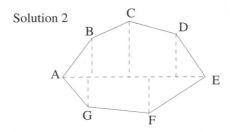

THÉORÈME 7.1.5

L'aire d'un triangle ABC de côtés a, b et c est donnée par

$$Aire = \frac{ac}{2}\sin B = \frac{ab}{2}\sin C = \frac{bc}{2}\sin A$$

Démonstration

Soit un triangle acutangle ABC de côtés a, b et c. Abaissons du sommet C la

hauteur h_c. Puisque $h_c = a \sin B$, en substituant dans $Aire = \frac{ch_c}{2}$, on obtient

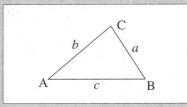

$$Aire = \frac{ac}{2}\sin B.$$

De la même façon, puisque $h_c = b \sin A$, on obtient

$$Aire = \frac{bc}{2}\sin A.$$

En abaissant du sommet B la hauteur h_b, on a alors $Aire = \frac{bh_b}{2}$ et $h_b = a \sin C$

et, par substitution

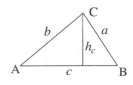

$$Aire = \frac{ab}{2}\sin C$$

Pour cette démonstration, on a considéré un triangle acutangle, mais on peut montrer que cette formule est également vraie pour un triangle rectangle et pour un triangle obtusangle.

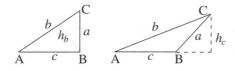

REMARQUE

Le théorème 7.1.2 indique comment trouver l'aire d'un triangle dont on connaît la base et la hauteur et le théorème 7.1.5 indique comment trouver l'aire d'un triangle dont on connaît deux côtés et l'angle compris entre ces deux côtés. Dans certaines situations, ces informations ne sont pas disponibles. Ainsi, bien souvent, on connaît les trois côtés d'un triangle sans connaître aucun de ses angles. On peut, dans une telle situation, calculer un des angles par la loi des cosinus puis appliquer le théorème 7.1.5. Il existe cependant un théorème, dû à Héron d'Alexandrie, qui permet de trouver directement l'aire en ne connaissant que la longueur des côtés du triangle.

THÉORÈME 7.1.6 (HÉRON)

L'aire d'un triangle ABC de côtés a, b et c est donnée par

$$Aire = \sqrt{p(p-a)(p-b)(p-c)}$$

où $p = \dfrac{a+b+c}{2}$ est le demi-périmètre du triangle.

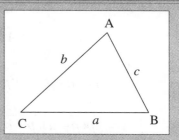

Démonstration

En vertu du théorème précédent, on a $Aire = \dfrac{ac}{2}\sin B$. De plus, $\sin B = \sqrt{1 - \cos^2 B}$ et par la loi des cosinus, $\cos B = \dfrac{a^2 + c^2 - b^2}{2ac}$. On a donc

$$
\begin{aligned}
Aire &= \frac{ac}{2}\sqrt{1 - \left(\frac{a^2 + c^2 - b^2}{2ac}\right)^2}\\[2mm]
&= \frac{ac}{2} \times \frac{1}{2ac}\sqrt{(2ac)^2 - (a^2 + c^2 - b^2)^2}\\[2mm]
&= \frac{1}{4}\sqrt{[(2ac) - (a^2 + c^2 - b^2)][(2ac) + (a^2 + c^2 - b^2)]}, \quad \text{comme différence de carrés.}\\[2mm]
&= \frac{1}{4}\sqrt{b^2 - (a^2 - 2ac + c^2)][(a^2 + 2ac + c^2) - b^2]}\\[2mm]
&= \frac{1}{4}\sqrt{b^2 - (a-c)^2][(a+c)^2 - b^2]}\\[2mm]
&= \frac{1}{4}\sqrt{(b - a + c)(b + a - c)(a + c - b)(a + c + b)}, \quad \text{comme différences de carrés.}
\end{aligned}
$$

En posant $a + b + c = 2p$,
on obtient $b - a + c = 2p - 2a = 2(p - a)$
               $a + c - b = 2p - 2b = 2(p - b)$
               $b + a - c = 2p - 2c = 2(p - c)$

et, en substituant, on a

$$
\begin{aligned}
Aire &= \frac{1}{4}\sqrt{16p(p-a)(p-b)(p-c)}\\[2mm]
&= \sqrt{p(p-a)(p-b)(p-c)}
\end{aligned}
$$

THÉORÈME 7.1.7

Soit ABC un triangle de côtés a, b et c. La hauteur h_a abaissée sur le côté a est donnée par

$$h_a = \frac{2}{a}\sqrt{p(p-a)(p-b)(p-c)}$$

où p est le demi-périmètre du triangle.

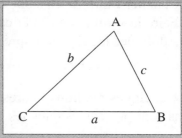

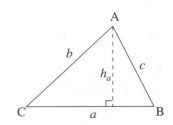

Démonstration

Abaissons la hauteur h_a. L'aire du triangle est donnée par

$$Aire = \frac{ah_a}{2}$$

et $Aire = \sqrt{p(p-a)(p-b)(p-c)}$, par le théorème 7.1.6.

Donc, $\dfrac{ah_a}{2} = \sqrt{p(p-a)(p-b)(p-c)}$, d'où $h_a = \dfrac{2}{a}\sqrt{p(p-a)(p-b)(p-c)}$.

REMARQUE

De la même façon, on démontrerait que

$$h_b = \frac{2}{b}\sqrt{p(p-a)(p-b)(p-c)} \text{ et}$$

$$h_c = \frac{2}{c}\sqrt{p(p-a)(p-b)(p-c)}$$

 EXEMPLE 7.1.1

Trouver l'aire du triangle ci-contre.

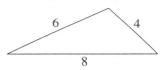

Solution

On connaît seulement les longueurs des trois côtés. On utilisera donc la formule de HÉRON. Calculons d'abord le demi-périmètre, ce qui donne

$$p = \frac{1}{2}(6+8+4) = 9$$

En substituant dans $Aire = \sqrt{p(p-a)(p-b)(p-}$ on obtient

$$Aire = \sqrt{9 \times 1 \times 3 \times 5} = \sqrt{135} = 11,62 \text{ unités carrées}$$

PROCÉDURE POUR CALCULER L'AIRE D'UNE SURFACE POLYGONALE
1. Décomposer la surface en figures élémentaires (triangles, rectangles, trapèzes).
2. Calculer l'aire de chacune des figures élémentaires.
3. Faire la somme de ces aires.
4. Appliquer les règles de présentation de résultats d'opérations sur les nombres arrondis.

Il existe quelques relations intéressantes entre l'aire d'un triangle et le cercle qui lui est circonscrit. Ces relations sont présentées dans les théorèmes qui suivent.

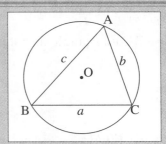

THÉORÈME 7.1.8

Le produit de deux côtés d'un triangle est égal au produit de la hauteur abaissée sur le troisième côté par le diamètre du cercle circonscrit au triangle.

Démonstration

Soit ABC un triangle inscrit dans un cercle de rayon R et dont les côtés sont a, b et c. Abaissons la hauteur h_a et traçons le diamètre AD.

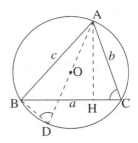

Démontrons que les triangles ABD et AHC sont semblables. L'angle DBA et l'angle H sont des angles droits. En effet, l'angle DBA est un angle inscrit interceptant une demi-circonférence, puisque AD est un diamètre. De plus, les angles D et C sont égaux puisque ce sont deux angles inscrits interceptant le même arc. Puisque les triangles sont semblables, on a

$$\frac{\overline{AD}}{\overline{AC}} = \frac{\overline{AB}}{\overline{AH}}$$

d'où

$$\frac{2R}{b} = \frac{c}{h_a}$$

et

$$bc = 2Rh_a$$

On obtient donc que le produit des côtés b et c du triangle est égal au produit de la hauteur abaissée sur le troisième côté par le diamètre du cercle circonscrit au triangle. On pourrait de la même façon montrer que $ac = 2Rh_b$ et $ab = 2Rh_c$.

> **REMARQUE**

Ce qui précède peut s'écrire $R = bc/(2h_a)$ et, en combinant avec la formule dérivée du théorème de HÉRON pour h_a, on montre que le rayon du cercle circonscrit au triangle de côtés a, b et c est donné par

$$R = \frac{abc}{4\sqrt{p(p-a)(p-b)(p-c)}} = \frac{abc}{4 \times \text{Aire du } \Delta\text{ABC}}$$

De plus, le théorème 7.1.8 jumelé au théorème 7.1.5 donne

$$2R = \frac{a}{\sin A} = \frac{b}{\sin B} = \frac{c}{\sin C}$$

Le rapport obtenu dans la loi des sinus est donc égal au diamètre du cercle circonscrit au triangle.

THÉORÈME 7.1.9

Soit ABC un triangle de côtés a, b et c inscrit dans un cercle de rayon R. L'aire du triangle est donnée par

$$Aire = \frac{abc}{4R}$$

Démonstration

Par le théorème 7.1.8, on a $bc = 2Rh_a$, d'où $h_a = \dfrac{bc}{2R}$ et, en substituant dans $Aire = \dfrac{ah_a}{2}$, on obtient

$$Aire = \frac{abc}{4R}.$$

Voici un dernier résultat présentant cette fois une relation entre l'aire d'un triangle et le cercle qui lui est inscrit.

THÉORÈME 7.1.10

Soit ABC un triangle de côtés a, b et c et r le rayon du cercle inscrit dans le triangle. L'aire du triangle est alors donnée par $Aire = pr$ où p est le demi-périmètre du triangle.

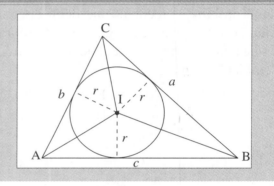

Démonstration

Soit I le centre du cercle inscrit dans le triangle ABC. L'aire du triangle ABC est alors la somme des aires des triangles BIC, AIC et AIB dont les bases respectives sont a, b et c. La hauteur de chacun de ces triangles est le rayon du cercle inscrit. On a donc

$$Aire = \frac{ar}{2} + \frac{br}{2} + \frac{cr}{2} = \frac{a+b+c}{2}r = pr$$

HÉRON

HÉRON d'Alexandrie a vécu vers 75 à 150. Il a rédigé un ouvrage, intitulé *Les métriques*, qui porte sur les mesures de figures planes et de solides. Cet ouvrage, qui comporte trois livres, contient de nombreux exemples de mesures et de formules, mais également les fondements théoriques de ces formules. Le livre I traite du calcul d'aires des carrés, des rectangles, des triangles, des polygones réguliers, des segments circulaires et des segments paraboliques. On y retrouve la formule de l'aire d'un triangle appelée maintenant *Formule de HÉRON*, même si certains auteurs croient qu'elle provient d'ARCHIMÈDE. Le livre II porte sur les figures solides comme le cône, le cylindre, le parallélépipède, la pyramide, le tronc de pyramide et le tronc de cône, la sphère, le tore et les cinq corps réguliers. Le livre III porte sur les divisions des figures, aires et volumes, dans un rapport donné.

Turbine inventée par HÉRON. En recouvrant la cuve et en allumant la lampe à l'huile, il fait bouillir l'eau et la vapeur s'échappe des tuyaux coudés, faisant tourner la sphère.

Le deuxième ouvrage de HÉRON, *Les pneumatiques*, contient une description d'une centaine de machines mécaniques dont un siphon, un dispositif pour ouvrir les portes d'un temple, une horloge à eau, des machines pour soulever des charges. La machine ilustrée ci-contre montre à quel point HÉRON avait une bonne connaissance des applications physiques. La poignée entraîne la vis D'ARCHIMÈDE qui dans sa rotation fait tourner l'engrenage et enroule la corde sur l'essieu. Le système de poulies agit comme multiplicateur de la force appliquée pour soulever la charge.

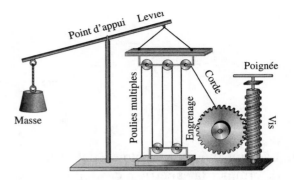

Dans son ouvrage intitulé *Le dioptre*, il donne la description et les utilisations de cet appareil de mesure qui fut longtemps utilisé comme appareil de nivellement et comme théodolite pour les observations terrestres et astronomiques. Il a développé plusieurs applications du niveau à eau en arpentage.

7.2 EXERCICES

1. Déterminer la superficie de chaque plancher des édifices dont la vue en plongée est donnée ci-dessous.

a)
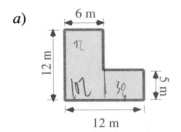

b)
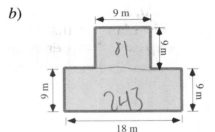

c)
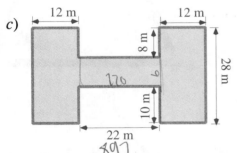

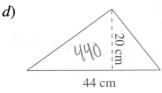

2. Calculer l'aire des surfaces suivantes:

a)
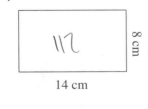

b)
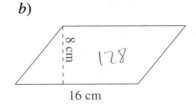

c)
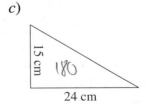

d)
440
20 cm
44 cm

e)
24 cm   216   18 cm
27 cm

f)
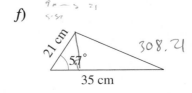
21 cm   57°   308.2
35 cm

g)

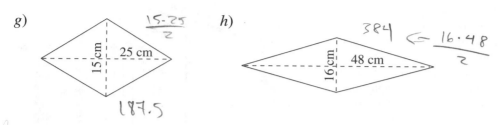

$\frac{15 \cdot 25}{2}$

15 cm   25 cm

187.5

h)

$384 \Leftarrow \frac{16 \cdot 48}{2}$

16 cm   48 cm

3. La firme qui vous emploie a dans son catalogue différents modèles d'habitations et on vous charge de déterminer la superficie des toitures de différents modèles de façon à prévoir les coûts de recouvrement. La pente de la toiture est la même sur chacune des faces.

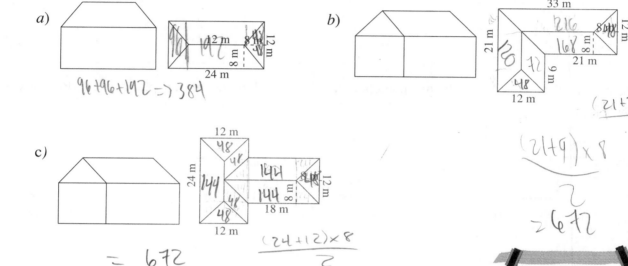

a)

12 m   8 m   12 m
8 m
24 m

$96+96+192 \Rightarrow 384$

b)

33 m
21 m   216   8 m   12 m
120   72   168   8 m
48   21 m
12 m

$\frac{(21+33) \times 8}{2}$

$\frac{(21+9) \times 8}{2}$

$= 672$

c)

12 m
48
48
24 m   144   144   8 m   12 m
144   8 m
48   18 m
48
12 m

$= 672$ $\frac{(24+12) \times 8}{2}$

4. Un promoteur immobilier désire acquérir un terrain limité par trois rues et une rivière. L'arpenteur qui a fait le relevé du terrain en a esquissé le croquis ci-contre. Trouver la superficie du terrain.

$2 \times (\frac{172 \times 344}{2}) = 59168$

$344 \times 344 = 118336$

$118\ 336 + 59168$

$= 177\ 504$

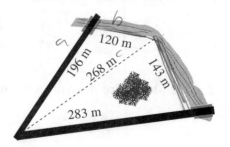

344 m
344 m
172   688 m

5. Un promoteur immobilier désire acquérir un terrain formant un quadrilatère borné par deux rues et une rivière. L'arpenteur qui a fait le relevé du terrain en a esquissé le croquis ci-contre. Trouver la superficie du terrain.

$29\ 675$

$p = 292$

$p^2 \cdot 347$

$\sqrt{292(292-196)(292-120)(292-268)}$

$= 10\ 757!14$

$\sqrt{347(347-283)(347-143)(347-268)} - 18\ 918$

120 m
196 m   268 m   143 m
283 m

6. Un arpenteur a fait le relevé ci-contre d'un terrain polygonal. Quelle est la superficie de ce terrain?

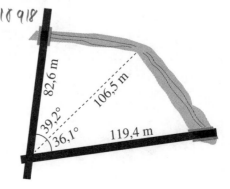

82,6 m
39,2°   106,5 m
36,1°   119,4 m

7. Calculer la superficie des terrains dont le relevé apparaît ci-dessous

a)

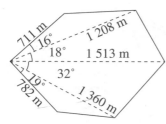

b)

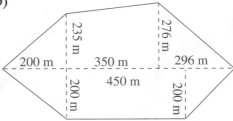

8. Trouver l'aire de la surface des terrains dont le croquis est donné.

a)

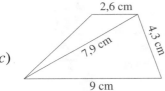

b)

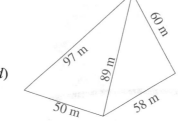

c)

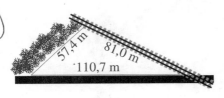

d)

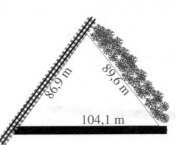

9. On a arpenté les terrains triangulaires dont le croquis est donné ci-dessous. Calculer la profondeur de ces terrains, c'est-à-dire la distance de la rue au point le plus éloigné du terrain. (La distance d'un point à une droite est mesurée par la perpendiculaire.)

a)

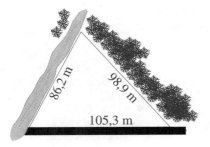

b)

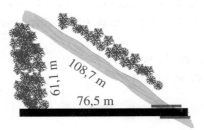

c)

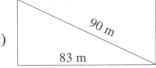

d)

10. Les arpenteurs ont tracé les croquis de terrains dont vous devez évaluer la superficie.

a)

$\dfrac{252 \times 392 \times \sin 48}{2}$

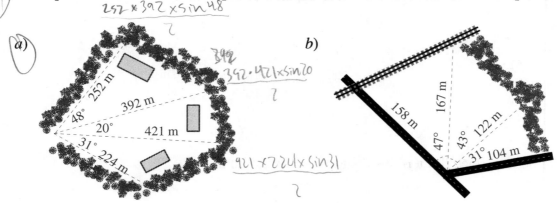

$\dfrac{392 \cdot 421 \times \sin 20}{2}$

$\dfrac{421 \times 224 \times \sin 31}{2}$

b)

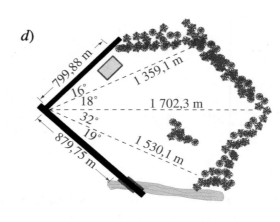

c)

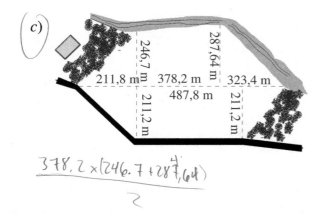

$\dfrac{378,2 \times (246,7 + 287,64)}{2}$

d)

e)

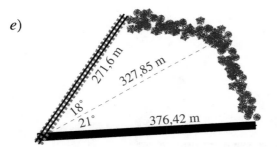

f)

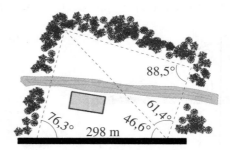

11. On aménage une salle de spectacles dont la scène et les trois parties de la salle forment des trapèzes dont les dimensions sont données ci-contre.

$\sqrt{5^2 - 3^2} =$

a) Trouver l'aire de la scène. 32

b) Trouver l'aire de la salle. 247,5

$\dfrac{(11+5) \times 4}{2} = 32$

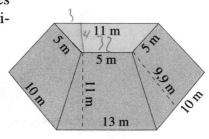

$\dfrac{(5+10) \times 9,9}{2}$

74,27

$\dfrac{(5+13) \times 11}{2} = 99$

12. Un arpenteur a tracé le croquis suivant à l'aide des mesures qu'il a effectuées. Les points ont été localisés par coordonnées rectangulaires.

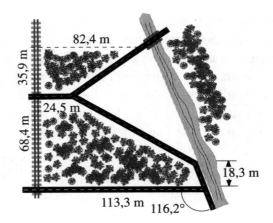

a) Calculer l'aire du terrain triangulaire attenant au ruisseau.

b) Calculer l'aire de la parcelle de terrain boisée au bas du croquis.

13. Soit $P_1(x_1;y_1)$, $P_2(x_2;y_2)$ et $P_3(x_3;y_3)$ trois sommets d'un triangle dans un système cartésien. Les indices étant assignés selon le sens antihoraire.

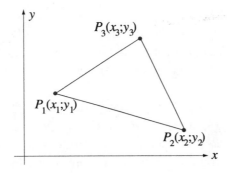

Montrer que l'aire du triangle est donnée par

$$Aire = \frac{1}{2}[x_1(y_2 - y_3) + x_2(y_3 - y_1) + x_3(y_1 - y_2)]$$

14. Démontrer que l'aire d'un parallélogramme est égale au produit de sa base par sa hauteur.

15. Démontrer que l'aire d'un triangle est égale à la moitié du produit de sa base par sa hauteur.

16. Démontrer que l'aire d'un trapèze est égale au produit de la demi-somme de ses bases par sa hauteur.

17. Démontrer que le rayon du cercle circonscrit à un triangle de côtés a, b et c est donné par

$$R = \frac{abc}{4\sqrt{p(p-a)(p-b)(p-c)}}$$

18. Démontrer que le rayon du cercle circonscrit à un triangle de côtés a, b et c est donné par

$$2R = \frac{a}{\sin A} = \frac{b}{\sin B} = \frac{c}{\sin C}$$

7.3 AIRES DE SURFACES DÉLIMITÉES PAR UNE COURBE

On distingue deux types de figures délimitées par une courbe selon que la courbe est régulière ou irrégulière. Les courbes régulières que nous présenterons seront surtout des arcs de cercle. Les surfaces délimitées par des arcs d'ellipse, de parabole, d'hyperbole ou par toute autre courbe descriptible par une fonction mathématique sont traitées dans des cours de calcul intégral et ne font pas partie du contenu du présent cours. Nous utiliserons cependant, sans démonstration, un résultat du calcul intégral permettant l'estimation d'une aire délimitée par une courbe. C'est la méthode de SIMPSON qui consiste à calculer une valeur approchée d'une aire à l'aide d'arcs de paraboles.

OBJECTIF: Résoudre des problèmes nécessitant le calcul de l'aire de surfaces délimitées par une courbe.

SURFACES DÉLIMITÉES PAR UNE COURBE RÉGULIÈRE

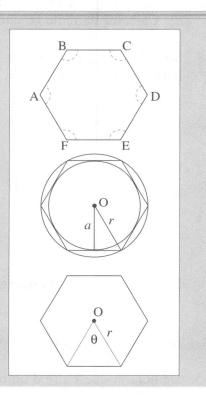

POLYGONE RÉGULIER

On dit qu'un polygone est *régulier* s'il a tous ses angles égaux et tous ses côtés égaux

$$\overline{AB} = \overline{BC} = \overline{CD} = \overline{DE} = \overline{EF} = \overline{FA}$$
$$\angle A = \angle B = \angle C = \angle D = \angle E = \angle F$$

On dit qu'un polygone régulier est *inscrit* dans un cercle lorsque tous ses sommets sont sur le cercle et on dit qu'il est *circonscrit* à un cercle lorsque tous ses côtés sont tangents au cercle.

On appelle *centre* d'un polygone régulier le centre des cercles inscrit et circonscrit du polygone. On appelle *rayon* d'un polygone régulier le rayon du cercle circonscrit et *apothème* la droite abaissée du centre du polygone perpendiculairement à un côté (c'est le rayon du cercle inscrit.

On appelle *angle au centre* d'un polygone régulier l'angle formé par deux rayons aboutissant à des sommets consécutifs du polygone. Dans la figure ci-contre, θ est un angle au centre du polygone.

THÉORÈME 7.3.1

L'aire du polygone régulier convexe est égale au produit de son demi-périmètre *p* par son apothème *a*, soit *Aire = ap*.

Les figures suivantes permettent de voir que, lorsqu'on augmente indéfiniment le nombre de côtés, l'apothème devient le rayon du cercle circonscrit, le périmètre du polygone devient la circonférence du cercle et l'aire du polygone devient à la limite l'aire du cercle. L'*aire d'un cercle* est donc la limite vers laquelle tend l'aire d'un polygone régulier convexe inscrit dans ce cercle, lorsqu'on augmente indéfiniment le nombre de côtés.

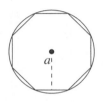 

De ces constatations découle le théorème suivant.

THÉORÈME 7.3.2

L'aire d'un cercle est égale à la moitié du produit de sa circonférence C par son rayon r, soit

$$Aire = \frac{C}{2} r$$

De plus, puisque $C = 2\pi r$, on obtient par substitution $Aire = \dfrac{2\pi r}{2} r = \pi r^2$.

Dans ce cas, $C/2$ joue le rôle de p dans le résultat précédent.

SECTEUR POLYGONAL

On appelle *secteur polygonal* la surface comprise entre une ligne polygonale régulière et les rayons qui aboutissent à l'extrémité de cette ligne. Le secteur polygonal est *régulier* lorsque les segments de la ligne sont de même longueur.

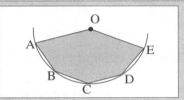

SECTEUR CIRCULAIRE

On appelle *secteur circulaire* la portion de cercle comprise entre un arc et les deux rayons qui aboutissent à ses extrémités.

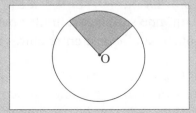

L'aire d'un secteur polygonal régulier a pour mesure la moitié du produit de la longueur de la ligne polygonale par l'apothème.

L'aire d'un secteur circulaire est la limite vers laquelle tend l'aire du secteur polygonal régulier inscrit, quand le nombre de côtés de la ligne polygonale augmente indéfiniment. On obtient donc

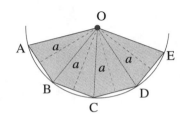

$$Aire = \frac{1}{2} Lr$$

et, puisque la longueur de l'arc est donnée par $L = r\theta$, où θ est l'angle au centre en radians, on peut également exprimer l'aire du secteur circulaire en fonction de l'angle au centre et du rayon, soit

$$Aire = \frac{\theta}{2} r^2$$

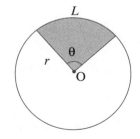

SEGMENT CIRCULAIRE

On appelle *segment circulaire* la portion de cercle comprise entre un arc et la corde qui le sous-tend.

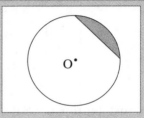

THÉORÈME 7.3.3

L'aire d'un segment circulaire sous-tendu par un angle de θ radians dans un cercle de rayon r est donnée par

$$Aire = \frac{r^2}{2}(\theta - \sin\theta)$$

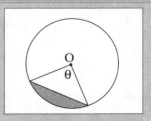

Démonstration

L'aire du segment est la différence entre l'aire du secteur circulaire et l'aire du triangle. L'aire du triangle est

$$Aire_\Delta = \frac{rh}{2}, \text{ où } h = r\sin\theta, \text{ on a donc } Aire_\Delta = \frac{r^2\sin\theta}{2}$$

et l'aire du segment est

$$Aire = \frac{r^2\theta}{2} - \frac{r^2\sin\theta}{2} = \frac{r^2}{2}(\theta - \sin\theta)$$

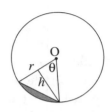

SURFACES DÉLIMITÉES PAR UNE COURBE IRRÉGULIÈRE

Lorsqu'une surface est limitée par une ligne courbe irrégulière, on peut approximer l'aire de cette surface de plusieurs façons, entre autres à l'aide de la méthode des trapèzes ou de la méthode de SIMPSON.

MÉTHODE DES TRAPÈZES

Pour évaluer l'aire d'une surface limitée par une courbe irrégulière, on peut localiser un certain nombre de points de la courbe par rapport à une droite AB de façon à former des trapèzes. La somme des aires des trapèzes est approximativement l'aire cherchée. La somme des aires de trapèzes de la figure suivante est

$$Aire = \frac{(h_1 + h_2)d_1}{2} + \frac{(h_2 + h_3)d_2}{2} + \frac{(h_3 + h_4)d_3}{2} + \frac{(h_4 + h_5)d_4}{2} + \frac{(h_5 + h_6)d_5}{2}$$

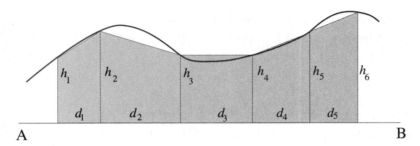

De façon générale, lorsqu'on localise n points, l'aire est

$$Aire = \frac{(h_1 + h_2)d_1}{2} + \frac{(h_2 + h_3)d_2}{2} + ... + \frac{(h_{n-1} + h_n)d_{n-1}}{2}$$

Lorsque les points sont pris à intervalles réguliers comme dans la figure suivante, on a, pour six points,

$$Aire = \frac{(h_1+h_2)d}{2} + \frac{(h_2+h_3)d}{2} + \frac{(h_3+h_4)d}{2} + \frac{(h_4+h_5)d}{2} + \frac{(h_5+h_6)d}{2}$$

$$= d\left(\frac{h_1}{2} + \frac{h_2}{2} + \frac{h_2}{2} + \frac{h_3}{2} + \frac{h_3}{2} + \frac{h_4}{2} + \frac{h_4}{2} + \frac{h_5}{2} + \frac{h_5}{2} + \frac{h_6}{2}\right)$$

$$= d\left(\frac{h_1+h_6}{2} + h_2 + h_3 + h_4 + h_5\right)$$

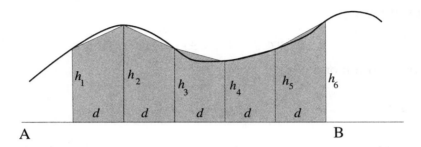

et de façon générale, lorsqu'on localise n points,

$$Aire = d\left(\frac{h_1+h_n}{2} + h_2 + ... + h_{n-1}\right).$$

 EXEMPLE 7.3.1

On désire évaluer la superficie d'un terrain limité par une voie ferrée rectiligne et la rive d'un lac. Les mesures effectuées apparaissent à la figure suivante, ces mesures ayant été prises à intervalles de 30 m.

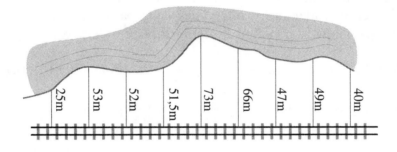

Solution

Puisque les mesures ont été effectuées à intervalles réguliers, on calcule l'aire en utilisant la formule

$$Aire = d\left(\frac{h_1+h_n}{2} + h_2 + ... + h_{n-1}\right)$$

où $d = 30$ m et les h_i sont les valeurs données dans le croquis. On a alors

$$Aire = 30\left(\frac{25+40}{2} + 53 + 52 + 51,5 + 73 + 66 + 47 + 49\right) = 12\ 720\ \text{m}^2.$$

REMARQUE

La précision de la méthode est plus grande lorsqu'on localise un plus grand nombre de points.

MÉTHODE DE SIMPSON

La méthode de SIMPSON consiste à approximer l'aire d'une surface limitée par une courbe irrégulière à l'aide de surfaces bornées par des paraboles. Présentons les principes à la base de cette méthode. Soit trois points non alignés, $(x_1;y_1)$, $(x_2;y_2)$ et $(x_3;y_3)$ tels que

$$x_2 - x_1 = x_3 - x_2 = d$$

On peut montrer qu'il existe une seule parabole de la forme

$$y = ax^2 + bx + c$$

passant par ces trois points. De plus, à l'aide du calcul intégral, entre autres, on peut montrer que l'aire sous cette parabole est donnée par

$$Aire = \frac{d}{3}\,(y_1 + 4y_2 + y_3).$$

La concavité de la courbe n'importe pas.

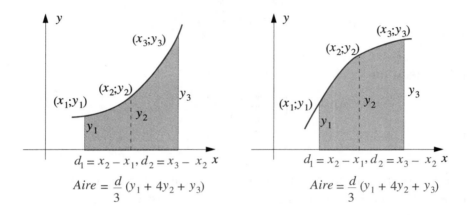

Pour évaluer l'aire d'un terrain limité par une courbe, on peut donc localiser un nombre impair de points à intervalles réguliers et, en considérant les intervalles deux par deux, on fait la somme des aires des surfaces bornées par des paraboles. Ainsi dans la figure suivante, l'aire est

$$Aire = \frac{d}{3}\,(h_1 + 4h_2 + h_3) + \frac{d}{3}\,(h_3 + 4h_4 + h_5) + \frac{d}{3}\,(h_5 + 4h_6 + h_7) + \frac{d}{3}\,(h_7 + 4h_8 + h_9)$$

$$= \frac{d}{3}\,(h_1 + 4h_2 + 2h_3 + 4h_4 + 2h_5 + 4h_6 + 2h_7 + 4h_8 + h_9)$$

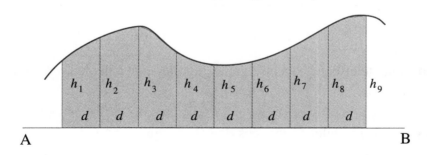

De façon générale, l'aire est donnée par

$$Aire = \frac{d}{3}\left(h_1 + h_n + 4\sum_{2}^{n-1} h_{\text{pair}} + 2\sum_{3}^{n-2} h_{\text{impair}}\right)$$

lorsque n est un nombre impair, c'est-à-dire lorsque le nombre d'intervalles est pair. Il faut normalement décider de la méthode à utiliser avant de prendre les mesures.

EXEMPLE 7.3.2

Par la méthode de SIMPSON, faire l'approximation de l'aire du terrain limité par la voie ferrée et la rive du lac dont on a localisé les points par intervalles de 30 mètres.

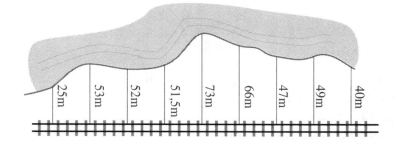

Solution

Par la méthode de SIMPSON, on a

$$Aire = \frac{d}{3}\left(h_1 + h_n + 4\sum_{2}^{n-1} h_{\text{pair}} + 2\sum_{3}^{n-2} h_{\text{impair}}\right)$$

On trouve alors

$$Aire = \frac{30}{3}\left[25 + 40 + 4(53 + 51,5 + 66 + 49) + 2(52 + 73 + 47)\right] = 12\ 870\ \text{m}^2.$$

EXERCICES 7.4

1. Sachant que le rayon du cercle circonscrit à un hexagone régulier est de 18 cm,
   a) Trouver l'apothème.
   b) Trouver l'aire de l'hexagone.
   c) Trouver l'aire des segments circulaires.

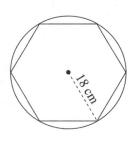

2. Un polygone de *n* côtés est inscrit dans un cercle de rayon *r*.
   a) Trouver l'apothème du polygone.
   b) Trouver le périmètre du polygone.
   c) Trouver l'aire du polygone.

3. Trouver l'aire des segments circulaires suivants:

a)

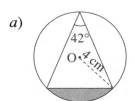

b)

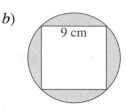

c)

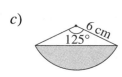

d)

e)
$\overset{\frown}{AB} = \overset{\frown}{BC} = 2,5\overset{\frown}{AC}$

f)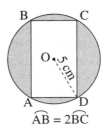
$\overset{\frown}{AB} = 2\overset{\frown}{BC}$

4. Sachant que l'apothème d'un octogone régulier est égal à 4 cm, trouver
   a) Le rayon du cercle circonscrit.
   b) Le périmètre de l'octogone.
   c) L'aire de l'octogone et du cercle circonscrit.

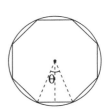

5. On désire installer une fontaine dans le centre d'un parc. Le bassin doit être un carré inscrit dans un cercle dont les segments circulaires serviront pour un arrangement floral.
   a) Trouver l'aire de la surface réservée à cet arrangement floral, sachant que le rayon du cercle est de 1,5 m.
   b) Quelle est la superficie du bassin?

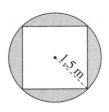

6. On veut aménager un bassin formant un triangle équilatéral inscrit dans un cercle, les segments circulaires étant réservés à un aménagement floral. Sachant que le côté du triangle équilatéral mesure 4 m, trouver l'aire du triangle équilatéral et des segments circulaires.

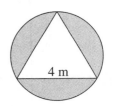

7. On a pris les mesures en kilomètres, apparaissant au croquis ci-contre, d'une île dont on veut connaître la superficie. Évaluer cette superficie par la méthode des trapèzes et par la méthode de Simpson.

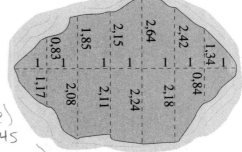

$$\frac{1}{3}\left(\frac{0.83+1.34}{2}+1.85+2.15+2.64+2.42\right)$$
$$= 10.145$$

$$\left(\frac{0.84+1.17}{2}+2.18+2.24+2.11+2.08\right) \approx 9.615 \quad 19.76$$

8. Déterminer la superficie du terrain bordé par la route et la rivière dont le relevé est donné dans le croquis ci-contre. Utiliser la méthode des trapèzes et la méthode de Simpson.

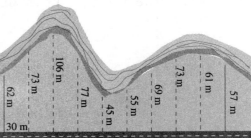

$$30\left(\frac{62+57}{2}+61+73+69+55+45+77+106+73\right)$$

$$\frac{30}{3}\left(62+57+4(73+77+55+73)+2(106+45+69+61)\right)$$

$$17\,930$$

9. Un théâtre et sa scène ont la forme de secteurs circulaires formant un angle de 120° et des rayons respectifs de 12 m et de 40 m. Trouver la superficie de la scène et de la salle.

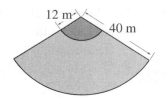

10. Montrer que l'aire de la partie ombrée est donnée par

$$Aire = \frac{r^2(4 - \pi)}{4}$$

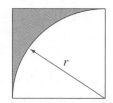

11. Montrer que le rayon du cercle inscrit est donné par

$$r = \frac{bh}{a + b + c}$$

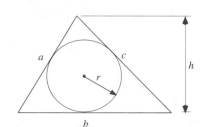

12. Le croquis ci-contre représente un détail de la ferme d'une toiture. On doit faire passer une conduite d'aération dans la partie illustrée. Calculer le rayon de la conduite de capacité maximale que l'on peut installer.

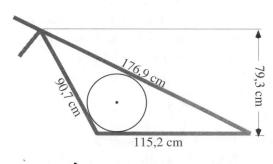

13. Montrer que le diamètre du cercle est donné par
$$d = a + b - c$$

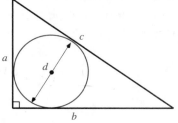

14. Le croquis ci-contre représente un détail de la ferme d'une toiture. On doit faire passer une conduite d'aération dans la partie illustrée. Calculer le diamètre de la conduite de capacité maximale que l'on peut installer.

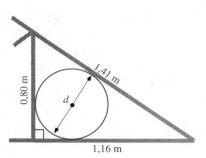

15. Dans la figure ci-contre, un cercle est inscrit dans un secteur circulaire.

   a) Montrer que le rayon du cercle inscrit dans le secteur circulaire est donné par

   $$r = \frac{R \sin\theta/2}{1 + \sin\theta/2}$$

   b) Montrer que l'aire du cercle inscrit dans le secteur circulaire est donnée par

   $$Aire = \pi (R - r)^2 \sin^2\theta/2$$

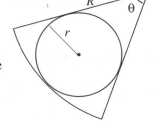

16. Une église a la forme d'un secteur polygonal régulier et le chœur a la forme d'un secteur circulaire dont les dimensions sont données à la figure ci-contre

   a) Trouver la superficie du chœur.

   b) Trouver la superficie de l'espace réservé aux fidèles.

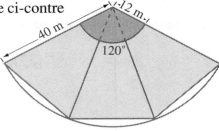

17. La municipalité souhaite utiliser un terrain pour y aménager un parc. Les arpenteurs en ont fait le relevé suivant. Calculer l'aire du terrain.

(annotations manuscrites)

$h_i = 81.6$
$h_2 = 69.1$
$h_3 = 73.1$
$h_4 = 61.8$
$h_5 = 56.2$

$\dfrac{81.3 \times 81.6}{2} + \dfrac{56.7 \times 57.8}{2} = 4552.47$

$\dfrac{28}{3}(81.6 + 56.2 + 4(69.1 + 61.8) + 2(73.1)) = 7537.6 + 4552.42 = 12\,090.02$

(mesures figure : 81,6 m ; 69,1 m ; 73,1 m ; 61,8 m ; 56,2 m ; 88,3 m ; 28 m ; 28 m ; 28 m ; 28 m ; 33,8 m) *(12 194)*

18. Deux équipes d'arpenteurs ont procédé au relevé d'un terrain qui s'étend de part et d'autre d'une voie ferrée. L'équipe qui a pris les mesures au nord de la voie ferrée les a prises dans l'orientation nord-sud. L'autre équipe a pris ses mesures perpendiculairement à la voie ferrée. Calculer l'aire de ce terrain.

(annotations manuscrites)

bas
$59.5\left(\dfrac{45.4 + 72.2}{2} + 68.2 + 45.9 + 43.5\right)$

$= 14\,746.45$
$12\,875.8$

$\dfrac{59.5}{3}(45.4 + 72.2 + 4(68.2...))$
$= 13\,024.5$

haut $39.8\left(\dfrac{27.1 + 71.6}{2} + 52.7 + 52.5 + 39.2 + 87.4 + 88.3\right)$
$= 14\,704.11$

$\dfrac{39.8}{3}(27.1 + 71.6 + 4(88.3 + 39.2 + 57.7)$
$+ 2(87.4 + 52.5))$
$= 14\,584.04$

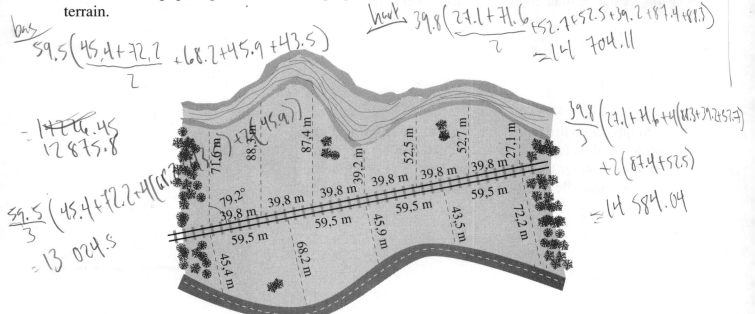

19. Un promoteur immobilier veut se porter acquéreur d'un terrain traversé par une rivière et dont le centre est occupé par un petit lac. Deux équipes d'arpenteurs ont mesuré le terrain, une de chaque côté de la rivière. Les mesures effectuées apparaissent au croquis suivant. Calculer l'aire du terrain.

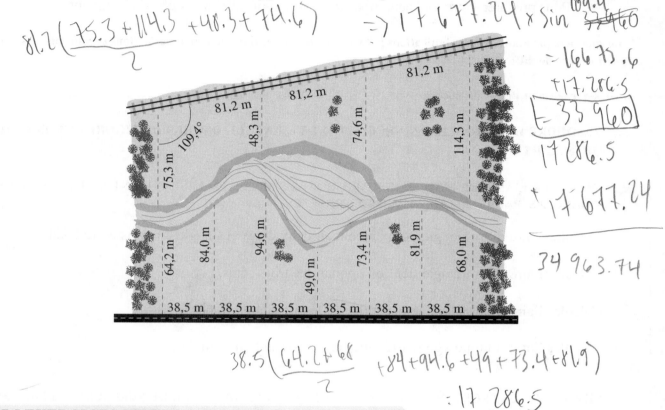

$81,2\left(\dfrac{75.3+114.3}{2}+48.3+74.6\right)$ ⟹ $17\,677.24 \times \sin \dfrac{109.4}{33\,960}$

= 16675.6
+17.286.5
= 33960

17286.5
+ 17677.24

34963.74

$38.5\left(\dfrac{64.2+68}{2}+84+94.6+49+73.4+81.9\right)$
= 17286.5

7.5 EXERCICES DIVERS

1. Démontrer que le rapport des aires de deux cercles est égal au carré du rapport de similitude.

2. Démontrer que le rapport des aires de deux triangles semblables est égal au carré du rapport de similitude.

3. Démontrer que le rapport des aires de deux polygones semblables est égal au carré du rapport de similitude.

4. Une surface de 1 kilomètre carré (km²) est équivalente à la surface d'un carré de 1 kilomètre de côté. Quelle est la mesure en mètres carrés d'une surface de 1 km²?

5. Une surface de 1 hectare (ha) est équivalente à la surface d'un carré de 100 mètres de côté. Quelle est la mesure en mètres carrés d'une surface de 1 hectare?

6. Une bande de terrain mesure 337 m de large par 1,57 km de long. Trouver la superficie de cette bande de terrain en mètres carrés, en hectares, en kilomètres carrés.

PRÉPARATION À L'ÉVALUATION
Pour préparer votre examen, assurez-vous d'avoir atteint les objectifs suivants.

Consignez à la page suivante des indications pour vous remémorer plus facilement les notions et concepts qui vous posent le plus de difficultés.

Si vous avez atteint l'objectif, cochez.

☆ **RÉSOUDRE DES PROBLÈMES NÉCESSITANT LE CALCUL D'AIRES DE FIGURES GÉOMÉTRIQUES SIMPLES.**

○ CALCULER L'AIRE DE FIGURES GÉOMÉTRIQUES SIMPLES EN LES DIVISANT EN RECTANGLES, TRIANGLES, PARALLÉLOGRAMMES ET TRAPÈZES.

◇ Calculer l'aire d'un triangle dont on connaît deux côtés et l'angle compris entre les deux.

◇ Calculer l'aire d'un triangle dont on connaît les trois côtés.

◇ Calculer l'aire d'un polygone irrégulier en le divisant en trapèzes.

◇ Calculer l'aire d'un polygone irrégulier en le divisant en triangles.

○ RÉSOUDRE DES PROBLÈMES NÉCESSITANT LE CALCUL DE L'AIRE DE SURFACES DÉLIMITÉES PAR UNE COURBE.

◇ Calculer l'aire d'un polygone régulier ou d'un secteur polygonal.

◇ Calculer l'aire d'un secteur ou d'un segment circulaire.

◇ Calculer l'aire d'une surface par la méthode des trapèzes.

◇ Calculer l'aire d'une surface par la méthode de SIMPSON.

Signification des symboles	☆ Élément de compétence	○ Objectif de section
	◇ Procédure ou démarche	▢ Étape d'une procédure

Notes personnelles

VOCABULAIRE UTILISÉ DANS LE CHAPITRE

AIRE D'UNE SURFACE

On appelle *aire* d'une surface la mesure de l'étendue de cette surface.

BASE ET HAUTEUR

Dans un parallélogramme, on appelle *base* la longueur de l'un quelconque des côtés et *hauteur* la distance de ce côté au côté opposé ou à son prolongement.

Dans le cas d'un rectangle, deux côtés adjacents constituent la *base* et la *hauteur*.

Dans un trapèze, on appelle *bases* les côtés parallèles et *hauteur* la distance entre ces côtés (la distance entre deux segments de droites parallèles est la longueur de la perpendiculaire commune).

Dans un triangle, la *base* est un côté quelconque et la *hauteur* est la distance du sommet opposé à la base ou à son prolongement.

MÉTHODE DE SIMPSON

Méthode consistant à estimer l'aire d'une surface délimitée par une courbe en utilisant des arcs de parabole.

MÉTHODE DES TRAPÈZES

Méthode consistant à estimer l'aire d'une surface délimitée par une courbe en la divisant en trapèzes.

POLYGONE

Un *polygone* est une figure plane ayant au moins trois côtés rectilignes. On dit qu'un polygone est *régulier* s'il a tous ses angles égaux et tous ses côtés égaux.

On dit qu'un polygone régulier est *inscrit* dans un cercle lorsque tous ses sommets sont sur le cercle et on dit qu'il est *circonscrit* à un cercle lorsque tous ses côtés sont tangents au cercle.

On appelle *centre* d'un polygone régulier le centre des cercles inscrit et circonscrit du polygone. On appelle *rayon* d'un polygone régulier le rayon du cercle circonscrit et *apothème* le rayon du cercle inscrit.

On appelle *angle au centre* d'un polygone régulier l'angle formé par deux rayons aboutissant à des sommets consécutifs du polygone.

SEGMENT CIRCULAIRE

On appelle *segment circulaire* la portion de cercle comprise entre un arc et la corde qui le sous-tend.

SECTEUR CIRCULAIRE

On appelle *secteur circulaire* la portion de cercle comprise entre un arc et les deux rayons qui aboutissent à ses extrémités.

SECTEUR POLYGONAL

On appelle *secteur polygonal* la surface comprise entre une ligne polygonale régulière et les rayons qui aboutissent à l'extrémité de cette ligne.

SURFACES ÉGALES

Deux surfaces sont *égales* (ou congrues) lorsqu'elles peuvent coïncider. Elles ont même forme et même aire.

SURFACES ÉQUIVALENTES

Deux surfaces sont *équivalentes* lorsqu'elles ont la même aire sans avoir nécessairement la même forme.

CALCUL
DE VOLUMES

Les solides dont nous allons calculer le volume dans ce chapitre sont des prismes, des pyramides, des cylindres, des cônes et des sphères. Nous n'aurons pas recours au calcul intégral pour trouver le volume des cylindres et des cônes mais nous les traiterons comme cas limite de prismes et de pyramides à base régulière. L'objectif n'est pas de démontrer les formules permettant de calculer le volume de ces solides, mais de montrer leur plausibilité et de les utiliser dans des situations diverses.

Les activités d'apprentissage de ce chapitre visent à développer l'élément de compétence

« résoudre des problèmes nécessitant des calculs de volumes de solides géométriques simples. »

8.1 VOLUMES RÉGULIERS

Le calcul du volume est important pour déterminer le coût d'une excavation lors d'une construction ou de l'assainissement d'un site pollué, pour déterminer la puissance exigée d'un système de chauffage ou de climatisation, etc.

OBJECTIF: Résoudre des problèmes nécessitant le calcul du volume d'un prisme ou d'un cylindre.

POLYÈDRES ET PRISMES

POLYÈDRE

On appelle *polyèdre* un solide limité de toutes parts par des portions de plans.

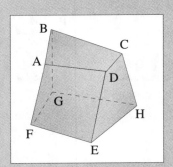

Les *faces* d'un polyèdre sont les polygones plans qui composent la surface du polyèdre. ABCD, DCHE et FGHE sont des faces du polyèdre illustré.

Les *arêtes* d'un polyèdre sont les côtés des polygones qui forment les faces du polyèdre. Chaque arête est commune à deux polygones. AB, DE et FE sont des arêtes du polyèdre illustré.

Les *sommets* du polyèdre sont les extrémités des arêtes. Chaque sommet est commun à au moins trois faces du polyèdre. A, B et C sont des sommets du polyèdre illustré.

L'*aire* du polyèdre est la somme des aires des faces du polyèdre. Le *volume* du polyèdre est la mesure de la portion de l'espace occupée par le polyèdre.

PRISME

On appelle *prisme* un polyèdre ayant pour bases deux polygones égaux et parallèles et dont les faces latérales sont des parallélogrammes.

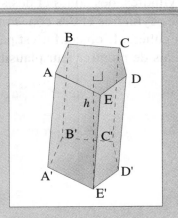

AEE'A' est une *face latérale* du prisme illustré, alors que les polygones ABCDE et A'B'C'D'E' sont les bases du prisme.

La *hauteur h* d'un prisme est la distance entre les plans des bases. C'est la longueur de la perpendiculaire commune aux deux bases.

Un prisme est *oblique* lorsque ses arêtes latérales sont obliques par rapport au plan des bases. Un prisme est *droit* lorsque ses arêtes latérales sont perpendiculaires à la base. Le prisme droit est dit *régulier* lorsque sa base est un polygone régulier.

Prisme oblique   Prisme droit   Prisme régulier

Un prisme peut être *triangulaire*, *quadrangulaire*, *pentagonal* selon que sa base est un triangle, un quadrilatère, un pentagone…

Prisme triangulaire   Prisme quadrangulaire   Prisme pentagonal

---

PARALLÉLÉPIPÈDE

Un *parallélépipède* est un prisme dont les faces latérales et les bases sont des parallélogrammes.

Un *parallélépipède droit* est un parallélépipède dont les arêtes latérales sont perpendiculaires à la base. Les faces latérales sont alors des rectangles et la base est un parallélogramme quelconque.

Un *parallélépipède rectangle* est un parallélépipède droit dont la base est un rectangle.

Les *dimensions* d'un parallélépipède rectangle sont les longueurs des trois arêtes issues d'un même sommet. Ce sont la longueur, la largeur et la hauteur.

Un *cube* est un parallélépipède rectangle dont toutes les dimensions sont égales.

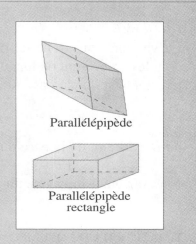

Parallélépipède

Parallélépipède rectangle

POSTULAT 8.1.1

Le volume d'un parallélépipède rectangle est égal au produit de ses trois dimensions.

Il découle de ce postulat que le volume d'un parallélépipède rectangle est égal au produit de l'aire de sa base par sa hauteur, et le volume d'un cube est égal au cube de la longueur d'une arête.

THÉORÈME 8.1.1

Le volume d'un prisme est égal au produit de l'aire de la base par la hauteur du prisme, soit

$$V = Bh$$

où B est l'aire de la base et h est la hauteur.

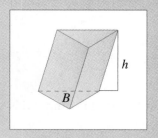

L'énoncé de ce théorème est fort utile pour trouver le volume de plusieurs solides. Il suffit de se rappeler que le volume est égal au produit de l'aire de la base par la hauteur. Dans la figure ci-haut, on obtient le volume en calculant l'aire de la base qui est un triangle et en multipliant par la hauteur.

TRONC DE PRISME DROIT

On appelle *tronc de prisme droit* la portion de prisme droit comprise entre une base et un plan qui coupe toutes les arêtes latérales.

Rappel: les arêtes latérales d'un prisme droit sont perpendiculaires à la base.

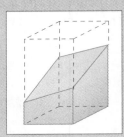

THÉORÈME 8.1.2

Le volume d'un tronc de prisme quadrangulaire droit dont les arêtes sont de longueur h_a, h_b, h_c, et h_d respectivement est donné par

$$V = \frac{B}{4}\,(h_a + h_b + h_c + h_d)$$

où B est l'aire de la base du prisme et

$$(h_a + h_b + h_c + h_d)/4$$

est la hauteur moyenne du tronc de prisme.

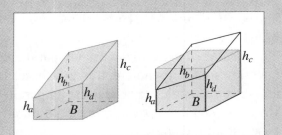

ESTIMATION D'UN VOLUME

Pour évaluer le volume de terre à enlever lors d'une excavation, on se sert, dans l'espace, d'un moyen analogue à la méthode des trapèzes dans le plan. On fait un quadrillage du terrain à excaver et on détermine en chaque point du quadrillage la différence de niveau avant et après l'excavation, ce qui donne les hauteurs de chacun des troncs de prisme quadrangulaire droit. Dans un tel quadrillage, certaines arêtes sont contiguës à 2, 3 ou 4 prismes comme on peut le voir dans la figure suivante:

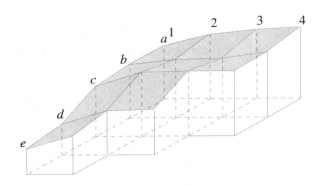

En faisant la somme des volumes de chacun des troncs de prisme, on obtient le volume total qui est décrit par

$$V = \frac{B}{4}\,\left(\sum h_1 + 2\sum h_2 + 3\sum h_3 + 4\sum h_4\right)$$

où B est l'aire d'un quadrilatère du quadrillage, h est une arête d'un tronc de prisme, c'est-à-dire la différence de niveau en un des sommets, l'indice étant le nombre de troncs de prismes contigus à cette arête.

En pratique, on donnera une vue en plongée du quadrillage accompagnée d'un tableau indiquant les niveaux avant et après l'excavation (ou le remplissage), de façon à pouvoir déterminer les arêtes latérales des troncs de prismes. Ainsi, le quadrillage de l'exemple suivant correspond à la figure précédente; chaque sommet des troncs de prismes est identifié par une lettre et un chiffre, et les niveaux sont donnés dans le tableau accompagnant le quadrillage. On remarquera que le sommet a-1 appartient à un seul tronc de prisme, le sommet a-2 appartient à deux troncs, le sommet d-2 à trois troncs et le sommet b-2 à quatre troncs: on dira que ces sommets sont respectivement de poids 1, 2, 3 ou 4.

 EXEMPLE 8.1.1

Quel est le volume d'excavation de l'emplacement dont le quadrillage apparaît ci-dessous, sachant que la superficie des quadrilatères est de 100 m^2?

Sommets	Altitudes		h	Poids
	Avant	Après		
a-1	213,5	210	3,5	1
a-2	214,2	210	4,2	2
a-3	214,5	210	4,5	2
a-4	215,1	210	5,1	1
b-1	213,1	210	3,1	2
b-2	213,6	210	3,6	4
b-3	214,2	210	4,2	4
b-4	214,8	210	4,8	2
c-1	212,3	210	2,3	2
c-2	213,5	210	3,5	4
c-3	213,9	210	3,9	3
c-4	214,1	210	4,1	1
d-1	212,5	210	2,5	2
d-2	212,9	210	2,9	3
d-3	213,7	210	3,7	1
e-1	212,1	210	2,1	1
e-2	212,5	210	2,5	1

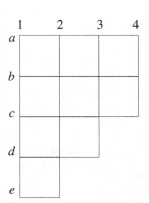

Solution

Pour évaluer cette aire par la méthode des troncs de prisme, on utilise la formule

$$V = \frac{B}{4} \left(\sum h_1 + 2\sum h_2 + 3\sum h_3 + 4\sum h_4 \right)$$

où

$$1\sum h_1 = 3,5 + 5,1 + 4,1 + 3,7 + 2,1 + 2,5 = 21$$

$$2\sum h_2 = 2(4,2 + 4,5 + 3,1 + 4,8 + 2,3 + 2,5) = 42,8$$

$$3\sum h_3 = 3(3,9 + 2,9) = 20,4$$

$$4\sum h_4 = 4(3,6 + 4,2 + 3,5) = 45,2$$

d'où

$$V = \frac{100}{4} (21 + 42,8 + 20,4 + 45,2) = 3235 \text{ m}^3$$

CYLINDRES

CYLINDRE CIRCULAIRE DROIT

On appelle *cylindre circulaire droit* le solide engendré par la révolution d'un rectangle autour d'un de ses côtés. Ce côté est à la fois l'*axe* et la *hauteur* du cylindre. Le côté opposé à l'axe est appelé la *génératrice* de la surface latérale et les deux autres côtés du rectangle sont les *rayons* du cylindre.

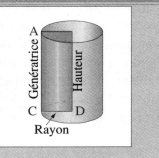

PRISME INSCRIT

On dit qu'un prisme est *inscrit* dans un cylindre lorsque sa base est un polygone inscrit dans la base circulaire du cylindre et que ses arêtes latérales sont sur la surface latérale du cylindre.

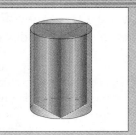

THÉORÈME 8.1.3

L'aire de la surface latérale d'un cylindre circulaire droit est égale au produit de la circonférence de sa base par sa hauteur.

$$A_L = 2\pi rh$$

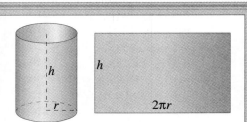

En déroulant le cylindre, on obtient un rectangle de hauteur h et de base $2\pi r$

REMARQUE

L'aire totale du cylindre est

$$A_T = 2\pi rh + 2\pi r^2$$

soit la somme de l'aire latérale et de l'aire des deux bases.

THÉORÈME 8.1.4

Le volume du cylindre circulaire droit est égal au produit de l'aire de sa base par sa hauteur, soit

$$V = \pi r^2 h$$

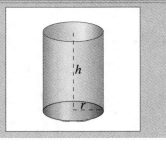

Démonstration

Le volume du cylindre circulaire droit est la limite du volume du prisme régulier inscrit, lorsqu'on augmente indéfiniment le nombre de côtés. La surface de la base devient alors un cercle et

$$V = \pi r^2 h.$$

ARCHIMÈDE

ARCHIMÈDE est un mathématicien grec né à Syracuse, en Sicile, vers 287 av. J.-C. Il est mort en 212 tué par un soldat romain lors de la seconde guerre punique. Sa vie fut entièrement consacrée à la recherche scientifique et ses découvertes sont tellement fondamentales qu'elles ont des retombées dans tous les champs scientifiques. Il séjourna en Égypte et étudia à Alexandrie avec les successeurs d'EUCLIDE. Lors de ce séjour, il fit la connaissance d'ÉRATOSTHÈNE qui fut son ami et à qui il communiqua plusieurs de ses découvertes par écrit.

On raconte plusieurs anecdotes sur ARCHIMÈDE et la plus célèbre est l'histoire de la couronne du roi HIÉRON. À son accession au pouvoir à Syracuse, HIÉRON s'engagea à offrir une couronne d'or aux dieux. Il demanda à un orfèvre de réaliser cette couronne en lui fournissant une quantité d'or qu'il avait préalablement pesée. L'orfèvre réalisa une couronne qui avait exactement le même poids que l'or fourni par HIÉRON. Cependant, celui-ci, soupçonnant l'orfèvre d'avoir remplacé une certaine quantité d'or par de l'argent, demanda à ARCHIMÈDE de prouver que l'orfèvre l'avait fraudé. C'est en prenant son bain que le savant aurait eu l'intuition de la façon de prouver le subterfuge. Il constata que plus la partie immergée de son corps était importante, plus la quantité d'eau qui débordait du bain était importante.

Cette constatation simple lui suggéra la procédure à suivre. Il prit deux solides de même masse que la quantité d'or fournie par HIÉRON, l'un en or et l'autre en argent. Après avoir rempli un contenant d'eau jusqu'au bord, il y plongea la masse d'or et observa que le contenant perdait une certaine quantité d'eau qui passait par dessus bord. Il recommença avec la masse en argent et constata que le déversement d'eau était plus important que dans le cas de la masse d'or. Il refit alors l'expérience avec la couronne et constata qu'il perdait plus d'eau qu'avec la masse en or et moins qu'avec la masse en argent, ce qui démontra qu'une certaine quantité d'argent avait été mélangée à l'or pour réaliser la couronne.

En comparant les volumes d'eau déplacés par ces trois corps, ARCHIMÈDE a comparé les masses volumiques de l'or, de l'argent et de l'alliage des deux. La description scientifique des études qu'ARCHIMÈDE a poursuivies sur le sujet fait l'objet de son traité *Sur les corps flottants*.

Il était particulièrement satisfait d'avoir découvert et démontré la propriété suivante:
Lorsqu'un cylindre est circonscrit à une sphère avec un diamètre égal à celui de la sphère, le volume et la surface du cylindre sont une fois et demie le volume et la surface de la sphère.

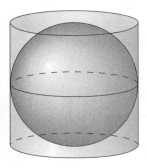

ARCHIMÈDE était tellement heureux de ce résultat qu'il le fit graver sur sa tombe, ainsi que la figure illustrant la propriété.

LES GUERRES PUNIQUES

L'adjectif punique vient du latin *punicus (pœni)* qui désigne les Carthaginois. Les guerres puniques avaient pour but l'hégémonie en Méditerranée occidentale et elles éclatèrent lorsque Rome, après avoir conquis l'Italie méridionale, se heurta à Carthage en Sicile. Il y eut trois guerres puniques, la première de 264 à 241 av.J.-C., la deuxième de 218 à 201 av. J.-C. et la troisième de 149 à 146 av. J.-C. Au terme de la troisième, Carthage fut détruite. C'était une ville d'Afrique du Nord située sur le golfe de Tunis, fondée vers 814 av.J.-C. Selon le récit qu'en fit le poète romain VIRGILE dans *L'Énéide*, la ville aurait été fondée par la reine Didon accompagnée de partisans venus de Phénicie et de Chypre. Détruite en 146 au terme de la troisième guerre punique, elle fut reconstruite une première fois sous le nom de *Colonia Junonia* en honneur de la déesse Junon. César la fit reconstruire sur un site différent, où elle devint un centre intellectuel et religieux des possessions romaines en Afrique, puis un centre chrétien. Elle fut prise par les Vandales en 439, reconquise en 534 par Bélisaire pour le compte de l'Empire byzantin et pillée par les Arabes en 698. Carthage n'était plus qu'une simple bourgade lorsque Louis IX (Saint Louis) y mourut de la peste en 1270 lors de la huitième croisade, qui avait pour but de convertir le Sultan de Tunisie.

8.2 EXERCICES

1. Démontrer que l'aire de la surface latérale d'un prisme régulier est égale au produit du périmètre de la base par la hauteur, soit

$$A_L = Ph$$

où P est le périmètre de la base.

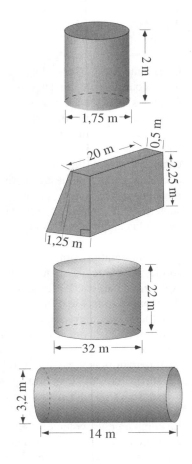

2. On désire couler 8 piliers de béton de forme cylindrique dont le plan apparaît ci-contre comme fondation pour un débarcadère. Déterminer le volume de béton nécessaire pour cet ouvrage.

$$\pi \cdot 0.875^2 \times 2$$

$$\sim 4.81$$

3. Vous devez ériger un mur de soutènement en béton dont le plan en coupe apparaît ci-contre. Quelle quantité de béton sera nécessaire pour ériger ce mur?

39.4

$$20 \times 0.5 \times 2.25 = 22.5$$

$$\frac{0.75 \times 2.25 \times 20}{2} = 16.875 \Big\} \; 39.4$$

4. On construit un réservoir cylindrique de 32 mètres de diamètre et de 22 mètres de hauteur. Quel sera le volume de ce réservoir?

17 700

$$\pi \cdot 16^2 \times 22$$

$$= 17\,694$$

5. Un réservoir cylindrique a 3,2 m de diamètre et 14 m de long. Trouver le volume du réservoir.

$$\pi \times 1.6^2 \times 14$$

$$= 112.6$$

6. Trois allées d'un parc se croisent en formant un triangle équilatéral de 4 mètres de côté. On désire aménager une fontaine ayant un bassin circulaire inscrit dans ce triangle équilatéral, les pointes étant réservées à un aménagement floral.

   a) Trouver l'aire du bassin.
   b) Trouver l'aire de la surface réservée à l'aménagement floral.
   c) Sachant que le bassin doit avoir une profondeur de 65 cm, quel volume d'eau pourra-t-il contenir?
   d) Sachant qu'il faut une épaisseur de 28 cm de bonne terre pour l'aménagement floral, quelle quantité de terre sera nécessaire pour cet aménagement?

7. Un bassin formant un triangle équilatéral dont le côté est de 4,5 m est inscrit dans un cercle dont les segments circulaires serviront à un aménagement floral.

   a) Sachant que le bassin a une profondeur de 45 cm, trouver le volume d'eau que pourra contenir le bassin. ➔ 3.95
   b) Sachant qu'il faut une épaisseur de 28 cm de terre pour l'aménagement floral, trouver le volume de terre nécessaire.

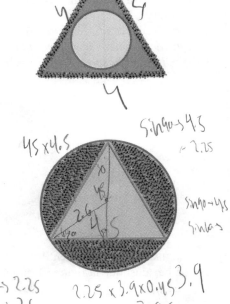

8. Un réservoir a la forme d'un cylindre horizontal de 1,2 m de rayon et de 4,4 m de longueur.
   a) Calculer le volume total du réservoir.
   b) Sachant que le niveau de liquide dans le réservoir est de 0,8 m, trouver le volume occupé par le liquide.
   c) On ajoute du liquide de façon à ce que le niveau soit à 1,8 m. Quel est alors le volume occupé par le liquide?

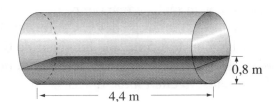

9. Un réservoir a la forme ci-contre.
   a) Calculer le volume total du réservoir.
   b) Si le niveau du liquide est à 0,9 m, déterminer le volume occupé par le liquide.
   c) Si le niveau est à 3,4 m, déterminer le volume occupé par le liquide.

10. Trouver la hauteur du parallélépipède de volume équivalent au volume de chacun des troncs de prisme suivants:

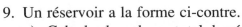

a)

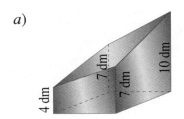

b)

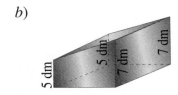

c)

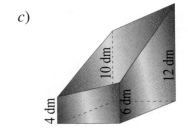

11. On doit couler quatre supports en béton pour les piliers d'un pont. Le plan de ces supports apparaît ci-contre. Quel sera le volume de béton nécessaire à la réalisation de cet ouvrage?

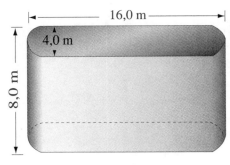

12. On désire couler les murs du sous-sol d'une maison mesurant 9,5 m par 13,2 m. Les murs seront de 2,75 m de hauteur par 30 cm d'épaisseur.
   a) Déterminer le nombre de mètres cubes de béton nécessaires pour réaliser cet ouvrage.
   b) Quel sera le nombre de mètres cubes de béton nécessaires pour couler le plancher du sous-sol, sachant que celui-ci doit avoir 24 cm d'épaisseur?

13. Un réservoir a la forme d'un cylindre horizontal de 1,4 m de rayon et de 5,2 m de longueur.
   a) Calculer le volume total du réservoir.
   b) Sachant que le niveau de liquide dans le réservoir est de 0,5 m, trouver le volume occupé par le liquide.
   c) On ajoute du liquide de façon à ce que le niveau soit à 1,9 m. Quel est alors le volume occupé par le liquide?

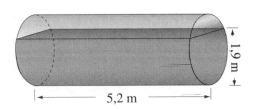

14. On veut réaliser une rampe d'accès en béton pour personnes handi-
capées. La rampe devra s'enfoncer de 0,7 m dans le sol, avoir une
largeur de 1,5 m, une longueur de 6,65 m et atteindre une hauteur
de 1,75 m. Déterminer le nombre de mètres cubes de béton pour
réaliser cette rampe d'accès.

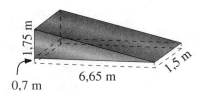

1,75 m

0,7 m   6,65 m   1,5 m

15. À partir du plan d'excavation suivant, déterminer
le volume de terre à enlever, sachant que le quadrillage s'est fait à tous les dix mètres.

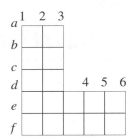

		Altitudes			
Sommets	Avant	Après	h	Poids	
a-1	32,1	27,5	4,6	
a-2	32,4	27,5	4,9	
a-3	32,8	27,5	5,3	
b-1	32,7	27,5	5,2	
b-2	32,9	27,5	5,4	
b-3	33,1	27,5	5,6	
c-1	33,2	27,5	5,7	
c-2	33,5	27,5	6,0	
c-3	33,7	27,5	6,2	
d-1	33,4	27,5	8,2	
d-2	33,8	27,5	8,6	
d-3	34,2	27,5	9,0	
d-4	34,6	27,5	9,4	
d-5	34,7	27,5	9,5	
d-6	34,9	27,5	9,7	
e-1	33,8	27,5	8,6	
e-2	33,9	27,5	8,7	
e-3	34,3	27,5	9,1	
e-4	34,6	27,5	9,4	
e-5	34,9	27,5	9,7	
e-6	35,1	27,5	9,9	
f-1	34,1	27,5	8,9	
f-2	34,4	27,5	9,2	
f-3	34,8	27,5	9,6	
f-4	35,1	27,5	9,9	
f-5	35,3	27,5	10,1	
f-6	35,7	27,5	10,5	

16. On désire ériger un barrage sur une petite rivière afin d'aménager un plan d'eau. On a effectué le relevé suivant en quadrillant le terrain à tous les cinq mètres. Quel sera le volume d'eau contenu dans le réservoir ainsi aménagé?

    a) Trouver sa hauteur.

    b) Trouver l'aire du plan d'eau.

    c) Trouver son volume.

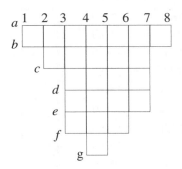

| Sommets | Altitudes | | h | Poids |
	Avant	Après		
a-1	17,8	18,1	0,3	
a-2	17,1	18,1	1,0	
a-3	15,4	18,1	2,7	
a-4	13,6	18,1	4,5	
a-5	13,7	18,1	4,4	
a-6	14,9	18,1	3,2	
a-7	16,7	18,1	1,4	
a-8	17,9	18,1	0,2	
b-1	17,8	18,1	0,3	
b-2	16,9	18,1	1,2	
b-3	14,8	18,1	3,3	
b-4	14,8	18,1	3,3	
b-5	15,2	18,1	2,9	
b-6	16,4	18,1	1,7	
b-7	17,6	18,1	0,5	
b-8	17,9	18,1	0,2	
c-2	17,8	18,1	0,3	
c-3	15,7	18,1	2,4	
c-4	14,6	18,1	3,5	
c-5	15,2	18,1	2,9	
c-6	16,1	18,1	2,0	
c-7	17,9	18,1	0,2	
d-3	17,8	18,1	0,3	
d-4	16,3	18,1	1,8	
d-5	15,2	18,1	2,9	
d-6	16,6	18,1	1,5	
d-7	17,7	18,1	0,4	
e-3	17,6	18,1	0,5	
e-4	16,2	18,1	1,9	
e-5	15,4	18,1	2,7	
e-6	16,5	18,1	1,6	
e-7	17,9	18,1	0,2	
f-3	17,8	18,1	0,3	
f-4	15,4	18,1	2,7	
f-5	16,1	18,1	2,0	
f-6	17,7	18,1	0,4	
g-4	17,9	18,1	0,2	
g-5	17,8	18,1	0,3	

17. Quel est le volume d'excavation de l'emplacement dont le quadrillage apparaît ci-dessous, sachant que la superficie des quadrilatères est de 60 m²?

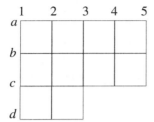

| Sommets | Altitudes | | h | Poids |
	Avant	Après		
a-1	172,5	150,0		
a-2	173,2	150,0		
a-3	175,4	150,0		
a-4	176,2	150,0		
a-5	175,4	150,0		
b-1	173,6	150,0		
b-2	177,8	150,0		
b-3	178,9	150,0		
b-4	178,5	150,0		
b-5	173,3	150,0		
c-1	174,8	150,0		
c-2	176,9	150,0		
c-3	178,5	150,0		
c-4	179,2	150,0		
c-5	178,7	150,0		
d-1	173,7	150,0		
d-2	175,8	150,0		
d-3	173,7	150,0		

18. La compagnie qui vous emploie fabrique des colonnes en béton. Ces colonnes sont creuses pour en diminuer la masse. Trois modèles sont offerts: régulier, fort et extra-fort. Ces piliers sont produits en longueurs de 10 m.

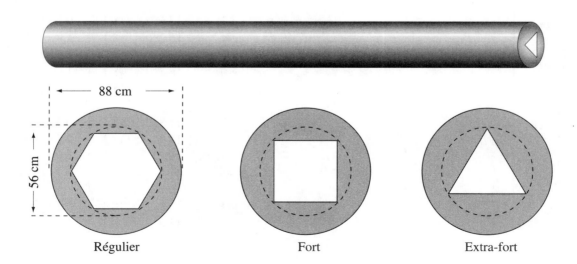

Régulier   Fort   Extra-fort

Calculer le volume de béton pour couler une colonne de chaque modèle.

19. La devanture d'une banque en construction sera constituée de trois arches semi-circulaires tel qu'illustré. La devanture sera en béton et devra être coulée en un seul morceau. Calculer le volume de béton nécessaire pour réaliser cette devanture.

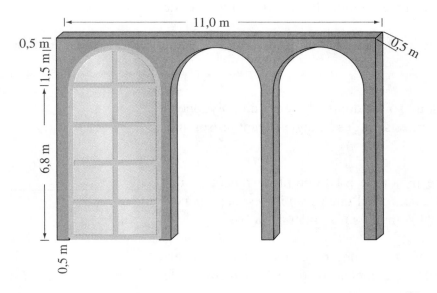

20. À l'aide des mesures effectuées, déterminer le volume de la tour d'habitation à base carrée suivante:

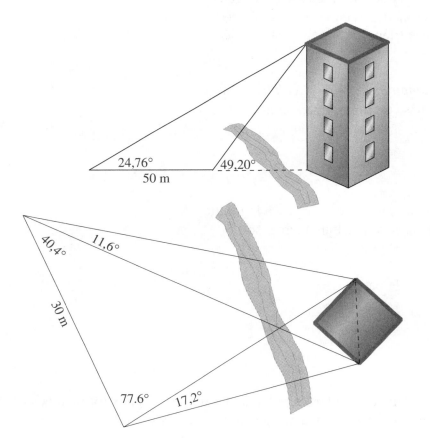

8.3 PYRAMIDES ET CÔNES

Les pyramides et les cônes ont une particularité en commun. Le volume d'une pyramide à base triangulaire est égal au tiers du volume du prisme à base triangulaire ayant même hauteur. Le volume d'un cône est égal au tiers du volume du cylindre de même rayon et de même hauteur.

OBJECTIF: Résoudre des problèmes nécessitant le calcul du volume de pyramides ou de cônes.

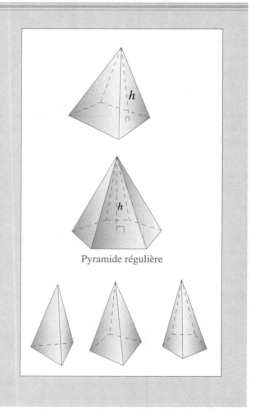

PYRAMIDE

Une *pyramide* est un solide dont la base est un polygone et dont les faces latérales sont des triangles ayant un sommet commun.

Le *sommet* d'une pyramide est le point de rencontre des arêtes latérales. La *hauteur* d'une pyramide est la perpendiculaire abaissée du sommet sur le plan de la base.

Une *pyramide régulière* est une pyramide dont la base est un polygone régulier et dont le pied de la hauteur est le centre du polygone de la base.

Dans une pyramide régulière, toutes les arêtes sont d'égale longueur, les faces latérales sont des triangles isocèles égaux. La hauteur de chacun de ces triangles isocèles est appelée l'*apothème de la pyramide*.

Une pyramide peut être *triangulaire*, *quadrangulaire*, *pentagonale*, ..., selon que sa base est un triangle, un quadrilatère, un pentagone, ...

Pyramide régulière

THÉORÈME 8.3.1

L'aire latérale d'une pyramide régulière est égale à la moitié du produit du périmètre de la base par l'apothème, soit
$$A_L = ap$$

où p est le demi-périmètre de la base.

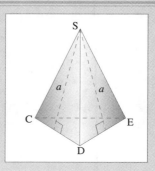

Démonstration

Pour démontrer ce résultat, il suffit de calculer l'aire totale des triangles égaux formant la surface latérale de la pyramide régulière. L'apothème est la hauteur de chacun de ces triangles.

THÉORÈME 8.3.2

Tout prisme triangulaire est décomposable en trois pyramides de volumes équivalents.

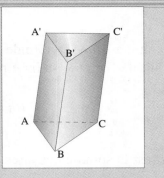

Démonstration

Soit un prisme triangulaire dont les bases sont ABC et A'B'C'. Coupons le prisme suivant les plans AB'C et AB'C'. On obtient alors trois pyramides. Les pyramides AA'B'C' et B'ABC ont même volume. En effet, les bases sont égales, car elles sont les triangles A'B'C' et ABC; de plus, les pyramides ont la même hauteur que le prisme.

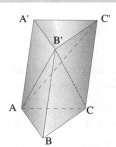

Démontrons que les pyramides AA'B'C' et B'ACC' ont même volume. En considérant B' comme sommet de chacune des pyramides, elles ont des bases égales. En effet les triangles AA'C' et AC'C sont égaux, puisque la droite AC' est la diagonale du parallélogramme AA'C'C. De plus, la hauteur des deux pyramides est la distance du point B' au plan AA'C'C.

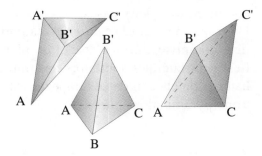

THÉORÈME 8.3.3

Le volume d'une pyramide triangulaire est égal au tiers du produit de l'aire de sa base par sa hauteur.

$$V = \frac{Bh}{3}$$

Démonstration

Par le théorème précédent, le volume de la pyramide triangulaire est égal au tiers du volume du prisme triangulaire ayant même base et même hauteur; or, le volume du prisme est égal au produit de l'aire de sa base par sa hauteur. On a donc

$$V = \frac{Bh}{3}$$

où B est l'aire de la base et h la hauteur.

On peut généraliser ce théorème pour trouver le volume d'une pyramide quelconque en divisant le polygone de sa base en triangles.

THÉORÈME 8.3.4

Le volume d'une pyramide quelconque est égal au tiers du produit de l'aire de sa base par sa hauteur.

$$V = \frac{Bh}{3},$$

où B est la somme des aires des triangles de la base.

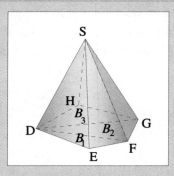

TRONC DE PYRAMIDE

Un *tronc de pyramide* ou *tronc pyramidal* est une portion de pyramide comprise entre la base et un plan qui coupe toutes les faces latérales.

Si le plan est parallèle à la base, on a un *tronc de pyramide à bases parallèles*. La hauteur est alors la distance entre les deux bases, c'est-à-dire la longueur de la perpendiculaire commune aux deux bases.

Un *tronc pyramidal régulier* est la portion de pyramide régulière comprise entre la base et un plan parallèle à cette base. Les faces latérales sont alors des trapèzes isocèles égaux. La hauteur de chacun de ces trapèzes est appelée l'*apothème* du tronc pyramidal régulier.

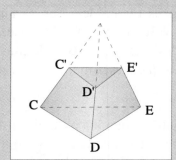

THÉORÈME 8.3.5

L'aire de la surface latérale d'un tronc de pyramide régulier est égale au produit de la somme des demi-périmètres des bases par l'apothème du tronc.

$$A_L = a(p + p')$$

où p et p' sont les demi-périmètres des bases.

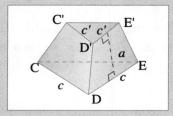

THÉORÈME 8.3.6

Les aires des bases d'un tronc de pyramide à bases triangulaires parallèles sont entre elles comme le carré de leur distance au sommet de la pyramide.

Démonstration

Abaissons la hauteur SH'H de la pyramide et traçons les droites D'H' et DH. Les triangles SD'H' et SDH étant semblables, on a

$$\frac{\overline{SH}}{\overline{SH'}} = \frac{\overline{SD}}{\overline{SD'}} = k$$

De plus, les triangles SD'E' et SDE étant semblables, on a donc

$$\frac{\overline{DE}}{\overline{D'E'}} = \frac{\overline{SD}}{\overline{SD'}} = k$$

Le rapport de similitude des triangles CDE et C'D'E' est donc k et le rapport des aires des triangles C'D'E' et CDE étant égal au carré du rapport de similitude, on a

$$\frac{A}{A'} = k^2$$

d'où

$$\frac{A}{A'} = \frac{\overline{SH}^2}{\overline{SH'}^2}$$

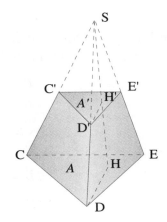

THÉORÈME 8.3.7

Les aires des bases d'un tronc de pyramide quelconque à bases parallèles sont entre elles comme le carré de leur distance au sommet de la pyramide.

Démonstration
Soit un tronc de pyramide dont les bases sont des polygones parallèles quelconques. Ce tronc de pyramide peut être décomposé en troncs de pyramides triangulaires à bases parallèles. On généralise alors le résultat en effectuant la somme des aires des triangles.

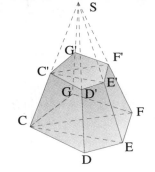

Les théorèmes 8.3.6 et 8.3.7 sont préliminaires au théorème 8.3.8 qui constitue le résultat important.

THÉORÈME 8.3.8

Soit un tronc de pyramide à bases parallèles dont les aires sont B et b, et la hauteur h. Le volume du tronc de pyramide est donné par

$$V = \frac{h}{3}\left(B + b + \sqrt{Bb}\right)$$

Démonstration
On peut considérer le volume du tronc de pyramide comme la différence entre les volumes de deux pyramides, soit

$$V = \frac{1}{3}B(h + x) - \frac{1}{3}bx$$

$$= \frac{1}{3}Bh + \frac{1}{3}Bx - \frac{1}{3}bx$$

$$= \frac{1}{3}Bh + \frac{1}{3}(B - b)x$$

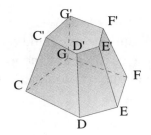

Exprimons x en fonction des éléments du tronc de façon à le substituer dans l'expression qui précède. On trouve successivement

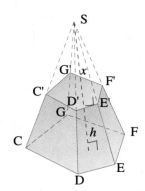

$$\frac{B}{b} = \frac{(h+x)^2}{x^2}$$

$$\frac{\sqrt{B}}{\sqrt{b}} = \frac{(h+x)}{x}$$

$$x\sqrt{B} = h\sqrt{b} + x\sqrt{b}$$

$$x\sqrt{B} - x\sqrt{b} = h\sqrt{b}$$

et

$$x = \frac{h\sqrt{b}}{\sqrt{B} - \sqrt{b}}.$$

En substituant, on a donc

$$V = \frac{1}{3}Bh + \frac{1}{3}(B-b)\frac{h\sqrt{b}}{\sqrt{B}-\sqrt{b}}$$

$$= \frac{1}{3}Bh + \frac{1}{3}(\sqrt{B}+\sqrt{b})(\sqrt{B}-\sqrt{b})\frac{h\sqrt{b}}{\sqrt{B}-\sqrt{b}}$$

$$= \frac{1}{3}Bh + \frac{1}{3}(\sqrt{B}+\sqrt{b})h\sqrt{b}$$

d'où

$$V = \frac{h}{3}\left(B + b + \sqrt{Bb}\right).$$

CÔNES

CÔNE CIRCULAIRE DROIT

On appelle *cône circulaire droit* le solide engendré par la révolution d'un triangle rectangle autour d'un des côtés de l'angle droit.

Le côté h autour duquel tourne le triangle est à la fois l'*axe* et la *hauteur* du cône.

L'hypoténuse est la *génératrice* du cône, appelée également apothème. L'autre côté de l'angle droit est le rayon du cône.

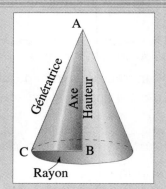

PYRAMIDE INSCRITE

On dit qu'une pyramide est *inscrite* dans un cône lorsque sa base est un polygone inscrit dans la base circulaire du cône et que son sommet est le sommet du cône.

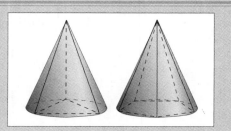

THÉORÈME 8.3.9

L'aire latérale d'un cône de révolution est égale à la moitié du produit de la circonférence de la base par la génératrice, soit

$$A_L = \pi r l$$

Démonstration

L'aire latérale d'un cône de révolution est la limite de l'aire latérale d'une pyramide régulière (voir théorème 8.3.1) dont on augmente indéfiniment le nombre de côtés. Le demi-périmètre de la base de la pyramide devient alors la demi-circonférence de la base du cône et l'apothème de la pyramide devient la génératrice du cône. Ce qui donne $A_L = \pi r l$.

REMARQUE

L'aire totale est la somme de l'aire latérale et de l'aire de la base, soit
$$A_T = \pi r l + \pi r^2 = \pi r\,(l + r)$$

La longueur de la génératrice peut être exprimée par rapport au rayon de la base et à la hauteur, on a alors
$$l = \sqrt{r^2 + h^2}$$

THÉORÈME 8.3.10

Le volume d'un cône de révolution est égal au tiers du produit de l'aire de sa base par sa hauteur, soit

$$V = \frac{1}{3}\pi r^2 h$$

Démonstration

Le volume d'un cône de révolution est la limite du volume d'une pyramide régulière dont le volume est

$$V = \frac{1}{3}Bh \text{ (théorème 8.3.3)}$$

Or, l'aire de la base devient l'aire d'un cercle de rayon r. D'où

$$V = \frac{1}{3}\pi r^2 h$$

REMARQUE

Le volume d'un cône de révolution est égal au tiers du volume du cylindre droit ayant même base et même hauteur.

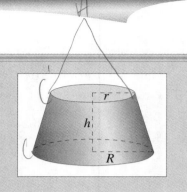

THÉORÈME 8.3.11

Le volume d'un tronc de cône de révolution à bases parallèles de rayons R et r et de hauteur h est donné par

$$V = \frac{\pi h}{3}\left(R^2 + r^2 + Rr\right)$$

AL = πR·AC - πr·AC'

Démonstration

Le volume du tronc de cône est la limite d'un tronc de pyramide lorsqu'on augmente indéfiniment le nombre de côtés. Le volume du tronc de pyramide étant

$$V = \frac{h}{3}\left(B + b + \sqrt{Bb}\right),$$

en posant $B = \pi R^2$ et $b = \pi r^2$, on obtient

$$V = \frac{h}{3}\left(\pi R^2 + \pi r^2 + \sqrt{(\pi R^2)(\pi r^2)}\right)$$

$$= \frac{\pi h}{3}\left(R^2 + r^2 + Rr\right).$$

THÉORÈME 8.3.12

Le volume d'une sphère de rayon r est donné par

$$V = \frac{4}{3}\pi r^3$$

et l'aire de sa surface est $A = 4\pi r^2$.

8.4 EXERCICES

40 = 2π r $\frac{40}{2π}$ = r   r = 6.37

1. Vous devez évaluer la quantité de pierre concassée que la compagnie qui vous emploie a en réserve. Le tas de pierre ayant une forme conique, vous déterminez que la circonférence du tas est de 40 m et sa hauteur est de 8 m. Quel est son volume?

   √3.185² + 8² ~ 8.61   *$\frac{1}{3}$ π · 6.37² · 8 ≃ 340*

2. Une piscine a la forme d'un tronc de prisme de base rectangulaire dont la largeur est 4 m et la longueur 9 m. La profondeur est de 1,5 m à une extrémité et 3,5 m à l'autre extrémité. La pente étant constante, trouver le volume d'eau que contient cette piscine.

   9·4·1.5 = 54   9·4·2 = $\frac{72}{2}$ = 36   36+54 = 90

3. On veut couler six bases de béton sur lesquelles reposeront les piliers d'une terrasse débordant d'une falaise. Ces bases seront des troncs de cône dont les rayons sont de 1,2 m et de 2 m et la hauteur est de 2,8 m. Trouver la quantité de béton nécessaire pour réaliser cette fondation.

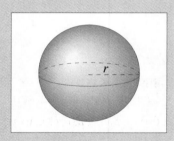

1,2 m

2,8 m

2,0 m

$V = \frac{π·2.8}{3}\left(2^2 + 1.2^2 + (2·1.2)\right)$ *= 23 × 4 = 138*

4. Les côtés de la base d'une pyramide triangulaire régulière sont de longueur 4 et ses arêtes latérales de longueur 8.

   a) Trouver l'aire de la base de cette pyramide.
   b) Trouver l'apothème de cette pyramide.
   c) Trouver l'aire totale.
   d) Trouver le volume de cette pyramide.

5. Le réservoir d'un camion-citerne a la forme d'un cylindre de 3,2 m de diamètre et de 12 m de long. Les extrémités de ce réservoir sont des demi-sphères de même diamètre que le cylindre. Trouver le volume du réservoir.

6. Une compagnie a conçu un nouveau modèle de silo à grains dont la forme est celle d'un cône tronqué surmonté d'une calotte semi-sphérique. On pense que cette forme offrira une meilleure résistance aux tornades. Calculer le volume et l'aire de ce silo.

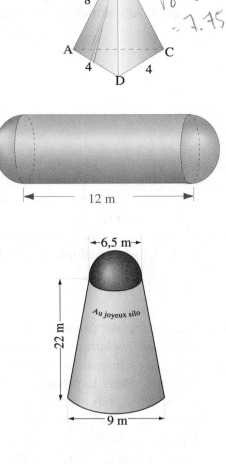

Au joyeux silo

7. Les côtés de la base d'une pyramide hexagonale régulière mesurent 36 cm et ses arêtes latérales mesurent 48 cm.

   a) Trouver l'aire de la base de cette pyramide.
   b) Trouver la hauteur de cette pyramide.
   c) Trouver l'apothème de cette pyramide.
   d) Trouver l'aire totale.
   e) Trouver le volume de cette pyramide.

8. Une compagnie fabrique des blocs de support pour des poteaux de patio. Ces blocs sont des troncs de pyramide à bases hexagonales. Calculer l'aire des faces latérales et calculer le volume de béton nécessaire pour chaque bloc.

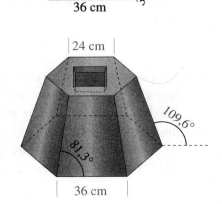

9. Une entreprise fabrique des blocs de béton dont la forme est un tronc de pyramide à base carrée. Calculer le volume de ces blocs.

10. Une entreprise projette la production de bacs pour remiser les ballons dans les installations sportives. Les dimensions sont données à la figure ci-contre.
    a) Calculer l'aire totale de ces bacs en m².
    b) Calculer le volume de ces bacs en m³.

11. Une entreprise projette la production d'abat-jour pour des lampes sur pied et des lampes de table. Les dimensions sont données à la figure ci-contre. Dans la production de ces abat-jour, il faut tenir compte de l'aire latérale dont dépend le coût de production et du volume dont dépend la puissance maximale des ampoules que l'on peut utiliser. Calculer l'aire latérale et le volume de ces abat-jour.

12. Une entreprise projette la production d'abat-jour pour des lampes de bureau. Les dimensions sont données à la figure ci-contre. Ces abat-jour sont fermés à la partie supérieure. Calculer l'aire latérale et le volume de ces abat-jour.

13. Une entreprise projette la production d'entonnoirs métalliques pour des installations industrielles. Les dimensions sont données à la figure ci-contre.
    a) Calculer l'aire latérale de ces entonnoirs.
    b) Calculer le volume de ces entonnoirs.

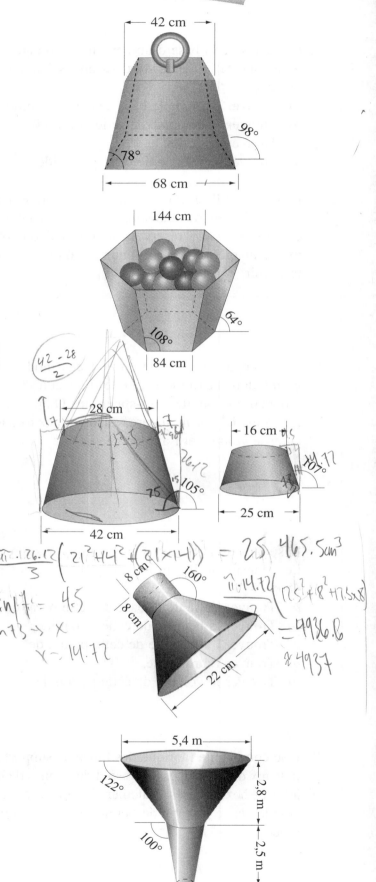

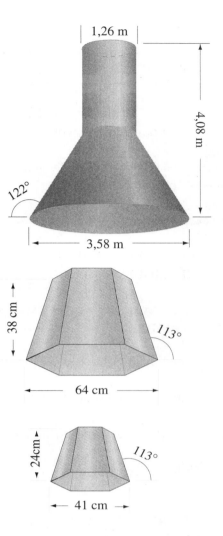

14. Une entreprise projette la production de hottes pour des installations industrielles. Les dimensions sont données à la figure ci-contre.
    a) Calculer l'aire latérale de ces hottes.
    b) Calculer le volume de ces hottes.

15. Une entreprise projette la production d'abat-jour pour des lampes sur pied et des lampes de table. Les dimensions sont données à la figure ci-contre. Calculer l'aire latérale et le volume de ces abat-jour.

8.5 EXERCICES DIVERS

1. Énoncer le postulat sur lequel repose la procédure pour calculer le volume d'un parallélépipède. Comment peut-on généraliser ce postulat à un solide dont la base est formée d'une surface plane?

2. Énoncer le théorème sur lequel repose la procédure pour calculer le volume d'un prisme.

3. Comment adapte-t-on cette procédure dans le cas d'un tronc de prisme droit?

4. Quelle relation existe-t-il entre le volume d'un prisme et le volume d'un cylindre?

5. Quelle relation existe-t-il entre le volume d'une pyramide et le volume d'un cône?

6. Quelle relation existe-t-il entre le volume d'un tronc de pyramide et le volume d'un tronc de cône?

PRÉPARATION À L'ÉVALUATION

Pour préparer votre examen, assurez-vous d'avoir atteint les objectifs suivants.

Consignez à la page suivante des indications pour vous remémorer plus facilement les notions et concepts qui vous posent le plus de difficultés.

Si vous avez atteint l'objectif, cochez.

☆ **RÉSOUDRE DES PROBLÈMES NÉCESSITANT DES CALCULS DE VOLUMES DE SOLIDES GÉOMÉTRIQUES SIMPLES.**

◯ **RÉSOUDRE DES PROBLÈMES NÉCESSITANT LE CALCUL DU VOLUME D'UN PRISME OU D'UN CYLINDRE.**

◇ Calculer le volume d'un parallélépipède.

◇ Calculer le volume d'un prisme.

◇ Estimer un volume à l'aide de troncs de prismes quadrangulaires.

◇ Calculer le volume et l'aire d'un cylindre.

◯ **RÉSOUDRE DES PROBLÈMES NÉCESSITANT LE CALCUL DU VOLUME DE PYRAMIDES OU DE CÔNES.**

◇ Calculer l'aire latérale et le volume d'une pyramide à base régulière.

◇ Calculer l'aire latérale et le volume d'un tronc de pyramide à base régulière.

◇ Calculer l'aire latérale et le volume d'un cône ou d'un tronc de cône.

◇ Calculer l'aire et le volume d'une sphère.

Signification des symboles	☆ Élément de compétence	◯ Objectif de section
	◇ Procédure ou démarche	❑ Étape d'une procédure

Notes personnelles

VOCABULAIRE UTILISÉ DANS LE CHAPITRE

CÔNE CIRCULAIRE DROIT

On appelle *cône circulaire droit* le solide engendré par la révolution d'un triangle rectangle autour d'un des côtés de l'angle droit. Le côté autour duquel tourne le triangle est à la fois l'*axe* et la *hauteur* du cône. L'hypoténuse est la *génératrice* du cône, appelée également apothème. L'autre côté de l'angle droit est le rayon du cône.

CYLINDRE CIRCULAIRE DROIT

On appelle *cylindre circulaire droit* le solide engendré par la révolution d'un rectangle autour d'un de ses côtés. Ce côté est à la fois l'*axe* et la *hauteur* du cylindre. Le côté opposé à l'axe est appelé la *génératrice* de la surface latérale et les deux autres côtés du rectangle sont les *rayons* du cylindre.

PARALLÉLÉPIPÈDE

Un *parallélépipède* est un prisme dont les faces latérales et les bases sont des parallélogrammes. Un *parallélépipède droit* est un parallélépipède dont les arêtes latérales sont perpendiculaires à la base. Les faces latérales sont alors des rectangles et la base est un parallélogramme quelconque. Un *parallélépipède rectangle* est un parallélépipède droit dont la base est un rectangle. Les *dimensions* d'un parallélépipède rectangle sont les longueurs des trois arêtes issues d'un même sommet. Ce sont la longueur, la largeur et la hauteur. Un *cube* est un parallélépipède rectangle dont toutes les dimensions sont égales.

POLYÈDRE

On appelle *polyèdre* un solide limité de toutes parts par des portions de plans. Les *faces* d'un polyèdre sont les polygones plans qui composent la surface du polyèdre. Les *arêtes* d'un polyèdre sont les côtés des polygones qui forment les faces du polyèdre. Les *sommets* du polyèdre sont les extrémités des arêtes. L'*aire* du polyèdre est la somme des aires des faces du polyèdre. Le *volume* du polyèdre est la mesure de la portion de l'espace occupée par le polyèdre.

PRISME

On appelle *prisme* un polyèdre ayant pour bases deux polygones égaux et parallèles et dont les faces latérales sont des parallélogrammes. La *hauteur* d'un prisme est la distance entre les plans des bases; c'est la longueur de la perpendiculaire commune aux deux bases. On dit qu'un prisme est *inscrit* dans un cylindre lorsque sa base est un polygone inscrit dans la base circulaire du cylindre et que ses arêtes latérales sont sur la surface latérale du cylindre.

PYRAMIDE

Une *pyramide* est un solide dont la base est un polygone et dont les faces latérales sont des triangles ayant un sommet commun. Le *sommet* d'une pyramide est le point de rencontre des arêtes latérales. La *hauteur* d'une pyramide est la perpendiculaire abaissée du sommet sur le plan de la base. Une *pyramide régulière* est une pyramide dont la base est un polygone régulier et dont le pied de la hauteur est le centre du polygone de la base. Dans une pyramide régulière, toutes les arêtes sont d'égale longueur, les faces latérales sont des triangles isocèles égaux. La hauteur de chacun de ces triangles isocèles est appelée l'*apothème de la pyramide*. On dit qu'une pyramide est *inscrite* dans un cône lorsque sa base est un polygone inscrit dans la base circulaire du cône et que son sommet est le sommet du cône.

TRONC DE PRISME DROIT

On appelle *tronc de prisme droit* la portion de prisme droit comprise entre une base et un plan qui coupe toutes les arêtes latérales.

TRONC DE PYRAMIDE

Un *tronc de pyramide* ou *tronc pyramidal* est une portion de pyramide comprise entre la base et un plan qui coupe toutes les faces latérales. Si le plan est parallèle à la base, on a un *tronc de pyramide à bases parallèles*. La hauteur est alors la distance entre les deux bases, c'est-à-dire la longueur de la perpendiculaire commune aux deux bases. Un *tronc pyramidal régulier* est la portion de pyramide régulière comprise entre la base et un plan parallèle à cette base. Les faces latérales sont alors des trapèzes isocèles égaux. La hauteur de chacun de ces trapèzes est appelée l'*apothème* du tronc pyramidal régulier.

9

MATRICES, SYSTÈMES D'ÉQUATIONS LINÉAIRES ET PROGRAMMATION LINÉAIRE

9.0 PRÉAMBULE

Nous allons maintenant aborder un domaine des mathématiques qui a des applications très importantes dans plusieurs champs de connaissance. C'est le domaine de l'algèbre linéaire et de la programmation linéaire. Nous verrons comment utiliser les matrices pour traiter de l'information et pour résoudre des systèmes d'équations et d'inéquations linéaires.

L'avènement de l'ordinateur a permis de traiter rapidement beaucoup d'informations, mais le traitement se fait en regroupant les données ayant à subir un traitement analogue sous forme de matrices. Les variables ainsi traitées sont parfois appelées *variables structurées*. On les appelle ainsi car elles sont traitées globalement et subissent en même temps les mêmes transformations; elles doivent donc conserver la position qui leur est assignée pour le traitement. La première section sera consacrée aux définitions des opérations que l'on peut effectuer sur ces variables structurées, ce qu'on appelle les *matrices*.

Les activités d'apprentissage de ce chapitre visent à développer l'élément de compétence suivant:

« résoudre des problèmes d'algèbre linéaire. »

9.1 MATRICES

Lorsqu'on doit traiter de l'information comportant plusieurs variables, il est parfois très efficace de représenter les valeurs de ces différentes variables par des tableaux de nombres qu'on appelle *matrices*. Dans un tel tableau de nombres, une position précise est assignée à chaque variable. Nous allons présenter les opérations sur les matrices et voir comment elles peuvent être utilisées pour traiter de l'information.

OBJECTIF: Utiliser la représentation matricielle dans le traitement de situations diverses.

MISE EN SITUATION

Les tableaux suivants indiquent, pour une semaine, le nombre de litres d'essence vendu par un distributeur dans ses deux postes de service, un situé à Rimouski et l'autre à Lévis.

VENTES À LÉVIS

	Essence (litres)		
Jours	Super	Ordinaire	Diesel
Dimanche	4 200	3 900	2 200
Lundi	3 600	4 300	5 700
Mardi	3 900	4 800	4 900
Mercredi	3 800	4 300	4 600
Jeudi	4 100	4 400	4 800
Vendredi	4 200	5 200	5 600
Samedi	3 900	4 800	5 200

VENTES À RIMOUSKI

	Essence (litres)		
Jours	Super	Ordinaire	Diesel
Dimanche	3 900	3 500	1 800
Lundi	4 000	4 200	5 100
Mardi	3 800	3 600	4 500
Mercredi	3 700	3 700	4 200
Jeudi	3 800	3 700	4 300
Vendredi	4 100	3 900	4 900
Samedi	4 200	4 000	4 400

Les prix, qui diffèrent d'une région à l'autre, sont donnés dans le tableau suivant:

	Localité	
Prix ($/litre)	Lévis	Rimouski
Super	0,68	0,64
Ordinaire	0,59	0,51
Diesel	0,41	0,38

On peut structurer de différentes façons les informations contenues dans ces tableaux, selon le traitement désiré. Pour traiter l'information contenue dans de tels tableaux, les en-têtes ne sont pas indispensables; on notera simplement:

$$L = \begin{pmatrix} 4\,200 & 3\,900 & 2\,200 \\ 3\,600 & 4\,300 & 5\,700 \\ 3\,900 & 4\,800 & 4\,900 \\ 3\,800 & 4\,300 & 4\,600 \\ 4\,100 & 4\,400 & 4\,800 \\ 4\,200 & 5\,200 & 5\,600 \\ 3\,900 & 4\,800 & 5\,200 \end{pmatrix} \qquad R = \begin{pmatrix} 3\,900 & 3\,500 & 1\,800 \\ 4\,000 & 4\,200 & 5\,100 \\ 3\,800 & 3\,600 & 4\,500 \\ 3\,700 & 3\,700 & 4\,200 \\ 3\,800 & 3\,700 & 4\,300 \\ 4\,100 & 3\,900 & 4\,900 \\ 4\,200 & 4\,000 & 4\,400 \end{pmatrix}$$

De tels tableaux de nombres sont appelés des *matrices*. On utilise souvent une lettre majuscule pour désigner une matrice particulière. Ainsi, la matrice de gauche est désignée par la lettre L et celle de droite par R.

MATRICE

On appelle *matrice* tout tableau rectangulaire de la forme ci-contre, où les a_{ij} sont les éléments de la matrice; l'indice i indique la ligne de l'élément et l'indice j indique sa colonne. Ces indices donnent l'*adresse* de chacun des éléments. Une matrice de cette forme est dite de *dimension* $m \times n$ (qui se lit « m par n ») et cela signifie que la matrice est formée de m lignes et n colonnes.

$$\begin{pmatrix} a_{11} & a_{12} & \cdots & a_{1n} \\ a_{21} & a_{22} & \cdots & a_{2n} \\ \vdots & & a_{ij} & \vdots \\ a_{m1} & a_{m2} & \cdots & a_{mn} \end{pmatrix}$$

Ainsi, la matrice ci-contre est une matrice de dimension 3×4 (qui se lit « 3 par 4 ») puisqu'elle est formée de trois lignes et de quatre colonnes. Dans cette matrice, l'élément a_{23} est -2; c'est l'élément de la deuxième ligne et de la troisième colonne. On dit que l'élément a_{23} est l'élément d'*adresse* 23, qui se lit « deux trois » et non pas « vingt-trois ».

$$\begin{pmatrix} 3 & 2 & 1 & 5 \\ 0 & 7 & -2 & -3 \\ 4 & 2 & -3 & 1 \end{pmatrix}$$

NOTATIONS

On peut représenter une matrice par des lettres majuscules A, B, C, etc. Pour des matrices dont les éléments sont inconnus, on utilisera les majuscules X, Y et Z.

On peut également représenter par (a_{ij}) ou $(a_{ij})_{m \times n}$ une matrice de dimension m par n dont les éléments sont les a_{ij}. On ne doit pas confondre a_{ij}, qui représente un élément, avec (a_{ij}), qui représente une matrice dont les éléments sont les a_{ij}.

ÉGALITÉ DE MATRICES

Deux matrices A et B sont *égales* si et seulement si:
- les matrices ont même dimension;
- les éléments de même adresse sont égaux.

On utilisera le signe d'égalité usuel pour l'égalité des matrices.

EXEMPLE 9.1.1

Trouver les éléments a_{ij} pour que les matrices A et B soient égales, sachant que

$$A = \begin{pmatrix} a_{11} & a_{12} \\ a_{21} & a_{22} \end{pmatrix} \text{ et } B = \begin{pmatrix} 5 & -2 \\ 3 & 4 \end{pmatrix}$$

Solution

Pour que l'on ait l'égalité $A = B$, il faut que $a_{11} = 5$, $a_{12} = -2$, $a_{21} = 3$ et $a_{22} = 4$.

Les matrices L et R de la page précédente ne sont pas égales puisque les éléments de même adresse ne sont pas tous égaux entre eux.

On peut utiliser directement les matrices pour effectuer des opérations permettant d'en tirer différentes informations. Par exemple, si on veut connaître, pour chaque journée et pour chaque type d'essence, le total des ventes dans les deux postes de service, on doit faire la somme des éléments de même adresse. On a alors

$$L + R = \begin{pmatrix} 4\,200 & 3\,900 & 2\,200 \\ 3\,600 & 4\,300 & 5\,700 \\ 3\,900 & 4\,800 & 4\,900 \\ 3\,800 & 4\,300 & 4\,600 \\ 4\,100 & 4\,400 & 4\,800 \\ 4\,200 & 5\,200 & 5\,600 \\ 3\,900 & 4\,800 & 5\,200 \end{pmatrix} + \begin{pmatrix} 3\,900 & 3\,500 & 1\,800 \\ 4\,000 & 4\,200 & 5\,100 \\ 3\,800 & 3\,600 & 4\,500 \\ 3\,700 & 3\,700 & 4\,200 \\ 3\,800 & 3\,700 & 4\,300 \\ 4\,100 & 3\,900 & 4\,900 \\ 4\,200 & 4\,000 & 4\,400 \end{pmatrix} = \begin{pmatrix} 8\,100 & 7\,400 & 4\,000 \\ 7\,600 & 8\,500 & 10\,800 \\ 7\,700 & 8\,400 & 9\,400 \\ 7\,500 & 8\,000 & 8\,800 \\ 7\,900 & 8\,100 & 9\,100 \\ 8\,300 & 9\,100 & 10\,500 \\ 8\,100 & 8\,800 & 9\,600 \end{pmatrix}$$

OPÉRATIONS SUR LES MATRICES

SOMME

Soit $A = (a_{ij})$ et $B = (b_{ij})$ deux matrices. La *somme* de ces deux matrices est définie si et seulement si elles ont même dimension $m \times n$. Cette somme sera notée $A + B$ et définie par

$$A + B = (a_{ij}) + (b_{ij}) = (a_{ij} + b_{ij})$$

La matrice somme est donc obtenue en effectuant la somme des éléments de même adresse.

 EXEMPLE 9.1.2

Effectuer la somme des matrices A et B, sachant que

$$A = \begin{pmatrix} 3 & 4 & -5 \\ 2 & -7 & 3 \end{pmatrix} \text{ et } B = \begin{pmatrix} 4 & -2 & 3 \\ 5 & 3 & -2 \end{pmatrix}$$

Solution

$$A + B = \begin{pmatrix} 3 & 4 & -5 \\ 2 & -7 & 3 \end{pmatrix} + \begin{pmatrix} 4 & -2 & 3 \\ 5 & 3 & -2 \end{pmatrix} = \begin{pmatrix} 7 & 2 & -2 \\ 7 & -4 & 1 \end{pmatrix}$$

Le tableau des prix de la page 200 permet d'écrire différentes matrices: on peut écrire une matrice 3×1 pour les prix à Lévis, une matrice 3×1 pour les prix à Rimouski, ou simplement une matrice 3×2 pour les prix aux deux endroits.

$$P_L = \begin{pmatrix} 0,68 \\ 0,59 \\ 0,41 \end{pmatrix} \qquad P_R = \begin{pmatrix} 0,64 \\ 0,51 \\ 0,38 \end{pmatrix} \qquad P = \begin{pmatrix} 0,68 & 0,64 \\ 0,59 & 0,51 \\ 0,41 & 0,38 \end{pmatrix}$$

Supposons qu'une guerre des prix s'amorce et que la pétrolière demande à ses concessionnaires de diminuer de 10 % le prix à la pompe. On peut déterminer le prix de chaque type d'essence pour chacun des points de vente par une opération sur la matrice; il suffit de multiplier chaque élément de la matrice des prix par 0,9, ce qui donne

$$0,9\,P = \begin{pmatrix} 0,9 \times 0,68 & 0,9 \times 0,64 \\ 0,9 \times 0,59 & 0,9 \times 0,51 \\ 0,9 \times 0,41 & 0,9 \times 0,38 \end{pmatrix} = \begin{pmatrix} 0,612 & 0,576 \\ 0,531 & 0,459 \\ 0,369 & 0,342 \end{pmatrix}$$

Cette opération sur la matrice des prix nous a permis de calculer une nouvelle matrice des prix tenant compte du rabais accordé par la pétrolière. L'opération consistant à multiplier chaque élément d'une matrice par un scalaire s'appelle la *multiplication par un scalaire*. Elle fait l'objet de la définition suivante.

MULTIPLICATION D'UNE MATRICE PAR UN SCALAIRE

Soit $A = (a_{ij})$ une matrice $m \times n$ et k un scalaire (nombre réel). La *multiplication* de la matrice A par le scalaire k donne une matrice notée kA et définie par l'égalité
$$kA = k(a_{ij}) = (ka_{ij}),$$
qui signifie que chaque élément de la matrice est multiplié par le scalaire k.

 EXEMPLE 9.1.3

Multiplier la matrice A par le scalaire 3 et par le scalaire k, sachant que
$$A = \begin{pmatrix} -2 & 3 & 1 \\ 4 & -2 & 5 \end{pmatrix}$$

Solution
En multipliant par 3, on obtient

$$3A = \begin{pmatrix} -6 & 9 & 3 \\ 12 & -6 & 15 \end{pmatrix}$$

et en multipliant par k, on obtient

$$kA = \begin{pmatrix} -2k & 3k & k \\ 4k & -2k & 5k \end{pmatrix}$$

Nous accepterons sans démonstration les propriétés suivantes:

PROPRIÉTÉS DES OPÉRATIONS D'ADDITION
ET DE MULTIPLICATION PAR UN SCALAIRE SUR LES MATRICES

Pour toute matrice A, B et C et pour tout scalaire p et q, les opérations d'addition et de multiplication par un scalaire satisfont aux propriétés suivantes:

Commutativité de l'addition:

$$A + B = B + A$$

Associativité de l'addition:

$$A + (B + C) = (A + B) + C$$

Élément neutre pour l'addition:

$$A + 0 = 0 + A = A$$

où 0 est la matrice de même dimension que A et dont tous les éléments sont nuls.

Élément symétrique:

$$A + (-A) = (-A) + A = 0$$

Associativité de la multiplication par un scalaire:

$$(pq)\, A = p(qA)$$

Distributivité sur l'addition des scalaires:

$$(p + q)\, A = pA + qA$$

Distributivité sur l'addition des matrices:

$$p(A + B) = pA + pB$$

Élément neutre pour la multiplication par un scalaire:

$$1\, A = A$$

PRODUIT DE MATRICES

Considérons à nouveau l'exemple de la mise en situation en début de chapitre et supposons que le propriétaire des postes d'essence demande de calculer le revenu pour la journée du dimanche à Lévis. Il faut faire la somme des produits du nombre de litres de chaque type d'essence par le prix de vente correspondant. En notant L_D la matrice 1×3 représentant les ventes à Lévis pour la journée de dimanche et P_L la matrice 3×1 représentant le prix de chaque sorte d'essence à Lévis, on obtient:

$$L_D \bullet P_L = \begin{pmatrix} 4\,200 & 3\,900 & 2\,200 \end{pmatrix}_{1 \times 3} \bullet \begin{pmatrix} 0{,}68 \\ 0{,}59 \\ 0{,}41 \end{pmatrix}_{3 \times 1}$$

$$= \begin{pmatrix} 4\,200 \times 0{,}68 + 3\,900 \times 0{,}59 + 2\,200 \times 0{,}41 \end{pmatrix}_{1 \times 1} = \begin{pmatrix} 6\,059 \end{pmatrix}_{1 \times 1}$$

On remarque que le produit porte sur une matrice 1×3 et une matrice 3×1 et que le résultat est une matrice 1×1. Cette matrice ne contient qu'un seul nombre réel qui est le revenu réalisé à Lévis pour la journée du dimanche, soit 6 059 $. En effectuant cette opération pour chacune des lignes de la matrice L, on peut calculer le revenu pour chacune des journées de la semaine. Ce qui donne

$$
L \cdot P_L = \begin{pmatrix} 4\,200 & 3\,900 & 2\,200 \\ 3\,600 & 4\,300 & 5\,700 \\ 3\,900 & 4\,800 & 4\,900 \\ 3\,800 & 4\,300 & 4\,600 \\ 4\,100 & 4\,400 & 4\,800 \\ 4\,200 & 5\,200 & 5\,600 \\ 3\,900 & 4\,800 & 5\,200 \end{pmatrix}_{7 \times 3} \cdot \begin{pmatrix} 0{,}68 \\ 0{,}59 \\ 0{,}41 \end{pmatrix}_{3 \times 1} = \begin{pmatrix} 6\,059 \\ 7\,322 \\ 7\,493 \\ 7\,007 \\ 7\,352 \\ 8\,220 \\ 7\,616 \end{pmatrix}_{7 \times 1} \quad \begin{matrix} \text{Dimanche} \\ \text{Lundi} \\ \text{Mardi} \\ \text{Mercredi} \\ \text{Jeudi} \\ \text{Vendredi} \\ \text{Samedi} \end{matrix}
$$

L'opération que l'on vient d'effectuer s'appelle un *produit matriciel*. Ce produit est effectué entre une matrice 7×3 et une matrice 3×1 et le résultat est une matrice 7×1. Cette matrice nous donne le revenu à Lévis pour chacun des jours de la semaine.

PRODUIT MATRICIEL

Soit $A = (a_{ik})_{m \times p}$ et $B = (b_{kj})_{p \times n}$ deux matrices. Le *produit matriciel* de ces matrices, noté $A \cdot B$, donne une matrice $C = (c_{ij})_{m \times n}$ dont les éléments c_{ij} sont définis par

$$
c_{ij} = a_{i1}b_{1j} + a_{i2}b_{2j} + a_{i3}b_{3j} + \ldots + a_{ip}b_{pj} = \sum_{k=1}^{p} a_{ik}b_{kj}
$$

Cette égalité signifie que l'élément c_{ij} est obtenu en faisant la somme des produits des éléments de la ligne i de la matrice A avec les éléments de la colonne j de la matrice B. Ainsi, l'élément de la première ligne deuxième colonne, soit c_{12}, est obtenu en effectuant le produit de la première ligne de la matrice à gauche du symbole d'opération et de la deuxième colonne de la matrice à droite du symbole d'opération. De la même façon, l'élément c_{31} est obtenu en effectuant le produit de la troisième ligne de la matrice à gauche du symbole d'opération et de la première colonne de la matrice à droite du symbole d'opération.

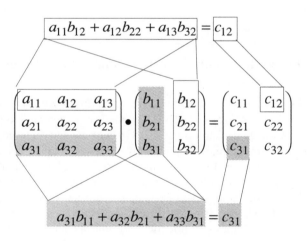

REMARQUE

Le produit matriciel est défini seulement si le nombre de colonnes de la matrice à gauche du symbole d'opération est égal au nombre de lignes de la matrice à droite du symbole d'opération.

 EXEMPLE 9.1.4

Effectuer le produit matriciel suivant:

$$
\begin{pmatrix} 3 & -2 & 5 \\ -2 & 1 & 4 \end{pmatrix}_{2 \times 3} \cdot \begin{pmatrix} 7 & 4 \\ 5 & 8 \\ 1 & 2 \end{pmatrix}_{3 \times 2}
$$

Solution

$$\begin{pmatrix} 3 & -2 & 5 \\ -2 & 1 & 4 \end{pmatrix}_{2\times3} \bullet \begin{pmatrix} 7 & 4 \\ 5 & 8 \\ 1 & 2 \end{pmatrix}_{3\times2} = \begin{pmatrix} 16 & 6 \\ -5 & 8 \end{pmatrix}_{2\times2}$$

Nous accepterons sans démonstration les propriétés suivantes:

PROPRIÉTÉS DU PRODUIT MATRICIEL

Pour toute matrice A, B et C de dimensions appropriées et pour tout scalaire p et q, l'opération de produit matriciel satisfait aux propriétés suivantes:

Associativité du produit matriciel:

$$A \bullet (B \bullet C) = (A \bullet B) \bullet C$$

Distributivité à gauche sur l'addition matricielle:

$$A \bullet (B + C) = (A \bullet B) + (A \bullet C)$$

Distributivité à droite sur l'addition matricielle:

$$(A + B) \bullet C = (A \bullet C) + (B \bullet C)$$

Associativité pour la multiplication par un scalaire:

$$pA \bullet qB = pq(A \bullet B)$$

REMARQUE

Le produit matriciel est associatif mais il n'est pas commutatif, c'est-à-dire $A \bullet B \neq B \bullet A$.

Arthur CAYLEY

Arthur CAYLEY (1821-1895), mathématicien anglais, débuta ses études au Trinity College de Cambridge en 1838 et obtint son diplôme en 1842. Il enseigna d'abord à Cambridge, mais pour subvenir à ses besoins, il s'initia au droit et fut admis au barreau en 1849. Durant ses études de droit, il assista à des conférences de HAMILTON sur les quaternions. Il y a fait la connaissance de SALMON et de SYLVESTER, qui pratiquaient également le droit. CAYLEY exerça le métier d'avocat pendant 14 ans, sans jamais négliger ses recherches en mathématiques, publiant environ 250 mémoires. Il effectua un retour à Cambridge en 1863 en acceptant un poste d'enseignant en mathématiques pures qu'il occupa jusqu'en 1895. Ce poste signifiait une importante diminution de rémunération, mais CAYLEY était heureux d'avoir la chance de se consacrer entièrement aux mathématiques. Durant cette période, il publia plus de 900 articles sur la plupart des sujets mathématiques. Ses principales contributions portaient sur l'algèbre des matrices, la géométrie non euclidienne et les géométries à n dimensions. En 1854, il écrivit deux articles donnant un aperçu intéressant de la théorie des groupes. Le sujet était nouveau et les seuls groupes connus étaient des groupes de permutations. CAYLEY définit les groupes abstraits et donna une table de multiplication de ces groupes. Il constata que les quaternions et les matrices formaient des groupes. C'est dans un mémoire publié en français en 1855, *Remarques sur la notation des fonctions algébriques,* qu'il introduisit les notions de base de l'algèbre des matrices. Cependant, c'est dans un article publié en 1858, *Mémoir on the theory of matrices,* qu'il définit la somme des matrices, la multiplication d'une matrice par un scalaire et le produit de deux matrices. Il énonça également les propriétés de ces opérations.

TRANSPOSITION

Soit A une matrice de dimension $m \times n$. On appelle *matrice transposée* de A, notée A^t, la matrice de dimension $n \times m$ dont la *i*ème colonne est la *i*ème ligne de la matrice A pour $i = 1, 2, \ldots , m$.

Les matrices suivantes sont transposées l'une de l'autre:

$$A = \begin{pmatrix} 2 & 1 & 4 \\ 3 & -5 & 1 \end{pmatrix} \text{ et } A^t = \begin{pmatrix} 2 & 3 \\ 1 & -5 \\ 4 & 1 \end{pmatrix}$$

PROPRIÉTÉ DE LA TRANSPOSITION ET DU PRODUIT MATRICIEL

Pour toute matrice A et B de dimensions appropriées, les opérations de produit matriciel et de transposition satisfont à la propriété

$$(A \cdot B)^t = B^t \cdot A^t$$

Considérons à nouveau l'exemple de la mise en situation (postes d'essence) et effectuons le produit des matrices transposées.

$$P_L^t \cdot L^t = \begin{pmatrix} 0{,}68 & 0{,}59 & 0{,}41 \end{pmatrix}_{1 \times 3} \cdot \begin{pmatrix} 4\,200 & 3\,600 & 3\,900 & 3\,800 & 4\,100 & 4\,200 & 3\,900 \\ 3\,900 & 4\,300 & 4\,800 & 4\,300 & 4\,400 & 5\,200 & 4\,800 \\ 2\,200 & 5\,700 & 4\,900 & 4\,600 & 4\,800 & 5\,600 & 5\,200 \end{pmatrix}_{3 \times 7}$$

$$= \begin{pmatrix} 6\,059 & 7\,322 & 7\,493 & 7\,007 & 7\,352 & 8\,220 & 7\,616 \end{pmatrix}_{1 \times 7}$$

On constate que la matrice 1×7 obtenue donne le revenu pour chacun des jours de la semaine. C'est bien la transposée de la matrice vue précédemment donnant la même information sous forme de colonne.

 EXEMPLE 9.1.5

Vous avez besoin de quelques matériaux de construction pour isoler votre sous-sol. Il vous faut 18 montants de bois, 8 panneaux de gypse et 2 ballots de laine isolante. Vous décidez de téléphoner aux quatre quincailleries de la ville pour savoir laquelle offre les meilleurs prix. À votre grande surprise, les prix varient beaucoup d'une quincaillerie à l'autre. Les données recueillies sont regroupées dans le tableau ci-contre.

| Matériaux | Quincailleries | | | |
	Q_1	Q_2	Q_3	Q_4
Montant de bois	1,10 $	0,99 $	0,94 $	0,82 $
Panneau de gypse	5,95 $	5,70 $	5,99 $	6,25 $
Ballot d'isolant	27,95 $	28,09 $	27,95 $	27,99 $

Déterminer le coût total des matériaux requis, pour chacune des quincailleries et indiquer laquelle il faudrait choisir si tous les matériaux devaient être achetés au même endroit.

Solution

On peut déterminer le coût pour chacune des quincailleries en effectuant le produit matriciel de la matrice des quantités de matériaux nécessaires, soit $A = (18 \quad 8 \quad 2)$, et de la matrice des coûts. Ce qui donne

$$(18 \ 8 \ 2) \bullet \begin{pmatrix} 1,10 & 0,99 & 0,94 & 0,82 \\ 5,95 & 5,70 & 5,99 & 6,25 \\ 27,95 & 28,09 & 27,95 & 27,99 \end{pmatrix} = (123,30 \ 119,60 \ 120,74 \ 120,74)$$

Puisqu'on doit tout acheter au même endroit, c'est la deuxième quincaillerie qui permet d'acquérir ces matériaux à moindre coût.

9.2 EXERCICES

1. Vous venez d'ouvrir un comptoir de restauration d'aliments naturels dans un centre d'achats. Votre menu est constitué de trois sortes de salade: salade du jardin, salade au tofu et salade du chef. Lorsque vous préparez la facture d'un client, le système de facturation électronique enregistre automatiquement la sorte de salade vendue. Le système donne le rapport hebdomadaire des ventes sous forme d'une matrice dont les lignes représentent les six jours d'ouverture de la semaine. La première colonne de ces matrices représente les ventes de salade du jardin, la deuxième les ventes de salade au tofu et la troisième les ventes de salade du chef. Pour les deux premières semaines d'opération, les matrices sont les suivantes:

Semaine	1			2		
Lundi	124	128	114	124	128	114
Mardi	148	112	152	148	112	152
Mercredi	160	98	156	160	98	156
Jeudi	223	87	211	223	87	211
Vendredi	238	75	227	238	75	227
Samedi	256	67	245	256	67	245

   a) Déterminer une matrice donnant les ventes totales de chaque produit pour chaque jour de la semaine depuis l'ouverture du comptoir.

   b) Votre comptable, en regardant rapidement ces données, déclare qu'il y a une augmentation de 12 % des ventes entre la première et la deuxième semaine. Quelle aurait été la répartition des ventes de la deuxième semaine s'il y avait réellement eu une hausse de 12 % (multiplication par un scalaire)?

2. Le tableau suivant représente les échelles de salaire des employés d'une entreprise selon le dernier diplôme obtenu et le nombre d'années de service.

Diplôme	Nombre d'années de service			
	0 à 5	5 à 10	10 à 15	Plus de 15
Sans DES	15 500	16 800	18 200	19 300
DES	18 300	19 700	22 600	24 500
DEC	24 000	26 500	29 400	31 200
Universitaire	35 000	39 500	43 200	46 800

a) Représenter les échelles salariales par une matrice.

b) Des négociations sont en cours pour le renouvellement de la convention collective et le syndicat demande des augmentations de salaire de 4,5 % la première année, 4 % la deuxième année et 3,5 % la troisième année. Déterminer la matrice donnant les échelles salariales de la troisième année de la convention si les demandes du syndicat étaient acceptées.

c) La partie patronale propose plutôt des augmentations forfaitaires intégrées aux échelles salariales de 850 $ pour la première année, 700 $ pour la deuxième année et 600 $ pour la troisième année. Déterminer la matrice donnant les échelles salariales de la troisième année de la convention si cette offre était acceptée.

3. Une pizzeria affiche les prix suivants:

Pizzeria Riazzipe
Breuvage gratuit

	Mini	Petite	Moyenne	Grande
Fromage	5,50	6,75	8,20	10,25
Garnie	6,50	7,85	8,60	10,75
Fruits de mer	7,90	9,10	10,25	11,60
Napolitaine	8,20	9,40	11,65	12,45

a) Le propriétaire de la pizzeria vous demande de modifier sa liste de prix pour tenir compte d'une augmentation de 10 % des produits alimentaires. Quelle sera la nouvelle liste de prix?

b) Constatant que certains prix sont loufoques dans la nouvelle liste de prix obtenue en *a*, le propriétaire vous demande d'arrondir au multiple de 5 ¢ le plus près. Quelle sera alors la matrice des prix?

c) Pour aider la caissière à préparer les factures, vous devez établir une matrice de prix incluant la TPS (7 %) et la TVQ (7,5%), à partir de la matrice obtenue en *b*. Quelle est cette nouvelle matrice?

4. Vous êtes responsable de la gestion des stocks dans une entreprise de production d'articles de vaisselle en plastique de différents formats. Le nombre de caisses en entrepôt est donné dans le tableau suivant:

Articles	Format petit	moyen	grand
Verres	8	5	12
Assiettes	10	4	8
Tasses	2	3	1
Bols	1	4	5

Le département de production vous achemine la production de la journée dont les quantités sont données dans la matrice *R* (Réception). De plus, au cours de la journée, vous avez procédé à l'expédition de plusieurs caisses et ces envois sont consignés dans la matrice *E* (Expédition).

$$R = \begin{pmatrix} 12 & 4 & 5 \\ 8 & 2 & 1 \\ 0 & 4 & 3 \\ 5 & 3 & 4 \end{pmatrix}, \quad E = \begin{pmatrix} 9 & 2 & 6 \\ 3 & 4 & 2 \\ 1 & 2 & 4 \\ 5 & 5 & 6 \end{pmatrix}$$

a) Calculer les quantités en entrepôt à la fin de la journée.

b) La matrice C représente les commandes que vous devriez expédier dans la journée de demain. Identifier les articles qu'il est urgent de produire pour répondre à la demande.

$$C = \begin{pmatrix} 4 & 6 & 5 \\ 3 & 5 & 2 \\ 4 & 0 & 3 \\ 3 & 4 & 5 \end{pmatrix}$$

5. Effectuer si possible les opérations suivantes:

a) $\begin{pmatrix} 3 & 2 \\ 1 & 4 \end{pmatrix} + \begin{pmatrix} -2 & -5 \\ 2 & 3 \end{pmatrix}$

b) $3\begin{pmatrix} 1 & 2 \\ -3 & 4 \end{pmatrix} - 4\begin{pmatrix} 0 & 2 \\ -2 & -1 \end{pmatrix}$

c) $\begin{pmatrix} 3 & -2 & 1 \\ -4 & 3 & -5 \end{pmatrix} + \begin{pmatrix} -6 & 4 & 3 \\ 2 & -5 & 9 \end{pmatrix}$

d) $\begin{pmatrix} 3 & 4 \\ 2 & 3 \end{pmatrix} \bullet \begin{pmatrix} 3 & -4 \\ -2 & 3 \end{pmatrix}$

e) $\begin{pmatrix} 3 & 4 \\ 2 & 3 \end{pmatrix} \bullet \begin{pmatrix} 5 & -3 \\ -2 & 1 \end{pmatrix}$

f) $\begin{pmatrix} 2 & -1 & 3 \\ 4 & 3 & -2 \end{pmatrix} \bullet \begin{pmatrix} 2 & 1 \\ 3 & 2 \\ -1 & 5 \end{pmatrix}$

g) $\begin{pmatrix} 3 & -2 & 5 \\ -3 & 4 & 7 \end{pmatrix} \bullet \begin{pmatrix} 2 \\ 1 \\ -3 \end{pmatrix}$

h) $\begin{pmatrix} 3 & 2 & 4 \\ 5 & -3 & 2 \\ 1 & 4 & 3 \end{pmatrix} \bullet \begin{pmatrix} 5 & 2 \\ -5 & 1 \\ 2 & -2 \end{pmatrix}$

i) $\begin{pmatrix} 7 & 3 & -2 \\ -14 & -6 & 4 \end{pmatrix} \bullet \begin{pmatrix} 2 & 1 \\ -4 & -1 \\ 1 & 2 \end{pmatrix}$

j) $\begin{pmatrix} 1 & 3 & 2 \\ 2 & 1 & 8 \\ 3 & 5 & 9 \end{pmatrix} \bullet \begin{pmatrix} -31 & -17 & 22 \\ 6 & 3 & -4 \\ 7 & 4 & -5 \end{pmatrix}$

k) $\begin{pmatrix} 2 & 1 & -2 \\ 3 & 2 & 2 \\ 5 & 4 & 3 \end{pmatrix} \bullet \begin{pmatrix} 2 & 11 & -6 \\ -1 & -16 & 10 \\ -2 & 3 & -1 \end{pmatrix}$

l) $\begin{pmatrix} 2 & 3 & 1 \\ -4 & 1 & 2 \\ 3 & 2 & 2 \end{pmatrix} \bullet \begin{pmatrix} 4 & 3 & 2 \\ 1 & -3 & 5 \\ -6 & 7 & 3 \end{pmatrix}$

6. Soit $A = \begin{pmatrix} 2 & 1 \\ 3 & 4 \end{pmatrix}$ et $B = \begin{pmatrix} 3 & -5 \\ 2 & 3 \end{pmatrix}$. Est-ce que $A \bullet B = B \bullet A$?

7. Une usine de meubles non peints fabrique des bureaux, des chaises et des tables. Les temps, en heures, nécessaires dans chaque atelier pour fabriquer ces meubles sont donnés dans le tableau ci-contre.

a) La compagnie a reçu des commandes pour 25 bureaux, 32 chaises et 16 tables. Déterminer le temps nécessaire dans chaque atelier pour produire les meubles en commande.

	Bureau	Chaise	Table
Sciage	3	2	3
Assemblage	2	1	2
Sablage	2	1	1

b) Sachant que le salaire des travailleurs à l'atelier de sciage est de 9,75 \$/h, alors que les assembleurs gagnent 6,53 \$/h et les sableurs 7,25 \$/h, déterminer le coût de production en salaires des meubles en commande.

c) Déterminer la part en salaires du coût de production pour un exemplaire de chacun de ces meubles.

8. Une usine de meubles fabrique trois modèles de bureaux, M_1, M_2 et M_3. La fabrication de chacun de ces modèles de bureaux nécessite des quantités différentes de bois, de contreplaqué et de panneaux particules. Ces quantités apparaissent dans le tableau ci-contre. La mesure du bois est en unités de longueur alors que les mesures pour le contreplaqué et le panneau particule sont en unités de superficie.

	M_1	M_2	M_3
Bois	9	12	11
Contreplaqué	1,2	2	1,6
Panneau particule	1,2	0,8	1,4

	M_1	M_2	M_3
Sciage	60	70	65
Assemblage	35	40	45
Sablage	40	55	70

a) La compagnie a des commandes pour 50 bureaux du modèle M_1, 65 bureaux du modèle M_2 et 52 bureaux du modèle M_3. Quelles quantités de matériaux doit-elle acheter pour remplir ces commandes?

b) Les temps de réalisation de ces bureaux en minutes de travail par employé sont donnés dans le second tableau. Déterminer le temps nécessaire dans chaque atelier pour honorer les commandes.

9. Vous venez d'ouvrir un comptoir de restauration d'aliments naturels dans un centre d'achats. Votre menu est constitué de trois sortes de salade: salade du jardin, salade au tofu et salade du chef. Lorsque vous préparez la facture d'un client, le système de facturation électronique enregistre automatiquement la sorte de salade vendue. Le système donne le rapport hebdomadaire des ventes sous forme d'une matrice dont les lignes représentent les six jours d'ouverture de la semaine. La première colonne de ces matrices représente les ventes de salade du jardin, la deuxième les ventes de salade au tofu et la troisième les ventes de salade du chef. Pour les deux premières semaines d'opération, les matrices sont les suivantes:

Semaine	1			2		
Lundi	254	128	302	276	112	343
Mardi	435	134	287	397	86	376
Mercredi	367	127	345	417	69	326
Jeudi	289	98	439	347	76	418
Vendredi	378	67	397	356	58	403
Samedi	456	46	542	412	32	564

a) Déterminer une matrice donnant les ventes totales de chaque sorte de salade pour chaque jour de la semaine depuis l'ouverture.

b) La salade du jardin est vendue à 5,65 \$, celle au tofu à 4,95 \$ et celle du chef à 6,25 \$. Calculer le revenu par jour pour chacune des deux semaines.

c) Calculer le revenu moyen pour chaque jour de la semaine depuis l'ouverture. Quelle journée de la semaine génère le meilleur revenu moyen?

d) Les coûts de préparation sont de 2,25 $ pour la salade du jardin, 1,75 $ pour la salade au tofu et 3,15 $ pour la salade du chef. À l'aide du produit matriciel, déterminer, pour chacune des semaines écoulées, la matrice des coûts de préparation par jour.

e) Les frais d'opération sont de 350 $ par jour les lundis, mardis, mercredis et samedis. Ces frais incluent la location de l'emplacement, les frais d'électricité et de chauffage, le salaire du serveur et le salaire du chef. Les jeudis et vendredis, le comptoir est ouvert quatre heures de plus et les frais sont de 450 $ par jour. Déterminer, pour chacune des semaines écoulées, une matrice donnant le coût total d'opération pour chaque jour de la semaine.

f) Donner, sous forme de matrice, le coût d'opération moyen pour chaque jour de la semaine depuis l'ouverture.

g) Donner, sous forme de matrice, le profit moyen pour chaque jour de la semaine depuis l'ouverture.

10. Soit $A = \begin{pmatrix} 3 & -2 \\ -4 & 5 \end{pmatrix}$, $B = \begin{pmatrix} 2 & -1 & 3 \\ 3 & 5 & -2 \end{pmatrix}$ et $C = \begin{pmatrix} 2 & 3 \\ -3 & 1 \\ 4 & 5 \end{pmatrix}$

Dire quelles sont les opérations définies parmi les suivantes et effectuer celles qui le sont.

a) $2A$ *b)* $3C$ *c)* $3C^t$

d) $A - B$ *e)* $A \cdot B$ *f)* $A^t \cdot B$

g) $B \cdot C$ *h)* $A \cdot C$ *i)* $A^t \cdot C^t$

j) $C \cdot B$ *k)* $C \cdot A$ *l)* $C^t \cdot A^t$

m) $B \cdot A$ *n)* $A \cdot B \cdot C$ *o)* $A^t \cdot B^t \cdot C^t$

p) $2A \cdot 3B$ *q)* $3B \cdot (-2C)$ *r)* $C^t \cdot B^t \cdot A^t$

11. Soit la matrice $A = \begin{pmatrix} 2 & 1 \\ 4 & 2 \end{pmatrix}$. Construire une matrice $B = \begin{pmatrix} a & b \\ c & d \end{pmatrix}$ telle que

$$\begin{pmatrix} 2 & 1 \\ 4 & 2 \end{pmatrix} \cdot \begin{pmatrix} a & b \\ c & d \end{pmatrix} = \begin{pmatrix} 0 & 0 \\ 0 & 0 \end{pmatrix}$$

Dans ce cas, a-t-on $A \cdot B = B \cdot A = 0$?

12. Soit $A = \begin{pmatrix} 2 & -3 & 4 \\ 4 & 7 & 5 \end{pmatrix}$ et $B = \begin{pmatrix} 1 & 4 \\ -2 & 5 \\ 3 & 6 \end{pmatrix}$. Illustrer à l'aide de ces matrices que le produit matriciel n'est pas commutatif.

13. Soit $A = \begin{pmatrix} -1 & 3 \\ 2 & -6 \end{pmatrix}$ et $B = \begin{pmatrix} 2 & 1 \\ 3 & 1 \end{pmatrix}$. Illustrer à l'aide de ces matrices que le produit matriciel n'est pas commutatif.

14. Soit $A = \begin{pmatrix} 1 & 4 & 3 \\ -2 & 5 & 2 \\ 3 & 6 & 5 \end{pmatrix}$ et $B = \begin{pmatrix} 2 & 1 & -3 \\ 4 & 7 & -2 \\ 5 & 1 & 3 \end{pmatrix}$. Illustrer à l'aide de ces matrices que le produit matriciel n'est pas commutatif.

15. Est-il impossible de trouver des matrices A et B telles que $A \cdot B = B \cdot A$? Justifier.

16. Soit $A = \begin{pmatrix} 2 & -3 \\ 4 & 7 \end{pmatrix}$ et $B = \begin{pmatrix} 4 & 5 \\ 3 & -2 \end{pmatrix}$. Vérifier que ces matrices satisfont à la propriété de la transposition d'un produit de matrices, $(A \cdot B)^t = B^t \cdot A^t$.

17. Soit $A = \begin{pmatrix} 2 & -3 & 4 \\ 4 & 7 & 5 \end{pmatrix}$ et $B = \begin{pmatrix} 1 & 4 \\ -2 & 5 \\ 3 & 6 \end{pmatrix}$. Vérifier que ces matrices satisfont à la propriété de la transposition d'un produit de matrices, $(A \cdot B)^t = B^t \cdot A^t$.

18. Soit $A = \begin{pmatrix} 1 & 4 & 3 \\ -2 & 5 & 2 \\ 3 & 6 & 5 \end{pmatrix}$ et $B = \begin{pmatrix} 2 & 1 & -3 \\ 4 & 7 & -2 \\ 5 & 1 & 3 \end{pmatrix}$. Vérifier que ces matrices satisfont à la propriété de la transposition d'un produit de matrices, $(A \cdot B)^t = B^t \cdot A^t$.

19. Existe-t-il une matrice $B = \begin{pmatrix} a & b \\ c & d \end{pmatrix}$ telle que $\begin{pmatrix} -1 & 3 \\ 2 & -6 \end{pmatrix} \cdot \begin{pmatrix} a & b \\ c & d \end{pmatrix} = \begin{pmatrix} 1 & 0 \\ 0 & 1 \end{pmatrix}$?

20. Existe-t-il une matrice $B = \begin{pmatrix} a & b \\ c & d \end{pmatrix}$ telle que $\begin{pmatrix} 2 & 1 \\ 3 & -1 \end{pmatrix} \cdot \begin{pmatrix} a & b \\ c & d \end{pmatrix} = \begin{pmatrix} 1 & 0 \\ 0 & 1 \end{pmatrix}$?

21. Existe-t-il une matrice $B = \begin{pmatrix} a & b \\ c & d \end{pmatrix}$ telle que $\begin{pmatrix} 3 & -2 \\ 5 & 4 \end{pmatrix} \cdot \begin{pmatrix} a & b \\ c & d \end{pmatrix} = \begin{pmatrix} 1 & 0 \\ 0 & 1 \end{pmatrix}$?

22. On appelle matrice identité d'ordre 2 la matrice $\begin{pmatrix} 1 & 0 \\ 0 & 1 \end{pmatrix}$. Pour chacune des matrices A suivantes, trouver si possible une matrice B telle que le produit de A par B égale la matrice identité d'ordre 2.

a) $\begin{pmatrix} 2 & -3 \\ 3 & -5 \end{pmatrix}$

b) $\begin{pmatrix} 1 & 2 \\ -2 & -4 \end{pmatrix}$

c) $\begin{pmatrix} 3 & 4 \\ 2 & 3 \end{pmatrix}$

d) $\begin{pmatrix} 1 & 5 \\ 2 & 4 \end{pmatrix}$

9.3 SYSTÈMES D'ÉQUATIONS LINÉAIRES

Dans cette section, nous allons voir comment utiliser les matrices pour résoudre un système d'équations linéaires.

OBJECTIF: Résoudre des problèmes divers nécessitant l'utilisation des matrices et des systèmes d'équations linéaires.

MISE EN SITUATION
Considérons les deux équations

$$x - 2y = -8$$
$$3x + 5y = 9$$

Chacune de ces équations décrit une droite de $\mathbf{R}^2$. Si les droites sont concourantes, elles vont se rencontrer en un point dont les coordonnées constituent une solution de chacune des équations. Ces deux équations constituent un *système d'équations linéaires à deux inconnues.*

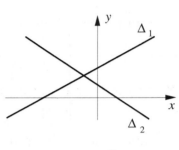

Pour résoudre ce système d'équations, on doit chercher l'équation d'une droite passant par le point de rencontre des droites Δ_1 et Δ_2 mais parallèle à un des axes. On trouve l'équation de cette droite en éliminant une inconnue dans une des équations. Ainsi, à partir du système

$$x - 2y = -8$$
$$3x + 5y = 9$$

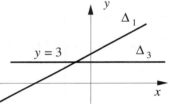

on peut éliminer la variable x de la deuxième équation en procédant de la façon suivante. Multiplions la première équation par -3 et additionnons le résultat à la deuxième équation. On obtient

$$-3(x - 2y = -8) \rightarrow \begin{array}{r} -3x + 6y = 24 \\ + 3x + 5y = 9 \\ \hline 11y = 33 \end{array}$$

On obtient un nouveau système d'équations, soit

$$x - 2y = -8$$
$$11y = 33$$

Ce système est équivalent au premier, c'est-à-dire qu'il a les mêmes solutions. En effet, ce système décrit toujours deux droites dont le point de rencontre est le même que dans le système initial.

Dans ce nouveau système, la deuxième équation donne $y = 3$ et, en substituant dans la première équation, on trouve

$$x - 6 = -8$$
$$x = -2$$

La solution est donc $(-2;3)$.

Nous allons adapter cette méthode de résolution en ne conservant que les coefficients et les constantes du système d'équations, ce qui donne la matrice

$$\begin{pmatrix} 1 & -2 & \vdots & -8 \\ 3 & 5 & \vdots & 9 \end{pmatrix}$$

Dans cette matrice, la partie à gauche des traits pointillés représente les coefficients du système d'équations et la partie à droite représente les constantes. On l'appelle la *matrice augmentée* du système d'équations. Pour résoudre, on transforme la matrice en effectuant des opérations sur les lignes de façon à annuler les coefficients sous la diagonale de la partie gauche. Cela permet de construire une matrice équivalente (représentant un système d'équations équivalent, ayant donc les mêmes solutions), ce qui donne

$$L_2 \rightarrow L_2 - 3L_1$$

$$\begin{pmatrix} 1 & -2 & \vdots & -8 \\ 3 & 5 & \vdots & 9 \end{pmatrix} \approx \begin{pmatrix} 1 & -2 & \vdots & -8 \\ 0 & 11 & \vdots & 33 \end{pmatrix}$$

On a remplacé chacun des éléments de la deuxième ligne par la valeur des coefficients et de la constante de la deuxième ligne moins trois fois la valeur des coefficients et de la constante de la première ligne. Cela a eu pour effet d'annuler le coefficient sous la diagonale dans la deuxième ligne. C'est ce qui est représenté par $L_2 \rightarrow L_2 - 3L_1$. On poursuit en effectuant dans la nouvelle matrice l'opération $L_2 \rightarrow L_2/11$ qui signifie que l'on divise chaque élément de la deuxième ligne par 11, ce qui donne

$$L_2 \rightarrow L_2/11$$

$$\begin{pmatrix} 1 & -2 & \vdots & -8 \\ 0 & 11 & \vdots & 33 \end{pmatrix} \approx \begin{pmatrix} 1 & -2 & \vdots & -8 \\ 0 & 1 & \vdots & 3 \end{pmatrix}$$

Cette dernière matrice représente le système d'équations

$$x - 2y = -8$$
$$y = 3$$

En substituant 3 à y dans la première équation et en isolant x, on trouve $x = -2$. Le point de rencontre des deux droites est donc $(-2;3)$. Lorsqu'on fait les opérations visant à annuler les coefficients sous la diagonale d'une matrice, on dit que l'on *échelonne* la matrice.

 EXEMPLE 9.3.1

Trouver, à l'aide d'une matrice augmentée, l'intersection des droites d'équations

$$2x - 5y = -4$$
$$3x + 4y = 17$$

Représenter graphiquement la situation.

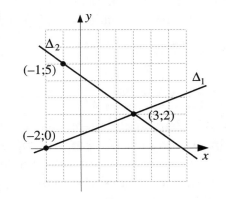

Solution

La matrice augmentée relative au système d'équations est

$$\begin{pmatrix} 2 & -5 & \vdots & -4 \\ 3 & 4 & \vdots & 17 \end{pmatrix}$$

En échelonnant la matrice, on trouve

$$L_2 \rightarrow 2L_2 - 3L_1 \qquad L_2 \rightarrow L_2/23$$

$$\begin{pmatrix} 2 & -5 & \vdots & -4 \\ 3 & 4 & \vdots & 17 \end{pmatrix} \approx \begin{pmatrix} 2 & -5 & \vdots & -4 \\ 0 & 23 & \vdots & 46 \end{pmatrix} \approx \begin{pmatrix} 2 & -5 & \vdots & -4 \\ 0 & 1 & \vdots & 2 \end{pmatrix}$$

La dernière matrice représente le système d'équations

$$2x - 5y = -4$$
$$y = 2$$

En substituant 2 à y dans la première équation et en isolant x, on trouve $x = 3$. Le point de rencontre des deux droites est donc (3;2). On peut représenter graphiquement la situation en déterminant un autre point de chacune des droites. Par exemple (–2;0) sur la première droite et (–1;5) sur la deuxième. Il suffit alors de tracer les deux droites.

 EXEMPLE 9.3.2

Trouver, à l'aide d'une matrice augmentée, l'intersection des droites d'équations

$$x - 3y = 2$$
$$3x - 9y = 6$$

Représenter graphiquement la situation.

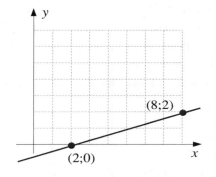

Solution

La matrice augmentée relative au système d'équations est

$$\begin{pmatrix} 1 & -3 & \vdots & 2 \\ 3 & -9 & \vdots & 6 \end{pmatrix}$$

En échelonnant la matrice, on trouve

$$L_2 \rightarrow L_2 - 3L_1$$

$$\begin{pmatrix} 1 & -3 & \vdots & 2 \\ 3 & -9 & \vdots & 6 \end{pmatrix} \approx \begin{pmatrix} 1 & -3 & \vdots & 2 \\ 0 & 0 & \vdots & 0 \end{pmatrix}$$

La dernière matrice représente le système

$$x - 3y = 2$$
$$0 = 0$$

Tous les points de la droite $x - 3y = 2$ sont solution de ce système d'équations. Cela se produit parce que les deux équations de départ représentent une même droite (ou des droites confondues).

 REMARQUE

Dans l'exemple précédent, on constate qu'après avoir échelonné la matrice, il reste moins d'équations que d'inconnues et il n'y a pas d'impossibilité (comme $0 = k$). Dans ce cas, le système a une infinité de solutions que nous décrirons à l'aide d'un paramètre. La procédure est la suivante: on considère comme *variables liées* toutes les variables apparaissant dans le premier terme non nul d'une des lignes du système d'équations échelonné (ou de la matrice échelonnée). Toutes les autres variables sont des *variables libres*. Dans l'exemple 9.3.2, il y a donc une variable liée, x et une variable libre, y. L'usage est d'utiliser un paramètre t pour la variable libre, ce qui donne dans le cas présent $y = t$. En substituant t à y dans la première équation et en isolant x, on a $x = 2 + 3t$. L'ensemble des solutions est alors

$$\{(x;y)|\ x = 2 + 3t;\ y = t\}$$

On appelle cette représentation symbolique la *description paramétrique* de l'ensemble-solution. Dans l'exemple 9.3.2, cet ensemble-solution est une droite et, à l'aide de cette description, on peut, pour chaque valeur du paramètre t, trouver les coordonnées d'un point de la droite. Ainsi, en posant $t = 0$, on a le point (2;0) et en posant $t = 2$, on obtient le point (8;2).

SYSTÈMES D'ÉQUATIONS LINÉAIRES ET MATRICES

Nous représenterons les systèmes d'équations à l'aide des matrices et nous les résolverons matriciellement en suivant le même déroulement que celui présenté dans la mise en situation. En écriture matricielle, on peut représenter un système d'équations de la forme

$$a_{11}x_1 + a_{12}x_2 + a_{13}x_3 + \ldots + a_{1n}x_n = b_1$$
$$a_{21}x_1 + a_{22}x_2 + a_{23}x_3 + \ldots + a_{2n}x_n = b_2$$
$$a_{31}x_1 + a_{32}x_2 + a_{33}x_3 + \ldots + a_{3n}x_n = b_3$$
$$\vdots \qquad\qquad\qquad \vdots$$
$$a_{m1}x_1 + a_{m2}x_2 + a_{m3}x_3 + \ldots + a_{mn}x_n = b_m$$

par le produit suivant

$$\begin{pmatrix} a_{11} & a_{12} & a_{13} & \cdots & a_{1n} \\ a_{21} & a_{22} & a_{23} & \cdots & a_{2n} \\ \vdots & & & a_{ij} & \vdots \\ a_{m1} & a_{m2} & a_{m3} & \cdots & a_{mn} \end{pmatrix} \bullet \begin{pmatrix} x_1 \\ x_2 \\ x_3 \\ \vdots \\ x_n \end{pmatrix} = \begin{pmatrix} b_1 \\ b_2 \\ \vdots \\ b_m \end{pmatrix}$$

On peut écrire ce produit $AX = B$, où $A = (a_{ij})$ est la matrice des coefficients du système d'équations, qu'on appelle *matrice associée* au système d'équations; $B = (b_i)$ est la *matrice des termes constants* et $X = (x_j)$ est la *matrice des inconnues* du système. Un *système homogène* se représente sous la forme $AX = 0$, où 0 est la matrice $m \times 1$ dont tous les éléments sont nuls.

La matrice $n \times 1$ $\begin{pmatrix} x_1 \\ x_2 \\ \vdots \\ x_n \end{pmatrix}$ représente le n-tuplet $(x_1; x_2; \ldots; x_n)$. La matrice

$$\begin{pmatrix} a_{11} & a_{12} & \cdots & a_{1n} & \vdots & b_1 \\ a_{21} & a_{22} & \cdots & a_{2n} & \vdots & b_2 \\ \vdots & & a_{ij} & \vdots & \vdots & \vdots \\ a_{m1} & a_{m2} & \cdots & a_{mn} & \vdots & b_m \end{pmatrix}$$

est appelée *matrice augmentée* du système d'équations.

MÉTHODE DE GAUSS

Pour résoudre un système d'équations linéaires, nous allons éliminer les coefficients de x_1 à partir de la deuxième ligne en descendant, puis ceux de x_2 à partir de la troisième ligne en descendant, et ainsi de suite. Le système ainsi obtenu est appelé système *échelonné*. On complétera alors la résolution par substitution. Cette méthode de résolution consiste donc à construire une suite de systèmes équivalents jusqu'à ce qu'on obtienne le système échelonné; c'est la *méthode de GAUSS*.

OPÉRATIONS ÉLÉMENTAIRES SUR LES LIGNES

Soit A une matrice. On appelle *opérations élémentaires sur les lignes* de A les opérations suivantes:
1. Interchanger la ligne i et la ligne j. Cette opération est notée par

$$\mathrm{L}_i \leftrightarrow \mathrm{L}_j$$

2. Multiplier la ligne i par un scalaire non nul. Cette opération est notée par

$$\mathrm{L}_i \to a\mathrm{L}_i, \text{ où } a \in \mathbf{R}\backslash\{0\}$$

3. Substituer à la ligne i la somme d'un multiple non nul de la ligne i et d'un multiple de la ligne j. Cette opération est notée par

$$\mathrm{L}_i \to a\mathrm{L}_i + b\mathrm{L}_j, \text{ où } a \in \mathbf{R}\backslash\{0\} \text{ et } b \in \mathbf{R}$$

REMARQUE

On peut également exprimer cette troisième opération de la façon suivante:

$$\mathrm{L}_i \to \mathrm{L}_i + \frac{b}{a}\,\mathrm{L}_j, \text{ où } a \in \mathbf{R}\backslash\{0\} \text{ et } b \in \mathbf{R}.$$

MATRICES ÉQUIVALENTES-LIGNES

On dit que deux matrices sont *équivalentes-lignes* si on peut les obtenir l'une de l'autre par une série d'opérations élémentaires sur les lignes. Pour noter l'équivalence de matrices, on utilise le symbole $\approx$ comme nous l'avons fait dans les deux exemples précédents.

Voyons le déroulement de ces opérations en résolvant le système d'équations linéaires suivant:

$$5x + 2y - 3z = 5$$
$$2x + y - 3z = 6$$
$$3x - 2y + 4z = 8$$

La matrice augmentée associée au système est alors

$$\begin{pmatrix} 5 & 2 & -3 & \vdots & 5 \\ 2 & 1 & -3 & \vdots & 6 \\ 3 & -2 & 4 & \vdots & 8 \end{pmatrix}$$

Considérons d'abord la première colonne. Le coefficient de la première ligne est 5 et celui de la deuxième ligne est 2. Par conséquent, si on multiplie la deuxième ligne par 5 et qu'on lui soustrait deux fois la première ligne, le coefficient de la deuxième ligne deviendra nul et les autres éléments de la même ligne seront changés en conséquence. On représente cette transformation par

$$\mathrm{L}_2 \to 5\mathrm{L}_2 - 2\mathrm{L}_1$$

qui signifie que l'on a remplacé l'équation de la ligne 2 par l'équation obtenue en prenant cinq fois la ligne 2 moins deux fois la ligne 1. Ensuite, pour éliminer le coefficient de la troisième ligne, il faut effectuer la transformation

$$\mathrm{L}_3 \to 5\mathrm{L}_3 - 3\mathrm{L}_1$$

Ces transformations nous donnent toujours un système équivalent et, en poursuivant le processus pour les autres colonnes, on trouve le système équivalent sous forme échelonnée:

$$L_2 \to 5L_2 - 2L_1$$
$$L_3 \to 5L_3 - 3L_1$$

$$\begin{pmatrix} 5 & 2 & -3 & \vdots & 5 \\ 2 & 1 & -3 & \vdots & 6 \\ 3 & -2 & 4 & \vdots & 8 \end{pmatrix} \approx \begin{pmatrix} 5 & 2 & -3 & \vdots & 5 \\ 0 & 1 & -9 & \vdots & 20 \\ 0 & -16 & 29 & \vdots & 25 \end{pmatrix}$$

$$L_3 \to L_3 + 16L_2 \qquad\qquad L_3 \to L_3 / -115$$

$$\begin{pmatrix} 5 & 2 & -3 & \vdots & 5 \\ 0 & 1 & -9 & \vdots & 20 \\ 0 & 0 & -115 & \vdots & 345 \end{pmatrix} \approx \begin{pmatrix} 5 & 2 & -3 & \vdots & 5 \\ 0 & 1 & -9 & \vdots & 20 \\ 0 & 0 & 1 & \vdots & -3 \end{pmatrix}$$

La dernière matrice représente le système d'équations

$$5x + 2y - 3z = 5$$
$$y - 9z = 20$$
$$z = -3$$

La troisième équation donne $z = -3$ et, en substituant cette valeur dans la deuxième équation puis en isolant y, on trouve $y = -7$. En substituant -7 à y et -3 à z dans la première équation et en isolant x, on trouve $x = 2$. Le système a donc une solution unique qui est $(2;-7;-3)$. C'est le seul triplet qui satisfait simultanément aux trois équations.

REMARQUE

À l'aide du produit matriciel, on peut vérifier que l'on a la bonne solution. En effet, matriciellement, un système d'équations linéaires s'écrit

$$\begin{pmatrix} a_{11} & a_{12} & a_{13} & \cdots & a_{1n} \\ a_{21} & a_{22} & a_{23} & \cdots & a_{2n} \\ \vdots & & & a_{ij} & \vdots \\ a_{m1} & a_{m2} & a_{m3} & \cdots & a_{mn} \end{pmatrix} \bullet \begin{pmatrix} x_1 \\ x_2 \\ x_3 \\ \vdots \\ x_n \end{pmatrix} = \begin{pmatrix} b_1 \\ b_2 \\ \vdots \\ b_m \end{pmatrix}$$

Dans la situation qui précède, on a le produit

$$\begin{pmatrix} 5 & 2 & -3 \\ 2 & 1 & -3 \\ 3 & -2 & 4 \end{pmatrix} \bullet \begin{pmatrix} 2 \\ -7 \\ -3 \end{pmatrix} = \begin{pmatrix} 5 \\ 6 \\ 8 \end{pmatrix}$$

PROCÉDURE POUR RÉSOUDRE UN SYSTÈME D'ÉQUATIONS LINÉAIRES
Pour résoudre un système d'équations linéaires à l'aide d'une matrice, on doit:
1. Construire la matrice augmentée associée au système d'équations.
2. Construire la matrice échelonnée à l'aide d'opérations élémentaires sur les lignes.
3. Trouver la (ou les) solution(s) par substitution à partir des équations de la matrice échelonnée.
4. Vérifier le résultat par le produit matriciel.

EXEMPLE 9.3.3

Dans une usine de meubles non peints, le travail a été décomposé en trois étapes: sciage, assemblage et sablage. On a régulièrement constaté, dans chacun de ces services, que des employés n'avaient pas de travail à effectuer et qu'il se perdait, mensuellement, l'équivalent de 109 heures à l'atelier de sciage, 164 heures à l'atelier d'assemblage et 273 heures à l'atelier de sablage. Pour éliminer ces pertes de temps, la Direction a décidé de fabriquer trois nouveaux modèles de chaises. La Direction a fait déterminer le temps en heures nécessaire à la réalisation de ces modèles et les données obtenues sont celles du tableau suivant:

Modèles / Ateliers	M_1	M_2	M_3	Temps libres dans chaque atelier
Sciage	1	2	2	109
Assemblage	2	2	3	164
Sablage	3	4	5	273

a) Déterminer combien il faut produire de chaises de chaque modèle pour éliminer les temps morts.

b) La chaise de type M_3 étant la plus chère à cause de son temps de réalisation, la demande pour ce modèle est assez faible et on prévoit ne pouvoir en vendre plus de 10 par mois. Pour les autres modèles, on prévoit ne pas pouvoir suffire à la demande. En tenant compte de ces contraintes de marché, déterminer les solutions réalisables du problème et les représenter sous forme de tableau.

Solution

a) Posons x le nombre de chaises du premier modèle M_1,
    y le nombre de chaises du deuxième modèle M_2,
    et z le nombre de chaises du troisième modèle M_3.

Pour éliminer complètement les pertes de temps, il faut que
$$x + 2y + 2z = 109$$
$$2x + 2y + 3z = 164$$
$$3x + 4y + 5z = 273$$

On doit trouver les valeurs de x, y et z qui vérifient ces équations. Nous allons résoudre en utilisant la représentation matricielle du système d'équations. La matrice augmentée est

$$\begin{pmatrix} 1 & 2 & 2 & \vdots & 109 \\ 2 & 2 & 3 & \vdots & 164 \\ 3 & 4 & 5 & \vdots & 273 \end{pmatrix}$$

En résolvant à l'aide d'opérations élémentaires sur les lignes de cette matrice, on a

$$L_2 \to L_2 - 2L_1$$
$$L_3 \to L_3 - 3L_1 \qquad\qquad L_3 \to L_3 - L_2$$

$$\begin{pmatrix} 1 & 2 & 2 & \vdots & 109 \\ 2 & 2 & 3 & \vdots & 164 \\ 3 & 4 & 5 & \vdots & 273 \end{pmatrix} \approx \begin{pmatrix} 1 & 2 & 2 & \vdots & 109 \\ 0 & -2 & -1 & \vdots & -54 \\ 0 & -2 & -1 & \vdots & -54 \end{pmatrix} \approx \begin{pmatrix} 1 & 2 & 2 & \vdots & 109 \\ 0 & -2 & -1 & \vdots & -54 \\ 0 & 0 & 0 & \vdots & 0 \end{pmatrix}$$

La dernière matrice représente le système d'équations
$$x + 2y + 2z = 109$$
$$-2y - z = -54$$
$$0 = 0$$

Il y a une variable libre et deux variables liées, puisqu'une fois échelonnée, la matrice a seulement deux équations pour trois inconnues. Les variables liées sont x et y car elles apparaissent dans le premier terme non nul d'une des lignes du système d'équations échelonné. La variable libre est z car elle est la seule à ne pas apparaître dans le premier terme non nul d'une équation du système échelonné. En posant $z = t$ et en substituant dans les deux équations restantes, on trouve comme solution générale
$$\{(x;y;z) \mid x = 55 - t;\ y = 27 - t/2;\ z = t\}$$

On peut vérifier la solution par le produit matriciel, ce qui donne

$$\begin{pmatrix} 1 & 2 & 2 \\ 2 & 2 & 3 \\ 3 & 4 & 5 \end{pmatrix} \bullet \begin{pmatrix} 55 - t \\ 27 - t/2 \\ t \end{pmatrix} = \begin{pmatrix} 109 \\ 164 \\ 273 \end{pmatrix}$$

Les solutions décrites ne sont pas toutes réalisables. En effet, les solutions doivent être positives. Le paramètre t doit donc être plus grand ou égal à 0 ($t \geq 0$). De plus, il faut que $27 - t/2 \geq 0$, d'où $t \leq 54$.

b) Cette contrainte impose $0 \leq t \leq 10$. De plus, pour que le nombre de meubles M_2 soit entier, il faut que t soit un nombre pair. La Direction a donc le choix entre plusieurs solutions donnant un nombre entier de chaises par mois. On obtient les solutions compilées dans le tableau ci-contre.

t	M_1	M_2	M_3
0	55	27	0
2	53	26	2
4	51	25	4
6	49	24	6
8	47	23	8
10	45	22	10

Carl Friedrich GAUSS

Carl Friedrich GAUSS (1777-1855) était un astronome, un mathématicien et un physicien allemand. Il fut un des grands savants de l'Histoire. La diversité de ses intérêts était phénoménale. Il avait imaginé une méthode pour le calcul de l'orbite d'une planète avant l'âge de 16 ans. Il a apporté des contributions originales en théorie des nombres, en astronomie, en géodésie, en cartographie et à toutes les branches des mathématiques. Il s'est beaucoup intéressé aux géométries euclidiennes et non euclidiennes et a développé la méthode d'approximation par les moindres carrés. Par cette méthode, il a résolu de façon brillante un problème de son époque. En effet, Cérès, le plus gros astéroïde entre Mars et Jupiter, venait d'être découvert par l'Italien Piazzi, qui n'avait pu observer qu'une petite partie de son orbite, soit 9 degrés, avant que l'astéroïde ne disparaisse derrière le Soleil. Plusieurs savants tentèrent de décrire la trajectoire de Cérès à partir de ces données pour déterminer à quel endroit réapparaîtrait l'astéroïde. La prédiction la plus précise fut celle de GAUSS grâce à sa méthode des moindres carrés.

MATRICES ET PRISE DE DÉCISION

Dans une entreprise, il y a souvent des décisions à prendre qui nécessitent le recours à des outils mathématiques particuliers. Dans la présente section, nous allons voir des situations simples nécessitant l'utilisation des matrices. Les situations présentées comportent peu de variables comparativement aux situations que l'on rencontre dans la réalité. Le lecteur pourra quand même, à partir de ces quelques exemples, apprécier la simplification du travail d'analyse et de prise de décision que permet l'utilisation des matrices.

MISE EN SITUATION

Un épicier veut préparer des mélanges de café maison: velouté, régulier et corsé. Ceux-ci seront offerts en sachets de 1 kg et, pour fabriquer ces mélanges, l'épicier compte utiliser trois sortes de grains: brésilien, africain et colombien. Les quantités nécessaires en kilogrammes pour produire un kilogramme de chaque mélange sont données dans le tableau suivant:

Sortes de mé-lange / Sortes de grains	Velouté	Régulier	Corsé
Brésilien	0,2 kg	0,2 kg	0,4 kg
Africain	0,3 kg	0,4 kg	0,3 kg
Colombien	0,5 kg	0,4 kg	0,3 kg

1. Quantité de matières premières

L'épicier pense pouvoir vendre 100 kg de chaque mélange par semaine. Combien de kilogrammes de chaque sorte de grains doit-il commander hebdomadairement chez le grossiste?

Pour trouver la quantité de grain brésilien, il faut tenir compte du fait qu'il y a 0,2 kg de brésilien par kilogramme de café velouté, 0,2 kg de brésilien par kilogramme de café régulier et 0,4 kg de brésilien par kilogramme de café corsé. La quantité de brésilien à commander est alors

$$\underset{\text{Velouté}}{(0,2 \text{ kg/kg} \times 100 \text{ kg})} + \underset{\text{Régulier}}{(0,2 \text{ kg/kg} \times 100 \text{ kg})} + \underset{\text{Corsé}}{(0,4 \text{ kg/kg} \times 100 \text{ kg})} = \underset{\text{Total}}{80 \text{ kg}}$$

En pratique, on effectuera toutes les opérations simultanément par un produit matriciel, ce qui donne

$$\begin{pmatrix} 0,2 & 0,2 & 0,4 \\ 0,3 & 0,4 & 0,3 \\ 0,5 & 0,4 & 0,3 \end{pmatrix} \bullet \begin{pmatrix} 100 \\ 100 \\ 100 \end{pmatrix} = \begin{pmatrix} 80 \\ 100 \\ 120 \end{pmatrix}$$

L'épicier doit donc commander au grossiste 80 kg de brésilien, 100 kg d'africain et 120 kg de colombien.

2. Coût en matières premières par mélange

Le grossiste vend le café brésilien 7,20 $ le kilogramme, le café africain 5,80 $ le kilogramme et le café colombien 4,60 $ le kilogramme. Déterminer le coût en matières premières de chaque mélange.

Pour calculer le coût en matières premières du mélange velouté, il faut effectuer la somme des produits du nombre de kilogrammes de chaque composante et du coût au kilogramme de cette composante. Ainsi, pour calculer le coût d'un kilogramme du mélange velouté qui contient 0,2 kg de brésilien, 0,3 kg d'africain et 0,5 kg de colombien, on effectue

$$7,20 \text{ \$/kg} \times 0,2 \text{ kg} + 5,80 \text{ \$/kg} \times 0,3 \text{ kg} + 4,60 \text{ \$/kg} \times 0,5 \text{ kg} = 5,48 \text{ \$}$$

En pratique, pour calculer le coût en matières premières de chaque mélange, il faut effectuer le produit matriciel suivant:

$$(7,20 \quad 5,80 \quad 4,60) \bullet \begin{pmatrix} 0,2 & 0,2 & 0,4 \\ 0,3 & 0,4 & 0,3 \\ 0,5 & 0,4 & 0,3 \end{pmatrix} = (5,48 \quad 5,60 \quad 6,00)$$

La matrice des coûts de matières premières est donc

$$(5,48 \quad 5,60 \quad 6,00),$$

c'est-à-dire 5,48 \$ le kilogramme de velouté, 5,60 \$ le kilogramme de régulier et 6,00 \$ le kilogramme de corsé.

3. Coût en main-d'œuvre par mélange
La préparation, le mélange et l'ensachage de 100 kg d'un mélange nécessite 4 heures de travail et le commis chargé de ce travail est rémunéré 6 \$/h. Établir le coût en main-d'œuvre par sachet.

Pour préparer les 100 sachets d'un mélange, il en coûte 6 \$/h × 4 h = 24 \$. Le coût en main-d'œuvre par sachet est donc de 0,24 \$. La matrice des coûts de main-d'œuvre est

$$(0,24 \quad 0,24 \quad 0,24)$$

4. Prix de vente par mélange
L'épicier souhaite réaliser un profit égal à 120 % du coût de production. Déterminer le prix de vente de chacun des mélanges.

La matrice donnant le coût total de production pour chaque mélange est donnée par la somme des matrices de coût, soit:

$$\begin{array}{ccc} \text{Matières premières} & \text{Main-d'œuvre} & \text{Matrice des coûts} \\ (5,48 \quad 5,60 \quad 6,00) + & (0,24 \quad 0,24 \quad 0,24) = & (5,72 \quad 5,84 \quad 6,24) \end{array}$$

Pour réaliser un profit de 120 %, l'épicier doit afficher un prix qui est 220 % du coût de production. La matrice des prix de vente est alors obtenue par la multiplication par un scalaire de la matrice des coûts, soit

$$2,2 \,(5,72 \quad 5,84 \quad 6,24) = (12,584 \quad 12,848 \quad 13,728)$$

L'épicier devra donc afficher les prix de 12,58 \$/kg pour le mélange velouté, 12,85 \$/kg pour le mélange régulier et 13,73 \$/kg pour le mélange corsé.

5. Respect des contraintes
Le grossiste avise l'épicier qu'il ne peut pas lui fournir 100 kg de chaque sorte de café à chaque semaine. Tout ce qu'il peut lui fournir, c'est 22 kg de brésilien, 30 kg d'africain et 38 kg de colombien. Quelle quantité de chaque mélange l'épicier pourra-t-il produire en tenant compte de ces contraintes et en utilisant tous les grains disponibles?

Soit x, le nombre de kilogrammes de mélange velouté que l'épicier pourra produire,

y, le nombre de kilogrammes de mélange régulier que l'épicier pourra produire et

z, le nombre de kilogrammes de mélange corsé que l'épicier pourra produire.

Puisque l'épicier ne recevra que 22 kg de brésilien, il faut donc que

$$0,2x + 0,2y + 0,4z = 22$$

de telle sorte que la quantité totale de brésilien qu'il utilisera soit égale à la quantité fournie par le grossiste. De la même façon, pour les autres mélanges, les équations sont

$$0,3x + 0,4y + 0,3z = 30$$
$$0,5x + 0,4y + 0,3z = 38$$

et la matrice augmentée du système est

$$\begin{pmatrix} 0,2 & 0,2 & 0,4 & \vdots & 22 \\ 0,3 & 0,4 & 0,3 & \vdots & 30 \\ 0,5 & 0,4 & 0,3 & \vdots & 38 \end{pmatrix}$$

Par des opérations élémentaires sur les lignes, on peut transformer la matrice pour que les éléments hors diagonale soient tous nuls et que les éléments de la diagonale soient égaux à 1 de la façon suivante:

$$L_1 \to 5L_1$$
$$L_2 \to 10L_2 \qquad\qquad L_2 \to L_2 - 3L_1$$
$$L_3 \to 10L_3 \qquad\qquad L_3 \to L_3 - 5L_1$$

$$\begin{pmatrix} 0,2 & 0,2 & 0,4 & \vdots & 22 \\ 0,3 & 0,4 & 0,3 & \vdots & 30 \\ 0,5 & 0,4 & 0,3 & \vdots & 38 \end{pmatrix} \approx \begin{pmatrix} 1 & 1 & 2 & \vdots & 110 \\ 3 & 4 & 3 & \vdots & 300 \\ 5 & 4 & 3 & \vdots & 380 \end{pmatrix} \approx \begin{pmatrix} 1 & 1 & 2 & \vdots & 110 \\ 0 & 1 & -3 & \vdots & -30 \\ 0 & -1 & -7 & \vdots & -170 \end{pmatrix}$$

$$L_1 \to L_1 - L_2 \qquad\qquad\qquad\qquad L_1 \to L_1 - 5L_3$$
$$L_3 \to L_3 + L_2 \qquad L_3 \to L_3 /-10 \qquad L_2 \to L_2 + 3L_3$$

$$\approx \begin{pmatrix} 1 & 0 & 5 & \vdots & 140 \\ 0 & 1 & -3 & \vdots & -30 \\ 0 & 0 & -10 & \vdots & -200 \end{pmatrix} \approx \begin{pmatrix} 1 & 0 & 5 & \vdots & 140 \\ 0 & 1 & -3 & \vdots & -30 \\ 0 & 0 & 1 & \vdots & 20 \end{pmatrix} \approx \begin{pmatrix} 1 & 0 & 0 & \vdots & 40 \\ 0 & 1 & 0 & \vdots & 30 \\ 0 & 0 & 1 & \vdots & 20 \end{pmatrix}$$

L'épicier pourra donc produire 40 kg de velouté, 30 kg de régulier et 20 kg de corsé.

REMARQUE

Dans cet exemple, nous avons utilisé la *méthode de Gauss-Jordan* qui consiste à transformer la matrice pour obtenir des « 1 » sur la diagonale de la matrice des coefficients et des « 0 » ailleurs. Cela permet de lire directement la solution. En effet, les lignes de la dernière matrice représentent les équations

$$x = 40, \ y = 30 \text{ et } z = 20.$$

9.4 EXERCICES

1. Résoudre, à l'aide de la méthode de GAUSS, les systèmes d'équations linéaires suivants:

   a) $x - 2y + z = 13$
       $2x + 5y - 3z = -17$
       $3x + 4y + 2z = 14$

   b) $2x - 3y + z = -14$
       $10x - 15y + 58z = 142$
       $3x + 7y - 5z = -1$

   c) $x + 2y - z = 4$
       $2x + 5y + z = 9$
       $4x + 9y - z = 17$

   d) $2x + y - 3z = 18$
       $3x - 5y + 7z = 27$
       $4x - 11y + 17z = 36$

   e) $x - 3y + 2z = 7$
       $2x - 5y - z = 16$
       $4x - 11y + 3z = 30$
       $3x - 8y + z = 23$

   f) $x + 3y + 28 = 5z$
       $2x + 5y + 35 = 6z$
       $3x + 7z = 69 + 4y$
       $2x + y + 3z = 21$

   g) $x - 3y + 2z = 7$
       $2x - 5y + 2z = 16$

   h) $x - 5y + 6z - 2u = 31$
       $x + 2y + 4z + 3u = 27$
       $2x + 3y + 2z + u = 8$
       $x + 3y + 2z + u = 6$

   i) $4x + 5y + 5z = 328$
       $x - 3y + 2z = -46$
       $2x + 3y - 4z = 38$
       $3x - 5y + 2z = -90$

   j) $2x + 3y + 2z - 4u = -13$
       $x - 2y + 5z + 6u = 71$
       $4x - 3y + 2z + u = 41$
       $3x - 2y + 9z + 3u = 91$

2. Une entreprise fabrique deux types de lames de rasoir de qualités différentes. Pour fabriquer 100 lames de première qualité, il faut 5 unités d'acier ordinaire et 7 unités d'acier spécial. Pour fabriquer 100 lames de deuxième qualité, il faut 9 unités d'acier ordinaire et 3 unités d'acier spécial.

   a) Sachant que l'entreprise a en réserve 195 unités d'acier ordinaire et 129 unités d'acier spécial, déterminer le nombre de paquets de 100 lames de chaque qualité qui peuvent être produits.

   b) Combien de paquets de lames pourront être produits si l'entreprise reçoit une livraison d'acier portant ses réserves à 833 unités d'acier ordinaire et 523 unités d'acier spécial?

3. Une usine de meubles non peints fabrique des bureaux, des chaises et des tables. La Direction a constaté qu'il y a des heures perdues dans les ateliers d'assemblage et de sablage, parce que l'atelier de sciage ne fournit pas suffisamment de travail aux autres ateliers. Le temps nécessaire pour fabriquer ces meubles et les heures perdues sont données dans le tableau suivant:

Atelier	Temps de production des meubles (h)			Temps disponible mensuellement (en heures)
	Bureau	Chaise	Table	
Sciage	5	2	3	0
Assemblage	3	1	2	75
Sablage	3	1	3	85

Étant donné que l'usine ne produit pas suffisamment pour répondre à la demande et qu'il y a des heures perdues dans les ateliers d'assemblage et de sablage, la Direction envisage l'achat d'une scie supplémentaire. L'achat de cette scie permettrait de créer une disponibilité de 140 heures par mois à l'atelier de sciage, soit 35 heures par semaine.

a) Avant de procéder à l'achat, la Direction veut connaître le nombre de meubles supplémentaires de chaque sorte que l'usine pourrait fabriquer mensuellement en achetant cette scie.

b) L'achat de cette scie permettrait-il d'éliminer complètement les temps morts?

4. Une compagnie désire livrer trois types de pièces d'équipement. Pour ce faire, elle doit louer des camions. Après avoir pris des renseignements auprès des compagnies de location, elle constate qu'il y a trois types de camions disponibles, C_1, C_2 et C_3. Cependant, il y a des contraintes d'espace et de poids pour chacun de ces camions, qui déterminent le nombre de pièces d'équipement E_1, E_2 et E_3 que chaque camion peut transporter. Les données portant sur le nombre de pièces de chaque sorte que les camions peuvent transporter sont consignées dans le tableau suivant:

Nombre de pièces	Type de camions		
	C_1	C_2	C_3
E_1	5	3	4
E_2	3	4	2
E_3	2	4	3

a) Déterminer combien de camions de chaque type doivent être loués sachant qu'il faut livrer 43 pièces de E_1, 29 pièces de E_2 et 27 pièces de E_3.

b) La compagnie reçoit une autre commande pour 58 pièces de E_1, 50 pièces de E_2 et 54 pièces de E_3. Combien devra-t-elle louer de camions de chaque type dans ce cas?

5. Une usine de meubles fabrique trois modèles de bureaux, M_1, M_2 et M_3. La fabrication de chacun de ces modèles de bureaux nécessite des quantités différentes de bois, de contreplaqué et de panneaux particules. Ces quantités apparaissent dans le tableau suivant:

Matériaux	Modèles		
	M_1	M_2	M_3
Bois	12	16	14
Contreplaqué	1,5	2	1,8
Panneau particule	0,8	0,6	1,2

La mesure du bois est en unités de longueur alors que les mesures pour le contreplaqué et le panneau particule sont en unités de superficie.

a) La compagnie a en réserve les quantités suivantes: 530 unités de bois, 66,9 unités de contreplaqué et 31,8 unités de panneau particule. Combien de bureaux de chaque modèle peut-elle fabriquer en utilisant tous les matériaux en réserve?

b) La compagnie a des commandes pour 29 bureaux du modèle M_1, 55 bureaux du modèle M_2 et 43 bureaux du modèle M_3. Quelles quantités supplémentaires de chaque matériau doit-elle commander pour remplir ces commandes?

c) Les temps de fabrication de ces bureaux en minutes de travail par une personne ainsi que le temps actuellement disponible par semaine dans les différents ateliers sont donnés dans le tableau suivant:

Ateliers	Modèles			Temps disponible
	M_1	M_2	M_3	
Sciage	75	90	85	5 010
Assemblage	45	50	65	3 170
Sablage	50	65	90	4 050

Selon les contraintes de temps, combien la compagnie peut-elle fabriquer de bureaux de chaque modèle par semaine?

6. Une usine fabrique des chaises en plastique moulé avec armatures de métal. Les armatures sont taillées puis soudées à l'atelier de soudure et les parties moulées sont produites à l'atelier de moulage. Les différentes composantes sont ensuite acheminées à l'atelier d'assemblage. La direction a fait le relevé mensuel des temps morts dans chacun de ces ateliers et, pour les éliminer, elle a décidé d'ajouter trois nouveaux modèles de chaises M_1, M_2 et M_3 à sa production. D'après l'étude de marché, la demande pour ces modèles devrait être supérieure à 10 unités par mois. Les temps requis pour produire ces chaises, le temps disponible dans chaque atelier (en minutes de travail) ainsi que les profits unitaires sont donnés dans le tableau suivant:

Ateliers	Modèles			Temps disponible
	M_1	M_2	M_3	
Soudure	20	24	30	930
Moulage	20	15	30	840
Assemblage	30	27	45	1 305
Profit unitaire	32 $	28 $	40 $	

a) En tenant compte de ces contraintes, combien de chaises de chaque modèle la compagnie doit-elle produire mensuellement pour que son profit additionnel soit maximal?

b) On a constaté une demande importante pour ces nouveaux modèles de chaises. La compagnie décide de suspendre la production de deux anciens modèles, libérant ainsi du temps dans les trois ateliers. Les temps libres qui s'ajoutent sont 1 190 minutes à l'atelier de soudure, 1 055 minutes à l'atelier de moulage et 1 650 minutes à l'atelier d'assemblage. Dans ces conditions, combien de chaises de chaque modèle la compagnie doit-elle produire mensuellement pour que son profit additionnel soit maximal?

c) Le Directeur des ventes vous avise que la demande pour le modèle M_1 est moins forte que l'offre et qu'il ne peut en écouler plus de 40 par mois. Combien de chaises de chaque modèle la compagnie doit-elle produire mensuellement pour que son profit additionnel soit maximal?

7. Dans la mise en situation de la page 222, le grossiste avise l'épicier qu'il devra majorer ses prix de 0,60 $/kg pour le grain brésilien, de 0,40 $/kg pour l'africain et de 0,90 $/kg pour le colombien.

a) Calculer, dans ces conditions, le coût de production de chaque mélange en matières premières et le prix de vente, en tenant compte de l'exigence de réaliser un profit de 120 %.

b) Le grossiste avise l'épicier qu'il pourrait dorénavant lui fournir 66 kg de grain brésilien, 80 kg d'africain et 94 kg de colombien. Calculer la quantité de chaque mélange que l'épicier pourrait produire s'il achetait et utilisait tout ce que le grossiste peut lui fournir.

c) L'épicier décide de se procurer les quantités de grains nécessaires pour produire 60 kg de chaque mélange. Calculer ces quantités.

8. Un marchand d'aliments naturels souhaite préparer trois types de mélanges à grignoter en sachets de 60 grammes. Les ingrédients utilisés pour ces mélanges seront les arachides, les raisins et les noix d'acajou. La composition des trois types de mélanges est donnée dans le tableau suivant:

	Mélanges		
Ingrédients	Cric	Crac	Croc
Arachides	20 g	15 g	10 g
Raisins	10 g	15 g	20 g
Noix d'acajou	30 g	30 g	30 g

a) Le marchand estime qu'il devrait pouvoir vendre hebdomadairement 200 sachets de chacun des mélanges. En supposant que ses prévisions sont exactes, déterminer les quantités d'arachides, de raisins et de noix d'acajou à commander chaque semaine.

b) Les coûts pour 10 grammes de chaque ingrédient sont donnés par la matrice suivante:
$$(0{,}10 \quad 0{,}04 \quad 0{,}16)$$
Trouver la matrice du coût des matières premières de chaque type de mélange.

c) Le marchand estime que le coût en main-d'œuvre devrait être de 0,18 $ le sachet. Trouver la matrice du coût total de production de chaque type de mélange.

d) Sachant que le marchand souhaite prendre un profit équivalant à 80 % du coût de production, quel doit être le prix de vente de chaque type de sachets?

e) Le grossiste avise le marchand qu'il ne pourra lui fournir plus de 6 kg d'arachides, 6 kg de raisins et 12 kg de noix d'acajou. Calculer dans ces conditions le nombre de sachets que le marchand pourra produire par semaine.

f) Le grossiste avise le marchand que le prix des noix d'acajou a subi une hausse importante. Le coût sera désormais de 0,26 $ pour 10 grammes. Le marchand décide de modifier ses mélanges pour diminuer la quantité de noix d'acajou et augmenter celles des autres composantes. Son choix est représenté dans le tableau suivant:

Ingrédients	Mélanges		
	Bric	Brac	Broc
Arachides	40 g	25 g	20 g
Raisins	10 g	20 g	20 g
Noix d'acajou	10 g	15 g	20 g

En tenant compte de ces modifications, calculer la matrice des coûts et la matrice des prix pour que le marchand conserve sa marge de profit.

g) Le marchand décide de ne produire hebdomadairement que 100 sachets de chacun de ces nouveaux mélanges. Quelle quantité de chaque ingrédient doit-il commander à chaque semaine?

9. Une usine de meubles étudie la possibilité de fabriquer trois modèles de bureaux: Colonial, Espagnol et Canadien. La fabrication de chacun de ces modèles de bureaux nécessitera des quantités différentes de bois, de contreplaqué et de panneaux particules. Ces quantités apparaissent dans le tableau suivant:

Matériaux	Modèles		
	Colonial	Espagnol	Canadien
Bois	12	16	14
Contreplaqué	1,5	2,5	1,5
Panneau	1,8	1,6	2,2

Les quantités de bois sont en mètres linéaires et les quantités de contreplaqué et de panneau particule sont en mètres carrés.

a) La compagnie envisage la possibilité de produire mensuellement 12 bureaux de style colonial, 14 de style espagnol et 20 de style canadien. Quelles quantités de bois doit-elle commander mensuellement pour atteindre son objectif de production?

b) Le coût des matériaux est de 4,50 $ le mètre linéaire pour le bois, 32,50 $/m^2 pour le contreplaqué et 22,50 $/m^2 pour le panneau particule. Déterminer la matrice des coûts de fabrication en matières premières.

c) Pour fabriquer un bureau de style colonial, il faut 6 heures de travail. La fabrication d'un bureau de style espagnol en demande 5 et la fabrication d'un bureau de style canadien nécessite 4 heures de travail. Sachant que le salaire horaire est de 8,50 $, déterminer la matrice des coûts de main-d'œuvre.

d) Déterminer la matrice des coûts de production de ces bureaux.

e) Le manufacturier veut réaliser un profit équivalant à 50 % des coûts de production sur ces bureaux. Calculer la matrice des prix du manufacturier.

f) Les meubles sont vendus dans des magasins qui prennent un profit de 40 %. Calculer la matrice des prix en magasin.

g) Le gérant de la compagnie de bois avise le manufacturier qu'il ne peut pas honorer sa commande car il a déjà des contrats avec d'autres clients. Il propose alors de livrer à chaque mois les quantités disponibles. La livraison du premier mois est constituée de 332 mètres linéaires de bois, 44 mètres carrés de contreplaqué et 44 mètres carrés de panneau particule. Combien de bureaux de chaque modèle est-il possible de produire avec ces matériaux?

h) La livraison du deuxième mois est constituée de 612 mètres de bois, 76 mètres carrés de contreplaqué et 86 mètres carrés de panneau particule. Combien de bureaux de chaque modèle est-il possible de produire avec ces matériaux?

9.5 DÉFIS

1. La représentation graphique d'une correspondance de la forme $y = ax^2 + bx + c$ est une parabole. Trouver l'équation de la parabole passant par les points (2;2), (4;4) et (6;7).

2. Dans les systèmes d'équations linéaires suivants, dire pour quelles valeurs de *a* le système d'équations aura:
   i) une solution unique;
   ii) aucune solution;
   iii) une infinité de solutions.

   a) $x + ay - z = 2$
   $2x - y + 3z = 3$
   $3x + y + az = 5$

   b) $x + 2y + z = 4$
   $2x - y + az = 3$
   $3x + ay + 2z = 17$

   c) $x + y - 2z = 3$
   $2x + y + az = 5$
   $2x + ay + z = 7$

   d) $x + 2y + z = 4$
   $2x + 3y + az = -2$
   $3x + ay + 6z = 2$

   e) $x + 2y - 3z = 3$
   $2x + 3y + az = 5$
   $2x + ay + 10z = -2$

   f) $x - 2y + z = 2$
   $x - 3y + az = 5$
   $2x + ay - 4z = 7$

3. À quelles conditions doivent satisfaire les constantes *a*, *b* et *c* pour que les système d'équations linéaires suivants admettent au moins une solution?

   a) $x + 2y - 3z = a$
   $2x + 6y - 11z = b$
   $x - 2y + 7z = c$

   b) $x + 2y - 3z = a$
   $3x - y + 2z = b$
   $x - 5y + 8z = c$

   c) $x - 2y + 4z = a$
   $2x + 3y - z = b$
   $3x + y + 2z = c$

9.6 ÉLÉMENTS DE PROGRAMMATION LINÉAIRE

Lorsqu'on veut manufacturer des produits, on doit tenir compte de plusieurs contraintes: disponibilité des ressources, coût de production, intérêt des consommateurs, coût du transport des marchandises, etc. Ces contraintes peuvent souvent se décrire mathématiquement par des inéquations linéaires. L'ensemble des contraintes forme alors un système d'inéquations linéaires dont la représentation graphique est un polygone convexe appelé *polygone des contraintes*. Les points de ce polygone sont les solutions acceptables du problème et la solution optimale se trouve sur un des points de la frontière du polygone. Les problèmes de cette nature relèvent de la programmation linéaire.

OBJECTIF: Résoudre des problèmes simples de programmation linéaire.

MISE EN SITUATION

Considérons à nouveau la mise en situation de la section 9.3. L'épicier prépare des mélanges de café maison: velouté, régulier et corsé. Ceux-ci seront offerts en sachets de 1 kg et ils sont fabriqués en utilisant trois sortes de grains de café: brésilien, africain et colombien. Les quantités nécessaires, en kilogrammes, pour produire un kilogramme de chaque mélange sont données dans le tableau suivant:

Grains	Mélanges		
	Velouté	Régulier	Corsé
Brésilien	0,2	0,2	0,4
Africain	0,3	0,4	0,3
Colombien	0,5	0,4	0,3

À chaque semaine, l'épicier reçoit du grossiste 48 kg de café brésilien, 60 kg de café africain et 72 kg de café colombien. Supposons que l'épicier constate que la demande est plus forte que l'offre pour le café velouté et le café régulier, mais que peu de consommateurs achètent le café corsé. Il souhaite arrêter la production de ce mélange et déterminer quelle quantité des deux autres mélanges il pourra produire avec les quantités que lui fournit le grossiste, s'il veut maximiser son profit.

L'épicier ne peut fixer arbitrairement le nombre de sachets de chaque mélange. Il doit tenir compte des quantités disponibles. Ainsi, la quantité de grains de café brésilien qu'il utilisera pour préparer ses mélanges doit être plus petite ou égale à la quantité disponible, qui est de 48 kg. La quantité de grains de café africain utilisée doit être plus petite ou égale à 60 kg et la quantité de grains de café colombien utilisée doit être plus petite ou égale à 72 kg. Ces contraintes s'expriment mathématiquement. Posons

x, le nombre de sachets de mélange velouté produits

et y, le nombre de sachets de mélange régulier produits

On doit alors trouver x et y tels que

$$0,2x + 0,2y \leq 48$$
$$0,3x + 0,4y \leq 60$$
$$0,5x + 0,4y \leq 72$$

De plus, dans le contexte, $x \geq 0$ et $y \geq 0$ et les contraintes du problème s'écrivent à l'aide d'inéquations. Pour traiter efficacement ces situations, il faut revoir certaines notions sur les inégalités et inéquations.

INÉGALITÉS ET INÉQUATIONS

> *PROPRIÉTÉS DES INÉGALITÉS*
>
> 1. Pour tout a et $b \in \mathbf{R}$; si $a \leq b$, alors il existe un nombre réel $c \geq 0$ tel que $a + c = b$.
>
> 2. Le sens d'une inégalité reste inchangé si on additionne (ou soustrait) une même valeur aux deux membres de l'inégalité.
>   Pour tout a, b et $c \in \mathbf{R}$; si $a \leq b$, alors $a + c \leq b + c$.
>   Pour tout a, b et $c \in \mathbf{R}$; si $a \leq b$, alors $a - c \leq b - c$.
>
> 3. Le sens d'une inégalité reste inchangé si on multiplie (ou divise) les deux membres de l'inégalité par un même nombre positif.
>   Pour tout a, b et $c \in \mathbf{R}$; si $a \leq b$ et $c > 0$, alors $a\,c \leq b\,c$.
>
>   Pour tout a, b et $c \in \mathbf{R}$; si $a \leq b$ et $c > 0$, alors $\dfrac{a}{c} \leq \dfrac{b}{c}$.
>
> 4. Le sens d'une inégalité est inversé si on multiplie (ou divise) les deux membres de l'inégalité par un même nombre négatif.
>   Pour tout a, b et $c \in \mathbf{R}$; si $a \leq b$ et $c < 0$, alors $a\,c \geq b\,c$.
>
>   Pour tout a, b et $c \in \mathbf{R}$; si $a \leq b$ et $c < 0$, alors $\dfrac{a}{c} \geq \dfrac{b}{c}$.

INÉQUATIONS LINÉAIRES

L'étude que nous allons faire portera sur les inéquations linéaires à deux variables. Notre premier objectif est de trouver l'ensemble-solution d'une inéquation linéaire qui est formé des couples qui satisfont à l'inéquation. L'expression

$$2x + 3y \leq 9$$

est une inéquation linéaire à deux variables. Nous allons illustrer comment trouver rapidement l'ensemble des solutions d'une inéquation linéaire. L'inéquation est

$$2x + 3y \leq 9$$

mais, dans un premier temps, nous allons tracer la droite représentée par l'équation

$$2x + 3y = 9.$$

On détermine les points d'intersection avec les axes. En posant $x = 0$ dans l'équation, on a

$$3y = 9$$

d'où $y = 3$. La droite coupe donc l'axe vertical au point $(0;3)$. En posant maintenant $y = 0$, on a

$$2x = 9$$

qui donne $x = 9/2$. La droite coupe donc l'axe horizontal au point $(9/2;0)$. On trace alors la droite passant par ces deux points. Cette droite est appelée la *frontière* de l'ensemble-solution de l'inéquation; elle divise le plan en deux demi-plans.

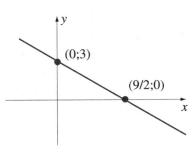

Les points situés d'un des côtés de la droite sont également des solutions de l'inéquation. Pour déterminer de quel côté se situent les solutions, il suffit de considérer un point d'un côté de la droite et de vérifier par substitution s'il fait partie de l'ensemble-solution. Généralement, on considère le point (0;0) car les calculs sont rapides. Ainsi, en substituant les coordonnées de l'origine dans l'inéquation

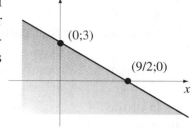

$$2x + 3y \leq 9$$

on trouve

$$0 \leq 9$$

ce qui est une inégalité vraie. Le point (0;0) fait donc partie de l'ensemble-solution et tous les points du même côté de la droite frontière que l'origine font également partie de l'ensemble-solution représenté ci-contre en ombré.

> **PROCÉDURE POUR DÉTERMINER L'ENSEMBLE-SOLUTION D'UNE INÉQUATION LINÉAIRE À DEUX VARIABLES**
>
> 1. Tracer la droite-frontière représentant l'équation linéaire associée à l'inéquation.
> 2. Déterminer, à l'aide d'un couple (généralement l'origine) faisant clairement partie d'un des demi-plans formés, de quel côté de la frontière sont les couples qui satisfont à l'inéquation.

Lorsque l'inéquation ne comporte qu'une inégalité stricte, < ou >, la frontière ne fait pas partie de l'ensemble-solution de l'inéquation. La droite frontière est alors représentée par une ligne pointillée pour signifier que les points de la droite ne sont pas des solutions. La partie ombrée du graphique ci-contre est la représentation de l'ensemble-solution de l'inéquation

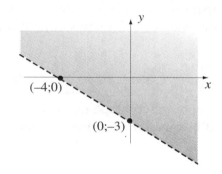

$$3x + 4y > -12$$

> **DEMI-PLAN FERMÉ ET DEMI-PLAN OUVERT**
>
> L'ensemble-solution d'une inéquation linéaire à deux variables de la forme
> $$ax + by \leq c$$
> est appelé *demi-plan fermé*. Si l'inéquation est définie par une inégalité stricte (< ou >), le demi-plan est dit *ouvert*.

 EXEMPLE 9.6.1

Représenter graphiquement l'ensemble-solution du système d'inéquations linéaires suivant:

$$x + 3y \leq 9$$
$$2x + y \leq 8$$

Solution

La frontière de l'ensemble-solution de l'inéquation

$$x + 3y \leq 9$$

est la droite $$\Delta_1: x + 3y = 9$$

qui coupe les axes aux points (9;0) et (0;3). Puisque le couple (0;0) satisfait à l'inéquation, tous les couples qui sont du même côté de la frontière que (0;0) font partie de l'ensemble-solution.

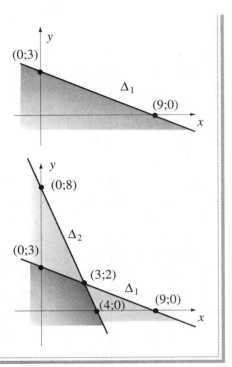

La frontière de l'ensemble-solution de l'inéquation
$$2x + y \leq 8$$
est la droite Δ_2: $2x + y = 8$
qui coupe les axes aux points (4;0) et (0;8). Puisque le couple (0;0) satisfait à l'inéquation, tous les couples qui sont du même côté de la frontière que le point (0;0) font partie de l'ensemble-solution. L'ensemble-solution du système d'inéquations est l'ensemble des points faisant partie de l'ensemble-solution de chacune des inéquations, soit l'intersection des deux ensembles. On obtient le point de rencontre des deux droites frontières en résolvant le système d'équations linéaires
$$\Delta_1: x + 3y = 9$$
$$\Delta_2: 2x + y = 8$$
ce qui donne le couple (3;2).

Lorsqu'il y a plusieurs contraintes, il faut représenter minutieusement les droites pour bien identifier le polygone des contraintes et ne pas retenir une solution non réalisable.

 EXEMPLE 9.6.2

Représenter graphiquement l'ensemble-solution du système d'inéquations linéaires ci-contre.

$$x + y \leq 9$$
$$2x + 3y \leq 24$$
$$3x + 2y \leq 24$$
$$x \geq 0$$
$$y \geq -3$$

Solution
La frontière de l'ensemble-solution de l'inéquation
$$x + y \leq 9$$
est la droite Δ_1: $x + y = 9$
qui coupe les axes aux points (9;0) et (0;9). Puisque le couple (0;0) satisfait à l'inéquation, tous les couples qui sont du même côté de la frontière que le point (0;0) font partie de l'ensemble-solution.

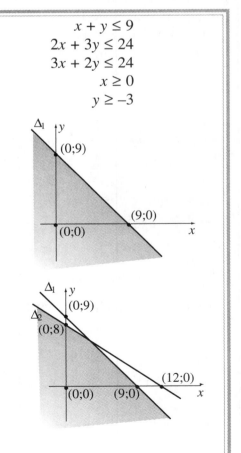

La frontière de l'ensemble-solution de l'inéquation
$$2x + 3y \leq 24$$
est la droite Δ_2: $2x + 3y = 24$
qui coupe les axes aux points (12;0) et (0;8). Puisque le couple (0;0) satisfait à l'inéquation, tous les couples qui sont du même côté de la frontière que le point (0;0) font partie de l'ensemble-solution de la deuxième contrainte. L'intersection des deux ensembles-solutions est l'ensemble des couples satisfaisant aux deux premières contraintes.

$$3x + 2y \leq 24$$
est la droite $\qquad \Delta_3: \ 3x + 2y = 24$

qui coupe les axes aux points (8;0) et (0;12). Puisque le couple (0;0) satisfait à l'inéquation, tous les couples qui sont du même côté de la frontière que le point (0;0) font partie de l'ensemble-solution. L'intersection des trois ensembles-solutions est l'ensemble des couples satisfaisant aux trois premières contraintes.

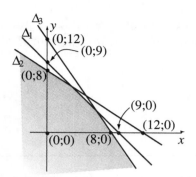

La frontière de l'ensemble-solution de l'inéquation
$$x \geq 0$$
est la droite $\qquad \Delta_4: \ x = 0$

C'est l'équation de l'axe vertical et les couples qui satisfont à cette contrainte sont tous les couples à droite de l'axe vertical ainsi que les points sur l'axe. L'intersection des quatre ensembles-solutions est l'ensemble des couples satisfaisant aux quatre premières contraintes.

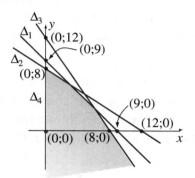

La frontière de l'ensemble-solution de l'inéquation
$$y \geq -3$$
est la droite $\qquad \Delta_5: \ y = -3$

C'est l'équation de la droite horizontale coupant l'axe des y au point (0;−3). Les couples qui satisfont à cette contrainte sont tous les couples sur et en haut de la droite. L'intersection des cinq ensembles-solutions est l'ensemble des couples satisfaisant aux cinq contraintes.

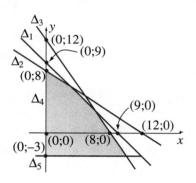

Traçons les droites frontières et déterminons les points d'intersection de ces frontières.

$\left. \begin{array}{ll} \Delta_1: & x + y = 9 \\ \Delta_2: & 2x + 3y = 24 \end{array} \right\}$ l'intersection est (3;6);

$\left. \begin{array}{ll} \Delta_1: & x + y = 9 \\ \Delta_3: & 3x + 2y = 24 \end{array} \right\}$ l'intersection est (6;3);

$\left. \begin{array}{ll} \Delta_2: & 2x + 3y = 24 \\ \Delta_4: & x = 0 \end{array} \right\}$ l'intersection est (0;8);

$\left. \begin{array}{ll} \Delta_3: & 3x + 2y = 24 \\ \Delta_5: & y = -3 \end{array} \right\}$ l'intersection est (10;−3);

$\left. \begin{array}{ll} \Delta_4: & x = 0 \\ \Delta_5: & y = -3 \end{array} \right\}$ l'intersection est (0;−3).

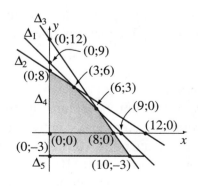

ENSEMBLE CONVEXE

On dit qu'un ensemble de points est *convexe* si, pour toute paire de points P et Q de l'ensemble, le segment de droite joignant P et Q est entièrement contenu dans l'ensemble.

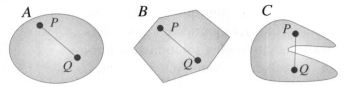

Les ensembles A et B ci-dessus sont des ensembles convexes, mais l'ensemble C n'est pas convexe car on peut trouver deux points P et Q dans l'ensemble tels que la droite joignant ces deux points n'est pas entièrement contenue dans l'ensemble.

REMARQUE

L'ensemble-solution d'une inéquation linéaire est un ensemble convexe. En d'autres mots, un demi-plan est toujours un ensemble convexe. L'intersection de deux ou de plusieurs ensembles convexes est un ensemble convexe. L'intersection d'un nombre fini de demi-plans est un ensemble convexe.

POLYGONE CONVEXE

L'intersection d'un nombre fini de demi-plans de $\mathbf{R}^2$ est appelée *polygone convexe*. (L'intersection d'un nombre fini de demi-espaces de $\mathbf{R}^n$ est appelé *polyèdre convexe*.)

Dans $\mathbf{R}^2$, l'ensemble-solution d'un système d'inéquations linéaires à deux variables forme toujours un polygone convexe. Ainsi, les ensembles-solutions des deux exemples précédents sont des polygones convexes.

POINT SOMMET

On dit qu'un point P est un *point sommet* d'un polygone convexe si:
* P appartient au polygone convexe;
* P est l'intersection de deux ou plusieurs frontières du polygone convexe.

 EXEMPLE 9.6.3

Représenter graphiquement le polygone convexe défini par le système d'inéquations linéaires ci-contre.

$$2x + y \geq 8$$
$$x + y \geq 7$$
$$x + 2y \geq 10$$
$$x \geq 0$$
$$y \geq 0$$

Solution

Pour faciliter la lecture du graphique, représentons les droites frontières comme ci-contre. La droite Δ_1: $2x + y = 8$ coupe l'axe vertical au point (0;8). La droite Δ_3: $x + 2y = 10$ coupe l'axe horizontal au point (10;0). Les autres sommets du polygone sont les points d'intersection des droites entre elles.

Δ_1: $2x + y = 8$
Δ_2: $x + y = 7$
Δ_3: $x + 2y = 10$
Δ_4: $x = 0$
Δ_5: $y = 0$

$(1;6)$ est l'intersection de $\begin{cases} \Delta_1: & 2x + y = 8 \\ \Delta_2: & x + y = 7 \end{cases}$

$(4;3)$ est l'intersection de $\begin{cases} \Delta_2: & x + y = 7 \\ \Delta_3: & x + 2y = 10 \end{cases}$

Le polygone convexe est la zone colorée sur le graphique et ses points sommets sont $(0;8)$, $(1;6)$, $(4;3)$ et $(10;0)$.

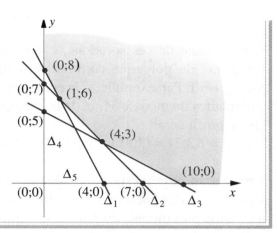

PROBLÈME DE PROGRAMMATION LINÉAIRE

La Direction d'une usine de meubles a constaté qu'il y a des temps libres dans chacun des départements de l'usine. Pour remédier à cette situation, elle décide d'utiliser ces temps morts pour fabriquer deux nouveaux modèles de bureaux, M_1 et M_2. Les temps de fabrication, pour chacun de ces modèles, dans les ateliers de sciage, d'assemblage et de sablage ainsi que les temps libres dans chacun de ces ateliers sont donnés dans le tableau ci-contre.

	Modèles		
Ateliers	M_1	M_2	Temps libres
Sciage	1	2	20
Assemblage	2	1	22
Sablage	1	1	12

Ces temps représentent le nombre d'heures nécessaires à une personne pour effectuer le travail. Les profits que la compagnie peut réaliser pour chaque unité de ces modèles sont de 300 \$ pour M_1 et de 200 \$ pour M_2. La Direction désire déterminer combien de bureaux de chaque modèle elle doit fabriquer pour maximiser son profit.

RÉSOLUTION GÉOMÉTRIQUE

Posons x, le nombre de bureaux du modèle M_1 et y, le nombre de bureaux du modèle M_2. Les temps libres de chaque département imposent des contraintes qu'il faut respecter. La contrainte imposée par les temps libres à l'atelier de sciage est

$$x + 2y \le 20$$

et les deux autres contraintes de temps donnent

$$2x + y \le 22$$
$$x + y \le 12$$

À ces contraintes, il s'ajoute des contraintes de non-négativité puisque le nombre de bureaux ne peut être négatif; on a donc également

$$x \ge 0 \text{ et } y \ge 0.$$

Graphiquement, les *solutions réalisables* sont les points du polygone convexe de la figure ci-contre. Δ_1, Δ_2 et Δ_3 réfèrent aux droites associées respectivement aux trois premières inéquations.

D'autre part, la Direction veut maximiser son profit, c'est-à-dire maximiser la fonction

$$z = f(x;y) = 300x + 200y$$

appelée *fonction économique*.

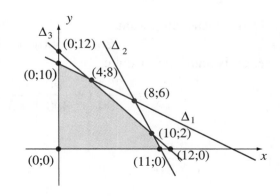

Pour chacune de ces solutions, c'est-à-dire pour chacun des points du polygone convexe, la compagnie fera un profit positif. Par exemple, si la compagnie fabriquait trois exemplaires du modèle M_1 et deux exemplaires du modèle M_2, le profit serait

$$z = f(3;2) = (300 \times 3) + (200 \times 2) = 1\ 300\ \$.$$

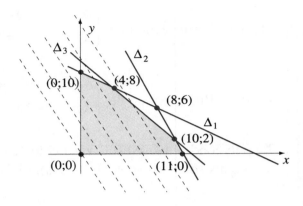

Il ne saurait être question de calculer le profit réalisable pour chacun des points du polygone convexe. Pour avoir une vision plus globale du problème, représentons le profit réalisé par le paramètre a. On a alors

$$300x + 200y = a$$

qui représente une famille de droites parallèles. En isolant y, on obtient

$$y = -\frac{300x}{200} + \frac{a}{200} \quad \text{ou} \quad y = -\frac{3}{2}x + \frac{a}{200}.$$

Pour tracer une première droite-profit, posons $a = 0$. On a alors la droite de pente $-3/2$ passant par le point $(0;0)$. Les autres droites-profit lui sont parallèles. C'est donc une famille de droites de pente $-3/2$ et dont l'ordonnée à l'origine est $a/200$. Parmi les droites de cette famille, seules celles qui ont des points communs avec le polygone convexe nous intéressent. La fonction économique atteindra sa valeur maximale lorsque l'ordonnée à l'origine de la droite

$$y = -\frac{3}{2}x + \frac{a}{200}$$

atteindra sa valeur maximale tout en passant par au moins un des points du polygone convexe. Graphiquement, on constate que la droite respectant ces conditions est la droite de la famille passant par le point sommet $(10;2)$. Le profit est alors

$$f(10;2) = (300 \times 10) + (200 \times 2) = 3\ 400\ \$.$$

DISCUSSION DES SOLUTIONS

La solution du problème dépend des contraintes (le polygone des solutions réalisables), mais également de la fonction décrivant le profit. Si le profit était de 200 \$ pour le modèle M_1 et de 300 \$ pour le modèle M_2, le profit total serait

$$z = f(x;y) = 200x + 300y$$

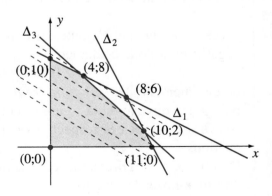

Dans ce cas, en posant

$$200x + 300y = a$$

et en isolant y, on trouve

$$y = -\frac{200}{300}x + \frac{a}{300} = -\frac{2}{3}x + \frac{a}{300}.$$

On a donc une famille de droites dont la pente est –2/3. La droite de cette famille qui passe par au moins un des points du polygone convexe et pour laquelle la valeur de a est maximale est la droite passant par le point sommet (4;8). Cette solution donne un profit de

$$f(4;8) = (200 \times 4) + (300 \times 8) = 3\ 200\ \$.$$

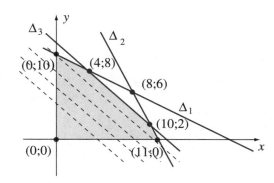

La solution d'un problème de programmation linéaire n'est pas toujours unique. Ainsi, si le profit était le même pour chaque modèle, soit 300 \$, le profit total serait

$$z = f(x;y) = 300x + 300y$$

Dans ce cas, en posant

$$300x + 300y = a$$

et en isolant y, on trouve

$$y = -x + \frac{a}{300}$$

On constate que les droites de cette famille sont parallèles à une des frontières du polygone convexe, soit la droite

$$\Delta_3 : x + y = 12$$

Les points de cette droite faisant partie du polygone convexe sont les points du segment de droite joignant les points (4;8) et (10;2). Tous les points de ce segment ayant des coordonnées entières sont des solutions générant le profit maximal. Si on prend le point (4;8), le profit maximum sera donc

$$f(4;8) = (300 \times 4) + (300 \times 8) = 3\ 600\ \$.$$

THÉORÈME DE LA PROGRAMMATION LINÉAIRE

Soit f une fonction linéaire définie sur un polygone convexe. Si f a une ou des valeurs optimales, ces valeurs optimales sont atteintes en au moins un des sommets du polygone convexe.

Ce théorème, qui sera laissé sans démonstration, nous indique une procédure pour résoudre un problème de programmation linéaire.

PROCÉDURE DE RÉSOLUTION D'UN PROBLÈME
     DE PROGRAMMATION LINÉAIRE

1. Représenter graphiquement les droites frontières et identifier le polygone des solutions réalisables.
2. Trouver les points sommets du polygone convexe en résolvant les systèmes d'équations linéaires formés par les équations des droites frontières prises deux à deux.
3. Évaluer la fonction économique en chacun des points sommets pour trouver la solution optimale.
4. Interpréter la solution ou les solutions et tirer la conclusion.

EXEMPLE 9.6.4

Maximiser la fonction $z = 6x + 9y$ sujette aux contraintes suivantes:
$$x + 2y \leq 18,$$
$$2x + y \leq 20,$$
$$x + y \leq 12,$$
$$\text{où } x \geq 0 \text{ et } y \geq 0.$$

Solution

REPRÉSENTATION GRAPHIQUE DES DROITES FRONTIÈRES
Les droites frontières sont

$x + 2y = 18$ qui coupe les axes aux points (0;9) et (18;0);
$2x + y = 20$ qui coupe les axes aux points (0;20) et (10;0);
$x + y = 12$ qui coupe les axes aux points (0;12) et (12;0).

Les inégalités permettent d'identifier le polygone convexe des solutions réalisables (figure ci-après).

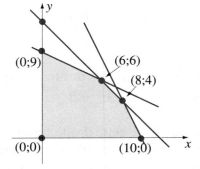

RECHERCHE DES POINTS SOMMETS
Sachant que la fonction linéaire atteint son maximum en un des points sommets, déterminons ces points sommets. Nous avons trouvé trois de ces points en représentant graphiquement le polygone convexe: (0;0); (0;9) et (10;0). Les autres points sommets sont

(6;6), intersection de $\begin{cases} x + 2y = 18 \\ x + y = 12 \end{cases}$

(8;4), intersection de $\begin{cases} 2x + y = 20 \\ x + y = 12 \end{cases}$

ÉVALUATION DE LA FONCTION ÉCONOMIQUE

Évaluons la fonction économique $z = 6x + 9y$ en chacun de ces sommets, ce qui donne

$(x;y)$	(0;0)	(0;9)	(10;0)	(6;6)	(8;4)
z	0	81	60	90	84

CONCLUSION
Le maximum est donc atteint à (6;6), où la fonction linéaire prend la valeur 90.

Pour résoudre un problème de minimisation, nous allons également déterminer les points sommets et évaluer la fonction économique en chacun de ces points pour trouver la valeur minimale. Dans ce cas cependant, on cherche, parmi la famille de droites parallèles à la fonction économique, la droite la plus rapprochée de l'origine.

EXEMPLE 9.6.5

Résoudre le problème linéaire suivant:

Minimiser $w = 6x + 9y$ sujette aux contraintes

$$3x + 2y \geq 18$$
$$x + 3y \geq 12$$
$$x + y \geq 8$$

où $x \geq 0$ et $y \geq 0$.

Solution

REPRÉSENTATION GRAPHIQUE DES DROITES FRONTIÈRES
Les droites frontières sont

$3x + 2y = 18$ qui coupe les axes aux points (0;9) et (6;0);
$x + 3y = 12$ qui coupe les axes aux points (0;4) et (12;0);
$x + y = 8$ qui coupe les axes aux points (0;8) et (8;0).

Les inégalités permettent d'identifier le polygone convexe des solutions réalisables (figure ci-après).

RECHERCHE DES POINTS SOMMETS
Sachant que la fonction linéaire atteint son minimum en un des points sommets, déterminons ces points sommets. Nous avons trouvé deux de ces points en représentant graphiquement le polygone convexe: (0;9) et (12;0). Les autres points sommets sont

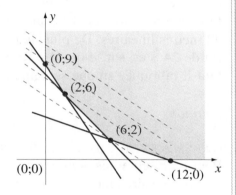

(2;6), intersection de $\begin{cases} 3x + 2y = 18 \\ x + y = 8 \end{cases}$

(6;2), intersection de $\begin{cases} x + 3y = 12 \\ x + y = 8 \end{cases}$

ÉVALUATION DE LA FONCTION ÉCONOMIQUE
Évaluons la fonction économique $w = 6x + 9y$ en chacun de ces sommets, ce qui donne

$(x;y)$	(12;0)	(0;9)	(2;6)	(6;2)
w	72	81	66	54

CONCLUSION
La valeur minimale est 54 et elle est atteinte à (6;2).

AFFECTATION DES RESSOURCES
La programmation linéaire est une méthode mathématique de prise de décision, particulièrement lorsqu'il faut affecter des ressources en tenant compte de plusieurs contraintes. Nous avons vu, dans les pages précédentes, comment résoudre un problème de programmation linéaire à deux variables. Nous allons maintenant voir comment décrire les contraintes à l'aide d'inéquations linéaires afin de poser le problème de programmation linéaire.

PROCÉDURE DE RÉSOLUTION
        D'UN PROBLÈME D'AFFECTATION DES RESSOURCES
1. Représenter les données dans un tableau de contraintes.
2. Écrire les inéquations du problème.
3. Représenter graphiquement les contraintes et le polygone convexe.
4. Calculer les coordonnées des points sommets.
5. Évaluer la fonction économique en chacun des points sommets.
6. Analyser et critiquer les résultats dans le contexte.

 EXEMPLE 9.6.6

Une entreprise fabrique deux modèles d'étagères, le modèle Élégance pour les bibelots fins et le modèle Robustesse pour les livres. Le temps de production du modèle Élégance est de 20 minutes et celui du modèle Robustesse est de 40 minutes. Ce temps comprend toutes les opérations de la fabrication; l'entreprise fonctionne quarante heures par semaine. Les étagères sont faites de bois d'œuvre de qualité dont seulement 2 100 mètres linéaires sont disponibles à chaque semaine. La fabrication du modèle Élégance nécessite 22 mètres linéaires de bois et celle du modèle Robustesse 32 mètres linéaires. De plus, le profit réalisé sur la production d'un exemplaire du modèle Élégance est de 24 $ et, sur le modèle Robustesse, il est de 36 $. Combien d'exemplaires de chaque modèle faut-il fabriquer en une semaine pour maximiser le profit?

Solution

REPRÉSENTATION GRAPHIQUE DES DONNÉES
Pour représenter les données dans un tableau de contraintes, il faut d'abord identifier les contraintes. Ce sont généralement les disponibilités en temps et en matériaux. Dans la situation présente, nous avons une contrainte sur la main-d'œuvre; elle est de 40 heures ou 2 400 minutes par semaine. Nous avons également une contrainte sur la matière première: les fournisseurs ne peuvent nous livrer plus de 2 100 mètres linéaires de bois de qualité par semaine. Notre tableau devra comporter une ligne pour chacune des contraintes, une colonne pour chaque produit et une colonne pour indiquer les disponibilités en temps et en matériel.

	Produit		Disponibilité
	Élégance	Robustesse	
Temps	20	40	2 400 minutes
Bois	22	32	2 100 mètres linéaires

DESCRIPTION MATHÉMATIQUE DU PROBLÈME
Lorsque le tableau des contraintes est correctement construit, il est assez simple de décrire mathématiquement le problème. Chaque ligne du tableau peut alors être traduite par une inéquation linéaire qui décrit mathématiquement la contrainte de cette ligne. Puisque l'on doit déterminer combien d'exemplaires de chaque modèle il faut produire, les inconnues sont le nombre d'exemplaires de chaque modèle. En posant

E, le nombre d'exemplaires du modèle Élégance fabriqués en une semaine et

R, le nombre d'exemplaires du modèle Robustesse fabriqués en une semaine, on a

$20E + 40R \leq 2\,400$ qui représente la contrainte sur la disponibilité de la main-d'œuvre et

$22E + 32R \leq 2\,100$ qui représente la contrainte sur la disponibilité des matériaux.

Il faut, de plus, que $E \geq 0$ et $R \geq 0$.

La fonction à optimiser est la fonction profit
$z = 24E + 36R$.

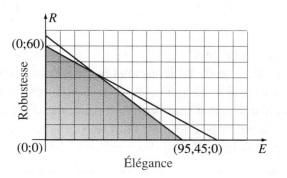

REPRÉSENTATION GRAPHIQUE DES CONTRAINTES ET DU POLYGONE CONVEXE

Pour représenter graphiquement, on utilise un axe par variable. Il y aura donc un axe pour le modèle Élégance et un axe pour le modèle Robustesse. Les contraintes sont décrites par des inéquations et l'ensemble-solution de chacune des contraintes est un demi-plan dont la frontière est une droite. On calcule l'abscisse à l'origine et l'ordonnée à l'origine de ces droites, que l'on peut tracer à l'aide de ces points.

Les intersections de la frontière de la première contrainte avec les axes sont (120;0) et (0;60). Les intersections de la frontière de la deuxième contrainte avec les axes sont (95,45;0) et (0;65,63). Le graphique permet de voir que, si on augmente la production d'étagères d'un modèle, il faut diminuer la production d'étagères de l'autre modèle pour respecter les contraintes.

CALCUL DES COORDONNÉES DES POINTS SOMMETS

La représentation graphique nous a permis de trouver les coordonnées des points sommets sur les axes. Dans la situation présente, il y a seulement deux contraintes; il suffit de trouver le point de rencontre des droites frontières de ces deux contraintes pour connaître le dernier point sommet. On trouve alors

$$\begin{array}{cc} L_1 \to L_1/20 \\ L_2 \to L_2/2 & L_2 \to L_2 - 11L_1 \end{array}$$

$$\begin{pmatrix} 20 & 40 & \vdots & 2\,400 \\ 22 & 32 & \vdots & 2\,100 \end{pmatrix} \approx \begin{pmatrix} 1 & 2 & \vdots & 120 \\ 11 & 16 & \vdots & 1\,050 \end{pmatrix} \approx \begin{pmatrix} 1 & 2 & \vdots & 120 \\ 0 & -6 & \vdots & -270 \end{pmatrix}$$

La deuxième ligne donne $-6R = -270$, d'où $R = 45$ et en substituant cette valeur dans l'équation de la première ligne, on trouve $E = 30$.

Le point de rencontre des deux droites des contraintes est donc (30;45). Ce point signifie que, pour respecter les contraintes, si on produit 30 exemplaires du modèle Élégance, on peut produire au maximum 45 exemplaires du modèle Robustesse.

ÉVALUATION DE LA FONCTION ÉCONOMIQUE EN CHACUN DES POINTS SOMMETS

La fonction économique est $z = 24E + 36R$. En évaluant cette fonction en chacun des points sommets du polygone convexe, on a

Solutions	(0;0)	(0;60)	(30;45)	(95,45;0)
Profit	0	2 160 $	2 340 $	2 290,80 $

ANALYSE DES RÉSULTATS ET PRISE DE DÉCISION

L'analyse du tableau nous porte à conclure que le plan de production devrait être de 30 exemplaires du modèle Élégance et 45 exemplaires du modèle Robustesse par semaine. On conçoit facilement qu'il s'agit d'une production idéale, d'un objectif de production. Il est fort possible que différents contretemps comme l'entretien des machines ou le retard dans la livraison des matériaux affectent la production. Il faut donc prévoir que l'objectif ne sera pas atteint à chaque semaine.

 EXEMPLE 9.6.7

Un industriel désire ajouter deux nouveaux produits, des bibliothèques et des tables de nuit, à sa gamme de production pour affecter les surplus hebdomadaires de ressources. Ces meubles seront en contreplaqué et en acrylique. La fabrication du modèle de table de nuit nécessite 1 heure de travail, un panneau de contreplaqué de 1 m^2 et trois panneaux d'acrylique de 1 m^2. La fabrication d'une bibliothèque nécessite 1 heure de travail, 4 m^2 de contreplaqué et 1 m^2 d'acrylique. Les ressources excédentaires par semaine sont 24 m^2 de contreplaqué, 21 m^2 d'acrylique et 9 heures de temps de travail. On prévoit un profit de 24 $ la table de nuit et de 60 $ la bibliothèque. Trouver le nombre d'articles à produire par semaine pour maximiser le profit.

Solution

Dans ce problème, il y a trois contraintes: une pour le contreplaqué, une pour l'acrylique et une pour le temps de réalisation. Le tableau des contraintes est donc le suivant:

	Table de nuit	Bibliothèque	Disponibilité
Contreplaqué (m^2)	1	4	24
Acrylique (m^2)	3	1	21
Temps (h)	1	1	9
Profit ($)	24	60	

Posons T, le nombre de tables de nuit produites et B, le nombre de bibliothèques produites. Le problème s'énonce comme suit:

Maximiser la fonction $z = 24T + 60B$ sujette aux contraintes

$$T + 4B \leq 24$$
$$3T + B \leq 21$$
$$T + B \leq 9$$

où $T \geq 0$ et $B \geq 0$.

Sachant que la fonction économique atteint son maximum en un des points sommets, déterminons ces points sommets. On trouve trois de ces points en représentant graphiquement le polygone convexe: (0;0), (0;6) et (7;0). Les autres points sommets sont

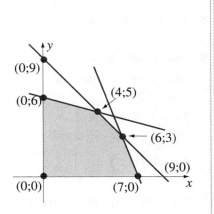

(4;5), intersection de $\begin{cases} T + 4B = 24 \\ T + B = 9 \end{cases}$

(6;3), intersection de $\begin{cases} 3T + B = 21 \\ T + B = 9 \end{cases}$

Évaluons la fonction économique en chacun de ces sommets.

$(T;B)$	(0;0)	(0;6)	(7;0)	(4;5)	(6;3)
z	0	360	168	396	324

Le maximum est donc atteint à (4;5) et il faudrait produire 4 tables de nuit et 5 bibliothèques par semaine pour maximiser le profit, qui serait alors de 396 \$.

9.7 EXERCICES

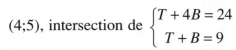

Résoudre les problèmes suivants en évaluant la fonction économique en chacun des points sommets du polygone convexe.

1. Maximiser $z = 3x + 3y$
   sujette aux contraintes
   $x + 4y \leq 12$
   $2x + y \leq 10$
   où $x \geq 0$ et $y \geq 0$.

2. Maximiser $z = 5x + 8y$
   sujette aux contraintes
   $x + y \leq 13$
   $5x + 2y \leq 50$
   $4x + 5y \leq 60$
   où $x \geq 0$ et $y \geq 0$.

3. Maximiser $z = 4x + 4y$
   sujette aux contraintes
   $x + y \leq 13$
   $5x + 2y \leq 50$
   $4x + 5y \leq 60$
   où $x \geq 0$ et $y \geq 0$.

4. Maximiser $z = 9x + 8y$
   sujette aux contraintes
   $x + y \leq 13$
   $5x + 2y \leq 50$
   $4x + 5y \leq 60$
   où $x \geq 0$ et $y \geq 0$.

5. Maximiser $z = 3x + 4y$
   sujette aux contraintes
   $x + 2y \leq 18$
   $x + y \leq 10$
   $3x + y \leq 20$
   $4x + y \leq 26$
   où $x \geq 0$ et $y \geq 0$.

6. Minimiser $w = 5x + 7y$
   sujette aux contraintes
   $x + 2y \geq 8$
   $2x + y \geq 8$
   $x + y \geq 6$
   où $x \geq 0$ et $y \geq 0$.

7. Maximiser $z_1 = 3x + 3y$; $z_2 = 6x + 5y$; $z_3 = 8x + 3y$ sujettes aux contraintes du numéro 5.

8. Minimiser $w_1 = 3x + 3y$; $w_2 = x + 2y$ sujettes aux contraintes du numéro 6.

9. Minimiser $w = 6x + 9y$
   sujette aux contraintes
   $x + 3y \geq 12$
   $3x + y \geq 12$
   $x + y \geq 8$
   où $x \geq 0$ et $y \geq 0$.

10. Minimiser $w = 2x + 3y$
    sujette aux contraintes
    $x + 3y \geq 12$
    $5x + y \geq 12$
    $3x + 4y \geq 31$
    où $x \geq 0$ et $y \geq 0$.

11. Une compagnie de meubles de plastique moulé à armature de métal désire ajouter à sa gamme de produits deux nouveaux modèles de chaises de façon à diminuer les temps libres dans ses ateliers de moulage, soudure et assemblage.

    Étant donné la rapidité d'exécution des différentes opérations par les machines, les temps de réalisation sont donnés en unités de deux minutes chacune. La fabrication du premier modèle nécessite 1 unité de temps au moulage, 2 unités à la soudure et 4 unités à l'assemblage. La fabrication du deuxième modèle nécessite 3 unités de temps au moulage, 3 unités à la soudure et 3 unités à l'assemblage.

    Le relevé des temps morts a révélé qu'il y a 105 unités de temps disponibles à l'atelier de moulage, 120 à l'atelier de soudure et 180 à l'atelier d'assemblage. Par ailleurs, il n'y a pas de contraintes sur les matières premières, la compagnie pouvant se procurer facilement ce qu'il faut pour répondre à ses besoins. Sachant que le profit de la compagnie est de 60 $ pour chaque modèle de chaise, déterminer combien de chaises de chaque modèle il faut produire par semaine pour maximiser les profits.

12. Une compagnie doit fabriquer deux modèles d'armoires de cuisine (Antique et Traditionnel) pour une firme de construction. Dans leur version standard, les deux modèles ont les mêmes dimensions et peuvent s'intégrer aux différents modèles de maisons que la firme construit. Le procédé de fabrication de ces armoires comporte trois étapes distinctes qui sont réalisées dans les ateliers de sciage, d'assemblage et de finition. La durée de chacune des opérations a été exprimée en unités de 15 minutes chacune.

    Le temps de sciage d'un exemplaire du modèle Antique est de 2 unités de temps, son assemblage prend 1 unité de temps et son temps de finition est de 3 unités. Le temps de sciage d'un exemplaire du modèle Traditionnel est de 3 unités, son assemblage nécessite 1 unité de temps et son temps de finition est de 2 unités. Le relevé des disponibilités mensuelles de ces ateliers a permis de constater qu'il y a 60 unités de temps disponibles à l'atelier de sciage, 25 à l'atelier d'assemblage et 60 à l'atelier de finition. Sachant que le profit sur ces armoires est de 225 $ pour le modèle Antique et de 200 $ pour le modèle Traditionnel, déterminer combien d'armoires de chaque modèle il faut produire pour maximiser les profits mensuels en supposant que la compagnie est assurée d'écouler toute sa production.

13. Une entreprise projette la fabrication de deux nouveaux modèles de meubles pour remiser les disques afin d'occuper les temps morts de ses ateliers. La fabrication du premier modèle nécessite 2 unités de temps à l'atelier de sciage, 3 unités à l'atelier d'assemblage et 3 unités à l'atelier de sablage. La fabrication du deuxième modèle nécessite 3 unités de temps à l'atelier de sciage, 2 unités à l'atelier d'assemblage et 1 unité à l'atelier de sablage.

Le relevé des temps morts a révélé qu'il y a 240 unités de temps disponibles à l'atelier de sciage, 210 à l'atelier d'assemblage et 180 à l'atelier de sablage. Par ailleurs, il n'y a pas de contraintes sur les matières premières, la compagnie pouvant se procurer facilement ce qu'il faut pour répondre à ses besoins.

a) Sachant que le profit est de 80 $ pour le premier modèle et de 60 $ pour le deuxième modèle, déterminer combien de meubles de chaque modèle il faut produire pour maximiser le profit.

b) Quelle serait la solution si le profit était de 90 $ pour le premier modèle et de 60 $ pour le deuxième modèle?

14. Le Directeur d'une compagnie de meubles désire ajouter à sa production mensuelle deux modèles d'étagères en utilisant les surplus de matériaux qui s'accumulent mensuellement et les temps libres de ses ateliers. Les matériaux nécessaires pour réaliser ces étagères sont des montants dont les surplus mensuels sont de 250 mètres linéaires et des feuilles de contreplaqué dont les surplus sont de 100 feuilles mensuellement.

Par ailleurs, la compagnie a constaté qu'il y a actuellement 60 heures de travail perdues dans ses ateliers et qui pourraient être utilisées pour fabriquer ces étagères. La fabrication du premier modèle nécessite 1 heure de travail, 3 mètres linéaires de montants et 2 feuilles de contreplaqué. La fabrication du deuxième modèle nécessite 1 heure de travail, 5 mètres linéaires de montants et 1 feuille de contreplaqué.

a) Sachant que les profits escomptés pour ces étagères sont de 40 $ pour le premier modèle et de 50 $ pour le deuxième modèle, déterminer combien il faut produire d'étagères de chaque modèle pour maximiser les profits de la compagnie.

b) Quels sont les surplus mensuels pour les montants et les feuilles de contreplaqué si le plan de production obtenu en a est appliqué?

15. Un marchand offre à sa clientèle deux mélanges de café maison qu'il prépare en mélangeant trois types de grains: brésilien, colombien et africain. Ces mélanges sont vendus en sachets de 500 grammes. Pour préparer un sachet du mélange Corsé, il utilise 100 g de brésilien, 300 g de colombien et 100 g d'africain. Pour préparer un sachet du mélange Velouté, il utilise 100 g de brésilien, 100 g de colombien et 300 g d'africain. Par ailleurs, pour profiter d'un rabais sur ses achats, il doit commander à chaque semaine au moins 6 kg de brésilien, au moins 10 kg de colombien et au moins 10 kg d'africain.

a) Les sachets des deux mélanges de café sont vendus au même prix. Cependant, le café africain est plus cher que les autres et les deux mélanges n'ont pas le même coût de production. Le coût de production d'un sachet de Corsé est de 3 $ et celui d'un sachet de Velouté est de 4 $. Le marchand veut continuer à offrir ces deux mélanges à sa clientèle tout en minimisant ses coûts. Combien de sachets de chaque mélange devrait-il produire hebdomadairement?

b) Quelle quantité de chaque type de grains doit-il alors acheter par semaine?

16. Une compagnie reçoit une commande pour deux de ses produits dont les réserves sont épuisées. La fabrication de ces deux produits, P_1 et P_2, nécessite l'utilisation de trois machines M_1, M_2 et M_3 qui ne sont utilisées que pour ces deux produits.

Cependant, un temps d'utilisation trop court peut entraîner des dommages à ces machines. Les temps minimum d'utilisation spécifiés par le fabricant sont de 380 minutes pour M_1, 120 minutes pour M_2 et 150 minutes pour M_3. La fabrication du produit P_1 nécessite 4 minutes sur la machine M_1, 3 minutes sur la machine M_2 et 1 minute sur la machine M_3. La fabrication du produit P_2 nécessite 5 minutes sur la machine M_1, 1 minute sur la machine M_2 et 4 minutes sur la machine M_3.

a) Sachant que la compagnie a reçu une commande pour 10 exemplaires de P_1 et 10 exemplaires de P_2 et que le coût de fabrication est de 5 $ pour chaque exemplaire de l'un ou de l'autre de ces produits, déterminer le nombre d'exemplaires de chaque produit qu'il faut fabriquer pour minimiser le coût de production.

b) Quel sera alors le temps d'utilisation de chaque machine?

17. Une compagnie fabrique des compléments alimentaires pour le bétail. Ces compléments alimentaires doivent respecter certaines contraintes quant à leur contenu en vitamines A, B et C.

Un kilo de la variété SuperA doit contenir 400 g de vitamine A, 300 g de vitamine B et 300 g de vitamine C. Un kilo de la variété ExtraC doit contenir 200 g de vitamine A, 300 g de vitamine B et 500 g de vitamine C. Les fournisseurs de la compagnie peuvent garantir 38 kg de vitamine A, 30 kg de vitamine B et 45 kg de vitamine C par semaine.

a) Sachant que la compagnie est assurée d'écouler toute sa production et que le profit escompté est de 3 $/kg sur la variété SuperA et de 2 $/kg sur la variété ExtraC, quel doit être le plan de production de la compagnie pour une semaine?

b) Quelle quantité de chaque vitamine la compagnie doit-elle commander par semaine pour ne pas accumuler de surplus?

18. Une compagnie de jouets désire ajouter à sa gamme de production une table pour enfants et une maison de poupée. Ces articles seront fabriqués en bois. Pour fabriquer une table, il faut 6 minutes à l'atelier de sciage, 8 minutes à l'atelier d'assemblage et 8 minutes à l'atelier de peinture.

Pour fabriquer une maison, il faut 4 minutes à l'atelier de sciage, 12 minutes à l'atelier d'assemblage et 8 minutes à l'atelier de peinture. Les temps libres par semaine dans ces ateliers sont actuellement de 72 minutes à l'atelier de sciage, 144 minutes à l'atelier d'assemblage et 112 minutes à l'atelier de peinture.

a) Sachant que la compagnie fera un profit de 50 $ la table et de 60 $ la maison, trouver combien d'exemplaires de chaque article il faut produire pour maximiser le profit de la compagnie.

b) Quels seront les temps libres dans chaque atelier si le plan de production trouvé en *a* est appliqué?

19. Le responsable des ventes d'une compagnie de meubles signale que les réserves des chaises Grand-mère et Grand-père sont épuisées. Comme la politique de la compagnie est d'avoir toujours au moins un exemplaire de chacun des meubles qu'elle produit pour sa salle de montre, il faut produire des exemplaires de ces deux modèles de chaises.

Pour ce faire, il faut rappeler du personnel au travail car les autres productions monopolisent complètement le personnel présentement à l'emploi de la compagnie. La convention collective des travailleurs de cette usine prévoit que la compagnie doit payer un minimum de 4 heures à un ouvrier rappelé au travail, sauf pour les tourneurs dont le minimum est de 6 heures.

La fabrication du modèle Grand-mère nécessite 20 minutes à l'atelier de sciage, 60 minutes à l'atelier de tournage et 24 minutes à l'atelier d'assemblage et finition. La fabrication du modèle Grand-père nécessite 40 minutes à l'atelier de sciage, 30 minutes à l'atelier de tournage et 24 minutes à l'atelier d'assemblage et finition.

Les travailleurs de l'atelier de sciage sont payés 12,00 $ l'heure, les tourneurs 14,00 $ l'heure et les assembleurs 8,00 $ l'heure.

a) Trouver le coût en main-d'œuvre pour chaque modèle de chaise.

b) Déterminer le nombre de chaises de chaque modèle qu'il faut produire pour minimiser les coûts de main-d'œuvre.

c) Quelle sera alors la durée du rappel pour chaque classe de travailleurs?

20. Une entreprise de produits chimiques fabrique deux nettoyants pour les carrosseries d'automobile: Brillenet et Clairnet. Les ingrédients de base sont les mêmes, mais ils sont utilisés dans des proportions différentes. Pour ne pas divulguer des secrets industriels, les ingrédients seront identifiés par I_1, I_2 et I_3. Ces nettoyants sont commercialisés dans des contenants de 1 litre.

Pour fabriquer un litre de Brillenet, il faut 0,4 litre de l'ingrédient I_1, 0,3 litre de l'ingrédient I_2 et 0,3 litre de l'ingrédient I_3. Pour fabriquer un litre de Clairnet, il faut 0,5 litre de I_1, 0,2 litre de I_2 et 0,3 litre de I_3. Les fournisseurs de l'entreprise peuvent garantir, à chaque semaine, 94 litres de I_1, 51 litres de I_2, et 60 litres de I_3. Le profit réalisé est de 1,50 \$/L pour le produit Brillenet et de 1,20 \$/L pour le produit Clairnet.

a) Combien de litres de chaque produit la compagnie doit-elle fabriquer à chaque semaine pour maximiser son profit?

b) Quelle quantité des trois ingrédients la compagnie doit-elle commander par semaine pour ne pas accumuler de surplus?

c) Le service de distribution avise le gérant de production qu'il lui est impossible d'écouler toute la production du produit Brillenet. Les relevés des derniers mois indiquent que les distributeurs ne peuvent écouler que 70 litres de ce produit par semaine. En tenant compte de cette information, quel doit être le plan de production?

d) La modification du plan de production implique-t-elle une modification des acquisitions hebdomadaires? Quelle quantité de chaque ingrédient la compagnie doit-elle commander par semaine?

PRÉPARATION À L'ÉVALUATION

Pour préparer votre examen, assurez-vous d'avoir atteint les objectifs suivants.

Consignez à la page suivante des indications pour vous remémorer plus facilement les notions et concepts qui vous posent le plus de difficultés.

Si vous avez atteint l'objectif, cochez.

☆ **RÉSOUDRE DES PROBLÈMES D'ALGÈBRE LINÉAIRE.**

◯ UTILISER LA REPRÉSENTATION MATRICIELLE DANS LE TRAITEMENT DE SITUATIONS DIVERSES.

◇ Utiliser les matrices pour représenter les données et contraintes d'une situation.

    ❑   Choisir et effectuer les opérations pertinentes pour obtenir l'information cherchée.

◯ RÉSOUDRE DES PROBLÈMES DIVERS EN UTILISANT DES MATRICES ET DES SYSTÈMES D'ÉQUATIONS LINÉAIRES.

◇ Appliquer la méthode de GAUSS.

    ❑   Construire la matrice augmentée du système d'équations.
    ❑   Échelonner la matrice par la méthode de GAUSS.
    ❑   Trouver la ou les solutions du système à partir de la matrice échelonnée.
    ❑   Analyser et critiquer les résultats dans le contexte.

◇ Utiliser les matrices pour résoudre des problèmes.

    ❑   Représenter les données du problème à l'aide de matrices.
    ❑   Effectuer les opérations matricielles pertinentes.
    ❑   Construire les systèmes d'équations pertinents.
    ❑   Résoudre les systèmes d'équations.
    ❑   Identifier les solutions réalisables.
    ❑   Interpréter les résultats dans le contexte et tirer des conclusions.

◯ RÉSOUDRE DES PROBLÈMES SIMPLES DE PROGRAMMATION LINÉAIRE.

◇ Trouver la (ou les) solution(s) optimale(s) d'un problème de programmation linéaire.

◇ Résoudre des problèmes d'affectation des ressources.

Signification des symboles   ☆ Élément de compétence   ◯ Objectif de section

    ◇ Procédure ou démarche   ❑ Étape d'une procédure

Notes personnelles

VOCABULAIRE UTILISÉ DANS LE CHAPITRE

DEMI-PLAN

C'est la représentation graphique de l'ensemble-solution d'une inéquation linéaire à deux inconnues. Le demi-plan est *ouvert* lorsque le symbole d'inégalité est < ou > et il est *fermé* lorsque le symbole d'inégalité est ≤ ou ≥.

ÉGALITÉ DE MATRICES

Deux matrices A et B sont *égales* si et seulement si:
- les matrices ont même dimension;
- les éléments de même adresse sont égaux.

ENSEMBLE-SOLUTION

L'*ensemble-solution* d'un système d'inéquations est l'ensemble des couples qui satisfont aux inéquations du système.

ENSEMBLE CONVEXE

C'est un ensemble dont toutes les droites joignant deux points quelconques de l'ensemble sont entièrement comprises dans l'ensemble. Cette caractéristique décrit la forme de l'ensemble. Le *polygone convexe* est un ensemble convexe dont les frontières sont des portions de droites. Le polygone convexe est l'intersection d'un nombre fini de demi-plans.

ÉQUATION LINÉAIRE

C'est une équation dont toutes les inconnues sont de degré 1.

INÉQUATION LINÉAIRE

C'est une inéquation dont toutes les inconnues sont au premier degré.

MATRICE

On appelle *matrice* tout tableau rectangulaire dont les éléments sont notés a_{ij}, où l'indice i indique la ligne de l'élément et l'indice j indique sa colonne. Ces indices donnent l'*adresse* de chacun des éléments. Une matrice est dite de *dimension* $m \times n$ (qui se lit « m par n ») lorsqu'elle est formée de m lignes et n colonnes.

MATRICES D'UN SYSTÈME D'ÉQUATIONS LINÉAIRES

Matrice des coefficients

C'est la matrice dont les éléments sont les coefficients des inconnues d'un système d'équations linéaires. Le nombre de lignes de la matrice est le nombre d'équations du système et le nombre de colonnes est le nombre d'inconnues du système.

Matrice des constantes

C'est la matrice formée des constantes d'un système d'équations. Son nombre de lignes est le nombre d'équations du système.

Matrice augmentée

On augmente la matrice des coefficients d'un système d'équations en ajoutant à sa droite la colonne des constantes. Cette matrice est utilisée pour résoudre le système d'équations correspondant, en construisant une matrice échelonnée équivalente (méthode de GAUSS).

Lorsque le système a une solution unique, on peut construire une matrice équivalente dont les éléments de la diagonale de la matrice des coefficients sont tous égaux à 1 et 1es éléments hors de la diagonale sont nuls. C'est la méthode de GAUSS-JORDAN. La solution du système d'équations est donnée dans la colonne des constantes de cette matrice.

Matrice échelonnée

C'est une matrice dont les éléments sous la diagonale sont nuls. Elle représente le système d'équations échelonné et la dernière ligne non nulle donne la valeur de la dernière variable liée ou permet d'exprimer la dernière variable liée en fonction de la (ou des) variable libre. On exprime alors les autres variables liées en fonction de la dernière par substitution dans les équations représentées par les autres lignes, en remontant ligne par ligne.

Matrices équivalentes-lignes

Deux matrices sont *équivalentes-lignes* si on peut les obtenir l'une de l'autre à l'aide d'opérations élémentaires sur les lignes.

MULTIPLICATION D'UNE MATRICE PAR UN SCALAIRE

Soit $A = (a_{ij})$ une matrice $m \times n$ et k un scalaire (nombre réel). La *multiplication* de la matrice A par le scalaire k donne une matrice notée kA et définie par l'égalité

$$kA = k(a_{ij}) = (ka_{ij}),$$

qui signifie que chaque élément de la matrice est multiplié par le scalaire k.

OPÉRATIONS ÉLÉMENTAIRES SUR LES LIGNES

Ce sont les opérations portant sur les lignes d'une matrice et qui permettent de transformer une matrice en une matrice équivalente. Les opérations élémentaires sur les lignes sont:

1. Interchanger la ligne i et la ligne j;

$$L_i \leftrightarrow L_j$$

2. Multiplier la ligne i par un scalaire non nul;

$$L_i \rightarrow aL_i, \text{ où } a \in \mathbb{R}\backslash\{0\}$$

3. Substituer à la ligne i la somme d'un multiple non nul de la ligne i et d'un multiple de la ligne j;

$$L_i \rightarrow aL_i + bL_j, \text{ où } a \in \mathbb{R}\backslash\{0\} \text{ et } b \in \mathbb{R}$$

POINT SOMMET D'UN POLYGONE CONVEXE

C'est un point du polygone convexe qui est l'intersection de deux de ses droites frontières.

PRODUIT MATRICIEL

Soit $A = (a_{ik})_{m \times p}$ et $B = (b_{kj})_{p \times n}$ deux matrices. Le *produit matriciel* de ces matrices, noté $A \cdot B$, donne une matrice $C = (c_{ij})_{m \times n}$ dont les éléments c_{ij} sont définis par

$$c_{ij} = a_{i1}b_{1j} + a_{i2}b_{2j} + a_{i3}b_{3j} + ... + a_{ip}b_{pj} = \sum_{k=1}^{p} a_{ik}b_{kj}$$

SOMME DE MATRICES

Soit $A = (a_{ij})$ et $B = (b_{ij})$ deux matrices. La *somme* de ces deux matrices est définie si et seulement si elles ont même dimension $m \times n$. Cette somme est notée $A + B$ et définie par

$$A + B = (a_{ij}) + (b_{ij}) = (a_{ij} + b_{ij})$$

SYSTÈME D'ÉQUATIONS LINÉAIRES

C'est un système comportant plusieurs équations linéaires portant sur les mêmes inconnues.

SYSTÈME D'INÉQUATIONS LINÉAIRES

C'est un système formé de plusieurs inéquations linéaires. Son ensemble-solution est l'intersection des ensembles-solutions de chacune des inéquations. Cette intersection forme un polygone convexe.

TRANSPOSITION

Soit A une matrice de dimension $m \times n$. On appelle *matrice transposée* de A, notée A^t, la matrice de dimension $n \times m$ dont la $i$ème colonne est la $i$ème ligne de la matrice A pour $i = 1, 2, ... , m$.

VARIABLE LIBRE

C'est une variable qui n'apparaît pas dans le premier terme non nul d'une des lignes de la matrice échelonnée. En pratique, on identifie d'abord les variables liées et toutes celles qui ne sont pas liées sont libres.

VARIABLE LIÉE

C'est une variable qui apparaît dans le premier terme non nul d'une des lignes de la matrice échelonnée. La valeur d'une variable liée peut dépendre des variables libres, ou être une constante.

VECTEURS
ET FORCES

10.0 PRÉAMBULE

L'analyse vectorielle est un instrument très important pour la description et la compréhension des phénomènes physiques. C'est pour décrire les phénomènes rencontrés en mécanique et en électricité qu'on a développé l'analyse vectorielle à la fin du XIXe siècle.

Les vecteurs utilisés pour décrire des forces sont appelés *vecteurs géométriques*. Afin de pouvoir effectuer facilement des opérations sur des vecteurs, il est d'usage de construire un système d'axes dont l'origine coïncide avec l'origine de ces vecteurs. On peut utiliser toutes les ressources de l'algèbre pour leur analyse.

Les activités d'apprentissage de ce chapitre visent à développer l'élément de compétence suivant:

« analyser des situations diverses nécessitant l'utilisation des vecteurs. »

10.1 VECTEURS GÉOMÉTRIQUES ET ALGÉBRIQUES

Les vecteurs n'existent pas dans la réalité, mais ils constituent un outil puissant de modélisation pour des situations où des forces sont en cause. Les modèles construits avec les vecteurs permettent de faire l'analyse de situations qui échappent à l'intuition. L'étude des vecteurs et des opérations sur les vecteurs va nous permettre de modéliser des situations comportant plus d'une force. Dans cette étude, nous allons utiliser la trigonométrie et la représentation dans un système d'axes.

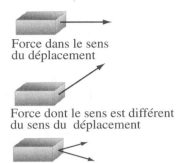

Force dans le sens du déplacement

Force dont le sens est différent du sens du déplacement

Force dont la résultante est dans le sens du déplacement

OBJECTIF: Effectuer les opérations de base sur des vecteurs exprimés sous différentes formes.

VECTEURS GÉOMÉTRIQUES

VECTEUR GÉOMÉTRIQUE

Un *vecteur géométrique* est un segment de droite orienté, noté $\overrightarrow{AB}$, où A est l'origine et B l'extrémité et possédant les caractéristiques suivantes:

- une *longueur*, appelée le *module* du vecteur et notée $\| \overrightarrow{AB} \|$;
- une *direction* définie par la droite Δ qui lui sert de support;
- un *sens* indiqué par une pointe de flèche à l'extrémité du segment de droite.

On dira qu'un vecteur est *lié* lorsque son origine est fixe. Il est *glissant* si on peut le déplacer sur sa droite support. On dira qu'un vecteur est *libre* si on peut le déplacer parallèlement à lui-même. Même si on le déplace, un vecteur, glissant ou libre, conserve sa direction, son sens et son module.

VECTEURS ÉQUIPOLLENTS

On appelle *vecteurs équipollents* (ou égaux) des vecteurs ayant même direction, même sens et même module. On écrit $\overrightarrow{AB} = \overrightarrow{CD}$.

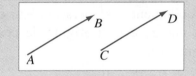

En déplaçant un vecteur glissant ou un vecteur libre, on obtient toujours un vecteur équipollent au vecteur déplacé.

VECTEUR NUL ET VECTEUR OPPOSÉ

On appelle *vecteur nul* tout objet de la forme $\overrightarrow{AA}$. On le note $\vec{0}$. Ce vecteur n'a ni direction, ni sens. Son module est 0.

On appelle *vecteur opposé* à $\overrightarrow{AB}$ tout vecteur de même longueur et de même direction que $\overrightarrow{AB}$ mais de sens opposé. On le note $-\overrightarrow{AB}$. En particulier, $\overrightarrow{BA} = -\overrightarrow{AB}$.

NOTATIONS

Parfois on représentera un vecteur par une seule lettre majuscule, soit $\vec{A}$, $\vec{B}$ ou $\vec{C}$. Les modules seront alors notés selon le cas par $\| \vec{A} \|$, $\| \vec{B} \|$ ou $\| \vec{C} \|$.

ANGLE ENTRE DEUX VECTEURS

Soit $\vec{A}$ et $\vec{B}$ deux vecteurs. On appelle *angle entre ces vecteurs*, le plus petit angle formé par les directions positives des vecteurs (ou le plus petit angle entre les droites support), soit les directions indiquées par les flèches.

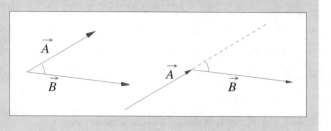

L'angle entre les vecteurs $\vec{A}$ et $\vec{B}$ sera noté $\angle \vec{A}, \vec{B}$ et, s'il n'y a pas de confusion possible, nous utiliserons la lettre θ. L'angle entre deux vecteurs est toujours compris entre 0° et 180°. L'angle entre les vecteurs joue un rôle important dans la définition des produits de vecteurs, comme nous le verrons plus loin.

OPÉRATIONS SUR LES VECTEURS GÉOMÉTRIQUES

SOMME DE VECTEURS GÉOMÉTRIQUES

Soit $\vec{A}$ et $\vec{B}$ deux vecteurs géométriques libres. Le vecteur *somme* ou *vecteur résultant*, noté $\vec{A} + \vec{B}$, peut être obtenu de deux façons, que l'on appelle *méthode du parallélogramme* et *méthode du triangle*.

Méthode du parallélogramme

Les vecteurs étant libres, on peut faire coïncider leurs origines. Le vecteur somme est alors la diagonale du parallélogramme construit sur les vecteurs $\vec{A}$ et $\vec{B}$, en partant de l'origine commune.

Méthode du triangle

Les vecteurs étant libres, on peut faire coïncider l'origine de $\vec{B}$ avec l'extrémité de $\vec{A}$; le vecteur résultant a alors même origine que $\vec{A}$ et même extrémité que $\vec{B}$.

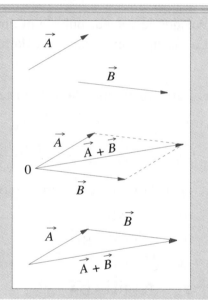

Par la méthode du parallélogramme, on peut additionner seulement deux vecteurs à la fois alors que par la méthode du triangle, on peut mettre plusieurs vecteurs bout à bout. Le vecteur résultant est le vecteur dont l'origine coïncide avec celle du premier vecteur et dont l'extrémité coïncide avec celle du dernier vecteur. La figure finale est un polygone et, par extension, la *méthode du triangle* devient la *méthode du polygone*.

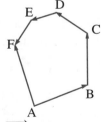

On peut représenter chaque vecteur en spécifiant son origine et son extrémité. Ainsi, $\overrightarrow{AB}$ est le vecteur dont l'origine est le point A et l'extrémité le point B. Par la méthode du polygone, on a alors la séquence suivante:

$$\overrightarrow{AB} + \overrightarrow{BC} + \overrightarrow{CD} + \overrightarrow{DE} + \overrightarrow{EF} = \overrightarrow{AF}$$

On constate que l'origine du vecteur résultant est l'origine du premier vecteur et l'extrémité du vecteur résultant est l'extrémité du dernier vecteur de la séquence.

MULTIPLICATION D'UN VECTEUR GÉOMÉTRIQUE PAR UN SCALAIRE

Soit $\vec{A}$ un vecteur non nul et p un scalaire non nul. La multiplication du vecteur $\vec{A}$ par le scalaire p donne un nouveau vecteur noté $p\vec{A}$ dont les caractéristiques sont les suivantes:

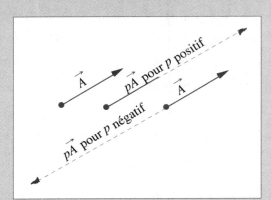

– sa direction est la même que $\vec{A}$;

– son module est $\left\| p\vec{A} \right\| = |p| \left\| \vec{A} \right\|$, c'est-à-dire le produit de la valeur absolue de p et du module du vecteur $\vec{A}$;

– son sens est

• le même que celui de $\vec{A}$ si $p > 0$

• opposé à celui de $\vec{A}$ si $p < 0$.

Puisque le vecteur nul n'a ni direction ni sens, on a simplement $p\vec{0} = \vec{0}$ et $0\vec{A} = \vec{0}$.

La multiplication par un scalaire nous permet d'interpréter une différence de vecteurs. Ainsi,

$$\vec{A} - \vec{B} = \vec{A} + \left(-\vec{B}\right)$$

On effectuera donc la différence en additionnant le vecteur opposé.

 EXEMPLE 10.1.1

Dans la figure ci-contre, trouver le vecteur résultant des opérations suivantes:

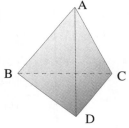

a) $\vec{CA} + \vec{AB}$

b) $\vec{AC} + \vec{CB} + \vec{BD}$

c) $\vec{AB} - \vec{CB}$

d) $\vec{AB} + \vec{BD} + \vec{DA}$

Solution

Par la méthode du triangle, l'origine du vecteur résultant coïncide avec l'origine du premier vecteur et son extrémité coïncide avec l'extrémité du dernier vecteur de la séquence. On a donc

a) $\vec{CA} + \vec{AB} = \vec{CB}$

b) $\vec{AC} + \vec{CB} + \vec{BD} = \vec{AD}$

c) Puisque $-\vec{CB} = \vec{BC}$, on a $\vec{AB} - \vec{CB} = \vec{AB} + \vec{BC} = \vec{AC}$.

d) Le polygone étant fermé, la somme des forces est nulle

$$\vec{AB} + \vec{BD} + \vec{DA} = \vec{AA} = \vec{0}$$

PROPRIÉTÉS DES OPÉRATIONS SUR LES VECTEURS

Pour tout vecteur $\vec{A}$, $\vec{B}$ et $\vec{C}$ et pour tout scalaire p et q, les opérations d'addition et de multiplication par un scalaire satisfont les propriétés suivantes:

$$\vec{A} + \vec{B} = \vec{B} + \vec{A}$$ Commutativité de l'addition

$$\vec{A} + (\vec{B} + \vec{C}) = (\vec{A} + \vec{B}) + \vec{C}$$ Associativité de l'addition

$$\vec{A} + \vec{0} = \vec{0} + \vec{A} = \vec{A}$$ Élément neutre pour l'addition

$$\vec{A} + (-\vec{A}) = (-\vec{A}) + \vec{A} = \vec{0}$$ Élément symétrique

$$(pq)\vec{A} = p(q\vec{A})$$ Associativité de la multiplication

$$(p+q)\vec{A} = p\vec{A} + q\vec{A}$$ Distributivité sur l'addition des scalaires

$$p(\vec{A} + \vec{B}) = p\vec{A} + p\vec{B}$$ Distributivité sur l'addition des vecteurs

$$1\,\vec{A} = \vec{A}$$ Élément neutre pour la multiplication par un scalaire

VECTEURS PARALLÈLES

Deux vecteurs non nuls $\vec{A}$ et $\vec{B}$ sont parallèles si et seulement si il existe un scalaire k non nul tel que

$$\vec{A} = k\vec{B}$$

 EXEMPLE 10.1.2

Soit deux vecteurs $\overrightarrow{OA}$ et $\overrightarrow{OB}$, et P le point milieu du segment AB.

Décrire la position du point P à l'aide des vecteurs $\overrightarrow{OA}$ et $\overrightarrow{OB}$.

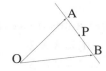

Solution

Le point P étant le point milieu du segment AB, la multiplication d'un vecteur par un scalaire permet d'écrire

$$\overrightarrow{AP} = \frac{1}{2}\overrightarrow{AB}$$

De plus, par la méthode du triangle, on a

$$\overrightarrow{OA} + \overrightarrow{AB} = \overrightarrow{OB}$$

d'où

$$\overrightarrow{AB} = \overrightarrow{OB} - \overrightarrow{OA}$$

et, en substituant, on obtient

$$\overrightarrow{AP} = \frac{1}{2}\left(\overrightarrow{OB} - \overrightarrow{OA}\right)$$

VECTEURS ALGÉBRIQUES

Les opérations sur les vecteurs sont grandement simplifiées lorsqu'on les représente dans un système d'axes, car on peut alors effectuer les opérations directement sur les composantes des vecteurs sans avoir à résoudre des triangles quelconques.

COMPOSANTES D'UN VECTEUR

Considérons un vecteur $\overrightarrow{AB}$ dans un système d'axes. Les coordonnées du point A sont $(x_1;y_1)$ et celles du point B $(x_2;y_2)$. On appelle *composantes* du vecteur, les projections orthogonales de ce vecteur.

Les composantes du vecteur $\overrightarrow{AB}$ de la figure sont $x_2 - x_1$ et $y_2 - y_1$. On écrit $\overrightarrow{AB} = (x_2 - x_1; y_2 - y_1)$.

Les composantes du vecteur nous permettent de connaître les caractéristiques du vecteur.

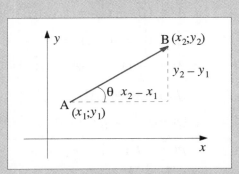

Le module est $\quad \| \overrightarrow{AB} \| = \sqrt{(x_2 - x_1)^2 + (y_2 - y_1)^2}$

La direction est $\quad d_{\overrightarrow{AB}} = \dfrac{y_2 - y_1}{x_2 - x_1} = \tan \theta$

où θ est l'angle entre $\overrightarrow{AB}$ et l'axe horizontal
Le sens est donné par le signe des composantes.

 EXEMPLE 10.1.3

Trouver les caractéristiques du vecteur $\overrightarrow{AB}$, où A $= (3;2)$ et B $= (6;7)$.

Solution
Les composantes du vecteur sont
$x_2 - x_1 = 6 - 3 = 3$
$y_2 - y_1 = 7 - 2 = 5$

d'où $\quad \| \overrightarrow{AB} \| = \sqrt{3^2 + 5^2} = \sqrt{34}$

et $\quad d_{\overrightarrow{AB}} = \dfrac{5}{3}$.

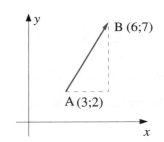

Les deux composantes étant positives, le sens est vers la droite et vers le haut.

REMARQUE

Les composantes du vecteur donnent un vecteur équipollent à $\overrightarrow{AB}$ dont l'origine est $(0;0)$ et l'extrémité est $(3;5)$. Ce vecteur est le *vecteur algébrique* équipollent au vecteur $\overrightarrow{AB}$. On écrit $\overrightarrow{AB} = (3;5)$.

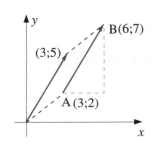

VECTEUR ALGÉBRIQUE

Un *vecteur algébrique* de $\mathbf{R}^2$ est un couple $(a;b)$. Il est représenté par un vecteur dont l'origine coïncide avec l'origine d'un système d'axes. Il possède les caractéristiques suivantes:

- une *longueur* appelée *module* et notée r. Le module du vecteur algébrique est parfois appelé *norme* du vecteur;
- une *direction* ou orientation par rapport aux axes;
- un *sens* qui est donné par le signe des composantes.

VECTEURS ALGÉBRIQUES DANS R^2

On peut représenter de deux façons les vecteurs algébriques dans $\mathbf{R}^2$.

1. En coordonnées polaires, ce qui consiste à donner le module et l'angle, au sens trigonométrique, que le vecteur fait avec l'axe des x. On appelle cet angle l'*argument* du vecteur. On note alors le vecteur

$$\vec{v} = r\angle\theta$$

2. En coordonnées cartésiennes ou rectangulaires $\vec{v} = (a;b)$

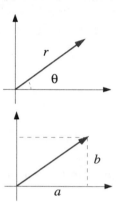

Conversion d'un système de coordonnées à l'autre

Pour passer d'une forme à l'autre, il suffit de résoudre des triangles rectangles. Lorsque le vecteur est donné en coordonnées polaires, on connaît l'hypoténuse et l'angle du triangle rectangle formé. On doit alors chercher les deux côtés de l'angle droit. Lorsque le vecteur est en coordonnées cartésiennes, on connaît les deux côtés de l'angle droit d'un triangle rectangle et l'on utilise dans ce cas le théorème de PYTHAGORE pour trouver le module, qui est l'hypoténuse du triangle, ainsi que la tangente pour trouver l'argument.

PROCÉDURE DE CONVERSION

Convertir en coordonnées polaires un vecteur $\vec{v} = (a;b)$.

1. Calculer $r = \sqrt{a^2 + b^2}$ et $\alpha = \arctan(b/a)$.
   Choisir $\theta = \alpha$ si $a > 0$ et $\theta = \alpha \pm 180°$ si $a < 0$.
   Lorsque $a = 0$, la représentation graphique indique si $\theta = 90°$ ou $\theta = 270°$.

2. Écrire le vecteur sous la forme $\vec{v} = r\angle\theta$.

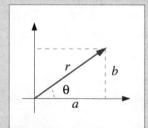

Convertir en coordonnées rectangulaires un vecteur $\vec{v} = r\angle\theta$.

1. Calculer $a = r \cos\theta$ et $b = r \sin\theta$.
2. Écrire le vecteur sous la forme $\vec{v} = (a;b)$.

EXEMPLE 10.1.4

Exprimer le vecteur $\vec{v} = (-2; -5)$ en coordonnées polaires.

Solution

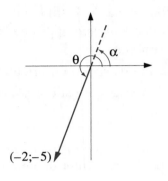

$$r = \sqrt{(-2)^2 + (-5)^2} = \sqrt{29} = 5,39$$

$$\tan \alpha = \frac{-5}{-2}, \text{ d'où } \alpha = \arctan \frac{-5}{-2} = 68,20°$$

En représentant le vecteur dans un système d'axes, on constate que la valeur de 68,20° est à rejeter et que $\theta = 248,20°$. La forme polaire est donc

$$5,39 \angle 248,20°$$

 EXEMPLE 10.1.5

Exprimer le vecteur $\vec{v} = 3,4 \angle 62°$ en coordonnées cartésiennes.

Solution

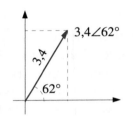

Les composantes sont
$a = r \cos \theta = 3,4 \cos 62° = 1,60$
$b = r \sin \theta = 3,4 \sin 62° = 3,00$
La forme rectangulaire est donc

$$\vec{v} = (1,60; 3,00)$$

OPÉRATIONS SUR LES VECTEURS ALGÉBRIQUES

La somme de deux vecteurs, au sens géométrique, est la diagonale du parallélogramme construit sur des vecteurs lorsque leur origine coïncide. Les vecteurs algébriques, tels que nous les avons définis, ont tous la même origine, celle du système d'axes. L'addition de deux vecteurs algébriques doit être définie de telle sorte que le vecteur résultant soit la diagonale du parallélogramme. On peut montrer que c'est le cas en définissant la somme de la façon suivante.

SOMME DE VECTEURS ALGÉBRIQUES

Soit $\vec{A} = (a_1; a_2)$ et $\vec{B} = (b_1; b_2)$ deux vecteurs algébriques.
Le *vecteur somme* est défini par l'égalité suivante:

$$\vec{A} + \vec{B} = (a_1; a_2) + (b_1; b_2) = (a_1 + b_1; a_2 + b_2)$$

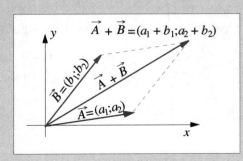

REMARQUE

Cette définition signifie que, pour faire la somme de deux vecteurs, il suffit de faire la somme des composantes de ces vecteurs. En d'autres mots, la composante horizontale de la résultante est égale à la somme des composantes horizontales des vecteurs et la composante verticale de la résultante est égale à la somme des composantes verticales des vecteurs.

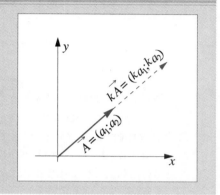

MULTIPLICATION D'UN VECTEUR ALGÉBRIQUE PAR UN SCALAIRE

Soit $\vec{A} = (a_1; a_2)$

un vecteur algébrique et k un scalaire. La *multiplication du vecteur par le scalaire k* donne le vecteur défini par l'égalité suivante

$k\vec{A} = (ka_1; ka_2)$.

Si $k < 0$, le sens est inversé.

Cette définition signifie, entre autres, que si l'on double l'intensité d'un vecteur, l'intensité de chacune des composantes est également doublée. De plus, pour soustraire des vecteurs, il suffit d'effectuer la multipication par le scalaire –1, puis d'additionner

$$\vec{A} - \vec{B} = \vec{A} + (-\vec{B}) = (a_1; a_2) + (-b_1; -b_2) = (a_1 - b_1; a_2 - b_2)$$

EXEMPLE 10.1.6

Soit deux vecteurs $\vec{A} = 24\angle 20°$ et $\vec{B} = 36\angle 120°$. Représenter graphiquement ces vecteurs. Trouver le vecteur somme, calculer son module et l'angle qu'il fait avec l'horizontale.

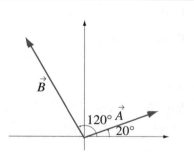

Solution

Sous forme polaire, les vecteurs s'écrivent

$$\vec{A} = 24\angle 20° \quad \text{et} \quad \vec{B} = 36\angle 120°$$

En exprimant sous forme rectangulaire, on a

$\vec{A} = 24\angle 20° = (24\cos 20°; 24\sin 20°) = (22,551...; 8,208...)$

$\vec{B} = 36\angle 120° = (36\cos 120°; 36\sin 120°) = (-18; 31,176...)$

On peut alors effectuer la somme des vecteurs, ce qui donne

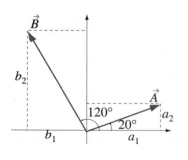

$\vec{A} + \vec{B} = (22,552...; 8,208...) + (-18; 31,176..)$

$\quad = (4,552,...; 39,3985...)$

$\quad = (a; b)$

$\quad = r\angle\theta$

Les valeurs précises doivent être conservées en mémoire pour arrondir seulement à la fin des calculs.

Le module de ce vecteur est

$$\left\| \vec{A} + \vec{B} \right\| = \sqrt{a^2 + b^2} = 39,65$$

et l'angle qu'il fait avec l'horizontale est

$$\theta = \arctan\left(\frac{b}{a}\right) = 83,41°, \text{ car } a > 0.$$

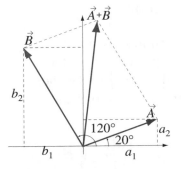

PROCÉDURE POUR ADDITIONNER DES VECTEURS DONNÉS SOUS FORME POLAIRE

1. Exprimer les vecteurs sous forme trigonométrique ($r\cos\theta$; $r\sin\theta$).
2. Effectuer la somme sous forme rectangulaire.
3. Exprimer le vecteur résultant sous forme polaire en calculant le module et l'argument.
4. Interpréter le résultat dans le contexte.

 EXEMPLE 10.1.7

Un arpenteur a pris les notes suivantes pour décrire un parcours:

$\overrightarrow{OP}$: N55°E; 420 m, $\overrightarrow{PQ}$: N24°O; 660 m.

Les directions sont données par rapport aux axes Est-Ouest et Nord-Sud. La direction N55°E signifie 55° mesuré à partir du nord vers l'est, soit un angle de 35° avec la parallèle à l'équateur en direction Est. La direction N24°O signifie 24° mesuré à partir du nord vers l'ouest, soit un angle de 114° avec la parallèle à l'équateur en direction Est.

Représenter graphiquement ce parcours et déterminer la direction et la distance du parcours $\overrightarrow{OQ}$.

Solution

En considérant le point O comme origine du parcours, on a la représentation graphique ci-contre. Sous forme polaire, les vecteurs sont

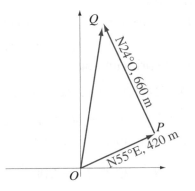

$\overrightarrow{OP} = 420\angle 35°$ et $\overrightarrow{PQ} = 660\angle 114°$

En exprimant sous forme rectangulaire, on a

$\overrightarrow{OP} = (420 \cos 35°; 420 \sin 35°) = (344; 241)$

$\overrightarrow{PQ} = (660 \cos 114°; 660 \sin 114°) = (-268; 603)$

$\overrightarrow{OQ} = (76; 844) = (a; b) = r\angle\theta$.

En exprimant en coordonnées polaires, on obtient comme module

$$\left\|\overrightarrow{OQ}\right\| = \sqrt{a^2 + b^2} = 847,2 \ \text{m}$$

et comme argument

$$\theta = \arctan\left(\frac{b}{a}\right) = 84,85° \text{car } a > 0.$$

Le parcours $\overrightarrow{OQ}$ peut donc être décrit de la façon suivante:

$$\overrightarrow{OQ} = 847\angle 84,85° \text{ ou } \overrightarrow{OQ}: \text{N5,15°E}; 847 \text{ m}.$$

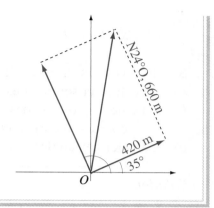

VECTEURS ALGÉBRIQUES DANS $\mathbf{R}^3$

La représentation des vecteurs algébriques dans $\mathbf{R}^3$ peut se faire également de différentes façons, la plus simple étant la représentation en coordonnées cartésiennes. En effet, pour définir la direction, il n'est pas suffisant de préciser l'angle que le vecteur fait avec l'axe des x, il faut donner les angles que le vecteur fait avec chacun des axes.

En coordonnées cartésiennes, le vecteur est représenté par un triplet. Ainsi en est-il pour le vecteur

$$\vec{A} = (a_1; a_2; a_3)$$

où les a_i sont les projections sur les axes x, y et z respectivement. Le module du vecteur est

$$\left\|\overrightarrow{A}\right\| = \sqrt{a_1^2 + a_2^2 + a_3^2}$$

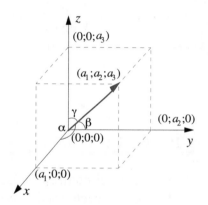

On représente par α, β et γ les angles que le vecteur fait avec les axes x, y et z respectivement et le module par r. Ces angles sont définis par les égalités suivantes:

$$\cos \alpha = a_1/r$$
$$\cos \beta = a_2/r$$
$$\cos \gamma = a_3/r$$

et satisfont la relation

$$\cos^2\alpha + \cos^2\beta + \cos^2\gamma = 1$$

REMARQUE

On effectue les opérations de la même façon pour des vecteurs algébriques dans $\mathbf{R}^3$.

Soit $\vec{A} = (a_1; a_2; a_3)$ et $\vec{B} = (b_1; b_2; b_3)$ deux vecteurs de $\mathbf{R}^3$ et k un scalaire.

$$\vec{A} + \vec{B} = (a_1; a_2; a_3) + (b_1; b_2; b_3) = (a_1 + b_1; a_2 + b_2; a_3 + b_3)$$

et

$$k\vec{A} = k(a_1; a_2; a_3) = (ka_1; ka_2; ka_3)$$

> *EXEMPLE 10.1.8*
>
> Soit les vecteurs $\vec{A} = (2;-5;3)$ et $\vec{B} = (4;2;1)$
> a) Effectuer la somme des vecteurs.
> b) Calculer le cosinus des angles que le vecteur fait avec les axes et vérifier que
> $$\cos^2\alpha + \cos^2\beta + \cos^2\gamma = 1$$
> c) Calculer ces angles.
>
> *Solution*
>
> a) $\vec{A} + \vec{B} = (2;-5;3) + (4;2;1) = (6;-3;4)$
>
> b) On trouve alors $r = \sqrt{6^2 + (-3)^2 + 4^2} = \sqrt{61}$, d'où
> $$\cos\alpha = \frac{6}{\sqrt{61}}, \quad \cos\beta = \frac{-3}{\sqrt{61}} \text{ et } \cos\gamma = \frac{4}{\sqrt{61}}$$
>
> c) Les angles sont
> $$\alpha = \arccos\left(\frac{6}{\sqrt{61}}\right) = 39,8°, \quad \beta = \arccos\left(\frac{-3}{\sqrt{61}}\right) = 112,6° \text{ et } \gamma = \arccos\left(\frac{4}{\sqrt{61}}\right) = 59,2°$$

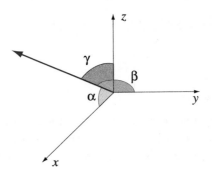

10.2 EXERCICES

1. La figure ci-contre représente un parallélépipède. Trouver, dans cette figure, les vecteurs équipollents à

   a) $\overrightarrow{AB}$

   b) $\overrightarrow{AB} + \overrightarrow{BC}$

   c) $\overrightarrow{FA} + \overrightarrow{AB}$

   d) $\overrightarrow{FG} + \overrightarrow{GH} + \overrightarrow{HC}$

   e) $\overrightarrow{FG} - \overrightarrow{FE}$

   f) $\overrightarrow{FA} + \overrightarrow{FG}$

   g) $\overrightarrow{FE} + \overrightarrow{EH} + \overrightarrow{HC}$

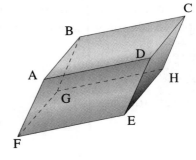

2. La figure ci-contre représente un tétraèdre. Trouver, dans cette figure, les vecteurs résultants de

   a) $\overrightarrow{AB} + \overrightarrow{BD}$

   b) $\overrightarrow{BA} + \overrightarrow{AC}$

   c) $\overrightarrow{AD} + \overrightarrow{DC} + \overrightarrow{CB}$

   d) $\overrightarrow{DA} + \overrightarrow{AC} + \overrightarrow{CB} + \overrightarrow{BD}$

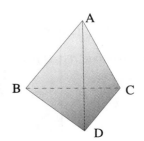

3. Soit O un point quelconque et Q le point milieu d'un segment de droite PR. Montrer que

$$\overrightarrow{OQ} = \frac{1}{2}\overrightarrow{OP} + \frac{1}{2}\overrightarrow{OR}$$

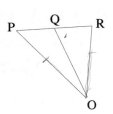

4. Trouver la forme polaire des vecteurs algébriques suivants et les représenter graphiquement.

   a) $\vec{A} = (1;3)$

   b) $\vec{B} = (-2;3)$

   c) $\vec{C} = (-2;-4)$ $\sqrt{2^2+4^2}\cdot\sqrt{20}$

   d) $\vec{D} = (5;-1)$

   $\frac{-4}{-2} = +2 \quad tan(2) = 63,4° + 180° = 243,4$

5. Trouver la forme rectangulaire du vecteur connaissant son module et sa pente *m*. Le représenter graphiquement.

   $x = 2\sqrt{13}\cos\left(arctan\left(\frac{2}{3}\right)\right) = 6$

   a) $\|\vec{A}\| = 5$ et $m = 3/4$

   b) $\|\vec{A}\| = 25$ et $m = 4/3$

   c) $\|\vec{A}\| = \sqrt{13}$ et $m = 2/3$

   d) $\|\vec{A}\| = 2\sqrt{13}$ et $m = 2/3$

   $y = 2\sqrt{13}\sin\left(arctan\left(\frac{3}{3}\right)\right) = 4,6$

6. Trouver le vecteur algébrique équipollent au vecteur géométrique dont l'origine est A et dont l'extrémité est B. Le représenter graphiquement.

   a) A (2;4), B (6;8)

   b) A (6;5), B (2;1)

   c) A (−3;2;5), B (7;9;2)

   d) A (4;−3;3), B (−3;7;4)

7. Effectuer les opérations suivantes, sachant que les vecteurs algébriques sont

   $\vec{A} = (3;-2)$, $\vec{B} = (-5;4)$, $\vec{C} = (2;3)$, $\vec{D} = (-3;-5)$.

   a) $\vec{A} + \vec{B}$

   b) $\vec{A} - 2\vec{C} + \vec{B}$

   c) $3\vec{A} - \vec{D} + 2\vec{B}$

   d) $5\vec{A} - 2\vec{B} + 3\vec{C}$

   e) $23\vec{A} + 13\vec{B} - 2\vec{C}$

   f) $-5\vec{A} + 2\vec{B} - 3\vec{C} + 4\vec{D}$

   $(23\times3 + 23\times2) + (13\times-5 + 13\times4) + (-2\times2 + -2\times3)$

8. En utilisant la multiplication d'un vecteur par un scalaire, déterminer un vecteur ayant même direction et même sens que $\vec{A}$, mais dont le module est 1.

   a) $\vec{A} = (2;3)$ $2k, 3k \quad \sqrt{2k^2+3k^2} = \sqrt{13k^2} \quad \sqrt{13}\,k$

   $donc \quad k = \frac{1}{\sqrt{13}} \qquad \frac{2}{\sqrt{13}}; \frac{3}{\sqrt{13}}$

   b) $\vec{A} = (-3;4)$

   c) $\vec{A} = (-5;-12)$

   d) $\vec{A} = (-8;-6)$

9. Effectuer les opérations indiquées, sachant que

   $\vec{A} = (2;-3;1)$, $\vec{B} = (-3;2;4)$, $\vec{C} = (4;5;-3)$

   a) $\vec{A} + \vec{B}$

   b) $2\vec{A} - 3\vec{B}$

   c) $5\vec{A} - 3\vec{B} + 4\vec{C}$

   d) $-3\vec{A} + 2\vec{B} - 4\vec{C}$

10. Trouver $\| \vec{A} \|$ sachant que

a) $\vec{A} = (2;13;-5)$

b) $\vec{A} = (8;8;4)$

c) $\vec{A} = (-2;1;-2)$

d) $\vec{A} = (7;-3;5)$

e) $\vec{A} = (1;4;2)$

f) $\vec{A} = (3;3;2)$

11. En utilisant la multiplication d'un vecteur par un scalaire, déterminer un vecteur ayant même direction et même sens que $\vec{A}$, mais dont le module est 1.

a) $\vec{A} = (3;-3;3)$

b) $\vec{A} = (10;10;5)$

c) $\vec{A} = (-4;2;-4)$

d) $\vec{A} = (3;2;-2)$

e) $\vec{A} = (-13;2;5)$

f) $\vec{A} = (7;2;-3)$

12. Donner la forme rectangulaire des vecteurs suivants:

a) $\vec{A} = 25\angle 35°$

b) $\vec{B} = 142\angle 124°$

c) $\vec{C} = 45,3\angle 212°$

d) $\vec{D} = 28,2\angle 341°$

13. Dans les exercices suivants, représenter graphiquement les vecteurs donnés. En effectuer la somme, représenter graphiquement le vecteur résultant, calculer son module et l'angle qu'il fait avec l'horizontale.

a) $\vec{A} = 35\angle 35°$ et $\vec{B} = 60\angle 150°$

b) $\vec{A} = 27\angle 153°$ et $\vec{B} = 41\angle 277°$

c) $\vec{A} = 54\angle 47°$ et $\vec{B} = 32\angle 336°$

d) $\vec{A} = 36\angle 25°$ et $\vec{B} = 42\angle 62°$

14. La *localisation d'un point par coordonnées polaires* consiste à prendre une ligne droite joignant deux points connus A et B comme axe de référence, et à localiser ce point en mesurant sa distance au point A et l'angle que la droite du point A au point à localier fait avec la droite AB. Dans le croquis ci-contre, l'arpenteur a situé trois des coins d'un bâtiment par coordonnées polaires.

a) Déterminer les coordonnées rectangulaires des quatre coins du bâtiment.

b) Déterminer l'angle entre la façade DE de l'édifice et la ligne AB.

c) Déterminer les dimensions et l'aire du bâtiment.

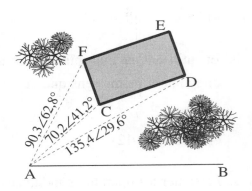

15. Un arpenteur a pris les notes suivantes pour décrire un parcours:

$\overrightarrow{OP}$: N38°E; 610 m, $\overrightarrow{PQ}$: N42°O; 812 m.

Représenter graphiquement ce parcours et déterminer la direction et la distance du parcours $\overrightarrow{OQ}$.

16. Un arpenteur a pris les notes suivantes pour décrire un parcours:

$\overrightarrow{OP}$: N28°E; 420 m, $\overrightarrow{PQ}$: N56°O; 948 m, $\overrightarrow{QR}$: S64°O; 364 m.

Représenter graphiquement ce parcours et déterminer la direction et la distance du parcours $\overrightarrow{OR}$.

17. Un arpenteur a pris les notes suivantes pour décrire le contour polygonal d'un terrain.

$\overrightarrow{OP}$: N59°E; 732 m, $\overrightarrow{PQ}$: N57°O; 948 m, $\overrightarrow{QR}$: S22°O; 744 m, $\overrightarrow{RO}$: S65°E; 510 m.
Tracer le croquis de ce terrain et calculer son aire.

18. Un arpenteur a préparé le croquis ci-contre après avoir fait le relevé d'un terrain. À partir du point A, il a mesuré la direction AF, puis il a mesuré les directions et distances AB et BC. En C, il a mesuré la direction CD. Il a ensuite traversé le pont et, à partir du point D, il a mesuré les directions et distances DE et EF. À l'aide de ces données, déterminer les distances AF et CD.

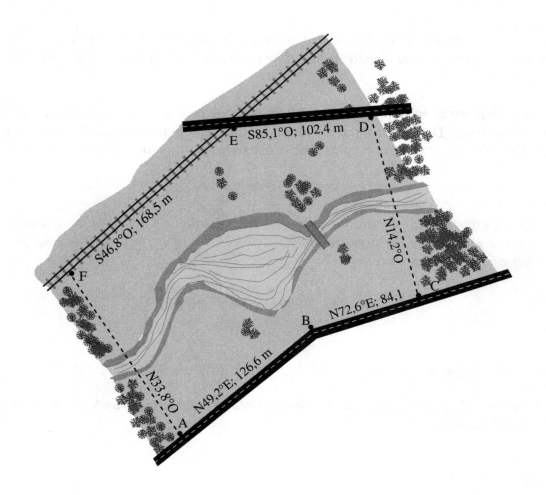

10.3 VECTEURS ET FORCES

Dans cette section, nous utiliserons les vecteurs pour représenter des forces. Nous étudierons les conditions d'équilibre de translation de systèmes de forces et nous calculerons la résultante de forces dont les lignes d'action sont concourantes. Notre présentation débute par un rappel des lois du mouvement de NEWTON, même si l'utilisation que nous ferons de ces lois est très limité.

OBJECTIF: Utiliser les vecteurs pour analyser des situations mettant en cause des forces.

LOIS DU MOUVEMENT DE NEWTON

Lorsqu'un corps est au repos ou en mouvement rectiligne uniforme, les forces agissant sur ce corps forment un système en équilibre. C'est le principe de l'inertie également appelé « première loi du mouvement de NEWTON ».

> **PREMIÈRE LOI**
>
> *Tout corps au repos, ou en mouvement rectiligne uniforme, reste au repos, ou en mouvement rectiligne uniforme, aussi longtemps qu'il ne subit pas l'action d'une force extérieure.*

Un corps qui se déplace en ligne droite à vitesse constante est en équilibre. Si sa vitesse varie, c'est qu'il subit l'effet d'une force. Dans ce cas, l'accélération est directement proportionnelle à la force et inversement proportionnelle à la masse du corps. C'est la deuxième loi du mouvement de NEWTON.

> **DEUXIÈME LOI**
>
> *Une force extérieure s'exerçant sur un corps lui communique une accélération proportionnelle à la force et inversement proportionnelle à la masse du corps. La deuxième loi se décrit mathématiquement par la relation*
>
> $$\vec{a} = \frac{\vec{F}}{m} \text{ ou encore } \vec{F} = m\vec{a}$$

> **TROISIÈME LOI**
>
> *À toute force d'action correspond une force de réaction de même grandeur, de même direction et de sens contraire.*

REMARQUE

Lorsqu'un vecteur algébrique représente une force $\vec{F}$ dans un plan cartésien, on note F_x la projection horizontale de la force et F_y la projection verticale de la force. De plus, pour simplifier l'écriture, on représentera l'intensité d'une force $\vec{F}$ par la lettre F en caractère gras.

CORPS EN ÉQUILIBRE

Un corps soumis à un système de *forces concourantes* est en *équilibre* si

$$\sum \vec{F} = \vec{0}$$

Lorsque le système des forces concourantes agissant sur un corps satisfont cette condition, il est en *équilibre de translation*, ce qui signifie qu'il ne se déplace pas ou se déplace en ligne droite à vitesse constante. Pour que cette condition soit réalisée, il faut que $\sum F_x = 0$ et $\sum F_y = 0$, ce qui signifie que le corps est en équilibre par rapport à l'axe horizontal et par rapport à l'axe vertical.

Un corps soumis à un système de *forces non concourantes* est en *équilibre* si

$$\sum \vec{F} = \vec{0} \text{ et } \sum \vec{M} = \vec{0}, \text{ où } \vec{M} \text{ est le moment d'une force agissant sur le corps.}$$

Lorsque la première condition est satisfaite, le corps est en *équilibre de translation*. Lorsque la seconde condition est satisfaite, le corps est en équilibre *de rotation*, ce qui signifie qu'il ne tourne pas sur lui-même ou tourne à une vitesse constante.

Dans les exemples du présent chapitre, les forces seront toujours concourantes et nous ne traiterons que de l'équilibre de translation. Nous verrons au chapitre 11 des cas d'équilibre de rotation.

RÉSULTANTE DE FORCES CONCOURANTES

La *résultante* d'un ensemble de forces est la force qui peut, à elle seule, remplacer toutes les autres. Mathématiquement, c'est la somme des forces. On dit qu'un *système de forces est en équilibre de translation* lorsque la résultante est nulle. L'*équilibrante* est la force qui équilibre l'action de la résultante: elle est de même grandeur et de même direction que la résultante, mais de sens contraire. La somme de la résultante et de l'équilibrante est nulle, elles forment un système en équilibre.

POLYGONE DES FORCES ET MÉTHODE DES COMPOSANTES

Pour analyser une situation à l'aide des vecteurs, que ce soit pour connaître les conditions d'équilibre ou pour trouver la résultante, il faut repérer toutes les forces agissant sur le corps (ou la structure). On procède à l'analyse en construisant un polygone des forces ou en représentant les forces dans un système d'axes. Lorsque le système est en équilibre, le polygone des forces est fermé.

Polygone de forces
Système en équilibre

REMARQUE

On peut avoir recours à la géométrie du triangle (loi des sinus et loi des cosinus) pour faire les calculs dans un polygone de forces. Cependant, on utilise surtout cette méthode lorsqu'il y a trois forces, car les calculs sont trop compliqués lorsqu'il y a plus de trois forces. Dans un polygone de forces, le poids de l'objet, s'il n'est pas négligeable, est représenté par le vecteur $\vec{P}$. Les tensions sont représentées par $\vec{T}$ et les compressions par $\vec{C}$.

Triangle de forces
Système en équilibre

EXEMPLE 10.3.1

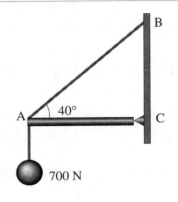

La masse suspendue dans l'assemblage en équilibre ci-contre exerce une force de 700 N.

a) Construire le diagramme des forces agissant au point A.

b) Trouver l'intensité des forces agissant au point A.

Solution

a) Il y a trois forces agissant au point A: la force de 700 N, la traction exercée par le câble et la poussée exercée par la tige. Le diagramme des forces est donné ci-contre.

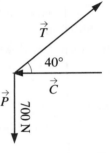

b) Puisque le système est en équilibre, la résultante est nulle, ce qui signifie que le polygone des forces sera fermé. Dans un diagramme de forces, la longueur des vecteurs étant proportionnelle à l'intensité des forces, on peut trouver l'intensité des forces en utilisant la trigonométrie du triangle rectangle. Ce qui donne

$$\tan 40° = \frac{P}{C} = \frac{700}{C}, \text{ d'où } C = \frac{700}{\tan 40°} = 834 \text{ N}$$

et

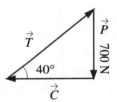

$$\sin 40° = \frac{P}{T} = \frac{700}{T}, \text{ d'où } T = \frac{700}{\sin 40°} = 1090 \text{ N}$$

On peut procéder à la même analyse dans un système d'axes. On doit alors calculer les composantes des forces en appliquant les conditions d'équilibre selon les axes.

EXEMPLE 10.3.2

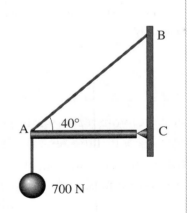

La masse suspendue dans l'assemblage en équilibre ci-contre exerce une force de 700 N.

a) Représenter dans un système d'axes les forces agissant au point A.

b) Trouver l'intensité de ces forces.

Solution

a) Il y a trois forces agissant au point A: la force de 700 N, la traction exercée par le câble et la poussée exercée par la tige. La représentation de ces forces dans un système d'axes est donnée à la page suivante. Les forces sont représentées par des vecteurs algébriques dont l'origine est le point A qui est considéré comme origine du système d'axes.

b) Le système étant en équilibre, la somme des composantes verticales est nulle. Ce qui donne

$T_y + P = 0$, soit $T_y - 700 = 0$, d'où $T_y = 700$ N

La somme des composantes horizontales est nulle

$T_x + C = 0$, d'où $C = -T_x$

Or, $\tan 40° = \dfrac{T_y}{T_x} = \dfrac{700}{T_x}$, d'où $T_x = \dfrac{700}{\tan 40°} = 834$ N

On a donc $C = 834$ N. On peut alors trouver la tension T par trigonométrie ou en utilisant le théorème de PYTHAGORE, ce qui donne $T = 1\ 089$ N.

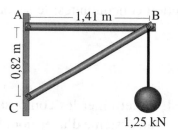

 EXEMPLE 10.3.3

Considérons le montage en équilibre ci-contre.

a) Déterminer si les barres légères (barres dont le poids est négligeable) du montage sont en tension ou en compression.

b) Trouver la valeur de l'effort dans chacune des barres.

Solution

a) L'assemblage comporte deux barres légères AB et BC. Pour construire le diagramme des forces au point B, il faut en déterminer le sens. Ainsi, la force qu'exerce la barre AB est-elle orientée de A vers B ou de B vers A? La façon simple pour le déterminer est de se demander ce qui se passerait si on changeait la barre par une corde. Si l'on remplaçait la barre AB par une corde, le système resterait tel quel. Comme une corde est toujours en tension, le fait que le système reste tel quel signifie que la barre AB est en tension et tire sur le point B. La force s'exerce donc de B vers A. Puisque la barre est en tension, on représentera par $\vec{T}$ l'effort dans la barre AB. Par ailleurs, si l'on remplace la barre BC par une corde, le système s'effondre. La barre BC est donc en compression et elle pousse sur le point B. Puisque la barre est en compression, on représentera par $\vec{C}$ l'effort dans la barre BC. Ces constatations permettent de construire correctement le diagramme des forces et le triangle des forces.

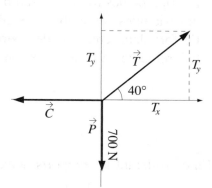

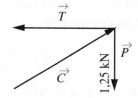

Diagramme des forces

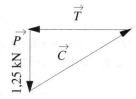

Triangle des forces

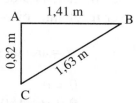

Triangle des distances

b) Le triangle des forces est semblable au triangle des distances et l'on peut utiliser le fait que dans des triangles semblables les côtés homologues sont proportionnels pour trouver l'intensité de l'effort dans chacune des barres. On calcule l'hypoténuse du triangle des distances par le théorème de PYTHAGORE et on établit les proportions, ce qui donne

$$\frac{T}{\overline{AB}} = \frac{C}{\overline{BC}} = \frac{P}{\overline{AC}}$$

$$\frac{T}{1,41} = \frac{C}{1,63} = \frac{1,25 \text{ kN}}{0,82}$$

En considérant les rapports deux à deux, on obtient

$$T = \frac{1,41}{0,82} \times 1,25 \text{ kN} = 2,15 \text{ kN} \quad \text{et} \quad C = \frac{1,63}{0,82} \times 1,25 \text{ kN} = 2,48 \text{ kN}$$

Lorsqu'on cherche la résultante de plusieurs forces, il est préférable d'utiliser la méthode des composantes, surtout lorsqu'il y a de nombreuses forces en jeu. Il y a deux situations possibles: les lignes d'action des forces sont concourantes en un point ou elles ne le sont pas. Nous allons présenter ici le cas des lignes d'action concourantes; le second cas, celui des forces non concourantes, sera exposé au chapitre 11.

PROCÉDURE POUR TROUVER LA RÉSULTANTE
DE PLUSIEURS FORCES CONCOURANTES

1. Déterminer les composantes de chacune des forces dans un système d'axes dont l'origine est au point de rencontre des lignes d'action de ces forces.

2. Faire la somme des composantes selon chacun des axes. Les composantes cartésiennes de la résultante sont alors

$$R_x = \sum_{i=1}^{n} F_{ix} \quad \text{et} \quad R_y = \sum_{i=1}^{n} F_{iy}$$

où n est le nombre de forces agissant en ce point et la résultante est

$$\vec{R} = (R_x; R_y).$$

3. Déterminer, à l'aide des composantes, le module du vecteur résultant, soit

$$\| \vec{R} \| = \sqrt{R_x^2 + R_y^2}$$

4. Déterminer, à l'aide des composantes, l'argument du vecteur résultant, soit

$$\alpha = \arctan\left(\frac{R_y}{R_x}\right)$$

$\theta = \alpha$ si $R_x > 0$

$\theta = \alpha + 180°$ si $R_x < 0$

$\theta = 90°$ si $R_x = 0$ et $R_y > 0$

$\theta = -90°$ si $R_x = 0$ et $R_y < 0$

θ est non défini si $R_x = 0$ et $R_y = 0$

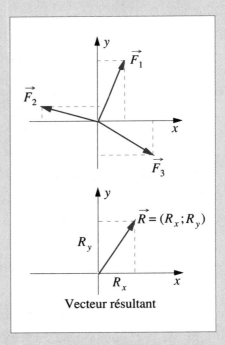

Vecteur résultant

EXEMPLE 10.3.4

Trouver la résultante des forces illustrées ci-contre.

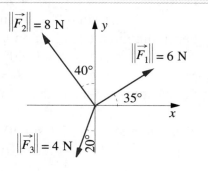

Solution

Les composantes du premier vecteur sont
$F_{1x} = 6\cos 35° = 4,91$ et $F_{1y} = 6\sin 35° = 3,44$. On a donc
$$\vec{F_1} = (4,91 ; 3,44).$$
De la même façon, on a
$F_{2x} = 8\cos 130° = -5,14$ et $F_{2y} = 8\sin 130° = 6,13$, d'où
$$\vec{F_2} = (-5,14 ; 6,13)$$
$F_{3x} = 4\cos 250° = -1,37$ et $F_{3y} = 4\sin 250° = -3,76$, d'où
$$\vec{F_3} = (-1,37 ; -3,76).$$

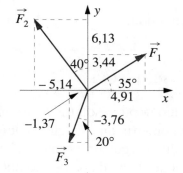

La somme des vecteurs donne alors
$$\vec{R} = \vec{F_1} + \vec{F_2} + \vec{F_3}$$
$$= (4,91 ; 3,44) + (-5,14 ; 6,13) + (-1,37 ; -3,76)$$
$$= (-1,60 ; 5,81)$$
$$= (a ; b) = r\angle\theta$$
En exprimant sous forme polaire, on a
$$r = \sqrt{a^2 + b^2} = 6,03$$
$$\alpha = \arctan\left(\frac{b}{a}\right) = -74,65°$$

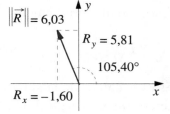

Puisque $a < 0$, $\theta = \alpha + 180° = 105,35°$.

D'où $\vec{R} = 6,03\angle 105,35°$

La méthode des composantes ne sert pas seulement à calculer les composantes d'une résultante, elle sert également à analyser les conditions d'équilibre de translation d'un système.

EXEMPLE 10.3.5

Les trois câbles de la situation ci-contre supportent une masse qui exerce une force de 1,18 kN. Par la méthode des composantes, déterminer la tension dans chacun des câbles.

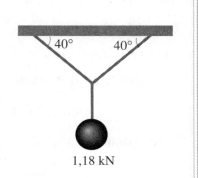

Solution

Construisons le diagramme des forces. Le système étant en équilibre, on a le système d'équations suivant
$$A_x + B_x + C_x = 0$$
$$A_y + B_y + C_y = 0$$

D'où
$$-A \cos 40° + B \cos 40° + 0 = 0$$
$$A \sin 40° + B \sin 40° - 1\,180 = 0$$

Par la première équation, on a alors
$$B \cos 40° = A \cos 40°$$
et
$$B = A$$

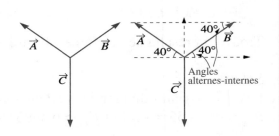

En substituant dans la deuxième équation, on a alors
$$A \sin 40° + A \sin 40° - 1\,180 = 0$$
ce qui donne
$$2A \sin 40° = 1\,180$$
et
$$A = \frac{1180}{2 \sin 40°} = 918 \text{ N}$$
On a donc
$$A = B = 918 \text{ N}$$

REMARQUE

On aurait pu résoudre le problème en construisant le triangle des forces et en ayant recours à la trigonométrie du triangle quelconque. Cependant, lorsqu'il y a plusieurs forces en présence, la construction du polygone n'est pas facile si on ne connaît pas les grandeurs relatives des forces en présence. Pour appliquer la méthode des composantes, on n'a pas besoin de connaître la grandeur relative des forces: on la détermine algébriquement.

EXEMPLE 10.3.6

Les trois câbles de la situation ci-contre supportent une masse qui exerce une force de 2,54 kN. Par la méthode des composantes, déterminer la tension dans chacun des câbles.

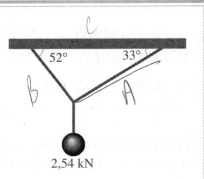

Solution

Construisons le diagramme des forces. Le système étant en équilibre, on a le système d'équations suivant
$$A_x + B_x + C_x = 0$$
$$A_y + B_y + C_y = 0$$
D'où
$$-A \cos 52° + B \cos 33° + 0 = 0$$
$$A \sin 52° + B \sin 33° - 2\,540 = 0$$

Par la première équation, on a alors
$$B \cos 33° = A \cos 52°$$

et
$$B = A \, \frac{\cos 52°}{\cos 33°}$$

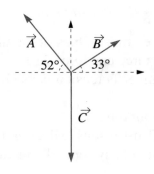

En substituant dans la deuxième équation, on a alors

$$A \sin 52° + A \, \frac{\cos 52°}{\cos 33°} \times \sin 33° = 2\,540$$

ce qui donne $A (\sin 52° + \cos 52° \tan 33°) = 2\,540$

et
$$A = \frac{2\,540}{\sin 52° + \cos 52° \tan 33°} = 2\,140 \text{ N}$$
D'où
$$B = 1\,570 \text{ N}$$

Sir Isaac NEWTON

Isaac NEWTON est né à Whoolsthorpe près de Grantham dans le Lincolnshire le 4 janvier 1643. Il est mort le 31 mars 1727 à Londres. Orphelin de père dès sa naissance, il fut élevé par sa grand-mère, sa mère s'étant remariée avec un fermier d'un village voisin où elle s'installa. À la mort de son beau-père, en 1656, sa mère le retira de l'école pour aider à la ferme. Un de ses oncles insista alors pour qu'il poursuive ses études et fréquente l'université. Il entra au Trinity College de Cambridge en juin 1661.

À Cambridge, il étudia d'abord le droit. Le programme d'études était grandement influencé par la philosophie d'ARISTOTE. En troisième année, les étudiants bénéficiaient d'une plus grande liberté et il entreprit alors l'étude des travaux de DESCARTES, GASSENDI et BOYLE. Il étudia également l'algèbre et la géométrie analytique développées par VIÈTE, DESCARTES et WALLIS. Il s'intéressa à la mécanique et à l'astronomie copernicienne à partir des ouvrages de GALILÉE.

Ses travaux en physique et en mécanique céleste, qui lui ont permis de créer la théorie de la gravitation universelle, constituent ses réalisations les plus importantes. En 1666, il avait déjà des versions préliminaires de ses trois lois du mouvement et il avait découvert la loi de la force centrifuge s'exerçant sur un corps en mouvement circulaire uniforme. Il imagina que la gravité terrestre influençait la lune, équilibrant la force centrifuge. De sa loi de la force centrifuge et de la troisième loi de KÉPLER, il déduisit la loi du carré inverse de la force d'attraction.

De 1673 à 1683, il enseigna l'algèbre et la théorie des équations, mais ses cours n'étaient pas très fréquentés. En 1679, NEWTON entreprit l'étude d'une conjecture de HOOKE selon laquelle un corps dont la trajectoire est régie par la deuxième loi de Képler (aires égales en des temps égaux) est soumis à l'action d'une force centripète, une force d'attraction vers le centre. Newton trouva une démonstration de la conjecture. En 1684, l'astronome Edmund HALLEY demanda à NEWTON ce qu'il pensait de cette conjecture. NEWTON lui répondit qu'il avait résolu ce problème cinq ans plus tôt et qu'il ne savait plus où il avait rangé cette démonstration. HALLEY l'incita à refaire cette démonstration et à la publier.

NEWTON a posé les fondements du calcul différentiel et intégral, ce qui en fait un grand mathématicien. Ses travaux en optique et sur la gravitation en font également un grand physicien.

10.4 EXERCICES

1. Dans le système en équilibre illustré ci-contre, la tension dans le câble est de 860 N.

   a) Construire le diagramme des forces agissant au point A.
   b) Trouver l'intensité des autres forces agissant au point A.

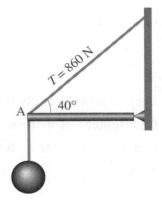

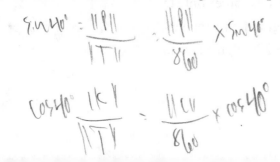

2. Soit le système en équilibre illustré ci-contre.
   a) Construire le diagramme des forces agissant au point A.
   b) Trouver l'intensité des forces agissant au point A.

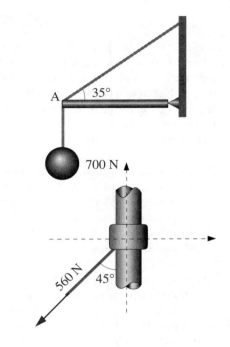

3. Le câble illustré ci-contre exerce une tension de 560 N sur le mât. Quelles sont les composantes horizontale et verticale de cette tension par rapport au système d'axes représenté?

4. Soit le système en équilibre illustré ci-contre.
   a) Construire le diagramme des forces agissant au point A.
   b) Trouver l'intensité des forces agissant au point A.

$$c^2 = a^2 + b^2 - 2ab\cos \angle = 10.77$$
$$\sqrt{10.77} = 3.28$$

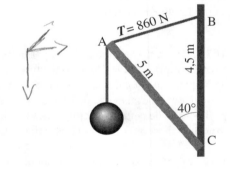

5. Trouver suivant quel angle doit s'exercer la force de 40,0 N pour que la résultante des deux forces soit de 100,0 N. Quel sera alors l'angle de la résultante avec l'horizontale?

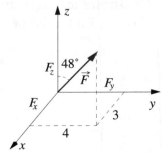

6. Dans le schéma ci-contre, les composantes des forces ont été représentées proportionnellement à leur grandeur. Sachant que la composante F_x de la force $\vec{F}$ est de 270 N, trouver la force $\vec{F}$.

7. Trouver les composantes de la force de 800 N par rapport au système d'axes représenté, sachant que les angles que la force fait avec les axes sont $\alpha = 45°$, $\beta = 55°$ et $\gamma = 65,57°$.

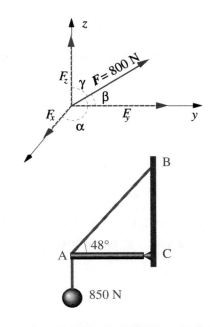

8. Soit le système en équilibre ci-contre.
   a) Construire le diagramme des forces agissant au point A.
   b) Trouver l'intensité des forces agissant au point A.

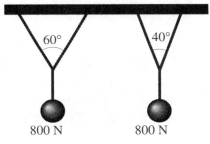

9. Dans la situation symétrique ci-contre, les systèmes sont en équilibre. Trouver la tension dans chacun des câbles.

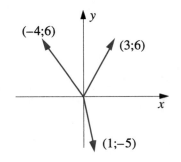

10. Trouver le vecteur résultant des trois vecteurs apparaissant à la figure ci-contre.

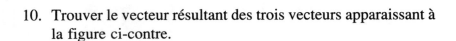

11. Trouver la force résultante des trois forces apparaissant à la figure ci-contre.

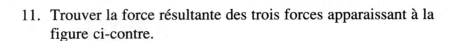

12. Trouver la force résultante du système ci-contre.

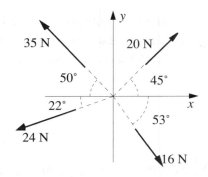

13. Calculer la tension **T** dans les cordes, sachant que le système ci-contre est en équilibre.

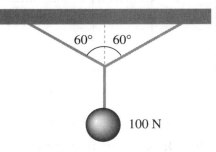

14. Une poutre d'acier est soutenue en son centre par trois câbles. Les tensions et les lignes d'action de chacun de ces câbles sont données à la figure ci-contre. On désire remplacer ces trois câbles par un seul câble. Trouver la tension et l'orientation de ce câble.

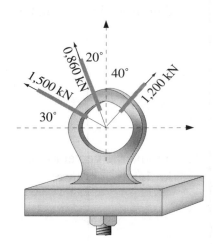

15. Un pilier de béton doit être érigé pour supporter une partie du poids d'une construction. On a déterminé la poussée que subira chacune des poutrelles d'acier reposant sur le pilier de béton. Déterminer la poussée totale que subira le pilier et l'orientation de cette poussée.

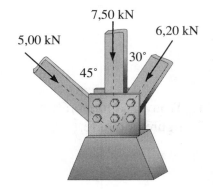

16. Trouver la tension dans les trois câbles A, B et C, sachant que le système ci-contre est en équilibre.

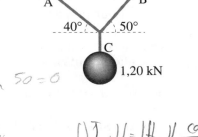

1,20 kN

$-1200 + \|H_1\| \sin 40 + \|H_2\| \sin 50 = 0$

$\|H_1\| = -\dfrac{\cos 50}{\cos 40} \|H_2\|$

$-1200 + \dfrac{\cos 50}{\cos 40} \|H_2\| \sin 40 + \|H_2\| \sin 50 = 0$

$\|H_2\| = \dfrac{1200}{\sin 50 \cdot \cos 50 \tan 40}$

$\| \vec{T}_1 \| = \|H_2\| \dfrac{\cos 50}{\cos 40}$

17. Trouver la tension dans les trois câbles A, B et C, sachant que le système ci-contre est en équilibre.

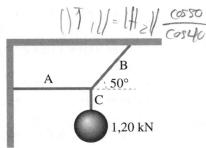

1,20 kN

18. Trouver la tension dans les trois câbles A, B et C, sachant que le système ci-contre est en équilibre.

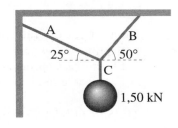

1,50 kN

PRÉPARATION À L'ÉVALUATION
Pour préparer votre examen, assurez-vous d'avoir atteint les objectifs suivants.

Consignez à la page suivante des indications pour vous remémorer plus facilement les notions et concepts qui vous posent le plus de difficultés.

Si vous avez atteint l'objectif, cochez.

☆ **ANALYSER DES SITUATIONS DIVERSES NÉCESSITANT L'UTILISATION DES VECTEURS.**

◯ EFFECTUER LES OPÉRATIONS DE BASE SUR DES VECTEURS EXPRIMÉS SOUS DIFFÉRENTES FORMES.

◇ Convertir en coordonnées polaires un vecteur donné sous forme rectangulaire.
  ❏ Calculer le module et l'arctangente.
  ❏ Déterminer l'argument selon le quadrant.
  ❏ Écrire le vecteur sous la forme polaire.
◇ Convertir en coordonnées rectangulaires un vecteur donné sous forme polaire.
  ❏ Calculer $a_1 = r \cos \theta$ et $a_2 = r \sin \theta$.
  ❏ Écrire le vecteur sous la forme rectangulaire.

◇ Effectuer les opérations de base sur des vecteurs géométriques et des vecteurs algébriques.
  ❏ Exprimer les vecteurs sous la forme adéquate pour effectuer l'opération.
  ❏ Effectuer les opérations.
  ❏ Exprimer le résultat des opérations sous la forme demandée.

◯ UTILISER LES VECTEURS POUR ANALYSER DES SITUATIONS METTANT EN CAUSE DES FORCES.

◇ Calculer les forces en jeu dans un système en équilibre de translation.

◇ Calculer la résultante de plusieurs forces concourantes.

Signification des symboles   ☆ Élément de compétence   ◯ Objectif de section

                              ◇ Procédure ou démarche   ❏ Étape d'une procédure

Notes personnelles

VOCABULAIRE UTILISÉ DANS LE CHAPITRE

DIRECTION D'UN VECTEUR
La *direction* du vecteur est définie par la droite qui sert de support au vecteur.

MODULE
Géométriquement, c'est la longueur du vecteur. Lorsque le vecteur représente une force, c'est la grandeur de cette force.

SENS D'UN VECTEUR
Le *sens* d'un vecteur est le sens de la flèche représentant ce vecteur.

VECTEUR ALGÉBRIQUE
C'est un vecteur dont l'origine coïncide avec l'origine d'un système d'axes. On le désigne par les coordonnées du point à son extrémité.

VECTEURS ÉQUIPOLLENTS
Ce sont des vecteurs ayant même direction, même sens et même module.

VECTEUR GÉOMÉTRIQUE
C'est un segment de droite orienté ayant trois caractéristiques: un module, une direction et un sens.

VECTEUR RÉSULTANT
Le *vecteur résultant* est le vecteur obtenu en effectuant les opérations demandées sur des vecteurs.

PRODUITS DE VECTEURS

Nous verrons dans ce chapitre le produit scalaire et le produit vectoriel. Nous définirons d'abord ces opérations sur des vecteurs géométriques, nous en donnerons les propriétés et nous en présenterons quelques applications physiques. Nous verrons par la suite comment effectuer ces produits sur des vecteurs algébriques à partir des composantes des vecteurs. Au chapitre 12, nous utiliserons ces produits en géométrie vectorielle pour trouver des équations de droites et de plans dans l'espace $\mathbf{R}^3$.

Les activités d'apprentissage de ce chapitre visent à développer l'élément de compétence suivant:

« résoudre des problèmes à l'aide des produits de vecteurs. »

11.1 PRODUIT SCALAIRE

OBJECTIF: Utiliser le produit scalaire dans la résolution de problèmes.

DÉFINITION ET PROPRIÉTÉS

PRODUIT SCALAIRE

Soit $\vec{A}$ et $\vec{B}$ deux vecteurs. Le *produit scalaire* de $\vec{A}$ par $\vec{B}$, noté $\vec{A} \bullet \vec{B}$, donne un scalaire (nombre réel dans les situations présentées) défini par l'égalité suivante:

$$\vec{A} \bullet \vec{B} = \|\vec{A}\| \|\vec{B}\| \cos \angle \vec{A}, \vec{B}.$$

S'il n'y a pas de confusion possible, on notera θ l'angle entre les vecteurs $\vec{A}$ et $\vec{B}$ tel que défini au chapitre 10.

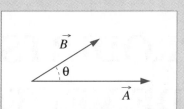

PROPRIÉTÉS DU PRODUIT SCALAIRE

Les propriétés du produit scalaire, que nous accepterons sans démonstration, sont

a) *Commutativité:* $\vec{A} \bullet \vec{B} = \vec{B} \bullet \vec{A}$;

b) *Distributivité sur l'addition vectorielle:* $\vec{A} \bullet (\vec{B} + \vec{C}) = \vec{A} \bullet \vec{B} + \vec{A} \bullet \vec{C}$;

c) *Associativité pour la multiplication par un scalaire:* $(a\vec{A}) \bullet (b\vec{B}) = ab(\vec{A} \bullet \vec{B})$.

PRODUIT SCALAIRE NUL

Soit $\vec{A}$ et $\vec{B}$ deux vecteurs non nuls. Le produit scalaire de ces vecteurs est nul si et seulement si les vecteurs $\vec{A}$ et $\vec{B}$ sont perpendiculaires.

Démonstration

1. Si $\vec{A}$ et $\vec{B}$ sont perpendiculaires, montrons que $\vec{A} \bullet \vec{B} = 0$
   Puisque $\vec{A} \bullet \vec{B} = \|\vec{A}\| \|\vec{B}\| \cos \theta$ et que $\vec{A}$ et $\vec{B}$ sont perpendiculaires, on a donc
   $$\theta = 90° \text{ et } \cos 90° = 0,$$
   d'où $\vec{A} \bullet \vec{B} = 0$.

2. Si $\vec{A} \bullet \vec{B} = 0$, montrons que $\vec{A}$ et $\vec{B}$ sont perpendiculaires.
   Puisque $\vec{A} \bullet \vec{B} = 0$ et que par définition $\vec{A} \bullet \vec{B} = \|\vec{A}\| \|\vec{B}\| \cos \theta$, il faut que l'un des termes du produit $\vec{A} \bullet \vec{B} = \|\vec{A}\| \|\vec{B}\| \cos \theta$ soit nul. Les deux vecteurs étant non nuls, la seule possibilité est donc
   $$\cos \theta = 0, \text{ d'où } \theta = \arccos 0 = 90°.$$
   Les vecteurs $\vec{A}$ et $\vec{B}$ sont donc perpendiculaires.

INTERPRÉTATION GÉOMÉTRIQUE DU PRODUIT SCALAIRE

Soit $\vec{A}$ et $\vec{B}$ deux vecteurs non nuls dont l'origine coïncide et soit b la longueur de la projection orthogonale de $\vec{B}$ sur $\vec{A}$ ou sur sa droite support.

Considérons d'abord le cas où $0° < \theta < 90°$. On constate que

$$b = \|\vec{B}\|\cos\theta.$$

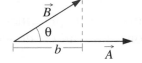

Considérons maintenant le cas où $90° < \theta < 180°$. On constate que

$$b = \|\vec{B}\|\cos(\pi - \theta) = -\|\vec{B}\|\cos\theta = \|\vec{B}\| \,|\cos\theta|.$$

Lorsque $\theta = 90°$, on a $b = 0$ et $\|\vec{B}\| \cos\theta = 0$.

Lorsque $\theta = 0°$, on a $\|\vec{B}\| \,|\cos\theta| = \|\vec{B}\| \cdot 1 = \|\vec{B}\| = b$.

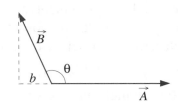

Par conséquent, le produit $\|\vec{A}\|\|\vec{B}\| \,|\cos\theta|$ est, dans tous les cas, le produit du module de $\vec{A}$ par la projection de $\vec{B}$ sur $\vec{A}$.

Ce qui signifie que le produit scalaire $\vec{A}\bullet\vec{B}$ donne, au signe près, le produit du module de $\vec{A}$ par la projection de $\vec{B}$ sur $\vec{A}$. De la même façon, on peut dire que le produit scalaire $\vec{A}\bullet\vec{B}$ donne, au signe près, le produit du module de $\vec{B}$ par la projection de $\vec{A}$ sur $\vec{B}$. On peut donc, à l'aide du produit scalaire, trouver la longueur de la projection du vecteur $\vec{B}$ sur le vecteur $\vec{A}$.

En effet, $$b = \|\vec{B}\|\,|\cos\theta| = \frac{\|\vec{A}\|\|\vec{B}\|\,|\cos\theta|}{\|\vec{A}\|} = \frac{|\vec{A}\bullet\vec{B}|}{\|\vec{A}\|}$$

On notera $\left\|\vec{B}_{(\vec{A})}\right\|$ la longueur de la projection du vecteur $\vec{B}$ sur le vecteur $\vec{A}$.

THÉORÈME 11.1.1

Soit $\vec{A}$ et $\vec{B}$ deux vecteurs non nuls dont l'origine coïncide. La longueur de la projection du vecteur $\vec{B}$ sur le vecteur $\vec{A}$ (ou simplement projection de $\vec{B}$ sur $\vec{A}$) est donnée par

$$\left\|\vec{B}_{(\vec{A})}\right\| = \frac{|\vec{A}\bullet\vec{B}|}{\|\vec{A}\|}$$

REMARQUE

De la même façon, on trouve que la longueur de la projection du vecteur $\vec{A}$ sur le vecteur $\vec{B}$ est donnée par

$$\left\|\vec{A}_{(\vec{B})}\right\| = \frac{|\vec{A}\bullet\vec{B}|}{\|\vec{B}\|}$$

PRODUIT SCALAIRE ET TRAVAIL

Le travail effectué par une force dépend de deux facteurs:
- la force elle-même (direction, sens et intensité);
- le déplacement de cette force.

Lorsque le déplacement s et la force $\vec{F}$ ont la même direction, le travail est donné par

$$T = \left\| \vec{F} \right\| s.$$

Lorsque le déplacement et la force n'ont pas la même direction, seule la composante de la force dans le sens du déplacement permet de faire un travail utile. On a alors

$$T = \left(\left\| \vec{F} \right\| \cos \theta \right) s = \left\| \vec{F} \right\| \cos \theta = \vec{F} \bullet \vec{s}$$

où θ est l'angle entre le vecteur force et le déplacement. Le travail est donc le produit scalaire du vecteur force par le vecteur déplacement. L'unité de la force est le newton (N) et le déplacement est en mètres (m). Le produit de la force par son déplacement est alors donné en newtons-mètres (N·m). L'unité de mesure du travail est le joule (J), où 1 N·m = 1J.

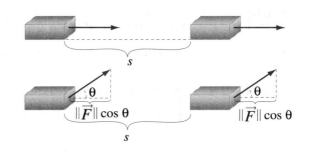

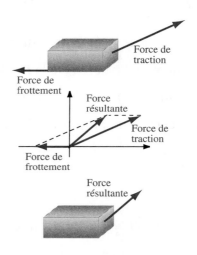

REMARQUE

Lorsque l'angle entre le déplacement et la force est plus grand que 90°, la force nuit au déplacement. On a alors $s < 0$ et $T < 0$. Dans l'illustration ci-contre, la force de frottement nuit au déplacement et le travail de cette force est négatif. Le travail qui cause le déplacement est la résultante des forces agissant sur le corps. Dans les situations que nous présenterons, la force donnée sera, sauf indications contraires, la résultante effectuant un travail utile.

 EXEMPLE 11.1.1

On tire le bloc illustré ci-contre avec une force de 200 N faisant un angle de 30° avec l'horizontale. Trouver le travail effectué pour déplacer le bloc sur une distance de 10 m.

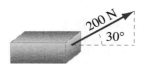

Solution
Le travail est donné par

$$T = \vec{F} \bullet \vec{s}$$

$$= \left(\left\| \vec{F} \right\| \cos \theta \right) s$$

$$= (200 \cos 30°) \times 10 = 1\ 732 \text{ N·m} = 1732 \text{ J} = 1,73 \text{ kJ}.$$

PRODUIT SCALAIRE DE VECTEURS ALGÉBRIQUES

Nous verrons maintenant comment effectuer le produit scalaire de deux vecteurs lorsqu'on connaît les composantes de ceux-ci plutôt que leur module et l'angle entre les deux. Pour montrer comment procéder, nous aurons besoin de la notion de vecteurs orthonormés.

VECTEURS ORTHONORMÉS

On appelle *vecteurs orthonormés* des vecteurs algébriques dont la norme est 1 et qui sont orthogonaux entre eux. On appelle *vecteur unitaire* un vecteur de longueur 1.

Dans $\mathbf{R}^2$, les vecteurs

$$\vec{i} = (1;0)$$
$$\vec{j} = (0;1)$$

sont deux vecteurs orthonormés.

Dans $\mathbf{R}^3$, les vecteurs

$$\vec{i} = (1;0;0)$$
$$\vec{j} = (0;1;0)$$
$$\vec{k} = (0;0;1)$$

sont trois vecteurs orthonormés.

REMARQUE

Il y a d'autres groupes de vecteurs orthonormés dans $\mathbf{R}^2$ ou $\mathbf{R}^3$, mais nous utiliserons seulement ceux présentés plus haut.

PRODUIT SCALAIRE DE VECTEURS ORTHONORMÉS

Les produits $\vec{i} \bullet \vec{j}$, $\vec{i} \bullet \vec{k}$, $\vec{j} \bullet \vec{k}$ sont tous nuls puisque les vecteurs $\vec{i}$, $\vec{j}$ et $\vec{k}$ sont orthogonaux entre eux. Cependant,

$$(\vec{i} \bullet \vec{i}) = (\vec{j} \bullet \vec{j}) = (\vec{k} \bullet \vec{k}) = 1$$

En effet,
$$\vec{i} \bullet \vec{i} = \| \vec{i} \| \| \vec{i} \| \cos 0° = 1$$

d'où
$$\vec{i} \bullet \vec{i} = 1$$

De même, $\vec{j} \bullet \vec{j} = \vec{k} \bullet \vec{k} = 1$.

Tout vecteur algébrique peut s'exprimer à l'aide des vecteurs orthonormés. Ainsi, le vecteur algébrique

$$\vec{A} = (a_1; a_2; a_3)$$

peut s'écrire sous la forme
$$\vec{A} = a_1 \vec{i} + a_2 \vec{j} + a_3 \vec{k}.$$

En effet, on a alors

$$\vec{A} = a_1(1;0;0) + a_2(0;1;0) + a_3(0;0;1) = (a_1;0;0) + (0;a_2;0) + (0;0;a_3) = (a_1;a_2;a_3).$$

Utilisons cette forme pour démontrer comment effectuer le produit de deux vecteurs algébriques.

$$\vec{A} \bullet \vec{B} = (a_1 \vec{i} + a_2 \vec{j} + a_3 \vec{k}) \cdot (b_1 \vec{i} + b_2 \vec{j} + b_3 \vec{k})$$

$$= a_1 b_1 (\vec{i} \bullet \vec{i}) + a_1 b_2 (\vec{i} \bullet \vec{j}) + a_1 b_3 (\vec{i} \bullet \vec{k}) + a_2 b_1 (\vec{j} \bullet \vec{i}) + a_2 b_2 (\vec{j} \bullet \vec{j})$$

$$+ a_2 b_3 (\vec{j} \bullet \vec{k}) + a_3 b_1 (\vec{k} \bullet \vec{i}) + a_3 b_2 (\vec{k} \bullet \vec{j}) + a_3 b_3 (\vec{k} \bullet \vec{k})$$

$$= a_1 b_1 + a_2 b_2 + a_3 b_3$$

En effet, $\vec{i} \bullet \vec{i} = \vec{j} \bullet \vec{j} = \vec{k} \bullet \vec{k} = 1$ et tous les autres produits scolaires sont nuls. Pour effectuer le produit scalaire de deux vecteurs algébriques, il suffit de faire la somme du produit des composantes de même rang.

PRODUIT SCALAIRE DE DEUX VECTEURS ALGÉBRIQUES

Soit $\vec{A} = (a_1; a_2; a_3)$ et $\vec{B} = (b_1; b_2; b_3)$ deux vecteurs algébriques. Le produit scalaire $\vec{A} \bullet \vec{B}$ est donné par

$$\vec{A} \bullet \vec{B} = a_1 b_1 + a_2 b_2 + a_3 b_3$$

REMARQUE

Ce théorème indique la procédure pour effectuer le produit scalaire de vecteurs algébriques de $\mathbf{R}^3$. De même, si $\vec{A}$ et $\vec{B}$ sont deux vecteurs de $\mathbf{R}^2$ et si $\vec{A} = a_1 \vec{i} + a_2 \vec{j}$ et $\vec{B} = b_1 \vec{i} + b_2 \vec{j}$, le produit scalaire est alors donné par
$$\vec{A} \bullet \vec{B} = a_1 b_1 + a_2 b_2$$

PROCÉDURE POUR EFFECTUER LE PRODUIT SCALAIRE DE VECTEURS ALGÉBRIQUES
1. Multiplier les composantes de même rang entre elles.
2. Faire la somme des produits obtenus.
3. Interpréter le résultat dans le contexte et répondre à la question.

 EXEMPLE 11.1.2

Effectuer le produit scalaire $\vec{A} \bullet \vec{B}$ sachant que
$$\vec{A} = (3; -2; 5) \text{ et } \vec{B} = (4; 7; 2)$$

Solution
Il suffit de faire la somme des produits, composante à composante. On trouve donc
$$\vec{A} \bullet \vec{B} = (3 \times 4) + (-2 \times 7) + (5 \times 2) = 12 - 14 + 10 = 8$$

EXEMPLE 11.1.3

Montrer que les vecteurs $\vec{A}$ et $\vec{B}$ sont perpendiculaires, sachant que
$$\vec{A} = (2;-5;7) \text{ et } \vec{B} = (3;4;2)$$

Solution

Les vecteurs sont perpendiculaires si leur produit scalaire est nul. Or,
$$\vec{A} \bullet \vec{B} = (2 \times 3) + (-5 \times 4) + (7 \times 2) = 6 - 20 + 14 = 0.$$
Les vecteurs sont donc perpendiculaires.

En jumelant la définition de produit scalaire, $\vec{A} \bullet \vec{B} = \|\vec{A}\|\|\vec{B}\| \cos \angle \vec{A},\vec{B}$, et la procédure pour effectuer ce produit lorsque les composantes des vecteurs sont connues, on peut calculer l'angle entre les vecteurs. En effet, en isolant $\cos \angle \vec{A},\vec{B}$ dans la définition du produit scalaire, on obtient

$$\cos \angle \vec{A},\vec{B} = \frac{\vec{A} \bullet \vec{B}}{\|\vec{A}\|\|\vec{B}\|}$$

PROCÉDURE POUR CALCULER L'ANGLE ENTRE DEUX VECTEURS

1. Effectuer le produit scalaire des vecteurs.
2. Calculer le module de chacun des vecteurs.
3. Déterminer le cosinus de l'angle entre les vecteurs en calculant le rapport du produit scalaire des vecteurs sur le produit des modules,

$$\cos \angle \vec{A},\vec{B} = \frac{\vec{A} \bullet \vec{B}}{\|\vec{A}\|\|\vec{B}\|}$$

4. Déterminer l'angle entre les vecteurs par la fonction arccosinus,

$$\angle \vec{A},\vec{B} = \arccos\left(\frac{\vec{A} \bullet \vec{B}}{\|\vec{A}\|\|\vec{B}\|}\right)$$

5. Interpréter le résultat dans le contexte.

EXEMPLE 11.1.4

Trouver l'angle entre les vecteurs $\vec{A}$ et $\vec{B}$, sachant que
$$\vec{A} = (3;-2;5) \text{ et } \vec{B} = (4;7;2)$$

Solution

Le produit scalaire des vecteurs donne
$$\vec{A} \bullet \vec{B} = (3 \times 4) + (-2 \times 7) + (5 \times 2) = 12 - 14 + 10 = 8.$$

Les modules sont

$$\|\vec{A}\| = \sqrt{9+4+25} = \sqrt{38} \text{ et } \|\vec{B}\| = \sqrt{16+49+4} = \sqrt{69}$$

Le cosinus de l'angle est alors $\cos \angle \vec{A}, \vec{B} = \dfrac{8}{\sqrt{38}\ \sqrt{69}}$.

D'où $\qquad\qquad\qquad \angle \vec{A}, \vec{B} = \arccos\left(\dfrac{8}{\sqrt{38}\ \sqrt{69}}\right) = 81°.$

L'angle entre les vecteurs est donc de 81°.

Nous avons vu (théorème 11.1.1) que la longueur de la projection de $\vec{B}$ sur $\vec{A}$ est donnée par

$$\|\vec{B}_{(\vec{A})}\| = \dfrac{|\vec{A} \bullet \vec{B}|}{\|\vec{A}\|} ;$$

on peut utiliser ce résultat pour des vecteurs algébriques.

PROCÉDURE POUR TROUVER LA LONGUEUR DE LA PROJECTION
   D'UN VECTEUR ALGÉBRIQUE SUR UN AUTRE
   1. Effectuer le produit scalaire des vecteurs et prendre la valeur absolue du résultat.
   2. Diviser le produit scalaire par le module du vecteur sur lequel on effectue la projection.
   3. Interpréter le résultat dans le contexte.

 EXEMPLE 11.1.5

Trouver la longueur de la projection du vecteur $\vec{A}$ sur le vecteur $\vec{B}$ sachant que

$$\vec{A} = (2;2;5) \text{ et } \vec{B} = (-3;7;8).$$

Solution

Le produit scalaire donne $\vec{A} \bullet \vec{B} = (2 \times -3) + (2 \times 7) + (5 \times 8) = -6 + 14 + 40 = 48$

et le module de $\vec{B}$ est $\|\vec{B}\| = \sqrt{(-3^2) + 7^2 + 8^2} = \sqrt{9+49+64} = \sqrt{122}$.

La projection de $\vec{A}$ sur $\vec{B}$ est alors donnée par

$$\dfrac{|\vec{A} \bullet \vec{B}|}{\|\vec{B}\|} = \dfrac{48}{\sqrt{122}} = 4,35 \text{ unités.}$$

REMARQUE

Le produit scalaire est négatif lorsque l'angle entre les vecteurs est plus grand que 90°. C'est pourquoi il faut prendre la valeur absolue du produit scalaire.

PRODUIT SCALAIRE ET ÉQUATION D'UNE DROITE DANS R^2

> **VECTEUR NORMAL**
> Un *vecteur normal* à une droite est un vecteur perpendiculaire à cette droite. De la même façon, un vecteur normal à un plan est un vecteur perpendiculaire à ce plan.

On peut utiliser le produit scalaire pour trouver l'équation d'une droite dont on connaît un point et un vecteur normal. Pour trouver l'équation d'une telle droite, on doit décrire la condition à laquelle doit satisfaire un point pour être sur cette droite. Lorsqu'on connaît un point P_1 de la droite et un vecteur normal, on peut considérer un vecteur $\overrightarrow{P_1P}$ allant du point P_1 à un point P quelconque. La condition pour que le point P soit sur la droite cherchée est que le vecteur $\overrightarrow{P_1P}$ et le vecteur normal soient perpendiculaires, c'est-à-dire que leur produit scalaire soit nul.

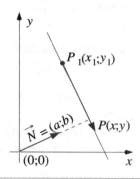

> **PROCÉDURE POUR TROUVER L'ÉQUATION D'UNE DROITE**
> **DONT ON CONNAÎT UN POINT ET UN VECTEUR NORMAL**
> 1. Soit P_1 le point et $\vec{N}$ le vecteur normal, construire le vecteur $\overrightarrow{P_1P}$ allant du point P_1 à un point P quelconque de coordonnées $(x;y)$.
> 2. Effectuer le produit scalaire des vecteurs $\vec{N}$ et $\overrightarrow{P_1P}$.
> 3. Égaler le produit à 0 et regrouper les constantes.

 EXEMPLE 11.1.6

Trouver l'équation cartésienne de la droite passant par le point $P_1(4;5)$ et perpendiculaire au vecteur $\vec{N} = (2;1)$.

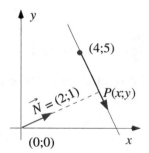

Solution
Soit $P(x;y)$ un point quelconque. Le vecteur $\overrightarrow{P_1P}$ est

$$\overrightarrow{P_1P} = (x - 4; y - 5)$$

Le point P est sur la droite cherchée lorsque le vecteur $\overrightarrow{P_1P}$ est perpendiculaire au vecteur $\vec{N}$, soit lorsque leur produit scalaire est nul. D'où

$$\overrightarrow{P_1P} \bullet \vec{N} = (x - 4; y - 5 \bullet (2;1) = 0$$
$$2x - 8 + y - 5 = 0$$
et $\qquad 2x + y - 13 = 0.$

> **REMARQUE**

Les coefficients de x et y dans l'équation cartésienne d'une droite de $\mathbf{R}^2$ donnent toujours un vecteur normal à la droite.

ANGLE ENTRE DEUX DROITES

L'équation cartésienne des droites de $\mathbf{R}^2$ permet de trouver des vecteurs normaux à ces droites et l'angle θ entre ces vecteurs permet de trouver l'angle α entre les droites. Rappelons que l'angle entre deux droites est toujours le plus petit angle formé par les droites. Par conséquent, l'angle entre les droites est toujours compris entre 0° et 90° alors que l'angle entre les vecteurs est toujours compris entre 0° et 180°.

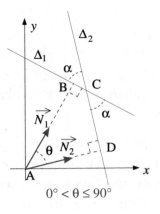

$0° < \theta \leq 90°$

Cependant, on constate facilement, figures ci-contre, qu'en faisant tourner les vecteurs $\overrightarrow{N_1}$ et $\overrightarrow{N_2}$ de 90° autour de l'origine, leurs droites support sont parallèles aux droites Δ_1 et Δ_2.

On a alors

- $\alpha = \theta$ si $0° < \theta \leq 90°$;
- $\alpha = 180° - \theta$ si $90° < \theta < 180°$.

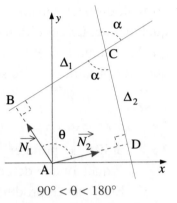

$90° < \theta < 180°$

> *PROCÉDURE POUR TROUVER L'ANGLE*
> *ENTRE DEUX DROITES DE* R^2
> 1. Déterminer des vecteurs normaux aux droites.
> 2. Trouver l'angle θ entre ces vecteurs.
> 3. Trouver l'angle α entre les droites:
>   - $\alpha = \theta$ si $0° < \theta \leq 90°$;
>   - $\alpha = 180° - \theta$ si $90° < \theta < 180°$.

 EXEMPLE 11.1.7

Trouver l'angle entre les droites d'équation
$$2x + 3y - 5 = 0$$
$$3x - 4y + 8 = 0$$

Solution

Les vecteurs normaux sont respectivement $\overrightarrow{A} = (2;3)$ et $\overrightarrow{B} = (3;-4)$.

Puisque
$$\overrightarrow{A} \bullet \overrightarrow{B} = \|\overrightarrow{A}\| \|\overrightarrow{B}\| \cos\theta,$$

$$\cos\theta = \frac{\overrightarrow{A} \bullet \overrightarrow{B}}{\|\overrightarrow{A}\| \|\overrightarrow{B}\|} = \frac{6-12}{\sqrt{13}\sqrt{25}} = \frac{-6}{\sqrt{13}\sqrt{25}}.$$

Et
$$\theta = \arccos\left(\frac{-6}{\sqrt{13}\sqrt{25}}\right) = 109,44°$$

L'angle entre les droites est donc $\alpha = 180° - \theta = 70,56°$.

DISTANCE D'UN POINT À UNE DROITE

Soit une droite Δ et $P(x_1;y_1)$ un point de $\mathbf{R}^2$ extérieur à cette droite. La distance du point à la droite est la longueur de la perpendiculaire abaissée du point sur la droite. Pour déterminer cette longueur, considérons un point A quelconque de la droite Δ et déterminons le vecteur algébrique $\overrightarrow{AP}$. La distance du point P à la droite, notée $d(P,\Delta)$, est alors égale à la longueur de la projection orthogonale du vecteur $\overrightarrow{AP}$ sur le vecteur normal $\overrightarrow{N}$.

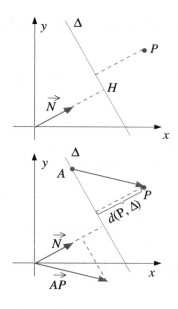

 PROCÉDURE POUR TROUVER LA DISTANCE D'UN POINT À UNE DROITE

1. Déterminer un vecteur normal à la droite.
2. Déterminer un point A de la droite.
3. Construire le vecteur $\overrightarrow{AP}$ allant du point A sur la droite au point P dont on cherche la distance à la droite.
4. Utiliser le produit scalaire pour trouver la longueur de la projection du vecteur $\overrightarrow{AP}$ sur le vecteur normal $\overrightarrow{N}$. Cette projection est la distance cherchée.

> **EXEMPLE 11.1.8**

Trouver la distance du point P(4;7) à la droite d'équation $2x - 5y + 7 = 0$.

Solution

Le vecteur $\overrightarrow{N} = (2;-5)$ est normal à la droite. Déterminons un point quelconque de la droite. Pour ce faire, il suffit d'assigner une valeur quelconque à l'une des variables et de calculer la valeur de l'autre variable à l'aide de l'équation. Ainsi, en posant $x = 9$ dans l'équation, on trouve $18 - 5y + 7 = 0$, d'où $y = 5$. Le point $(9;5)$ est donc un point de la droite. Le vecteur $\overrightarrow{AP}$ est alors

$$\overrightarrow{AP} = \overrightarrow{OP} - \overrightarrow{OA} = (4;7) - (9;5) = (-5;2)$$

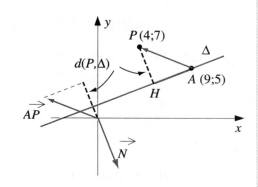

et la distance du point à la droite est alors donnée par la projection du vecteur $\overrightarrow{AP}$ sur le vecteur $\vec{N}$.

$$d(P, \Delta) = \left\| \overrightarrow{AP}_{(\vec{N})} \right\| = \frac{\left| \overrightarrow{AP} \bullet \vec{N} \right|}{\left\| \vec{N} \right\|} = \frac{|-10-10|}{\sqrt{4+25}} = \frac{20}{\sqrt{29}} = 3,71 \text{ unités.}$$

ÉQUATIONS PARAMÉTRIQUES D'UNE DROITE DANS $\mathbf{R}^2$

On peut déterminer l'équation d'une droite passant par un point $P_1(x_1;y_1)$ et parallèle à un vecteur $\vec{D} = (a;b)$ en se servant de la condition de parallélisme des vecteurs présentée au chapitre 10.

VECTEUR DIRECTEUR

Un *vecteur directeur* est un vecteur parallèle à un lieu géométrique, droite ou plan.

Pour qu'un point quelconque $P(x;y)$ soit sur la droite passant par P_1 et parallèle au vecteur directeur, il faut que le vecteur $\overrightarrow{P_1P}$ soit parallèle au vecteur directeur. Ce qui signifie qu'il existe un scalaire t tel que

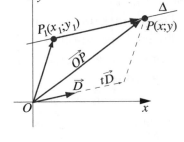

$$\overrightarrow{P_1P} = t\vec{D}$$

De plus, la position du point P est décrite vectoriellement par

$$\overrightarrow{OP} = \overrightarrow{OP_1} + \overrightarrow{P_1P} = \overrightarrow{OP_1} + t\vec{D}$$

On a donc

$$(x;y) = (x_1;y_1) + t(a;b)$$

On obtient alors l'*équation paramétrique* de la droite, soit

$$\begin{cases} x = x_1 + at \\ y = y_1 + bt \end{cases}$$

PROCÉDURE POUR TROUVER L'ÉQUATION D'UNE DROITE
    DONT UN POINT ET UN VECTEUR DIRECTEUR SONT DONNÉS

1. Construire le vecteur $\overrightarrow{P_1P}$, où P est un point quelconque du plan.

2. Établir l'équation vectorielle $\overrightarrow{OP} = \overrightarrow{OP_1} + t\vec{D}$, où $\vec{D}$ est le vecteur directeur de la droite.

3. Utiliser l'égalité vectorielle pour écrire l'équation paramétrique, $\begin{cases} x = x_1 + at \\ y = y_1 + bt \end{cases}$.

 EXEMPLE 11.1.9

Trouver l'équation paramétrique, puis l'équation cartésienne, de la droite passant par le point $(3;2)$ et parallèle au vecteur $\vec{D} = (-1;3)$.

Solution

Considérons un point $P(x;y)$ quelconque. Ce point est sur la droite cherchée si le vecteur $\overrightarrow{P_1P}$ est parallèle au vecteur directeur. C'est dire que le point est sur la droite s'il existe un scalaire t tel que

$$\overrightarrow{OP} = \overrightarrow{OP_1} + t\vec{D}$$

ce qui donne $\qquad (x;y) = (3;2) + t(-1;3)$

L'équation paramétrique est $\begin{cases} x = 3 - t \\ y = 2 + 3t \end{cases}$.

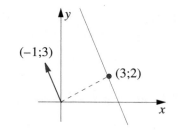

Pour trouver l'équation cartésienne à partir de l'équation paramétrique, il faut éliminer le paramètre. Pour ce faire, isolons t dans chacune des équations.

$$x = 3 - t \quad \text{donne } t = \frac{x - 3}{-1}$$

$$y = 2 + 3t \quad \text{donne } t = \frac{y - 2}{3}$$

d'où $\qquad \dfrac{x - 3}{-1} = \dfrac{y - 2}{3}$ et $3x - 9 = -y + 2$

et l'équation cartésienne est $\qquad 3x + y - 11 = 0$.

REMARQUE

L'équation paramétrique d'une droite n'est pas unique, car on peut prendre n'importe quel point de la droite et n'importe quel vecteur parallèle à la droite pour décrire celle-ci.

11.2 EXERCICES

1. Effectuer les produits suivants:

    a) $\vec{i} \bullet \vec{i}$ \

    b) $\vec{j} \bullet \vec{j}$ \

    c) $\vec{i} \bullet \vec{j}$ ⓪

    d) $\vec{j} \bullet \vec{k}$ ⓪

    e) $(\vec{i} + \vec{j}) \bullet (\vec{i} + \vec{k})$ \

    f) $(\vec{i} + \vec{j} + \vec{k}) \bullet (\vec{i} + \vec{k})$ 2

    g) $(-2;3;5) \bullet (4;1;4)$ 15

    h) $(3;2;-7) \bullet (4;2;-5)$ 51

    i) $(4;-5;8) \bullet (3;3;-6)$ -51

    j) $(-3;5;2) \bullet (7;-5;3)$ -40

2. Soit $\vec{A} = 2\vec{i} + 4\vec{j}$. Trouver x et y tels que $\vec{B} = x\vec{i} + y\vec{j}$ soit perpendiculaire à $\vec{A}$ et $\|\vec{B}\| = \sqrt{5}$.

3. Montrer que les vecteurs suivants sont perpendiculaires

$$\vec{A} = 2\vec{i} + 3\vec{j} + 2\vec{k} \text{ et } \vec{B} = 2\vec{i} + 2\vec{j} - 5\vec{k}$$

$2 \cdot 2 + 3 \cdot 2 + 2 \cdot -5 = 0$

$4 + 6 + -10 = 0$

4. Soit deux segments de droite AB et CD dont les pentes sont respectivement m_1 et m_2. Montrer que si AB et CD sont perpendiculaires, alors le produit des pentes de ces droites est égal à –1, c'est-à-dire $m_1 m_2 = -1$.

5. Soit $\vec{A}$ et $\vec{B}$ deux vecteurs unitaires faisant avec l'axe des x des angles α et β respectivement.

   a) Montrer que $\vec{A} = (\cos\alpha; \sin\alpha)$ et $\vec{B} = (\cos\beta; \sin\beta)$.

   b) En utilisant le fait que $\cos\angle\vec{A}, \vec{B} = \dfrac{\vec{A} \bullet \vec{B}}{\|\vec{A}\|\|\vec{B}\|}$,

   montrer que $\cos(\alpha - \beta) = \cos\alpha\cos\beta + \sin\alpha\sin\beta$ et $\cos(\alpha + \beta) = \cos\alpha\cos\beta - \sin\alpha\sin\beta$.

6. Trouver l'angle entre les vecteurs $\vec{A}$ et $\vec{B}$ sachant que

   a) $\vec{A} = 2\vec{i} + 4\vec{j} + \vec{k}$ et $\vec{B} = 2\vec{i} + 3\vec{j} - 2\vec{k}$

   b) $\vec{A} = 2\vec{i} + 3\vec{j} - \vec{k}$ et $\vec{B} = 3\vec{i} + 4\vec{j} + \vec{k}$

   c) $\vec{A} = 3\vec{i} - 2\vec{j} - 3\vec{k}$ et $\vec{B} = \vec{i} - \vec{j} + 3\vec{k}$

7. On déplace un bloc sur une distance de 50 m en le tirant avec une force de 250 N faisant un angle de 26° avec l'horizontale. Calculer le travail effectué.

8. On monte un bloc sur un plan incliné en le poussant avec une force de 200 N. En considérant que la longueur du bloc est négligeable,

   a) Trouver le travail effectué pour monter le bloc en haut du plan incliné si la force appliquée est parallèle au plan incliné.

   b) Calculer l'intensité de la force horizontale effectuant le même travail pour le même déplacement.

   c) Calculer l'intensité de la force minimale qui permettrait de monter le bloc à la même hauteur de 6 m, verticalement, sans plan incliné.

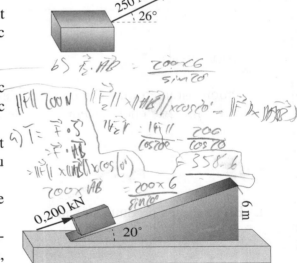

9. On monte un bloc sur le plan incliné ci-contre en le poussant avec une force de 200 N.

   a) Trouver le travail effectué pour monter le bloc tout en haut du plan incliné si la force appliquée est parallèle au plan incliné.

   b) Calculer l'intensité de la force horizontale effectuant le même travail.

   c) Calculer l'intensité de la force minimale qui permettrait de monter le bloc à la même hauteur de 3 m, verticalement, sans plan incliné.

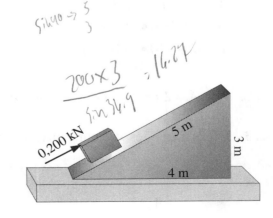

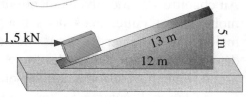

10. On monte un bloc sur le plan incliné ci-contre en le poussant avec une force horizontale de 1,5 kN.

   a) Trouver le travail effectué pour monter le bloc tout en haut du plan incliné.

   b) Calculer l'intensité de la force minimale qui permettrait de monter le bloc à la même hauteur de 5 m, verticalement, sans plan incliné.

11. On veut faire glisser un bloc sur le sol en lui appliquant des forces de 200 N et 300 N. Quel est le travail effectué pour déplacer le bloc sur une distance de 10 m?

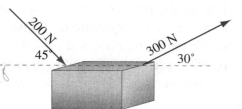

12. Donner l'équation cartésienne de la droite passant par le point P_1 et de vecteur normal $\vec{N}$.

   a) $P_1(2;4)$ et $\vec{N} = (3;-1)$ *b)* $P_1(5;-2)$ et $\vec{N} = (-2;3)$

   c) $P_1(-3;-2)$ et $\vec{N} = (4;-7)$ *d)* $P_1(4;6)$ et $\vec{N} = (2;7)$

13. Représenter graphiquement les droites données par les équations paramériques suivantes:

   a) $x = t$; $y = 2t$ *b)* $x = -4 + 3t$; $y = 2 + t$

   c) $x = 2 - t$; $y = 1 + 4t$ *d)* $x = 4 - 3t$; $y = 1 + t$

14. Trouver la longueur de la projection du vecteur $\vec{A}$ sur le vecteur $\vec{B}$ sachant que

   a) $\vec{A} = (2;3)$ et $\vec{B} = (-3;5)$ *b)* $\vec{A} = (-1;3;2)$ et $\vec{B} = (2;-3;4)$

   c) $\vec{A} = (2;-3;5)$ et $\vec{B} = (4;-3;4)$

15. Trouver la distance du point P à la droite Δ. Représenter graphiquement le point P, la droite Δ et le point A choisi sur la droite, ainsi que le vecteur $\vec{AP}$.

   a) $P(-3;5)$ et Δ: $2x + 3y - 2 = 0$ *b)* $P(8;-3)$ et Δ: $5x - 4y + 12 = 0$

   c) $P(-7;-5)$ et Δ: $8x - 2y + 24 = 0$

16. Montrer, à l'aide du produit scalaire, que l'angle formé en joignant un point quelconque de la circonférence d'un cercle aux extrémités de son diamètre est un angle droit.

11.3 PRODUIT VECTORIEL ET MOMENT D'UNE FORCE

Au chapitre 10, nous avons mentionné qu'un corps est en équilibre de rotation lorsque la somme de ses moments est nulle, mais nous n'avons pas utilisé ce fait dans l'analyse de situations. Nous allons maintenant présenter les outils vectoriels permettant l'analyse des moments. Rappelons que dans l'étude des translations, on associe les forces à l'accélération linéaire d'un corps, l'accélération étant directement proportionnelle à la force et inversement proportionnelle à la masse. Lorsque le système est en équilibre de translation, la somme des forces est nulle. Physiquement, un système est en équilibre de translation s'il se déplace à vitesse constante (équilibre dynamique) ou si sa vitesse est nulle (équilibre statique). Dans l'étude des rotations, c'est le moment d'une force que l'on associe à l'accélération angulaire. Lorsque le système est en équilibre de rotation, la somme des moments est nulle. Physiquement, un système est en équilibre de rotation s'il est en rotation à vitesse constante (équilibre dynamique) ou si sa vitesse de rotation est nulle (équilibre statique). Dans cette section, nous allons d'abord présenter l'opération de produit vectoriel dont une des applications est le calcul du moment des forces.

OBJECTIF: Utiliser le produit vectoriel dans la résolution de problèmes.

DÉFINITION ET PROPRIÉTÉS

PRODUIT VECTORIEL

Soit $\vec{A}$ et $\vec{B}$ deux vecteurs. Le *produit vectoriel* de $\vec{A}$ par $\vec{B}$, noté $\vec{A} \times \vec{B}$, donne un nouveau vecteur $\vec{C}$ défini de la façon suivante:

- la direction du vecteur $\vec{C}$ est perpendiculaire aux vecteurs $\vec{A}$ et $\vec{B}$;

- le sens de $\vec{C}$ est donné par la règle de la vis. On applique la règle de la vis en tournant de $\vec{A}$ vers $\vec{B}$ en suivant l'angle entre les vecteurs. Le vecteur résultant ira dans le même sens que la vis imaginaire;

- le module de $\vec{C}$ est donné par $\| \vec{C} \| = \| \vec{A} \| \| \vec{B} \| \sin \angle \vec{A}, \vec{B}$.

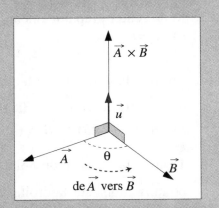

Illustrons cette définition à l'aide des vecteurs $\vec{A} = 3\vec{k}$ et $\vec{B} = 2\vec{j}$. En effectuant le produit vectoriel $\vec{A} \times \vec{B}$, on obtient un vecteur dont la direction est la même que l'axe des x et, en faisant tourner une vis de $\vec{A}$ vers $\vec{B}$, toujours en suivant l'angle entre les vecteurs, on voit que la vis va s'enfoncer vers la direction négative de l'axe des x, ce qui indique le sens du vecteur $\vec{A} \times \vec{B}$. De plus, le module est

$$\| \vec{A} \times \vec{B} \| = \| 3\vec{k} \| \| 2\vec{j} \| \sin 90° = 3 \times 2 \times 1 = 6.$$

Le vecteur de module 6 dont le sens est le même que la direction négative de l'axe des x est le vecteur $-6\vec{i}$. On a donc

$$\vec{A} \times \vec{B} = -6\vec{i}.$$

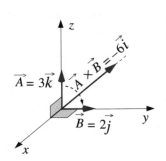

PROPRIÉTÉS DU PRODUIT VECTORIEL

a) *Anticommutativité*

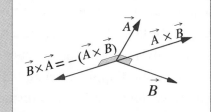

$$\vec{A} \times \vec{B} = -(\vec{B} \times \vec{A})$$

Les vecteurs $\vec{A} \times \vec{B}$ et $\vec{B} \times \vec{A}$ sont donc des vecteurs de même module et de même direction mais, comme l'indique la règle de la vis, ils sont de sens contraire.

b) *Associativité pour la multiplication par un scalaire*

$$a\vec{A} \times b\vec{B} = ab(\vec{A} \times \vec{B}), \text{ où } a \text{ et } b \text{ sont des scalaires.}$$

c) *Distributivité sur l'addition vectorielle*

$$\vec{A} \times (\vec{B} + \vec{C}) = \vec{A} \times \vec{B} + \vec{A} \times \vec{C}$$

$$(\vec{A} + \vec{B}) \times \vec{C} = \vec{A} \times \vec{C} + \vec{B} \times \vec{C}$$

PRODUIT VECTORIEL NUL

Si $\vec{A}$ et $\vec{B}$ sont deux vecteurs non nuls, alors $\vec{A} \times \vec{B} = \vec{0}$ si et seulement si les vecteurs $\vec{A}$ et $\vec{B}$ ont une même direction.

Démonstration

$$\vec{A} \times \vec{B} = \vec{0} \iff \| \vec{A} \times \vec{B} \| = 0$$

$$\iff \| \vec{A} \| \| \vec{B} \| \sin \angle \vec{A}, \vec{B} = 0$$

$$\iff \sin \angle \vec{A}, \vec{B} = 0, \text{ car } \| \vec{A} \| \neq 0 \text{ et } \| \vec{B} \| \neq 0$$

$$\iff \angle \vec{A}, \vec{B} = 0° \text{ ou } \angle \vec{A}, \vec{B} = 180°$$

$$\iff \vec{A} \text{ et } \vec{B} \text{ sont parallèles.}$$

INTERPRÉTATION GÉOMÉTRIQUE DU PRODUIT VECTORIEL

Soit $\vec{A}$ et $\vec{B}$ deux vecteurs ayant même origine. Le module du produit vectoriel de ces deux vecteurs est

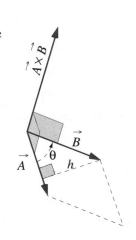

$$\| \vec{A} \times \vec{B} \| = \| \vec{A} \| \| \vec{B} \| \sin \theta$$

où θ est l'angle entre les vecteurs. Traçons le parallélogramme engendré par les vecteurs $\vec{A}$ et $\vec{B}$. Après avoir choisi $\| \vec{A} \|$ comme base, abaissons la hauteur h de ce parallélogramme. On constate que

$$\sin \theta = \frac{h}{\| \vec{B} \|}, \text{ d'où } h = \| \vec{B} \| \sin \theta$$

Par conséquent, le module

$$\| \vec{A} \times \vec{B} \| = \| \vec{A} \| \| \vec{B} \| \sin \theta = \| \vec{A} \| h$$

donne le produit de la base $\| \vec{A} \|$ par la hauteur h, soit l'aire du parallélogramme construit sur $\vec{A}$ et $\vec{B}$.

MOMENTS

En poussant une porte à fermeture automatique, on a tous remarqué que si la poussée est exercée trop près des gonds, la porte est difficile à ouvrir. Cependant, si la poussée est effectuée loin des gonds, la porte est facile à ouvrir. Il y a trois facteurs qui jouent un rôle dans ce phénomène: l'intensité de la force, la distance entre le point d'application de la force et l'axe de rotation et l'angle que fait le vecteur décrivant la force avec le vecteur décrivant la distance. Analysons un peu plus en détail cette réalité.

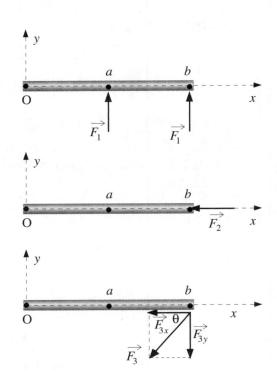

Considérons une tige au repos fixée à une surface lisse à une extrémité, le point O, mais libre de pivoter autour de ce point dans le plan de la feuille de papier. Si l'on applique une force $\vec{F_1}$ au point a situé au milieu de la tige, la tige va subir une accélération de rotation qui va la faire pivoter autour de l'axe de rotation O perpendiculaire à la feuille de papier. Si l'on applique la même force à l'extrémité b, la tige va subir une accélération de rotation deux fois plus grande.

Considérons maintenant l'effet de la force $\vec{F_2}$ appliquée au même point b. La ligne d'action de cette force passe par l'axe de rotation O et ne créera aucun mouvement de rotation.

On constate facilement que l'accélération de rotation communiquée à la tige dépend de la direction de la force. Considérons maintenant ce qui se passerait si on appliquait la force $\vec{F_3}$ au point b. Cette force est décomposable en une somme de deux vecteurs $\vec{F_{3x}}$ et $\vec{F_{3y}}$.

Le vecteur $\vec{F_{3x}}$ passe par l'axe de rotation et ne produit aucun mouvement de rotation, alors que le vecteur $\vec{F_{3y}}$ produit une accélération de rotation. L'intensité de cette accélération ne dépend pas de l'intensité de la force $\vec{F_3}$ mais de l'intensité de $\vec{F_{3y}}$, soit $\| \vec{F_{3y}} \| = \| \vec{F_3} \| \sin \theta$. On remarque, de plus, que la force $\vec{F_3}$ engendre une rotation de sens horaire alors que la force $\vec{F_1}$ créait une rotation de sens antihoraire.

Si l'on considère maintenant la force $\vec{F_4}$, on constate que cette force va également être à l'origine d'une rotation de sens horaire. Les rotations de sens antihoraire seront dites positives et les rotations de sens horaire seront négatives.

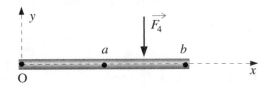

MOMENT D'UNE FORCE

Le *moment* d'une force $\vec{F}$ par rapport à un axe A est la tendance à la rotation par rapport à cet axe que la force communique au corps sur lequel elle agit. Le moment est un vecteur; il est obtenu par le produit vectoriel du vecteur $\vec{F}$ par le vecteur rayon $\vec{r}$ entre l'axe de rotation et le point d'application du vecteur. On note

$$\vec{M} = \vec{r} \times \vec{F}$$

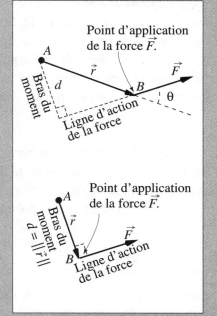

L'*axe de rotation* est la ligne imaginaire autour de laquelle tourne l'objet. Dans les illustrations ci-contre, le point A représente l'axe de rotation qui est perpendiculaire à la feuille de papier.

Le *bras du moment* est la distance d entre la ligne d'action de la force et l'axe de rotation. Lorsque les vecteurs $\vec{F}$ et $\vec{r}$ sont perpendiculaires, le bras du moment est la longueur du vecteur $\vec{r}$.

Le bras du moment est mesuré en mètres (m) et la force est mesurée en newtons (N). L'intensité du moment est mesurée en newtons-mètres (N·m) ou en joules (J).

 EXEMPLE 11.3.1

Trouver l'intensité du moment de la force $\vec{F}$ par rapport au point A dans le montage illustré ci-contre.

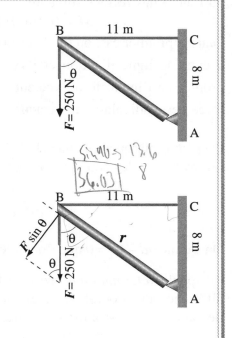

Solution

La distance d entre la ligne d'action et l'axe de rotation est de 11 m et l'intensité de la force est de 250 N. On a donc

$$M = d\,F \sin 90° = 11 \times 250 \times 1 = 2\,750 \text{ N·m.}$$

On peut également faire le produit de la longueur de la tige AB par la composante de la force perpendiculaire à la tige, ce qui donne

$$r = \overline{AB} = \sqrt{8^2 + 11^2} = 13,6 \text{ m et } \theta = \arctan\left(\frac{11}{8}\right) = 54°$$

d'où $M = r\,F \sin\theta = 13,6 \times 250 \times 0,809 = 2\,750$ N·m

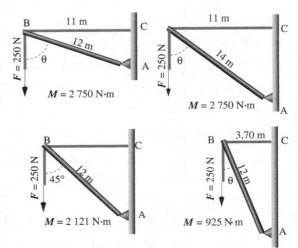

REMARQUE

Dans l'exemple précédent, le bras du moment était de 11 m, soit la distance entre la ligne d'action et l'axe de rotation. Quelle que soit la longueur de la tige, si la distance entre la ligne d'action de la force de 250 N et l'axe de rotation est de 11 m, le moment sera toujours de 2 750 N·m.

Cependant, si on utilise une barre de longueur fixe et que l'on fait varier l'angle entre la barre et le mur AC, la distance entre la ligne d'action de la force et l'axe de rotation varie et il en est de même pour le moment.

REMARQUE

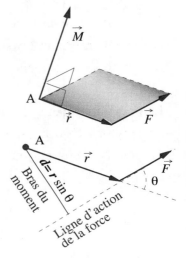

Le moment est un vecteur dont l'intensité mesurée en newtons-mètres (N·m) est égale à l'aire du parallélogramme formé par les vecteurs $\vec{r}$ et $\vec{F}$. Cette intensité est donnée par

$$\| \vec{M} \| = \| \vec{r} \| \| \vec{F} \| \sin\theta$$

Pour alléger l'écriture, on écrira souvent

$$M = rF \sin\theta$$

où θ est l'angle entre les deux vecteurs et M, r et F représentent respectivement le module des vecteurs $\vec{M}$, $\vec{r}$ et $\vec{F}$.

Pour calculer l'intensité du moment, on peut effectuer le produit sous l'une ou l'autre des formes suivantes

$$M = (r \sin\theta) F \text{ et } M = r (F \sin\theta)$$

Dans le premier cas, on fait le produit de l'intensité de la force par la distance d entre la ligne d'action et l'axe de rotation. Dans l'autre cas, on fait le produit de l'intensité du vecteur $\vec{r}$ par la longueur de la composante de la force perpendiculaire au vecteur $\vec{r}$.

On peut remarquer que dans la figure formée, il y a deux triangles rectangles semblables et les côtés homologues sont proportionnels, ce qui donne

$$\frac{a}{c} = \frac{b}{d}, \text{ d'où } ad = bc$$

On a donc $ad - bc = 0$ que l'on note $\begin{vmatrix} a & b \\ c & d \end{vmatrix} = 0$. Le tableau de nombres $\begin{vmatrix} a & b \\ c & d \end{vmatrix}$ est appelé *déterminant d'ordre 2* (det). Sa valeur est obtenue en effectuant la différence du produit des diagonales, en respectant l'ordre indiqué par la flèche dans l'illustration ci-contre.

$$M = (r \sin\theta) F$$

$$M = r (F \sin\theta)$$

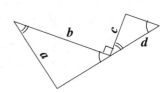

La définition des moments permet de décrire la situation d'une balance en équilibre. Un poids plus faible peut équilibrer un poids plus lourd, pour autant que leur distance au pivot soit inversement proportionnelle à leur poids.

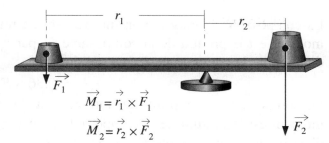

$$\vec{M}_1 = \vec{r}_1 \times \vec{F}_1$$

$$\vec{M}_2 = \vec{r}_2 \times \vec{F}_2$$

MOMENT ET COMPOSANTES

Il est parfois très utile, parce que plus simple, d'analyser les situations en considérant les composantes des vecteurs en présence. Considérons la situation ci-contre où une force est appliquée à un bloc dont les dimensions sont données, cette force agissant dans le plan perpendiculaire à l'arête du bloc qui joue le rôle d'axe de rotation. Nous allons calculer le moment de cette force par rapport à l'axe de rotation en procédant de deux façons:

• nous allons d'abord procéder à partir de la définition et calculer
$$M = r F \sin \theta \,;$$

• puis nous allons faire la somme des moments des composantes, soit

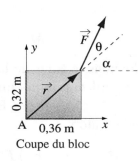

$$M = det(\vec{r}, \vec{F}) = \begin{vmatrix} r_x & r_y \\ F_x & F_y \end{vmatrix} = r_x F_y - r_y F_x$$

Cette présentation a pour but d'illustrer le théorème de VARIGNON que nous énoncerons plus loin sans le démontrer.

Calcul de $M = r F \sin \theta$

Il faut calculer r et l'angle θ entre les vecteurs. La longueur r s'obtient par le théorème de PYTHAGORE:

$$r = \sqrt{0{,}36^2 + 0{,}32^2} = 0{,}48 \text{ m}$$

Pour trouver l'angle entre les vecteurs, il faut calculer l'angle que fait le vecteur $\vec{r}$ avec l'horizontale, ce qui donne

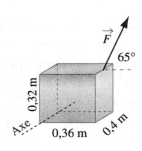

$$\alpha = \arctan\left(\frac{0{,}32}{0{,}36}\right) = 41{,}6°.$$

L'angle entre les vecteurs est $\theta = 65° - \alpha = 23{,}4°$. On a donc
$$M = r F \sin \theta = 0{,}48 \text{ m} \times F \times \sin 23{,}4° \text{ N} = 0{,}19 F \text{ J}.$$

Coupe du bloc

Calcul de $M = r_x F_y - r_y F_x$

Les vecteurs $\vec{r}$ et $\vec{F}$ sont dans un même plan et l'on peut considérer un système d'axes dont l'origine est au point A représentant l'axe de rotation qui pénètre dans la feuille. On peut déterminer les composantes horizontale et verticale des deux vecteurs. Les composantes du vecteur $\vec{F}$ sont F_x et F_y et celles du vecteur $\vec{r}$ sont r_x et r_y.

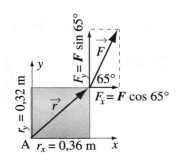

$$M = det(\vec{r}, \vec{F}) = \begin{vmatrix} r_x & r_y \\ F_x & F_y \end{vmatrix} = \begin{vmatrix} 0{,}36 & 0{,}32 \\ F\cos 65° & F\sin 65° \end{vmatrix}$$

$$= 0{,}36 \, F\sin 65° - 0{,}32 \, F\cos 65°$$

$$= 0{,}19 \, F \text{ J}.$$

La composante F_y imprime un mouvement de rotation de sens antihoraire: son moment est positif. Ce moment est le produit de la composante F_y par r_x, qui est la distance entre l'axe de rotation et la ligne d'action de la composante F_y, ce qui donne

$$r_x F_y = 0{,}36 \times F \sin 65° = 0{,}33 \ F \ \text{J}$$

La composante F_x imprime un mouvement de rotation de sens horaire: son moment est négatif. Ce moment est le produit de la composante F_x par r_y, qui est la distance entre l'axe de rotation et la ligne d'action de la composante F_x, ce qui donne

$$-r_y F_x = -0{,}32 \times F \cos 65° = -0{,}14 \ F \ \text{J}$$

On trouve alors

$$M = r_x F_y - r_y F_x = 0{,}33 \ F \ \text{J} - 0{,}14 \ F \ \text{J} = 0{,}19 \ F \ \text{J}$$

On constate que le résultat est le même. Cela ne constitue pas une démonstration, mais seulement une illustration de ce que permet le théorème de VARIGNON énoncé à la page suivante. Dans notre illustration, les composantes étaient perpendiculaires entre elles, mais ce n'est pas toujours le cas, en particulier lorsqu'un vecteur représente une force résultante. Le moment de la résultante est alors la somme des moments des composantes.

Dans notre exemple, on a arrondi les nombres à deux décimales; peut-on dès lors avoir vraiment égalité? On peut démontrer et généraliser le résultat précédent en considérant la situation ci-contre, où les côtés a, b et c ainsi que l'angle θ sont quelconques.

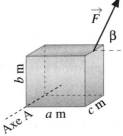

Calcul de $M = r \ F \sin \theta$

$$M = \left(\sqrt{a^2 + b^2} \right) F \sin\left(\beta - \arctan\frac{b}{a} \right)$$

Développons le sinus de la différence d'angles dans l'expression précédente en utilisant le fait que

$$\sin(A - B) = \sin A \cos B - \cos A \sin B$$

On obtient alors

$$M = \left(\sqrt{a^2 + b^2} \right) F \left[\sin\beta \cos\left(\arctan\frac{b}{a} \right) - \cos\beta \sin\left(\arctan\frac{b}{a} \right) \right]$$

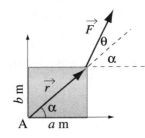

Dans le triangle rectangle de côtés a et b, on a

$$\sin\left(\arctan\frac{b}{a} \right) = \frac{b}{\sqrt{a^2 + b^2}} \quad \text{et} \quad \cos\left(\arctan\frac{b}{a} \right) = \frac{a}{\sqrt{a^2 + b^2}}$$

D'où $\quad M = \left(\sqrt{a^2 + b^2} \right) F \left[\sin\beta \times \frac{a}{\sqrt{a^2 + b^2}} - \cos\beta \times \frac{b}{\sqrt{a^2 + b^2}} \right]$

En distribuant, on obtient

$$M = a \ F \sin\beta - b \ F \cos\beta$$

On a donc

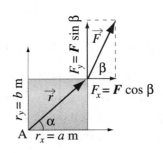

$$M = \det(\vec{r}, \vec{F}) = \begin{vmatrix} a & b \\ F\cos\beta & F\sin\beta \end{vmatrix}$$

THÉORÈME DE VARIGNON

Le moment d'une force par rapport à un point est égal à la somme des moments de ses composantes par rapport à ce point.

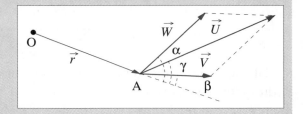

REMARQUE

Mathématiquement, le théorème de VARIGNON s'exprime sous une forme plus générale, soit la distributivité du produit vectoriel sur l'addition vectorielle

$$\vec{A} \times (\vec{B} + \vec{C}) = (\vec{A} \times \vec{B}) + (\vec{A} \times \vec{C}).$$

PROCÉDURE POUR CALCULER L'INTENSITÉ DU MOMENT D'UNE FORCE
   PAR RAPPORT À UN AXE (POINT A)

1. Construire un système d'axes passant par l'axe (point A).

2. Déterminer les composantes des vecteurs $\vec{r}$ et $\vec{F}$ dans ce système d'axes.

3. Calculer le moment $M = \det(\vec{r}, \vec{F}) = \begin{vmatrix} r_x & r_y \\ F_x & F_y \end{vmatrix}$, où $F_x = F \cos \beta$ et $F_y = F \sin \beta$.

 EXEMPLE 11.3.2

On applique une force de 250 N au bloc illustré ci-contre, perpendiculairement au milieu du côté de 0,4 m et faisant un angle de 53° avec l'horizontale. Calculer l'intensité du moment de cette force par rapport à l'axe A.

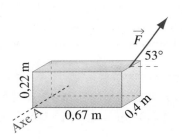

Solution
La force est appliquée au milieu du côté de 0,4 m.

Considérons le système d'axes perpendiculaire à l'axe A passant par le point milieu du côté de 0,4 m. Dans ce système d'axes, les composantes des vecteurs sont

$\vec{r} = (0,67; 0,22)$ et $\vec{F} = (250 \cos 53°; 250 \sin 53°)$.

L'intensité du moment est alors

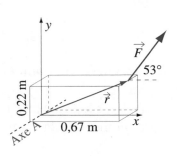

$$M = \det(\vec{r}, \vec{F}) = \begin{vmatrix} 0,67 & 0,22 \\ 250\cos 53° & 250\sin 53° \end{vmatrix}$$

$$= 0,67 \times 250 \sin 53° - 0,22 \times 250 \cos 53°$$

$$= 100,671...$$

L'intensité du moment est donc 100,7 J.

EXEMPLE 11.3.3

Calculer l'intensité du moment du vecteur $\vec{F}$ par rapport à l'origine du système d'axes.

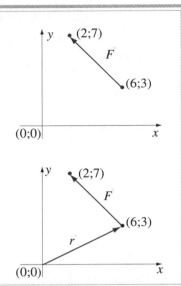

Solution

Les composantes des vecteurs sont

$\vec{r} = (6;3)$ et $\vec{F} = (2;7) - (6;3) = (-4;4)$

L'intensité du moment est alors

$$M = \det(\vec{r}, \vec{F}) = \begin{vmatrix} 6 & 3 \\ -4 & 4 \end{vmatrix}$$

$$= 6 \times 4 - (-4) \times 3 = 36$$

RÉSULTANTE DE FORCES NON CONCOURANTES

Lorsque plusieurs forces agissent sur un corps et que les lignes d'action sont concourantes, l'effet de la résultante est une translation, et il suffit de calculer les composantes de cette résultante pour décrire son effet. Lorsque plusieurs forces agissent sur un corps et que les lignes d'action sont non concourantes, l'effet de ces forces ne sera pas seulement une translation mais également une rotation, ce qui signifie qu'il faut également calculer le moment de la résultante. Le système peut quand même être remplacé par un système plus simple et la résultante des forces s'obtient toujours en faisant la somme des composantes selon chacun des axes. Cependant, la ligne d'action de cette résultante ne peut passer par les points de rencontre des lignes d'action puisqu'un tel point n'existe pas. Pour trouver cette ligne d'action, nous utiliserons le théorème de VARIGNON.

PROCÉDURE POUR TROUVER LA RÉSULTANTE DE FORCES NON CONCOURANTES

1. Déterminer la résultante dont les composantes sont

$$R_x = \sum_{i=1}^{n} F_{ix} \text{ et } R_y = \sum_{i=1}^{n} F_{iy}$$

où n est le nombre de forces agissant en ce point. De plus, le module du vecteur est donné par

$$\| \vec{R} \| = \sqrt{R_x^2 + R_y^2} \text{ et l'argument est } \arctan\left(\frac{R_y}{R_x}\right) \text{ ou } \arctan\left(\frac{R_y}{R_x}\right) + 180°.$$

2. Considérer un point O quelconque et faire la somme des moments des forces par rapport à ce point.

3. Trouver la distance d entre le point O choisi et la ligne d'action de la résultante de telle sorte que le moment de la résultante soit égal à la somme des moments.

$$d \| \vec{R} \| = \sum M_i = \sum \det(\vec{r_i}, \vec{F_i})$$

4. Interpréter les résultats dans le contexte.

EXEMPLE 11.3.4

Trouver la résultante du système de vecteurs dont les caractéristiques apparaissent à la figure ci-contre et représenter graphiquement cette résultante par un vecteur géométrique.

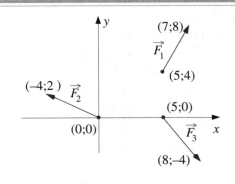

Solution

Déterminons les composantes de chacun des vecteurs du système.

$\vec{F_1} = (2;4)$, $\vec{F_2} = (-4;2)$ et $\vec{F_3} = (3;-4)$.

Les composantes de la résultante sont

$R_x = 2 - 4 + 3 = 1$

$R_y = 4 + 2 - 4 = 2$,

d'où $\| \vec{R} \| = \sqrt{(1)^2 + (2)^2} = \sqrt{5}$,

$\alpha = \arctan\left(\dfrac{2}{1}\right) = 63,43°$

et $\theta = \alpha$ car $R_x > 0$.

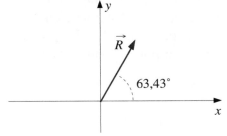

Déterminons maintenant la ligne d'action de cette résultante. Pour ce faire, nous allons trouver la somme des moments des composantes de $\vec{R}$ par rapport au point $(0;0)$ en considérant la rotation de sens horaire comme négative et la rotation de sens antihoraire comme positive. Par le théorème de VARIGNON (ou principe des moments), on sait que

$$d \| \vec{R} \| = \sum M_i = \sum \det(\vec{r_i}, \vec{F_i})$$

On a donc

$$\sqrt{5}\, d = \sum \det(\vec{r_i}, \vec{F_i}) = \begin{vmatrix} 5 & 4 \\ 2 & 4 \end{vmatrix} + \begin{vmatrix} 0 & 0 \\ -4 & 2 \end{vmatrix} + \begin{vmatrix} 5 & 0 \\ 3 & -4 \end{vmatrix}$$

$$= 12 + 0 - 20 = -8$$

On trouve alors

$$d = \frac{-8}{\sqrt{5}} = -3,58$$

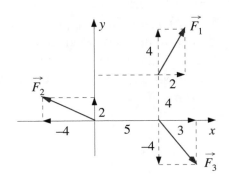

La ligne d'action de la résultante est donc à une distance de 3,58 du point $(0;0)$. De plus, la somme des moments est négative. La rotation est donc de sens horaire. La ligne d'action est une tangente au cercle de rayon 3,58 centré au point $(0;0)$, faisant un angle de 63,43° avec l'horizontale et son module est de $\sqrt{5} \approx 2,24$.

Représentons graphiquement la résultante comme vecteur géométrique.

1. Traçons la droite porteuse de *d* (le bras du moment de la résultante). Cette droite passe à l'origine et fait un angle de 90° + 63,43° = 153,43° avec l'horizontale.
2. Traçons le cercle de rayon *d* = 3,58 centré à l'origine.
3. Identifions le point d'appui. Dans le cas présent, la rotation est de sens horaire et, compte tenu de la direction du vecteur résultant, le point d'appui est dans le deuxième quadrant.
4. Traçons la droite support du vecteur; elle passe par le point d'appui et est perpendiculaire à la droite porteuse (donc tangente au cercle). Traçons le vecteur en plaçant son origine au point d'appui et en tenant compte de son sens.

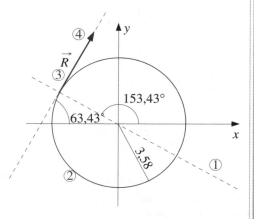

PROCÉDURE POUR REPRÉSENTER LA RÉSULTANTE DE FORCES NON CONCOURANTES PAR UN VECTEUR GÉOMÉTRIQUE

1. Tracer la droite porteuse de *d* (le bras du moment de la résultante). Cette droite passe à l'origine et fait avec l'horizontale un angle de 90° + θ, où θ est l'argument de la résultante.
2. Tracer le cercle centré à l'origine et de rayon *d*.
3. Identifier le point d'appui du vecteur. C'est un des points d'intersection de la droite porteuse et du cercle de rayon *d*. Il faut tenir compte du sens de la rotation et du sens de la résultante.
4. Tracer la droite support du vecteur (elle passe par le point d'appui et est perpendiculaire à la droite porteuse) et tracer le vecteur en plaçant son origine au point d'appui et en tenant compte de son sens.

Pierre VARIGNON

Pierre VARIGNON (1654-1722), mathématicien français né à Caen, fut professeur de mathématiques à Paris et membre de l'Académie des sciences. Il réalisa des recherches sur l'utilisation des coordonnées polaires dont il publia les résultats dans les mémoires de l'Académie en 1704. Dans un commentaire de l'*Analyse* de L'HOSPITAL, publié en 1725, trois ans après sa mort, il fut le premier à énoncer le principe des moments des forces concourantes. Ce principe s'énonce comme suit:

«Le moment d'une force par rapport à un point est égal à la somme des moments de ses composantes par rapport à ce point.»

ANALYSE DES FORCES DANS UN SYSTÈME EN ÉQUILIBRE
Lorsque le poids d'une barre n'est pas négligeable, l'action de la barre sur son appui ne sera pas horizontale. Ainsi, dans la figure ci-contre, le poids de la barre imprimera une poussée vers le bas. En rotation, la force représentant le poids d'un corps s'exerce toujours en son centre de gravité. Dans le cas d'une barre régulière et homogène, le centre de gravité est au milieu de la barre. La barre étant pesante, la force qu'elle exerce sur l'appui A et la réaction de l'appui auront une composante verticale et une composante horizontale. Au point B, la réaction d'appui est la résultante des tensions dans les câbles. Dans les situations mettant en cause des barres pesantes (ou chargées ailleurs qu'aux extrémités), on ne pourra faire le schéma des forces en isolant seulement un point. Il faudra plutôt faire le schéma des forces en isolant un objet entier. En effet, si l'on isolait seulement un point, il y aurait trop d'inconnues pour pouvoir résoudre.

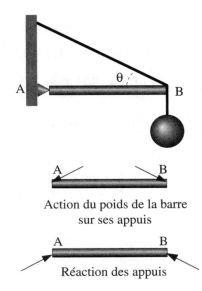

Action du poids de la barre
sur ses appuis

Réaction des appuis

PROCÉDURE POUR ANALYSER LES FORCES SUR UN CORPS RIGIDE
1. Faire le schéma des forces en isolant un objet entier qui se déforme peu, appelé *corps rigide*.
2. Appliquer la condition d'équilibre de rotation $\sum \vec{M} = \vec{0}$ aux forces que subit le corps rigide.
3. Appliquer la condition d'équilibre de translation $\sum \vec{F} = \vec{0}$ aux forces que subit le corps rigide.
4. Résoudre les équations obtenues.
5. Interpréter les résultats dans le contexte.

 EXEMPLE 11.3.5

La poutre de la situation illustrée ci-contre pèse 800 N. Déterminer la tension dans le câble BC et les composantes de la réaction de l'appui en A.

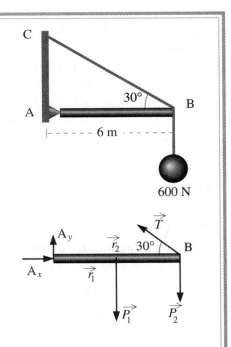

600 N

Solution
Faisons d'abord le schéma des forces en isolant la barre AB, ce qui donne la figure ci-contre.

Pour trouver la valeur de la tension, il faut analyser les conditions d'équilibre de rotation. Puisque la poutre ne tourne autour d'aucun axe, on peut donc choisir n'importe quel axe pour procéder à l'analyse. Choisissons le point A.

Les composantes des vecteurs sont alors

$\vec{r_A} = (0;0)$ et $\vec{A} = (A_x;A_y)$, $\vec{r_1} = (3;0)$ et $\vec{P_1} = (0;-800)$, $\vec{r_2} = (6;0)$ et $\vec{P_2} = (0;-600)$, $\vec{r_T} = \vec{r_2} = (6;0)$ et $\vec{T} = (T\cos 150°; T\sin 150°)$.

La condition d'équilibre de rotation par rapport à A donne alors

$$\sum M_i = \sum \det(\vec{r_i}, \vec{F_i}) = 0$$

$$\begin{vmatrix} 0 & 0 \\ A_x & A_y \end{vmatrix} + \begin{vmatrix} 3 & 0 \\ 0 & -800 \end{vmatrix} + \begin{vmatrix} 6 & 0 \\ 0 & -600 \end{vmatrix} + \begin{vmatrix} 6 & 0 \\ T\cos 150° & T\sin 150° \end{vmatrix} = 0$$

$$0 - 2400 - 3\,600 + 6T\sin 150° = 0$$
$$6T\sin 150° = 6\,000 \text{ N·m}$$
$$T\sin 150° = 1\,000 \text{ N}$$
$$0,5T = 1\,000 \text{ N}$$
$$T = 2\,000 \text{ N}$$

Dans ce schéma, A_x et A_y représentent les composantes horizontales et verticales de la réaction de l'appui A. Cette réaction est une force qui s'exerce sur la barre. La condition d'équilibre de translation donne alors

$$\sum F_x = 0 \qquad\qquad \sum F_y = 0$$
$$A_x + T_x = 0 \qquad\qquad A_y + T_y + P_{1y} + P_{2y} = 0$$
$$A_x + T\cos 150° = 0 \qquad\qquad A_y + T\sin 150° - 800 - 600 = 0$$
$$A_x = 0,866T \qquad\qquad A_y = 1\,400 - 0,5T$$

On a exprimé les composantes A_x et A_y de la réaction à l'appui en fonction de l'intensité de la tension T.

En substituant T dans les expressions décrivant les composantes A_x et A_y de la réaction à l'appui A, on trouve

$$A_x = 0,866T \qquad\qquad A_y = 1\,400 - 0,5T$$
$$A_x = 0,866 \times 2\,000 \text{ N} \qquad\qquad A_y = 1\,400 - 0,5 \times 2\,000 \text{ N}$$
$$A_x = 1\,732 \text{ N} \qquad\qquad A_y = 400 \text{ N}$$

Les réactions de l'appui en A sont de 1 732 N à l'horizontale et 400 N à la verticale.

VECTEURS ALGÉBRIQUES

Les produits $(\vec{i} \times \vec{i}), (\vec{j} \times \vec{j})$ et $(\vec{k} \times \vec{k})$ sont nuls, puisque les vecteurs ont une même direction. Le produit $\vec{i} \times \vec{j}$ donne un vecteur dont la direction est perpendiculaire au plan déterminé par $\vec{i}$ et $\vec{j}$. Sa direction est la même que l'axe des z. Et, par la règle de la vis, son sens est le sens positif de l'axe des z. Sa norme est 1 puisque

$$\|\vec{i} \times \vec{j}\| = \|\vec{i}\| \|\vec{j}\| \sin 90° = 1.$$

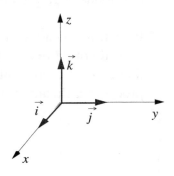

Le vecteur de norme 1 dans le sens positif de l'axe des z est le vecteur $\vec{k}$. Par conséquent, $\vec{i} \times \vec{j} = \vec{k}$. Par la propriété d'anticommutativité, on obtient $-\vec{j} \times -\vec{i} = -\vec{k}$. En procédant de la même façon, on trouve les autres produits. On aura alors

$$\vec{i} \times \vec{j} = \vec{k} \quad \text{et} \quad \vec{j} \times \vec{i} = -\vec{k}$$
$$\vec{j} \times \vec{k} = \vec{i} \quad \text{et} \quad \vec{k} \times \vec{j} = -\vec{i}$$
$$\vec{k} \times \vec{i} = \vec{j} \quad \text{et} \quad \vec{i} \times \vec{k} = -\vec{j}$$

Utilisons ces produits pour voir comment effectuer le produit de deux vecteurs $\vec{A} = a_1 \vec{i} + a_2 \vec{j} + a_3 \vec{k}$ et $\vec{B} = b_1 \vec{i} + b_2 \vec{j} + b_3 \vec{k}$. En effectuant le produit, on a

$$\vec{A} \times \vec{B} = (a_1 \vec{i} + a_2 \vec{j} + a_3 \vec{k}) \times (b_1 \vec{i} + b_2 \vec{j} + b_3 \vec{k})$$
$$= a_1 b_1 (\vec{i} \times \vec{i}) + a_1 b_2 (\vec{i} \times \vec{j}) + a_1 b_3 (\vec{i} \times \vec{k}) + a_2 b_1 (\vec{j} \times \vec{i}) + a_2 b_2 (\vec{j} \times \vec{j}) + a_2 b_3 (\vec{j} \times \vec{k})$$
$$+ a_3 b_1 (\vec{k} \times \vec{i}) + a_3 b_2 (\vec{k} \times \vec{j}) + a_3 b_3 (\vec{k} \times \vec{k})$$

On obtient donc

$$\vec{A} \times \vec{B} = (a_2 b_3 - a_3 b_2) \vec{i} - (a_1 b_3 - a_3 b_1) \vec{j} + (a_1 b_2 - a_2 b_1) \vec{k}$$
$$= \begin{vmatrix} a_2 & a_3 \\ b_2 & b_3 \end{vmatrix} \vec{i} - \begin{vmatrix} a_1 & a_3 \\ b_1 & b_3 \end{vmatrix} \vec{j} + \begin{vmatrix} a_1 & a_2 \\ b_1 & b_2 \end{vmatrix} \vec{k}.$$

PRODUIT VECTORIEL DE VECTEURS ALGÉBRIQUES

Soit $\vec{A} = a_1 \vec{i} + a_2 \vec{j} + a_3 \vec{k}$ et $\vec{B} = b_1 \vec{i} + b_2 \vec{j} + b_3 \vec{k}$, deux vecteurs algébriques. Le *produit vectoriel* $\vec{A} \times \vec{B}$ est donné par

$$\vec{A} \times \vec{B} = \begin{vmatrix} a_2 & a_3 \\ b_2 & b_3 \end{vmatrix} \vec{i} - \begin{vmatrix} a_1 & a_3 \\ b_1 & b_3 \end{vmatrix} \vec{j} + \begin{vmatrix} a_1 & a_2 \\ b_1 & b_2 \end{vmatrix} \vec{k}.$$

REMARQUE

Le résultat du théorème précédent peut s'exprimer simplement sous forme de *déterminant d'ordre 3* qui, dans ce contexte, peut être considéré comme un moyen simple d'effectuer le produit vectoriel. On calcule les composantes du vecteur produit. On représente le produit de la façon suivante:

$$\vec{A} \times \vec{B} = \begin{vmatrix} \vec{i} & \vec{j} & \vec{k} \\ a_1 & a_2 & a_3 \\ b_1 & b_2 & b_3 \end{vmatrix}$$

Le coefficient de $\vec{i}$ est $(a_2b_3 - a_3b_2)$. Dans le déterminant, il est obtenu en suivant le trajet illustré ci-contre et en effectuant les opérations indiquées.

$$\begin{vmatrix} \vec{i} & \vec{j} & \vec{k} \\ a_1 & a_2 & a_3 \\ b_1 & b_2 & b_3 \end{vmatrix}$$

Le coefficient de $\vec{j}$ est $-(a_1b_3 - a_3b_1)$. Dans le déterminant, il est obtenu en suivant le trajet illustré ci-contre et en effectuant les opérations indiquées. Noter le signe des opérations entre les termes.

$$\begin{vmatrix} \vec{i} & \vec{j} & \vec{k} \\ a_1 & a_2 & a_3 \\ b_1 & b_2 & b_3 \end{vmatrix}$$

Le coefficient de $\vec{k}$ est $(a_1b_2 - a_2b_1)$. Dans le déterminant, il est obtenu en suivant le trajet illustré ci-contre et en effectuant les opérations indiquées.

$$\begin{vmatrix} \vec{i} & \vec{j} & \vec{k} \\ a_1 & a_2 & a_3 \\ b_1 & b_2 & b_3 \end{vmatrix}$$

En procédant de cette façon, on obtient alors

$$\vec{A} \times \vec{B} = \begin{vmatrix} \vec{i} & \vec{j} & \vec{k} \\ a_1 & a_2 & a_3 \\ b_1 & b_2 & b_3 \end{vmatrix} = (a_2b_3 - a_3b_2)\,\vec{i} - (a_1b_3 - a_3b_1)\,\vec{j} + (a_1b_2 - a_2b_1)\,\vec{k}.$$

 EXEMPLE 11.3.6

Effectuer le produit $\vec{A} \times \vec{B}$, sachant que
$$\vec{A} = 2\,\vec{i} - 3\,\vec{j} + \vec{k} \text{ et } \vec{B} = -5\,\vec{i} + 2\,\vec{j} + 3\,\vec{k}$$
Calculer l'aire du parallélogramme construit sur ces vecteurs.

Solution
En représentant le produit par un déterminant, on a

$$\vec{A} \times \vec{B} = \begin{vmatrix} \vec{i} & \vec{j} & \vec{k} \\ 2 & -3 & 1 \\ -5 & 2 & 3 \end{vmatrix} = (-11)\,\vec{i} - (11)\,\vec{j} + (-11)\,\vec{k}$$

d'où $\vec{A} \times \vec{B} = (-11)\,\vec{i} - (11)\,\vec{j} + (-11)\,\vec{k}$.

On sait que ce vecteur est perpendiculaire à $\vec{A}$ et $\vec{B}$. De plus, son module donne l'aire de la surface du parallélogramme défini par les vecteurs algébriques $\vec{A}$ et $\vec{B}$, soit

$$\left\| \vec{A} \times \vec{B} \right\| = \sqrt{11^2 + 11^2 + 11^2} = \sqrt{3 \times 11^2} = 19{,}05 \text{ unités carrées.}$$

La représentation du produit vectoriel par un déterminant facilite beaucoup le travail et élimine les possibilités d'erreur, car il faut toujours prendre en considération la position des vecteurs par rapport au symbole d'opération à cause de la propriété d'anticommutativité.

11.4 EXERCICES

1. Trouver l'intensité du moment de $\vec{F}$ par rapport à l'axe A.

   [annotations manuscrites : sin90 ⇒ 1,83 ; sin60 → 1,58 ; 1,58 × 225 × 0,87 ≠ 1]

2. Trouver l'intensité du moment de $\vec{F}$ par rapport à l'axe A.

3. Trouver l'intensité du moment de $\vec{F}$ par rapport à l'axe A.

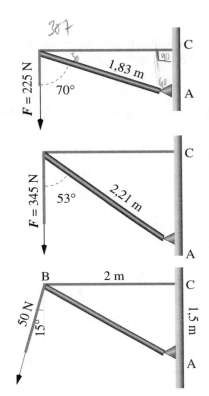

4. Un mât est retenu par deux câbles. Pour qu'il n'y ait pas déformation du mât, on doit étudier les conditions d'équilibre.
   a) Quelle doit être la tension dans le câble de droite pour qu'il y ait équilibre de rotation?
   b) Quelle doit être la tension dans le câble de droite pour qu'il y ait équilibre de translation?
   c) Est-il possible, dans cette situation, qu'il y ait à la fois équilibre de translation et équilibre de rotation dans les conditions données?
   d) Quelles modifications seraient nécessaires pour assurer l'équilibre de translation et l'équilibre de rotation?

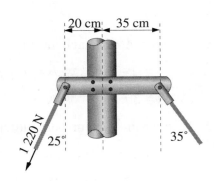

5. Une force de 500 N est appliquée au point A. Le bras étant fixé à l'essieu rigide, déterminer le moment de la force par rapport à l'axe de l'essieu.

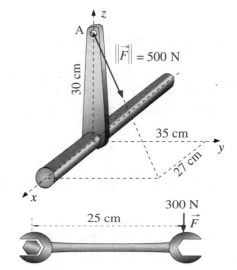

6. Trouver le moment de la force $\vec{F}$ par rapport au boulon hexagonal.

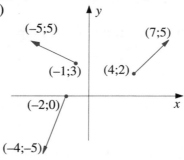

7. Trouver la résultante des systèmes de forces apparaissant dans les figures suivantes:

   a)

   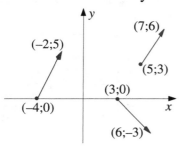

   b)

   c)

   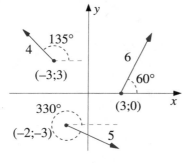

   d)

   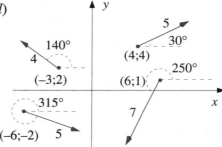

8. Trouver $\vec{A} \times \vec{B}$, sachant que

   a) $\vec{A} = \vec{i} - \vec{j} + \vec{k}$ et $\vec{B} = \vec{i} + \vec{j} - \vec{k}$ b) $\vec{A} = 2\vec{i} + \vec{j} + 3\vec{k}$ et $\vec{B} = \vec{i} - 2\vec{j} + 2\vec{k}$

   c) $\vec{A} = 3\vec{i} - 2\vec{j} + \vec{k}$ et $\vec{B} = -2\vec{i} + \vec{j} - 3\vec{k}$

9. Trouver un vecteur perpendiculaire aux vecteurs $\overrightarrow{D_1}$ et $\overrightarrow{D_2}$, sachant que

   a) $\overrightarrow{D_1} = (1;-3;2)$ et $\overrightarrow{D_2} = (2;-5;3)$ b) $\overrightarrow{D_1} = (4;-2;3)$ et $\overrightarrow{D_2} = (5;3;2)$

   c) $\overrightarrow{D_1} = (2;-1;4)$ et $\overrightarrow{D_2} = (2;-3;-1)$

10. Trouver l'aire du parallélogramme construit sur les vecteurs $\overrightarrow{D_1}$ et $\overrightarrow{D_2}$, sachant que

   a) $\overrightarrow{D_1} = (-5;7;3)$ et $\overrightarrow{D_2} = (4;-5;-2)$ b) $\overrightarrow{D_1} = (4;-6;2)$ et $\overrightarrow{D_2} = (-4;3;-1)$

   c) $\overrightarrow{D_1} = (2;-5;-3)$ et $\overrightarrow{D_2} = (3;2;-5)$ d) $\overrightarrow{D_1} = (1;-4;3)$ et $\overrightarrow{D_2} = (4;1;7)$

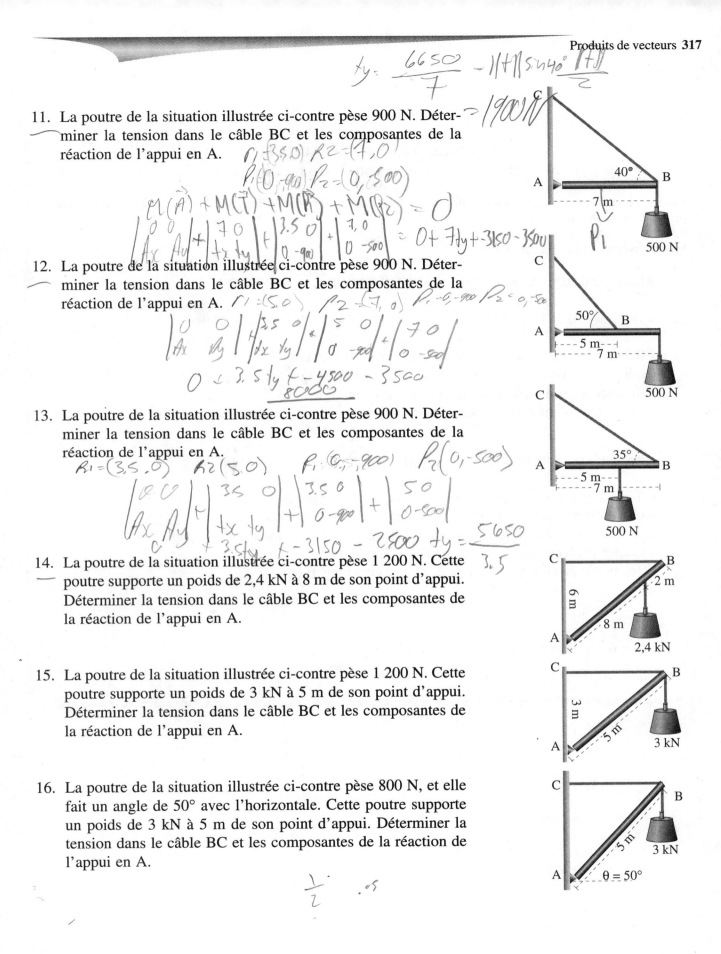

11. La poutre de la situation illustrée ci-contre pèse 900 N. Déterminer la tension dans le câble BC et les composantes de la réaction de l'appui en A.

12. La poutre de la situation illustrée ci-contre pèse 900 N. Déterminer la tension dans le câble BC et les composantes de la réaction de l'appui en A.

13. La poutre de la situation illustrée ci-contre pèse 900 N. Déterminer la tension dans le câble BC et les composantes de la réaction de l'appui en A.

14. La poutre de la situation illustrée ci-contre pèse 1 200 N. Cette poutre supporte un poids de 2,4 kN à 8 m de son point d'appui. Déterminer la tension dans le câble BC et les composantes de la réaction de l'appui en A.

15. La poutre de la situation illustrée ci-contre pèse 1 200 N. Cette poutre supporte un poids de 3 kN à 5 m de son point d'appui. Déterminer la tension dans le câble BC et les composantes de la réaction de l'appui en A.

16. La poutre de la situation illustrée ci-contre pèse 800 N, et elle fait un angle de 50° avec l'horizontale. Cette poutre supporte un poids de 3 kN à 5 m de son point d'appui. Déterminer la tension dans le câble BC et les composantes de la réaction de l'appui en A.

PRÉPARATION À L'ÉVALUATION

Pour préparer votre examen, assurez-vous d'avoir atteint les objectifs suivants.

Consignez à la page suivante des indications pour vous remémorer plus facilement les notions et concepts qui vous posent le plus de difficultés.

Si vous avez atteint l'objectif, cochez.

☆ **RÉSOUDRE DES PROBLÈMES À L'AIDE DES PRODUITS DE VECTEURS.**

○ UTILISER LE PRODUIT SCALAIRE DANS LA RÉSOLUTION DE PROBLÈMES.

◇ Effectuer le produit scalaire de vecteurs géométriques.
◇ Trouver la longueur de la projection d'un vecteur sur un autre.
◇ Effectuer le produit scalaire de vecteurs algébriques.
◇ Utiliser le produit scalaire pour résoudre des problèmes de géométrie dans $\mathbf{R}^2$

○ UTILISER LE PRODUIT VECTORIEL DANS LA RÉSOLUTION DE PROBLÈMES.

◇ Effectuer le produit vectoriel de deux vecteurs géométriques.
◇ Analyser des situations mettant en jeu des moments de force.
◇ Analyser les forces agissant sur un corps rigide dans des situations simples.
◇ Calculer la résultante de forces non concourantes.
◇ Effectuer le produit vectoriel de deux vecteurs algébriques.

Signification des symboles   ☆ Élément de compétence   ○ Objectif de section

◇ Procédure ou démarche   ❑ Étape d'une procédure

Notes personnelles

VOCABULAIRE UTILISÉ DANS LE CHAPITRE

MOMENT D'UNE FORCE

Le *moment* d'une force $\vec{F}$ par rapport à un axe A est la tendance à la rotation par rapport à cet axe que la force communique au corps sur lequel elle agit. Le moment est un vecteur; il est obtenu par le produit vectoriel du vecteur $\vec{F}$ par le vecteur rayon $\vec{r}$ entre l'axe de rotation et le point d'application du vecteur. On note

$$\vec{M} = \vec{r} \times \vec{F}$$

L'*axe de rotation* est la ligne imaginaire autour de laquelle tourne l'objet.

Le *bras du moment* est la distance entre la ligne d'action d'une force et l'axe de rotation. Le bras du moment est mesuré en mètres (m) et la force est mesurée en newtons (N).

L'intensité du moment est mesurée en newtons-mètres (N·m) ou en joules (J).

PRODUIT SCALAIRE

Le *produit scalaire* est une opération entre deux vecteurs dont le résultat est un scalaire. La grandeur de ce scalaire est le produit des modules des deux vecteurs par le cosinus de l'angle entre les deux. Le produit scalaire est nul si et seulement si les deux vecteurs sont perpendiculaires.

PRODUIT VECTORIEL

Le *produit vectoriel* est une opération entre deux vecteurs qui donne un vecteur
- perpendiculaire au plan défini par les vecteurs dont on effectue le produit;
- dont le sens est défini par la règle de la vis;
- dont le module est égal au produit des modules des deux vecteurs multiplié par le sinus de l'angle entre les deux.

Le produit vectoriel est nul lorsque les vecteurs sont parallèles.

VECTEUR DIRECTEUR

Un *vecteur directeur* est un vecteur parallèle à un lieu géométrique, droite ou plan.

VECTEUR NORMAL

Un *vecteur normal* à une droite est un vecteur perpendiculaire à cette droite. De la même façon, un vecteur normal à un plan est un vecteur perpendiculaire à ce plan.

VECTEUR ORTHONORMÉS

Des *vecteurs orthonormés* sont des vecteurs unitaires perpendiculaires entre eux.

GÉOMÉTRIE VECTORIELLE

12

12.0 PRÉAMBULE

Nous utiliserons maintenant le produit scalaire et le produit vectoriel en géométrie vectorielle pour trouver des équations de droites et de plans. La recherche d'intersections de plans et de droites nous permettra d'introduire la méthode matricielle de résolution d'équations qui fera l'objet d'une activité avec Excel à la fin du chapitre.

Les activités d'apprentissage de ce chapitre visent à développer l'élément de compétence suivant:

« résoudre des problèmes de géométrie vectorielle. »

12.1 DROITES ET PLANS DANS L'ESPACE

Nous allons maintenant déterminer les équations générales et paramétriques de droites et de plans dans l'espace $\mathbf{R}^3$. La démarche sera une généralisation de ce qui vient d'être fait au chapitre 11 pour les droites dans $\mathbf{R}^2$. Nous verrons également comment trouver l'intersection de plans dans l'espace et comment passer de la représentation paramétrique à la représentation cartésienne d'une droite et d'un plan.

OBJECTIF: Utiliser les vecteurs dans l'analyse de situations géométriques de $\mathbf{R}^3$.

FORME GÉNÉRALE DE L'ÉQUATION D'UN PLAN DANS R^3

 EXEMPLE 12.1.1

Trouver l'équation cartésienne du plan passant par le point $P_1(2;5;8)$ et perpendiculaire au vecteur $\vec{N} = (4;3;6)$.

Solution

Lorsque le point $P(x;y;z)$ est dans le plan, le vecteur $\overrightarrow{P_1P} = (x-2;y-5;z-8)$ est perpendiculaire au vecteur $\vec{N} = (4;3;6)$ et le produit scalaire des vecteurs $\overrightarrow{P_1P}$ et $\vec{N}$ est nul. On a donc

$$\vec{N} \bullet \overrightarrow{P_1P} = (4;3;6) \bullet (x-2;y-5;z-8) = 0$$

d'où $\qquad 4(x-2) + 3(y-5) + 6(z-8) = 0$

et $\qquad\qquad 4x + 3y + 6z - 71 = 0$

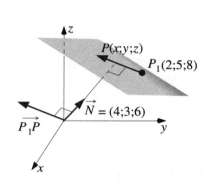

REMARQUE

La forme générale de l'équation cartésienne d'un plan dans $\mathbf{R^3}$ est

$$ax + by + cz + d = 0.$$

Dans cette équation, les coefficients des variables forment un vecteur $\vec{N} = (a;b;c)$ normal au plan. Dans l'exemple 12.1.1, ce vecteur est $\vec{N} = (4;3;6)$.

REPRÉSENTATIONS GRAPHIQUES DANS R^3

Il est intéressant de pouvoir identifier certaines caractéristiques d'un plan dans l'espace selon la valeur de ses paramètres.

POINTS DANS $\mathbf{R}^3$

Pour situer le point (2;4;3), on construit le parallélépipède coupant les axes aux points (2;0;0), (0;4;0) et (0;0;3). Le point cherché, (2;4;3), est alors le sommet du parallélépipède opposé au sommet (0;0;0).

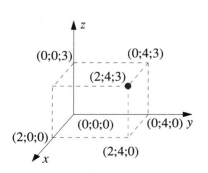

PLANS DANS $\mathbf{R}^3$

Une équation cartésienne de la forme
$$ax + by + cz + d = 0$$
où *a*, *b* et *c* ne sont pas tous nuls, représente toujours un plan dans $\mathbf{R}^3$.

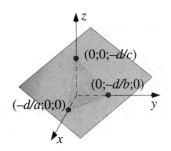

Lorsque $a \neq 0$, $b \neq 0$ et $c \neq 0$, le plan coupe les trois axes et les points d'intersection avec les axes sont
- axe des *x* $(-d/a;0;0)$,
- axe des *y* $(0;-d/b;0)$,
- axe des *z* $(0;0;-d/c)$.

Dans l'ilustration ci-haut, le triangle grisé représente la partie du plan pour laquelle $x > 0$, $y > 0$ et $z > 0$.

Plans particuliers

Une équation de la forme $ax + d = 0$
représente un plan parallèle au plan *yz*, c'est-à-dire aux axes *y* et *z*.

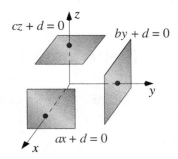

Une équation de la forme $by + d = 0$
représente un plan parallèle au plan *xz*, c'est-à-dire aux axes *x* et *z*.

Une équation de la forme $cz + d = 0$
représente un plan parallèle au plan *xy*, c'est-à-dire aux axes *x* et *y*.

Ainsi, lorsque les coefficients de deux inconnues sont nuls, le plan est parallèle aux deux axes représentant les inconnues dont le coefficient est nul, c'est-à-dire les inconnues absentes de l'équation. Si une seule des inconnues n'apparaît pas dans l'équation, le plan est parallèle à l'axe représentant cette inconnue, mais il coupera les deux autres axes.

Une équation de la forme $by + cz + d = 0$
représente un plan parallèle à l'axe des *x*.

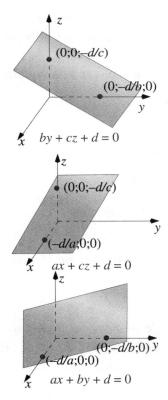

Une équation de la forme $ax + cz + d = 0$
représente un plan parallèle à l'axe des *y*.

Une équation de la forme $ax + by + d = 0$
représente un plan parallèle à l'axe des *z*.

DROITES ET PLANS DANS $\mathbf{R}^3$

Une droite dans $\mathbf{R}^3$ peut toujours être définie par l'intersection de deux plans. Ainsi, la droite Δ de la figure ci-contre est l'intersection des plans Π_1 et Π_2. Cela signifie qu'une droite dans $\mathbf{R}^3$ peut toujours être caractérisée par un système de deux équations, chacune représentant un plan. Dans la pratique, on utilisera plutôt les équations paramétriques qui donnent des renseignements plus facilement accessibles sur la droite, soit un de ses points et un vecteur directeur.

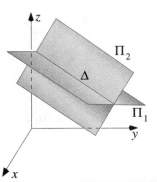

ÉQUATIONS PARAMÉTRIQUES DANS $\mathbf{R}^3$

 EXEMPLE 12.1.2

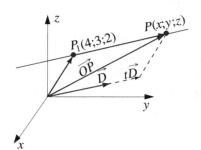

Trouver des équations paramétriques, puis une équation cartésienne de la droite passant par le point (4;3;2) et parallèle au vecteur directeur $\vec{D} = (3;2;5)$.

Solution

Un point $P(x;y;z)$ est sur la doite Δ lorsqu'il existe t tel que

$$\overrightarrow{OP} = \overrightarrow{OP_1} + \overrightarrow{P_1P} = \overrightarrow{OP_1} + t\vec{D}$$

c'est-à-dire $\qquad (x;y;z) = (4;3;2) + t(3;2;5)$

D'où $\qquad \begin{cases} x = 4 + 3t \\ y = 3 + 2t \\ z = 2 + 5t \end{cases}$

Ce sont des équations de la droite sous forme paramétrique. Elles ne sont pas uniques, on peut décrire la droite en prenant n'importe lequel de ses points et n'importe lequel des vecteurs parallèles à la droite.

Pour trouver une équation cartésienne, il faut éliminer le paramètre t. On obtient alors

$$t = \frac{x-4}{3} = \frac{y-3}{2} = \frac{z-2}{5}$$

Les rapports

$$\frac{x-4}{3} = \frac{y-3}{2}$$

donnent $\qquad 2x - 3y + 1 = 0$ (plan parallèle à l'axe des z)

et les rapports

$$\frac{y-3}{2} = \frac{z-2}{5}$$

donnent $\qquad 5y - 2z - 11 = 0$ (plan parallèle à l'axe des x).

On obtient donc le système d'équations

$$\begin{cases} 2x - 3y + 1 = 0 \\ 5y - 2z - 11 = 0 \end{cases}$$

Ce sont des équations sous forme cartésienne définissant la droite. Cela confirme que cette droite est l'intersection de deux plans.

REMARQUE

Il n'est pas utile de prendre les deux autres rapports

$$\frac{x-4}{3} = \frac{z-2}{5}$$

car on aurait alors un troisième plan passant par la même droite.

EXEMPLE 12.1.3

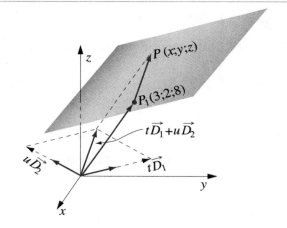

Trouver des équations paramétriques et une équation cartésienne du plan parallèle aux vecteurs directeurs $\overrightarrow{D_1} = (2;1;3)$ et $\overrightarrow{D_2} = (1;-2;2)$ et passant par le point $(3;2;8)$. Donner un vecteur normal à ce plan.

Solution
Un point $P(x;y;z)$ est dans le plan $\prod$ lorsqu'il existe t et u tels que

$$\overrightarrow{OP} = \overrightarrow{OP_1} + \overrightarrow{P_1P} = \overrightarrow{OP_1} + t\overrightarrow{D_1} + u\overrightarrow{D_2}$$

On a alors

$$(x;y;z) = (3;2;8) + t(2;1;3) + u(1;-2;2)$$

D'où
$$\begin{cases} x = 3 + 2t + u \\ y = 2 + \ t - 2u \\ z = 8 + 3t + 2u \end{cases}$$

Ce sont des équations du plan sous forme paramétrique. Chaque point du plan est défini à l'aide de deux paramètres. Pour obtenir une équation cartésienne, il faut éliminer les paramètres. On peut d'abord prendre les équations deux à deux et éliminer un des paramètres. Ainsi, en multipliant par 2 l'équation définissant la variable x, on a

$$2x = 6 + 4t + 2u.$$

Additionnons à l'équation $\qquad\qquad y \ = 2 + t - 2u.$
Ce qui donne $\qquad\qquad\qquad 2x + y = 8 + 5t.$
On obtient alors une première équation dont le paramètre u est absent. On peut construire une autre équation ayant cette caractéristique en additionnant les équations de y et de z, ce qui donne

$$y = 2 + t - 2u.$$
$$z = 8 + 3t + 2u.$$

et la somme est $\qquad\qquad y + z = 10 + 4t.$
Considérons maintenant les équations ainsi obtenues, soit

$$\begin{cases} 2x + y = 8 + 5t \\ y + z = 10 + 4t \end{cases}$$

On doit maintenant utiliser ces deux équations pour éliminer le paramètre t. Il suffit de multiplier la première de ces équations par 4 et la deuxième par -5 et d'additionner les résultats. On obtient

$$8x + 4y = 32 + 20t,$$

et $\qquad\qquad\qquad\qquad -5y - 5z = -50 - 20t.$
La somme est

$$8x - y - 5z = -18.$$

C'est une équation cartésienne du plan.

Les coefficients des variables dans l'équation cartésienne sont les composantes d'un vecteur normal. On a donc $\overrightarrow{N} = (8;-1;-5)$.

EXEMPLE 12.1.4

Trouver l'intersection des plans suivants:

$$x + 2y + 2z = 109$$
$$2x + 2y + 3z = 164$$
$$3x + 4y + 5z = 273$$

Solution

En résolvant le système d'équations à l'aide d'une matrice, on a

$$L_2 \rightarrow L_2 - 2L_1$$
$$L_3 \rightarrow L_3 - 3L_1$$

$$\begin{pmatrix} 1 & 2 & 2 & | & 109 \\ 2 & 2 & 3 & | & 164 \\ 3 & 4 & 5 & | & 273 \end{pmatrix} \approx \begin{pmatrix} 1 & 2 & 2 & | & 109 \\ 0 & -2 & -1 & | & -54 \\ 0 & -2 & -1 & | & -54 \end{pmatrix}$$

$$L_2 \rightarrow L_2 - 2L_1$$

$$\begin{pmatrix} 1 & 2 & 2 & | & 109 \\ 0 & -2 & -1 & | & -54 \\ 0 & 0 & 0 & | & 0 \end{pmatrix}$$

Il ne reste que deux équations où z est une variable libre. En posant $z = t$, on trouve comme solution générale

$$\{(x;y;z)|\ x = 55 - t;\ y = 27 - t/2;\ z = t\}$$

On constate que l'intersection des plans est une droite dont l'équation est donnée sous forme paramétrique. Cette droite passe par le point $(55;27;0)$ et a comme vecteur directeur $\vec{D} = (-1;-1/2;1)$.

POINT DE RENCONTRE D'UNE DROITE ET D'UN PLAN

Comme nous l'avons vu précédemment, il y a différentes façons de décrire un plan ou une droite par des équations. Si une droite est décrite par deux équations cartésiennes, ces dernières et l'équation d'un plan forment un système de trois équations à trois inconnues, et le point de rencontre est obtenu en résolvant ce système. Si la droite est décrite par équation paramétrique, on peut substituer cette équation dans celle du plan pour déterminer la valeur que prend le paramètre au point d'intersection.

EXEMPLE 12.1.5

Trouver l'intersection du plan $\prod$ et de la droite Δ tels que
$\prod : 2x - 3y + 4z - 32 = 0$
$\Delta : x - 5y + 3z - 28 = 0$ et $4x - y - 3z + 1 = 0$

Solution

En échelonnant la matrice du système de trois équations, on a

$$L_2 \to 2L_2 - L_1$$
$$L_3 \to L_3 - 2L_1$$

$$\begin{pmatrix} 2 & -3 & 4 & | & 32 \\ 1 & -5 & 3 & | & 28 \\ 4 & -1 & -3 & | & -1 \end{pmatrix} \approx \begin{pmatrix} 2 & -3 & 4 & | & 32 \\ 0 & -7 & 2 & | & 24 \\ 0 & 5 & -11 & | & -65 \end{pmatrix}$$

$$L_3 \to 7L_3 + 5L_2$$

$$\approx \begin{pmatrix} 2 & -3 & 4 & | & 32 \\ 0 & -7 & 2 & | & 24 \\ 0 & 0 & -67 & | & -335 \end{pmatrix}$$

La dernière ligne donne alors $z = 5$ et en substituant dans les autres équations, on trouve que le point d'intersection est $(3;-2;5)$.

 EXEMPLE 12.1.6

Trouver l'intersection du plan $\prod$ et de la droite Δ tels que
   $\prod : 2x + 3y + 4z + 9 = 0$

$$\Delta: \begin{cases} x = 2 - 3t \\ y = -5 + 7t \\ z = -3 - 2t \end{cases}$$

Solution

L'équation de la droite étant sous forme paramétrique, il suffit de trouver la valeur du paramètre t pour lequel le point sera à la fois sur la droite et sur le plan. On procédera donc par substitution:

$$2(2 - 3t) + 3(-5 + 7t) + 4(-3 - 2t) + 9 = 0$$
$$4 - 6t - 15 + 21t - 12 - 8t + 9 = 0$$
$$7t - 14 = 0$$
$$t = 2$$

Le point de rencontre est donc obtenu en posant $t = 2$ dans l'équation paramétrique de la droite, ce qui donne

$$\Delta: \begin{cases} x = 2 - 3 \times 2 = -4 \\ y = -5 + 7 \times 2 = 9 \\ z = -3 - 2 \times 2 = -7 \end{cases}$$

Le point de rencontre est donc $(-4;9;-7)$.

DROITES CONCOURANTES, DROITES PARALLÈLES ET DROITES GAUCHES

Dans l'espace, on dit que deux droites sont *coplanaires* lorsqu'elles sont dans un même plan. Des droites coplanaires peuvent être parallèles (distinctes ou confondues) ou concourantes. Les vecteurs directeurs permettent de déterminer si les droites sont parallèles. En effet, si les vecteurs directeurs sont parallèles, les droites le sont. Lorsque les vecteurs directeurs ne sont pas parallèles, les droites peuvent être concourantes ou gauches. Elles sont concourantes si on peut trouver un point d'intersection en résolvant simultanément les équations et elles sont gauches si les équations décrivant ces droites forment un système d'équations n'ayant aucune solution.

 EXEMPLE 12.1.7

Déterminer si les droites suivantes sont parallèles, concourantes ou gauches. Trouver le point d'intersection, le cas échéant.

a) $\Delta_1 : \dfrac{x-2}{3} = \dfrac{y+4}{-2} = \dfrac{z-5}{1}$ et $\Delta_2 : \begin{cases} x = 8 + 6t \\ y = 12 - 4t \\ z = 7 + 2t \end{cases}$

b) $\Delta_1 : \dfrac{x-2}{3} = \dfrac{y+4}{-2} = \dfrac{z-5}{1}$ et $\Delta_2 : \begin{cases} x = 5 - t \\ y = -2 + 2t \\ z = -2 - 3t \end{cases}$

c) $\Delta_1 : \begin{cases} x = 3 - 2u \\ y = -4 + u \\ z = -3 + 4u \end{cases}$ et $\Delta_2 : \begin{cases} x = 5 - t \\ y = -2 + 2t \\ z = -2 + 3t \end{cases}$

Solution

a) Les vecteurs directeurs qui peuvent être utilisés sont respectivement $\overrightarrow{D_1} = (3; -2; 1)$ et $\overrightarrow{D_2} = (6; -4; 2)$. Ces vecteurs sont parallèles puisqu'il existe un scalaire k tel que $k\overrightarrow{D_1} = \overrightarrow{D_2}$; en effet, $2\overrightarrow{D_1} = \overrightarrow{D_2}$. Les vecteurs directeurs étant parallèles, les droites le sont également. Elles peuvent donc être parallèles distinctes ou confondues. Pour être confondues, elles doivent avoir un point commun. Il suffit de vérifier si un point d'une des droites est sur l'autre droite pour s'en assurer. En posant $t = 0$ dans l'équation de Δ_2, on a le point $P(8; 12; 7)$. En substituant ces coordonnées dans l'équation de Δ_1, on a $\dfrac{8-2}{3} = \dfrac{12+4}{-2} = \dfrac{7-5}{1}$, ce qui est faux. Par conséquent, les droites sont parallèles et distinctes.

b) Les vecteurs directeurs sont respectivement $\overrightarrow{D_1} = (3; -2; 1)$ et $\overrightarrow{D_2} = (-1; 2; -3)$. Les vecteurs directeurs n'étant pas parallèles, les droites ne sont pas parallèles. Elles peuvent être concourantes ou gauches. Pour le savoir, il faut vérifier s'il existe un point d'intersection. Pour ce faire, exprimons Δ_1 sous forme paramétrique. On pose d'abord

$$u = \frac{x-2}{3} = \frac{y+4}{-2} = \frac{z-5}{1}$$

et, en isolant les variables, on a $\Delta_1 : \begin{cases} x = 2 + 3u \\ y = -4 - 2u \\ z = 5 + u \end{cases}$

Les droites auront un point d'intersection s'il existe une valeur de u et une valeur de t pour lesquelles les valeurs des variables x, y et z sont égales, c'est-à-dire

$$2 + 3u = 5 - t$$
$$-4 - 2u = -2 + 2t$$
$$5 + u = -2 - 3t.$$

En regroupant, on a alors

$$3u + t = 3$$
$$-2u - 2t = 2$$
$$u + 3t = -7.$$

En représentant par une matrice et en échelonnant, on a

$$L_2 \rightarrow 3L_2 - L_1$$
$$L_2 \rightarrow L_2/(-2) \qquad L_3 \rightarrow 3L_3 - L_1 \qquad L_3 \rightarrow L_3 - 4L_2$$

$$\begin{pmatrix} 3 & 1 & | & 3 \\ -2 & -2 & | & 2 \\ 1 & 3 & | & -7 \end{pmatrix} \approx \begin{pmatrix} 3 & 1 & | & 3 \\ 1 & 1 & | & -1 \\ 1 & 3 & | & -7 \end{pmatrix} \approx \begin{pmatrix} 3 & 1 & | & 3 \\ 0 & 2 & | & -6 \\ 0 & 8 & | & -24 \end{pmatrix} \approx \begin{pmatrix} 3 & 1 & | & 3 \\ 0 & 2 & | & -6 \\ 0 & 0 & | & 0 \end{pmatrix}$$

On trouve alors $t = -3$ et, en substituant dans la première équation, on obtient $u = 2$. En substituant dans les équations des droites Δ_1 et Δ_2, on peut déterminer le point de rencontre. En posant $u = 2$ dans l'équation de Δ_1, on trouve

$$\begin{cases} x = 2 + 3 \times 2 = 8 \\ y = -4 - 2 \times 2 = -8 \\ z = 5 + 2 = 7 \end{cases}$$

et en posant $t = -3$ dans l'équation de Δ_2, on trouve

$$\begin{cases} x = 5 - (-3) = 8 \\ y = -2 + 2 \times (-3) = -8 \\ z = -2 - 3 \times (-3) = 7 \end{cases}$$

Les droites sont donc concourantes et le point de rencontre est $(8; -8; 7)$.

c) Les vecteurs directeurs sont respectivement $\overrightarrow{D_1} = (-2; 1; 4)$ et $\overrightarrow{D_2} = (-1; 2; 3)$. Les vecteurs directeurs n'étant pas parallèles, les droites ne sont pas parallèles. Elles peuvent être concourantes ou gauches. Pour le savoir, il faut vérifier s'il existe un point d'intersection. Les droites auront un point d'intersection s'il existe une valeur de u et une valeur de t pour lesquelles les valeurs des variables x, y et z seront égales, c'est-à-dire s'il existe une valeur de u et une valeur de t pour lesquelles

$$3 - 2u = 5 - t$$
$$-4 + u = -2 + 2t$$
$$-3 + 4u = -2 + 3t$$

En regroupant les paramètres, on a alors

$$-2u + t = 2$$
$$u - 2t = 2$$
$$4u - 3t = 1.$$

En représentant par une matrice et en échelonnant, on obtient

$$L_2 \rightarrow 2L_2 + L_1 \qquad L_2 \rightarrow L_2 /(-3)$$
$$L_3 \rightarrow L_3 + 2L_1 \qquad L_3 \rightarrow -1 \times L_3 \qquad L_3 \rightarrow L_3 - L_2$$

$$\begin{pmatrix} -2 & 1 & | & 2 \\ 1 & -2 & | & 2 \\ 4 & -3 & | & 1 \end{pmatrix} \approx \begin{pmatrix} -2 & 1 & | & 2 \\ 0 & -3 & | & 6 \\ 0 & -1 & | & 5 \end{pmatrix} \approx \begin{pmatrix} -2 & 1 & | & 2 \\ 0 & 1 & | & -2 \\ 0 & 1 & | & -5 \end{pmatrix} \approx \begin{pmatrix} -2 & 1 & | & 2 \\ 0 & 1 & | & -2 \\ 0 & 0 & | & -3 \end{pmatrix}$$

La dernière ligne donne $0 = -3$. Mais cela est impossible. Le système n'a donc pas de solution, ce qui signifie qu'il n'y a pas de point de rencontre. Puisque les droites ne sont pas parallèles ni concourantes, ce sont donc des droites gauches.

12.2 EXERCICES

1. Représenter graphiquement les vecteurs algébriques suivants dans un système d'axes.

   a) $\vec{A} = (4;8;7)$

   b) $\vec{B} = (6;4;-5)$

   c) $\vec{C} = (4;-3;6)$

   d) $\vec{D} = (6;-4;10)$

2. Donner l'équation cartésienne du plan passant par le point P_1 et de vecteur normal $\vec{N}$.

   a) $P_1(3;2;4)$ et $\vec{N} = (5;-2;1)$

   b) $P_1(2;-3;0)$ et $\vec{N} = (1;2;-5)$

   c) $P_1(-2;5;-3)$ et $\vec{N} = (2;-3;-4)$

   d) $P_1(4;-5;2)$ et $\vec{N} = (-3;-2;2)$

3. Donner des équations paramétriques et des équations cartésiennes de la droite passant par le point P_1 et parallèle au vecteur $\vec{D}$.

   a) $P_1(2;-3;4)$ et $\vec{D} = (1;4;-2)$

   b) $P_1(-3;5;2)$ et $\vec{D} = (2;-5;3)$

   c) $P_1(1;-4;-2)$ et $\vec{D} = (7;-3;-5)$

   d) $P_1(7;-5;4)$ et $\vec{D} = (4;-8;3)$

4. Donner des équations paramétriques et une équation cartésienne du plan passant par le point P_1 et parallèle aux vecteurs $\vec{D_1}$ et $\vec{D_2}$.

   a) $P_1(3; 2;-1)$; $\vec{D_1} = (-5;7;3)$ et $\vec{D_2} = (4;-5;-2)$

   b) $P_1(-5; 2;-3)$; $\vec{D_1} = (4;-6;2)$ et $\vec{D_2} = (-4;3;-1)$

   c) $P_1(2;-3; 4)$; $\vec{D_1} = (2;-5;-3)$ et $\vec{D_2} = (3;2;-5)$

   d) $P_1(-3;-2; 4)$; $\vec{D_1} = (1;-4;3)$ et $\vec{D_2} = (4;1;7)$

5. Trouver l'intersection des plans donnés et indiquer quelle est la représentation graphique de cette intersection: plan, droite ou point.

a) $x - 2y + z = 13$
$2x + 5y - 3z = -17$
$3x + 4y + 2z = 14$

b) $2x - 3y + z = -14$
$3x + 7y - 5z = -1$
$5x - 2y + 4z = -7$

c) $x + 2y + z = 4$
$2x + 5y + z = 9$
$4x + 9y - z = 17$

d) $2x + y - 3z = 18$
$3x - 5y + 7z = 27$
$4x - 11y + 17z = 36$

e) $x - 3y + 2z = 7$
$2x - 5y - z = 16$
$4x - 11y + 3z = 30$
$3x - 8y + z = 23$

f) $x + 3y - 5z = -28$
$3x - 4y + 7z = 69$
$2x + y + 3z = 21$
$3x + 4y - 2z = -7$

g) $2x + y - 5z = -46$
$3x + 4y + 7z = 7$
$2x - 5y + 4z = 122$

h) $4x + 7y + z = 10$
$5x - 3y - 4z = 8$
$7x + 3y + 2z = 3$

i) $2x - 3y + 4z = 7$
$2x - 2y + 7z = 12$

j) $3x - y + 3z = 6$
$-2x + y + 6z = 7$
$4x + 5y + 2z = 3$

k) $3x - 2y + 7z = -22$
$2x + 5y - 4z = -87$
$5x + 8y - 5z = -158$

l) $2x - 3y + 4z = 88$
$3x + 2y - 7z = 2$
$3x + 4y - 2z = -2$

6. Trouver le point d'intersection du plan $\prod$ et de la droite Δ tels que
$\prod : 3x - 2y + z - 12 = 0$
$\Delta : 2x - 3y + 5z - 27 = 0$ et $4x - 2y - 7z + 18 = 0$

7. Trouver le point d'intersection du plan $\prod$ et de la droite Δ tels que
$\prod : 2x + 3y + 4z - 25 = 0$

$\Delta: \begin{cases} x = 4 - 3t \\ y = -5 + 4t \\ z = -3 + 4t \end{cases}$

8. Dire si les droites suivantes sont parallèles (distinctes ou confondues), concourantes ou gauches. Donner le point de rencontre des droites concourantes.

a) $\Delta_1: \begin{cases} x = 4 + u \\ y = -3 + 2u \\ z = -5 - 3u \end{cases}$ et $\Delta_2: \begin{cases} x = 3 - 2t \\ y = 4 - 4t \\ z = -7 + 6t \end{cases}$

$b)$ $\quad \Delta_1 : \begin{cases} x = -2 + u \\ y = 4 + 3u \\ z = -3 + 4u \end{cases}$ et $\Delta_2 : \begin{cases} x = 3 - 2t \\ y = 5 + 2t \\ z = -2 - 4t \end{cases}$

$c)$ $\quad \Delta_1 : \begin{cases} x = -2 + u \\ y = 4 + 3u \\ z = -3 + 4u \end{cases}$ et $\Delta_2 : \begin{cases} x = 3 - 2t \\ y = 3 + 2t \\ z = 9 - 4t \end{cases}$

9. Déterminer si les droites suivantes sont parallèles (distinctes ou confondues), concourantes ou gauches. Trouver le point d'intersection, le cas échéant.

$a)$ $\quad \Delta_1 : \dfrac{x - 3}{2} = \dfrac{y - 1}{4} = \dfrac{z + 2}{-3}$ et $\Delta_2 : \begin{cases} x = 4 + 4t \\ y = 12 + 8t \\ z = 5 - 6t \end{cases}$

$b)$ $\quad \Delta_1 : \dfrac{x - 3}{2} = \dfrac{y - 1}{4} = \dfrac{z + 2}{-3}$ et $\Delta_2 : \begin{cases} x = 2 + 3t \\ y = 8 - 3t \\ z = 2 - 7t \end{cases}$

$c)$ $\quad \Delta_1 : \begin{cases} x = 4 + u \\ y = -2 + 3u \\ z = -5 + 4u \end{cases}$ et $\Delta_2 : \begin{cases} x = 3 - 2t \\ y = 4 + 2t \\ z = -2 - 4t \end{cases}$

12.3 ANGLES ET DISTANCES

Dans cette section, nous utiliserons les produits de vecteurs dans différents calculs comportant des droites et des plans dans $\mathbf{R}^3$, par exemple dans le calcul de l'angle entre deux plans, entre une droite et un plan ou entre deux droites; dans le calcul de la distance entre deux points, entre un point et une droite, entre un point et un plan, entre deux plans, etc.

OBJECTIF: Utiliser les produits de vecteurs pour calculer des angles et des distances dans $\mathbf{R}^3$.

CALCUL D'ANGLES DANS R^3

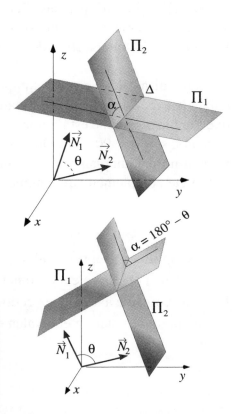

ANGLE ENTRE DEUX PLANS SÉCANTS
L'angle entre deux plans sécants est le plus petit angle α (aigu ou droit) entre les plans. Par conséquent, l'angle entre deux plans est toujours compris entre 0° et 90° alors que l'angle entre deux vecteurs est toujours compris entre 0° et 180°.

Cependant, on constate facilement sur les figures ci-contre, qu'en faisant tourner les vecteurs $\overrightarrow{N_1}$ et $\overrightarrow{N_2}$ de 90° autour de l'origine, l'angle entre leurs droites support est égal à l'angle entre les plans $\prod_1$ et $\prod_2$. On a alors
- α = θ si 0° ≤ θ ≤ 90°;
- α = 180° − θ si 90° < θ < 180°.

> *PROCÉDURE POUR CALCULER L'ANGLE ENTRE DEUX PLANS*
> 1. Déterminer un vecteur normal pour chacun des plans.
> 2. Utiliser le produit scalaire pour trouver l'angle θ entre ces vecteurs.
> 3. Trouver l'angle α entre les plans:
>   - α = θ si 0° ≤ θ ≤ 90°;
>   - α = 180° − θ si 90° < θ < 180°.

  EXEMPLE 12.3.1

Trouver l'angle entre les plans $\prod_1$: $x + 2y − 3z + 4 = 0$ et $\prod_2$: $5x − 3y + 4z − 22 = 0$

Solution
Les vecteurs normaux qui peuvent être utilisés sont donnés par les coefficients des variables dans les équations. On a donc

$$\overrightarrow{N_1} = (1;2;-3) \text{ et } \overrightarrow{N_2} = (5;-3;4) \,.$$

D'où $\cos\theta = \dfrac{|\overrightarrow{N_1} \bullet \overrightarrow{N_2}|}{\|\overrightarrow{N_1}\|\|\overrightarrow{N_2}\|} = \dfrac{|-13|}{\sqrt{14}\sqrt{50}} = \dfrac{13}{\sqrt{14}\sqrt{50}}$ et $\theta = \arccos\left(\dfrac{13}{\sqrt{14}\sqrt{50}}\right) = 60,57°$

L'angle entre les plans est donc de 60,57°.

ANGLE ENTRE UNE DROITE ET UN PLAN

L'angle entre un plan et une droite est, par définition, l'angle aigu formé par la droite et sa projection orthogonale sur le plan. Dans la figure ci-contre, c'est l'angle α. Pour déterminer une procédure permettant de trouver cet angle, il faut établir la relation entre cet angle et l'angle formé par le vecteur normal au plan et le vecteur directeur de la droite. Ce sont des vecteurs algébriques, leur origine est donc à (0;0;0), mais le plan et la droite ne passent pas nécessairement à l'origine. Cependant, l'angle entre les vecteurs est invariant si on fait glisser ceux-ci pour obtenir des vecteurs géométriques dont l'origine est à l'intersection de la droite et du plan.

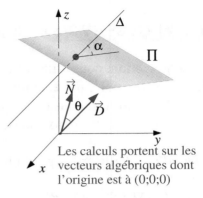

Les calculs portent sur les vecteurs algébriques dont l'origine est à (0;0;0)

En construisant les vecteurs équipollents à $\vec{N}$ et $\vec{D}$ dont l'origine coïncide avec l'intersection du plan Π et de la droite Δ, on constate que l'angle α cherché est l'angle complémentaire de l'angle entre les vecteurs, soit α = 90° − θ. On doit donc déterminer l'angle entre le vecteur normal du plan et le vecteur directeur de la droite et prendre son angle complémentaire comme angle entre la droite et le plan.

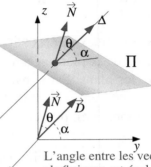

L'angle entre les vecteurs algébriques est égal à l'angle entre les vecteurs géométriques dont l'origine est à l'intersection de Δ et Π.

Pour simplifier la représentation graphique, nous ne considérerons que le plan Π et les vecteurs géométriques équipollent à $\vec{N}$ et $\vec{D}$ dont l'origine coïncide avec l'intersection du plan Π et de la droite Δ. On a alors la représentation équivalente ci-contre.

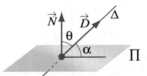

Représentation des vecteurs géométriques et du plan

PROCÉDURE POUR TROUVER L'ANGLE ENTRE UNE DROITE ET UN PLAN
1. Déterminer un vecteur directeur de la droite et un vecteur normal du plan.
2. Représenter graphiquement.
3. Utiliser le produit scalaire pour trouver l'angle entre les vecteurs.
4. Calculer l'angle complémentaire de l'angle entre les vecteurs; c'est l'angle cherché.

 EXEMPLE 12.3.2

Trouver l'angle entre le plan Π: $2x - 3y + 4z - 5 = 0$ et la droite Δ: $\begin{cases} x = 2 - 3t \\ y = -5 + 7t \\ z = -3 - 2t \end{cases}$

Solution

Un vecteur normal du plan est $\vec{N} = (2;-3;4)$ et un vecteur directeur de la droite est $\vec{D} = (-3;7;-2)$. L'angle entre ces vecteurs est donné par

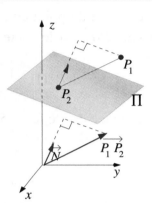

$$\cos\theta = \frac{|\vec{N} \bullet \vec{D}|}{\|\vec{N}\|\|\vec{D}\|} = \frac{|-35|}{\sqrt{29}\sqrt{62}} = \frac{35}{\sqrt{29}\sqrt{62}} \text{ et } \theta = \arccos\left(\frac{35}{\sqrt{29}\sqrt{62}}\right) = 34,37°$$

L'angle entre la droite et le plan est l'angle complémentaire de celui entre les vecteurs, on trouve donc $55,63°$.

DISTANCE D'UN POINT À UN PLAN

La procédure pour calculer la distance d'un point à un plan dans $\mathbf{R}^3$ est analogue à celle présentée au chapitre 11 pour trouver la distance d'un point à une droite de $\mathbf{R}^2$.

Soit un plan $\prod$ et $P_1(x_1;y_1)$ un point de $\mathbf{R}^3$ extérieur à ce plan. La distance du point au plan est la longueur de la perpendiculaire abaissée du point sur le plan. Pour déterminer cette longueur, on peut considérer un point P_2 quelconque du plan $\prod$ et déterminer le vecteur algébrique $\overrightarrow{P_2P_1}$. La distance du point au plan, notée $d(P_1,\prod)$, est alors égale à la projection orthogonale du vecteur $\overrightarrow{P_2P_1}$ sur le vecteur normal $\vec{N}$.

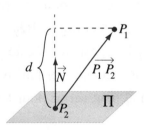

Pour simplifier la représentation graphique, nous ne considérerons que le plan $\prod$, le vecteur $\overrightarrow{P_2P_1}$ et le vecteur géométrique équipollent à $\vec{N}$ dont l'origine coïncide avec le point P_2. On a alors la représentation équivalente ci-contre.

PROCÉDURE POUR CALCULER LA DISTANCE
D'UN POINT P_1 À UN PLAN $\prod$

1. Déterminer un vecteur $\vec{N}$ normal au plan.
2. Déterminer un point P_2 du plan.
3. Construire le vecteur $\overrightarrow{P_2P_1}$.
4. Représenter graphiquement.
5. Utiliser le produit scalaire pour calculer la longueur de la projection du vecteur $\overrightarrow{P_2P_1}$ sur le vecteur normal $\vec{N}$. C'est la distance cherchée. Elle est notée $d(P_1;\prod)$.

EXEMPLE 12.3.3

Trouver la distance du point $P_1(5;-6;7)$ au plan Π: $5x - 3y + z - 16 = 0$

Solution

Un vecteur normal possible est $\vec{N} = (5;-3;1)$. Déterminons un point P_2 du plan. Posons, par exemple, $x = 2$ et $y = -1$ dans l'équation, ce qui donne $z = 3$. Le point $P_2(2;-1;3)$ est un point du plan puisqu'il satisfait à l'équation de celui-ci. On peut alors trouver les composantes du vecteur $\overrightarrow{P_2P_1}$. On obtient

$$\overrightarrow{P_2P_1} = (3;-5;4)$$

La distance du point au plan est la longeur de la projection du vecteur $\overrightarrow{P_2P_1}$ sur le vecteur $\vec{N}$, ce qui donne

$$d(P_1;\Pi) = \frac{\left|\overrightarrow{P_2P_1} \bullet \vec{N}\right|}{\|\vec{N}\|} = \frac{|34|}{\sqrt{35}} = 5,75.$$

La distance est donc de 5,75 unités.

DISTANCE ENTRE DEUX PLANS PARALLÈLES

Pour trouver la distance entre deux plans parallèles Π_1 et Π_2, on détermine un point P_1 du plan Π_1, un point P_2 du plan Π_2 et le vecteur algébrique $\overrightarrow{P_1P_2}$. La distance entre les deux plans, notée $d(\Pi_1,\Pi_2,)$, est alors égale à la projection orthogonale du vecteur $\overrightarrow{P_1P_2}$ sur un vecteur normal $\vec{N}$ d'un des deux plans (le même vecteur normal peut servir pour les deux plans, ceux-ci étant parallèles).

Pour simplifier la représentation graphique, nous ne considérerons que les plans Π_1 et Π_2, le vecteur $\overrightarrow{P_1P_2}$ et le vecteur géométrique équipollent à $\vec{N}$ dont l'origine coïncide avec le point P_1. On a alors la représentation équivalente ci-contre.

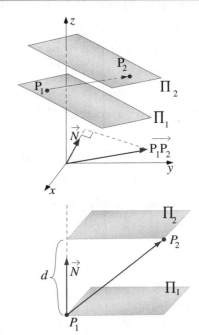

PROCÉDURE POUR CALCULER LA DISTANCE ENTRE DEUX PLANS PARALLÈLES

1. Déterminer un vecteur $\vec{N}$ normal aux deux plans.
2. Déterminer un point P_1 du plan Π_1 et un point P_2 du plan Π_2.
3. Construire le vecteur $\overrightarrow{P_1P_2}$.
4. Représenter graphiquement.
5. Utiliser le produit scalaire pour calculer la longueur de la projection du vecteur $\overrightarrow{P_1P_2}$ sur le vecteur normal $\vec{N}$. C'est la distance cherchée, elle est notée $d(\Pi_1,\Pi_2)$.

EXEMPLE 12.3.4

Trouver la distance entre les plans parallèles Π_1: $x + 2y - 3z + 4 = 0$ et Π_2: $x + 2y - 3z - 22 = 0$.

Solution

Déterminons d'abord un vecteur normal à ces deux plans.

On trouve $\vec{N} = (1;2;-3)$. Déterminons maintenant deux points, un sur chacun des plans. Supposons que notre choix est $P_1(3;-2;1)$ et $P_2(10;3;-2)$. On peut alors déterminer le vecteur $\overrightarrow{P_1P_2}$, ce qui donne

$$\overrightarrow{P_1P_2} = (7;5;-3)$$

La distance entre les deux plans est alors la longeur de la projection du vecteur $\overrightarrow{P_1P_2}$ sur le vecteur normal, ce qui donne

$$d(\Pi_1,\Pi_2) = \frac{\left|\overrightarrow{P_1P_2} \bullet \vec{N}\right|}{\|\vec{N}\|} = \frac{|26|}{\sqrt{14}} = 6,95$$

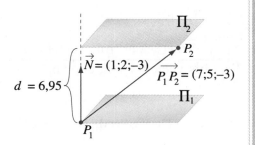

La distance entre les plans est donc de 6,95 unités.

PRODUIT MIXTE DE VECTEURS

Nous définirons maintenant le produit mixte de trois vecteurs et verrons quelques applications de ce produit dans $\mathbf{R}^3$.

PRODUIT MIXTE

Soit $\vec{A}, \vec{B}$ et $\vec{C}$ trois vecteurs quelconques. Le *produit mixte* de ces trois vecteurs est défini par

$$\vec{A} \bullet (\vec{B} \times \vec{C})$$

où $\times$ et $\bullet$ représentent respectivement le produit vectoriel et le produit scalaire (la parenthèse indique la priorité des opérations).

Déterminons à quelles conditions ce produit sera nul.

1. Le produit vectoriel est nul ($\vec{B} \times \vec{C} = \vec{0}$).

   Comme nous l'avons vu, le produit vectoriel s'annule lorsque les deux vecteurs $\vec{B}$ et $\vec{C}$ sont colinéaires. Les vecteurs $\vec{A}$, $\vec{B}$ et $\vec{C}$ sont donc dans le même plan ou coplanaires.

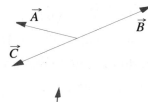

2. $\vec{D} = \vec{B} \times \vec{C} \neq \vec{0}$ et $\vec{A} \bullet \vec{D} = 0$.

   Le produit scalaire s'annule si les vecteurs $\vec{A}$ et $\vec{D}$ sont perpendiculaires entre eux. Cependant, $\vec{D}$ est obtenu en effectuant le produit vectoriel $\vec{B} \times \vec{C}$, donc $\vec{D}$ est perpendiculaire à $\vec{B}$ et à $\vec{C}$. Puisqu'il est également perpendiculaire à $\vec{A}$, les trois vecteurs $\vec{A}$, $\vec{B}$ et $\vec{C}$ sont donc coplanaires.

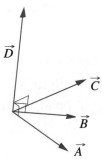
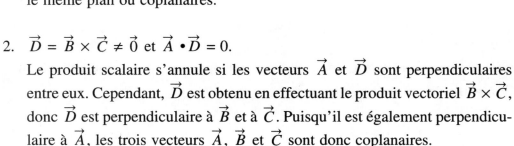

Réciproquement, le produit mixte de trois vecteurs $\vec{A}$, $\vec{B}$ et $\vec{C}$ non nuls et coplanaires est toujours égal à 0. En conclusion, le produit mixte est nul si et seulement si les trois vecteurs sont coplanaires. On a donc le résultat suivant:

PRODUIT MIXTE NUL

Si $\vec{A}$, $\vec{B}$ et $\vec{C}$ sont trois vecteurs non nuls, le produit mixte $\vec{A} \cdot (\vec{B} \times \vec{C})$ est nul si et seulement si les trois vecteurs sont coplanaires.

INTERPRÉTATION GÉOMÉTRIQUE DU PRODUIT MIXTE

Dans le produit mixte $\vec{A} \cdot (\vec{B} \times \vec{C})$, le produit vectoriel $\vec{B} \times \vec{C}$ donne un vecteur $\vec{D}$ tel que le module de $\vec{D}$ donne l'aire de la surface du parallélogramme construit sur $\vec{B}$ et $\vec{C}$, soit le parallélo- gramme OPQR. De plus, le produit scalaire $\vec{A} \cdot \vec{D}$ est défini, rappelons-le, par

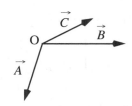

$$\vec{A} \cdot \vec{D} = \| \vec{A} \| \| \vec{D} \| \cos\theta$$

où θ est l'angle entre $\vec{A}$ et $\vec{D}$. Dans cette expression, $\| \vec{A} \| \cos\theta = \overline{OH}$, la projection du vecteur $\vec{A}$ sur le vecteur $\vec{D}$ est également la hauteur du parallélépipède OPQRSTUV. Par consé- quent,

$$\vec{A} \cdot \vec{D} = \| \vec{D} \| \, \overline{OH}$$

est le produit de l'aire de la surface de la base par la hauteur du parallélépipède. Ce produit donne donc, au signe près, le volume du parallélépipède OPQRSTUV. Le produit • est positif lorsque l'an- gle entre les vecteurs $\vec{D}$ et $\vec{A}$ est compris entre 0° et 90° et le produit • est négatif lorsque l'angle entre les vecteurs $\vec{D}$ et $\vec{A}$ est compris entre 90° et 180°. En conclusion, la valeur absolue du produit mixte donne le volume du parallélépipède construit à partir des trois vecteurs.

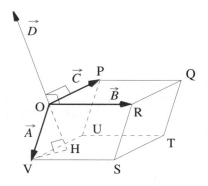

VALEUR ABSOLUE DU PRODUIT MIXTE

La valeur absolue du produit mixte $\vec{A} \cdot (\vec{B} \times \vec{C})$ de trois vecteurs algébriques donne le volume du parallélépipède construit à partir de ces trois vecteurs.

Voyons maintenant comment effectuer le produit mixte de vecteurs algébriques.

Soit $\vec{A} = a_1\vec{i} + a_2\vec{j} + a_3\vec{k}$, $\vec{B} = b_1\vec{i} + b_2\vec{j} + b_3\vec{k}$ et $\vec{C} = c_1\vec{i} + c_2\vec{j} + c_3\vec{k}$ trois vecteurs algébriques.

Le produit vectoriel $\vec{B} \times \vec{C}$ est donné par

$$\vec{B} \times \vec{C} = \begin{vmatrix} b_2 & b_3 \\ c_2 & c_3 \end{vmatrix}\vec{i} - \begin{vmatrix} b_1 & b_3 \\ c_1 & c_3 \end{vmatrix}\vec{j} + \begin{vmatrix} b_1 & b_2 \\ c_1 & c_2 \end{vmatrix}\vec{k}$$

En effectuant le produit scalaire de ce vecteur avec le vecteur

$$\vec{A} = a_1\vec{i} + a_2\vec{j} + a_3\vec{k},$$

on fait la somme des produits composante à composante, ce qui donne

$$\vec{A} \bullet (\vec{B} \times \vec{C}) = a_1\begin{vmatrix} b_2 & b_3 \\ c_2 & c_3 \end{vmatrix} - a_2\begin{vmatrix} b_1 & b_3 \\ c_1 & c_3 \end{vmatrix} + a_3\begin{vmatrix} b_1 & b_2 \\ c_1 & c_2 \end{vmatrix}$$

PRODUIT MIXTE DE VECTEURS ALGÉBRIQUES

Soit $\vec{A} = a_1\vec{i} + a_2\vec{j} + a_3\vec{k}$, $\vec{B} = b_1\vec{i} + b_2\vec{j} + b_3\vec{k}$ et $\vec{C} = c_1\vec{i} + c_2\vec{j} + c_3\vec{k}$ trois vecteurs algébriques.

Le produit mixte $\vec{A} \bullet (\vec{B} \times \vec{C})$ est donné par

$$\vec{A} \bullet (\vec{B} \times \vec{C}) = a_1\begin{vmatrix} b_2 & b_3 \\ c_2 & c_3 \end{vmatrix} - a_2\begin{vmatrix} b_1 & b_3 \\ c_1 & c_3 \end{vmatrix} + a_3\begin{vmatrix} b_1 & b_2 \\ c_1 & c_2 \end{vmatrix}$$

REMARQUE

En pratique, on calcule le produit mixte à l'aide d'un déterminant. On a alors

$$\vec{A} \bullet (\vec{B} \times \vec{C}) = \begin{vmatrix} a_1 & a_2 & a_3 \\ b_1 & b_2 & b_3 \\ c_1 & c_2 & c_3 \end{vmatrix} = a_1\begin{vmatrix} b_2 & b_3 \\ c_2 & c_3 \end{vmatrix} - a_2\begin{vmatrix} b_1 & b_3 \\ c_1 & c_3 \end{vmatrix} + a_3\begin{vmatrix} b_1 & b_2 \\ c_1 & c_2 \end{vmatrix}$$

On procède de la même façon que pour le produit vectoriel pour calculer les valeurs qui multiplient a_1, a_2 et a_3.

 EXEMPLE 12.3.5

Calculer le volume du parallélépipède construit sur les vecteurs $\vec{A}$, $\vec{B}$ et $\vec{C}$ suivants:

$$\vec{A} = (2;1;4);\ \vec{B} = (3;-2;5);\ \vec{C} = (8;1;3).$$

Solution
En représentant le produit par un déterminant, on a

$$\vec{A} \bullet (\vec{B} \times \vec{C}) = \begin{vmatrix} 2 & 1 & 4 \\ 3 & -2 & 5 \\ 8 & 1 & 3 \end{vmatrix} = 2 \begin{vmatrix} -2 & 5 \\ 1 & 3 \end{vmatrix} - 1 \begin{vmatrix} 3 & 5 \\ 8 & 3 \end{vmatrix} + 4 \begin{vmatrix} 3 & -2 \\ 8 & 1 \end{vmatrix} =$$

$$= [2 \times -11] - [1 \times -31] + [4 \times 19] = 85$$

et $\left| \vec{A} \bullet (\vec{B} \times \vec{C}) \right| = 85$. Le volume est de 85 unités cubes.

 EXEMPLE 12.3.6

Dire si les vecteurs suivants sont coplanaires.

a) $\vec{A} = (2;1;4)$; $\vec{B} = (3;-1;2)$; $\vec{C} = (1;3;6)$

b) $\vec{A} = (3;2;-1)$; $\vec{B} = (5;2;3)$; $\vec{C} = (2;-4;3)$

Solution

a) Le produit mixte de trois vecteurs est nul si et seulement si les trois vecteurs sont coplanaires. On doit donc calculer le produit mixte des trois vecteurs, ce qui donne

$$\vec{A} \bullet (\vec{B} \times \vec{C}) = \begin{vmatrix} 2 & 1 & 4 \\ 3 & -1 & 2 \\ 1 & 3 & 6 \end{vmatrix} = [2 \times -12] - [1 \times 16] + [4 \times 10] = -24 - 16 + 40 = 0$$

Les vecteurs sont coplanaires puisque le produit mixte est nul.

b) Le produit mixte donne

$$\vec{A} \bullet (\vec{B} \times \vec{C}) = \begin{vmatrix} 3 & 2 & -1 \\ 5 & 2 & 3 \\ 2 & -4 & 3 \end{vmatrix} = [3 \times 18] - [2 \times 9] + [(-1) \times (-24)] = 54 - 18 + 24 = 60$$

Les vecteurs ne sont pas coplanaires puisque le produit mixte est différent de 0.

DÉTERMINATION D'UN PLAN PAR TROIS POINTS

Dans $\mathbf{R}^3$, trois points non alignés déterminant un plan et un seul, on peut déterminer l'équation de ce plan. En effet, un point P de coordonnées $(x;y;z)$ sera dans le même plan que les points $P_1(x_1;y_1;z_1)$, $P_2(x_2;y_2;z_2)$ et $P_3(x_3;y_3;z_3)$ si et seulement si les vecteurs $\overrightarrow{P_1P_2}$, $\overrightarrow{P_1P_3}$ et $\overrightarrow{P_1P}$ sont coplanaires. C'est-à-dire si et seulement si le produit mixte de ces trois vecteurs est nul. Pour simplifier la représentation graphique, on représentera seulement les vecteurs géométriques en prenant le point P_1 comme origine, même si les calculs sont effectués sur les vecteurs algébriques.

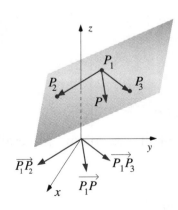

PROCÉDURE POUR TROUVER L'ÉQUATION CARTÉSIENNE D'UN PLAN PASSANT PAR TROIS POINTS CONNUS

1. Considérer un point quelconque P de coordonnées $(x;y;z)$.

2. Déterminer les vecteurs $\overrightarrow{P_1P}$, $\overrightarrow{P_1P_2}$ et $\overrightarrow{P_1P_3}$.

3. Représenter graphiquement.

4. Effectuer le produit mixte de ces trois vecteurs et l'égaler à 0.

$$\overrightarrow{P_1P} \bullet (\overrightarrow{P_1P_2} \times \overrightarrow{P_1P_3}) = 0$$

5. Regrouper les constantes.

 EXEMPLE 12.3.7

Trouver l'équation cartésienne du plan Π passant par les trois points de coordonnées $P_1(2;-5;7)$, $P_2(4;-2;8)$ et $P_3(-3;2;-1)$.

Solution

Soit un point quelconque $P(x;y;z)$. Ce point sera dans le plan Π si et seulement si les vecteurs

$$\overrightarrow{P_1P} = (x-2;y+5;z-7), \ \overrightarrow{P_1P_2} = (2;3;1)$$

et $\overrightarrow{P_1P_3} = (-5;7;-8)$

sont coplanaires, c'est-à-dire si et seulement si leur produit mixte est nul. Le produit mixte donne

$$\overrightarrow{P_1P} \bullet (\overrightarrow{P_1P_2} \times \overrightarrow{P_1P_3}) = \begin{vmatrix} x-2 & y+5 & z-7 \\ 2 & 3 & 1 \\ -5 & 7 & -8 \end{vmatrix} = (x-2)(-24-7)-(y+5)(-16+5)+(z-7)(14+15)$$

$$= -31(x-2)+11(y+5)+29(z-7)$$

$$= -31x+11y+29z-86$$

Les vecteurs sont donc coplanaires si et seulement si $-31x + 11y + 29z - 86 = 0$. Cette équation est l'équation cartésienne du plan passant par les points P_1, P_2 et P_3.

 EXEMPLE 12.3.8

Trouver les équations paramétriques et l'équation cartésienne du plan parallèle aux vecteurs $\overrightarrow{D_1} = (2;1;5)$ et $\overrightarrow{D_2} = (4;-2;2)$ et passant par le point $P_1(3;2;-1)$.

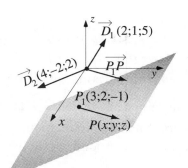

Solution

Soit $P(x;y;z)$ un point quelconque. Le point P sera sur le plan cherché si les vecteurs $\overrightarrow{P_1P}$, $\overrightarrow{D_1}$ et $\overrightarrow{D_2}$ sont coplanaires. On effectuer donc le produit mixte de ces trois vecteurs, ce qui donne

$$\overrightarrow{P_1P} \bullet (\overrightarrow{D_1} \times \overrightarrow{D_2}) = \begin{vmatrix} x-3 & y-2 & z+1 \\ 2 & 1 & 5 \\ 4 & -2 & 2 \end{vmatrix} = (x-3)(2+10) - (y-2)(4-20) + (z+1)(-4-4)$$

$$= 12(x-3) + 16(y-2) - 8(z+1)$$

$$= 12x + 16y - 8z - 76$$

En égalant à 0, on a $12x + 16y - 8z - 76 = 0$. Puisque tous les coefficients sont divisibles par 4, on peut donner une équation simplifiée, soit

$$3x + 4y - 2z - 19 = 0.$$

Soit $P(x;y;z)$ un point quelconque. Le point P sera sur le plan cherché si on a

$$\overrightarrow{OP} = \overrightarrow{OP_1} + t\overrightarrow{D_1} + u\overrightarrow{D_2}$$

Ce qui donne

$$(x;y;z) = (3;2;-1) + t(2;1;5) + u(4;-2;2).$$

Les équations suivantes sont donc des équations paramétriques du plan Π

$$\begin{cases} x = 3 + 2t + 4u \\ y = 2 + t - 2u \\ z = -1 + 5t + 2u \end{cases}$$

REMARQUE

L'équation

$$12x + 16y - 8z - 76 = 0$$

est une équation du plan Π, tout comme l'équation

$$3x + 4y - 2z - 19 = 0$$

En divisant les deux membres de la première par 4, on obtient la deuxième équation. En pratique, on donne l'équation la plus simple, on l'appelle l'*équation cartésienne du plan* et on considère que l'équation cartésienne est unique.

Cependant, la description paramétrique du plan n'est pas unique. On peut considérer un point quelconque du plan et deux vecteurs parallèles quelconques. Il y a donc une infinité d'équations paramétriques d'un plan.

12.4 EXERCICES

1. Trouver l'équation du plan Π passant par le point $P(5;-3;7)$ et perpendiculaire à la droite d'équation

$$\frac{x-3}{2} = \frac{y+2}{-5} = \frac{z-7}{4}$$

2. Calculer l'angle entre les plans Π_1 et Π_2.

   a) Π_1: $x = 4$ et Π_2: $2x + 3y + 2z = 24$

   b) Π_1: $y = 8$ et Π_2: $2x + 3y + 2z = 24$

   c) Π_1: $z = 12$ et Π_2: $2x + 3y + 2z = 24$

   d) Π_1: $x = 3$ et Π_2: $y = 8$

   e) Π_1: $x + 2y + 2z = 36$ et Π_2: $2x + 3y + 2z = 24$

   f) Π_1: $3x - 4y + 2z = 8$ et Π_2: $5x + 6y - 3z = 15$

   g) Π_1: $5x - 2y + 7z = 12$ et Π_2: $x - 3y - 7z = -14$

   h) Π_1: $6x + 8y - 15z = 7$ et Π_2: $3x - 5y + 6z = 17$

3. Trouver la distance du point P au plan Π.

   a) $P(2;3;4)$ et Π: $x + 2y + 2z = 36$

   b) $P(5;-2;7)$ et Π: $5x + 3y - 4z = 72$

   c) $P(-6;4;-3)$ et Π: $3x - 2y + 7z = 45$

   d) $P(12;-7;8)$ et Π: $3x - 5y + 4z = 48$

4. Trouver l'angle entre les plans
   Π_1: $3x - 2y + 5z + 12 = 0$
   et Π_2: $2x + 3y - 4z - 22 = 0$

5. Trouver l'angle entre le plan Π: $3x - 2y + 3z - 8 = 0$

   et la droite Δ: $\begin{cases} x = 4 - 2t \\ y = -2 + 4t \\ z = 5 - 3t \end{cases}$

6. Trouver la distance entre les points $P_1(3;-7;-4)$ et $P_2(8;11;-9)$.

7. Trouver la distance du point $P_1(7;-8;5)$ au plan Π: $4x - 2y + 7z - 24 = 0$.

8. Trouver la distance entre les plans
   Π_1: $3x + 2y - 5z + 12 = 0$
   et Π_2: $3x + 2y - 5z - 34 = 0$.

9. Donner l'équation cartésienne du plan passant par le point P_1 et parallèle aux vecteurs $\vec{D_1}$ et $\vec{D_2}$.

   a) $P_1(2;1;4); \vec{D_1} = (1;-3;2)$ et $\vec{D_2} = (2;-5;3)$

   b) $P_1(3;-2;5); \vec{D_1} = (4;-2;3)$ et $\vec{D_2} = (5;3;2)$

   c) $P_1(2;7;-2); \vec{D_1} = (2;-1;4)$ et $\vec{D_2} = (2;-3;-1)$

10. Trouver l'équation des plans du prisme ci-contre et calculer son volume. Trouver la distance du point P à chacun des plans verticaux du prisme. Trouver l'aire de chacune des faces et l'aire totale du prisme.

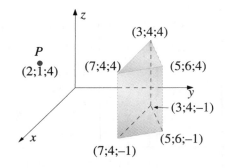

11. Trouver l'équation des plans de la pyramide triangulaire oblique ci-contre. Calculer sa hauteur.

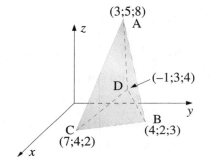

12. Trouver l'équation des plans du prisme ci-contre et calculer l'aire totale de sa surface et son volume. Calculer l'angle entre les plans définissant les faces ABEF et BCDE.

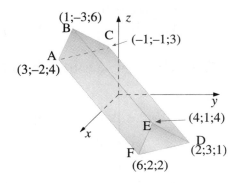

13. Trouver la distance du point P au plan du triangle ABC ci-contre. Déterminer l'équation de la droite passant par le point P et perpendiculaire au plan Π. Déterminer le point de rencontre du plan et de la droite. Calculer l'angle que fait le plan contenant le triangle ABC avec chacun des plans du système d'axes. Déterminer le point de rencontre du plan contenant le triangle ABC avec chacun des axes.

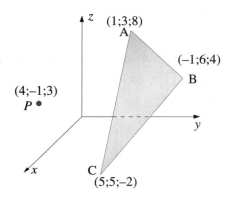

14. Calculer le volume du parallélépipède dont $\overline{AB}$, $\overline{AC}$ et $\overline{AD}$ sont trois arêtes, sachant que

  a) A(–1;1;2) , B(–2;0;1) , C(0;2;3) et D(4;1;0)

  b) A(2;1;2) , B(–1;3;1) , C(1;2;2) et D(2 2;1)

  c) A(3;2;1) , B(5;3;4) , C(2;1;–3) et D(6;4;2)

15. Dire si les vecteurs algébriques suivants sont coplanaires.

  a) $\vec{A} = (2;1;3)$; $\vec{B} = (-4;3;2)$ et $\vec{C} = (3;5;-2)$

  b) $\vec{A} = (2;1;4)$; $\vec{B} = (3;-2;-2)$ et $\vec{C} = (5;-1;2)$

  c) $\vec{A} = (5;2;-3)$; $\vec{B} = (-3;2;5)$ et $\vec{C} = (-1;6;7)$

  d) $\vec{A} = (4;3;-1)$; $\vec{B} = (2;3;5)$ et $\vec{C} = (1;4;4)$

16. Trouver l'équation cartésienne du plan passant par les points donnés ci-dessous:

  a) $P_1(2;3;-1)$, $P_2(-3;5;2)$, $P_3(7;-6;-5)$

  b) $P_1(5;-2;7)$, $P_2(-5;12;1)$, $P_3(4;3;-2)$

  c) $P_1(-4;-3;2)$, $P_2(8;-5;4)$, $P_3(3;-11;7)$

  d) $P_1(4;-2;5)$, $P_2(6;-3;1)$, $P_3(4;-9;-6)$

17. Trouver l'équation de la droite passant par le point $P(2;3;-5)$ et perpendiculaire au plan Π dont l'équation est $3x - 5y + 2z - 12 = 0$.

18. On donne trois points d'un plan Π et un point P extérieur à ce plan.

  a) Trouver deux vecteurs directeurs du plan.

  b) Trouver des équations paramétriques du plan.

  c) Trouver l'aire du triangle ABC.

  d) Trouver un vecteur normal au plan.

  e) Trouver l'équation cartésienne du plan.

  f) Vérifier que $\left|\vec{PA} \bullet \vec{N}\right| = \left|\vec{PB} \bullet \vec{N}\right| = \left|\vec{PC} \bullet \vec{N}\right|$. Comment expliquer cette égalité?

  g) Trouver la distance du point P au plan Π.

  h) Trouver l'équation de la droite passant par P et perpendiculaire au plan Π.

  i) Trouver le volume du parallélépipède construit sur les vecteurs $\vec{PA}, \vec{PB}$ et $\vec{PC}$.

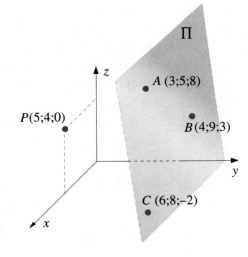

PRÉPARATION À L'ÉVALUATION

Pour préparer votre examen, assurez-vous d'avoir atteint les objectifs suivants.

Consignez à la page suivante des indications pour vous remémorer plus facilement les notions et concepts qui vous posent le plus de difficultés.

Si vous avez atteint l'objectif, cochez.

☆ **RÉSOUDRE DES PROBLÈMES DE GÉOMÉTRIE VECTORIELLE.**

○ UTILISER LES VECTEURS DANS L'ANALYSE DE SITUATIONS GÉOMÉTRIQUES DE $\mathbf{R}^3$.

◇ Utiliser le produit scalaire pour trouver l'équation d'un plan dont on connaît un point et un vecteur normal.

◇ Trouver des équations paramétriques et des équations cartésiennes d'une droite de $\mathbf{R}^3$ connaissant un point et un vecteur directeur de cette droite.

◇ Trouver des équations paramétriques et l'équation cartésienne d'un plan de $\mathbf{R}^3$ connaissant un point et deux vecteurs directeurs de ce plan.

◇ Utiliser la représentation matricielle pour trouver l'intersection de plans et de droites dans l'espace.

◇ Déterminer si des droites de $\mathbf{R}^3$ sont concourantes, parallèles ou gauches.

○ UTILISER LES PRODUITS DE VECTEURS POUR CALCULER DES ANGLES ET DES DISTANCES DANS $\mathbf{R}^3$.

◇ Utiliser le produit scalaire pour calculer l'angle entre deux plans sécants.

◇ Utiliser le produit scalaire pour calculer l'angle entre une droite et un plan.

◇ Utiliser le produit scalaire pour calculer la distance d'un point à un plan.

◇ Utiliser le produit scalaire pour calculer la distance entre deux plans parallèles.

◇ Utiliser le produit mixte pour calculer le volume d'un parallélépipède.

◇ Utiliser le produit mixte pour déterminer si des vecteurs sont coplanaires.

◇ Utiliser le produit mixte pour déterminer l'équation cartésienne d'un plan passant par trois points.

Signification des symboles ☆ Élément de compétence ○ Objectif de section

◇ Procédure ou démarche ☐ Étape d'une procédure

Notes personnelles

VOCABULAIRE UTILISÉ DANS LE CHAPITRE

1. DROITES CONCOURANTES

   Deux droites sont *concourantes* si on peut trouver un point d'intersection en résolvant simultanément leurs équations.

2. DROITES GAUCHES

   Deux droites qui ne sont ni parallèles, ni concourantes sont des droites *gauches*. Les équations décrivant ces droites forment un système n'ayant aucune solution.

3. DROITES PARALLÈLES

   Deux droites sont *parallèles* si leur vecteurs directeurs sont parallèles.

4. PRODUIT MIXTE

   Le *produit mixte* est une opération entre trois vecteurs $\vec{A}, \vec{B}$ et $\vec{C}$ qui donne un scalaire obtenu en effectuant $\vec{A} \bullet (\vec{B} \times \vec{C})$. La valeur absolue de ce scalaire représente le volume du parallélépipède construit sur les trois vecteurs. Le produit mixte est nul lorsque les vecteurs sont coplanaires.

5. VECTEURS COPLANAIRES

   Des *vecteurs coplanaires* sont des vecteurs se trouvant dans un même plan.

13

EXERCICES
DE SYNTHÈSE

13.0 PRÉAMBULE

Ce treizième chapitre est consacré à l'intégration des connaissances acquises dans le cours. Il n'y a pas de théorie nouvelle dans ce chapitre, seulement des situations nécessitant le recours aux notions étudiées précédemment. Les problèmes présentés nécessitent un temps de travail assez long et les questions posées ne sont pas dans un ordre suggérant une démarche à suivre. L'étudiant doit analyser la situation présentée et les questions posées, imaginer un scénario de résolution et réaliser ce scénario. L'étudiant doit démontrer sa capacité à mener à terme une procédure comportant plusieurs étapes d'analyse et d'interprétation des résultats.

Les activités d'apprentissage de ce chapitre visent à développer l'élément de compétence suivant:

« utiliser les notions mathématiques appropriées dans la solution de problèmes divers. »

SITUATION 13.1
On verse un liquide avec un débit constant dans un récipient dont la
forme est celle d'un cône inversé de 140 cm de hauteur et de 60 cm
de rayon. Si après cinq minutes le liquide atteint une hauteur de 40
cm, après combien de temps le liquide atteindra-t-il une hauteur de
120 cm? (Le volume d'un cône est donné par $V = (\pi r^2 h)/3$, où r est le
rayon et h est la hauteur du cône.)

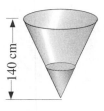

SITUATION 13.2
Un cône dont la hauteur est de 48 cm peut contenir 4,0 litres d'un
liquide. À quelle hauteur doit-on placer les marques indiquant un
contenu de 1 litre, 2 litres et 3 litres?

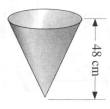

SITUATION 13.3
On a réalisé des essais pour déterminer la relation entre la vitesse d'une automobile et la distance
d'arrêt. Lors des essais, on a compilé les données du tableau suivant:

Vitesse (km/h)	40	45	50	55	60	65
Distance d'arrêt (m)	48	61	75	91	108	127

Décrire algébriquement la relation entre la vitesse et la distance d'arrêt. Trouver la distance d'arrêt
d'une automobile qui roule à une vitesse de 70 km/h, 80 km/h, 120 km/h.

SITUATION 13.4
L'entreprise qui vous emploie fabrique deux modèles de cabanons de jardin en bois. Le détail des
fermes de toiture pour ces cabanons est donné ci-
contre. On vous demande à l'aide des mesures indiquées de déterminer l'angle θ et la longueur x.

a)

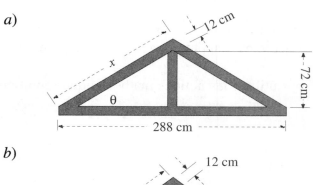

b)

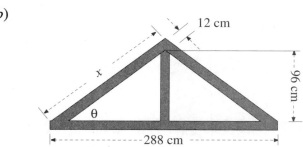

SITUATION 13.5

En jalonnant suivant la ligne AE, un arpenteur rencontre un marais qu'il doit contourner. Il suit alors la direction N64°32'E jusqu'à ce qu'il voit l'autre extrémité du marais. Il mesure alors l'angle sous-tendu par les extrémités du marais et trouve 50°27'. Il détermine également la distance parcourue et trouve 453 m.

a) Calculer la distance qu'il doit parcourir pour atteindre le point D dans l'alignement AE.

b) Calculer l'angle entre les directions CD et DE pour que le jalonnement soit réussi.

c) Déterminer la longueur du marais.

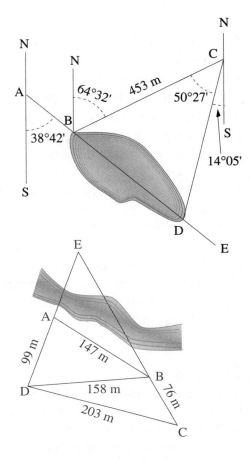

SITUATION 13.6

Un arpenteur a pris les mesures suivantes en vue de déterminer les distances $\overline{AE}$ et $\overline{EB}$. Vous avez été chargé de compléter le travail à partir de ce croquis. Quelles sont ces distances?

SITUATION 13.7

Les arpenteurs sont venus prendre des mesures du terrain 108b le printemps dernier. Une partie de ce terrain est boisée, tandis que l'autre est en prairie. Les arpenteurs ont mesuré la longueur du boisé le long de la ligne de canton ($\overline{AB}$ = 130 m). Ils ont ensuite mesuré un angle de 9,38° entre les deux lignes du boisé (l'angle BAD). Puis, ils ont marché 60 m ($\overline{AC}$ = 60 m) sur la route 279 jusqu'à ce qu'ils soient en ligne avec la fin du lot 109c (ancien trait-carré) et ils ont mesuré un angle de 132,84° (l'angle DCA). Enfin, ils ont mesuré le devant du boisé ($\overline{DA}$ = 92 m). Aujourd'hui, on vous demande à l'aide de ces données de calculer l'aire du lot 109c.

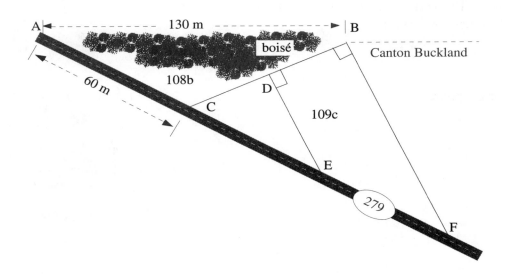

SITUATION 13.8

Une statue de bronze de 2 m de haut doit être installée sur un portique à l'entrée principale d'un édifice public. La poutre devant supporter la sculpture aura 10 m de long et sera appuyée aux extrémités sur deux supports métalliques. On vous demande de déterminer l'épaisseur minimale de la poutre qui pourra supporter cette sculpture.

a) Calculer la masse de la statue sachant qu'un modèle réduit en bronze de 30 cm de hauteur a une masse de 23 kg.

b) On sait que la charge que peut supporter une poutre est directement proportionnelle à sa largeur et au carré de son épaisseur et inversement proportionnelle à sa longueur. Il est prévu que la poutre devrait avoir 20 cm de largeur et la constante de proportionnalité est de 61 kg/cm². Calculer l'épaisseur de la poutre pouvant supporter le poids de la statue.

c) Vous constatez qu'il n'est pas possible d'utiliser une poutre dont l'épaisseur est supérieure à 50 cm sans apporter des modifications importantes au plan. Il est possible cependant d'utiliser une poutre plus large. Quelle devra être cette largeur?

d) Calculer la force en newtons exercée sur la poutre. (1 N = 1 kg·m/s²)

SITUATION 13.9

La jauge d'un réservoir cylindrique d'une capacité de 24 000 litres indique que la quantité de liquide dans le réservoir est présentement de 5 400 litres. Sachant que le diamètre du réservoir est de 3 m, trouver la hauteur du réservoir et déterminer la hauteur du liquide dans le réservoir.

On ouvre une vanne pour augmenter la quantité de liquide dans le réservoir. Sachant que le débit est de 0,2 m³/min, exprimer le volume de liquide dans le réservoir en fonction du temps à partir du moment de l'ouverture de la vanne.

Déterminer la vitesse à laquelle le niveau de liquide s'élève dans le réservoir. Exprimer la hauteur du liquide en fonction du temps à partir du moment de l'ouverture de la vanne et trouver le temps nécessaire pour remplir le réservoir.

SITUATION 13.10

Calculer la hauteur du phare.

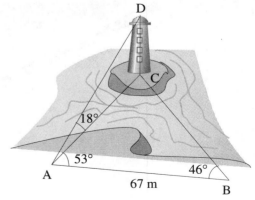

SITUATION 13.11

Le modèle réduit d'une statue de bronze mesure 25 cm de hauteur et il est fabriqué de styromousse rigide (Airex) dont la densité est de 84,6 kg/m^3. La masse de cette maquette est de 350 grammes. La statue réalisée en bronze mesure 2,7 mètres de hauteur. Le masse volumique du bronze est de 8 500 kg/m^3.

a) Calculer le volume du modèle réduit.

b) Calculer le volume de la statue.

c) Calculer la masse de la statue.

d) Cette statue sera placée dans une vitrine et supportée par une poutrelle en béton armé. Le fabriquant de la poutrelle affirme que le béton possède une résistance de 106 kg/cm^2 de section. La poutrelle mesure 30 cm de largeur et sera appuyée sur des supports espacés de 1,8 m. Quelle devra être l'épaisseur minimale de la poutrelle pour qu'elle puisse supporter la statue?

SITUATION 13.12

On vous demande de compléter le plan de construction pour l'ajout d'une lucarne de ventilation sur un toit. On donne les longueurs suivantes: $\overline{OA} = 150$ cm, $\overline{OH} = 110$ cm et $\overline{BC} = 160$ cm. Trouver les angles θ, α et β des esquisses ci-contre, ainsi que l'angle d'inclinaison du toit.

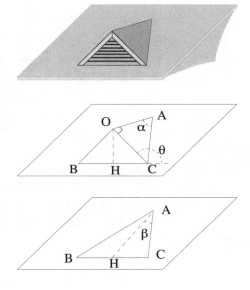

SITUATION 13.13

Soit un triangle ABC dont l'angle BAC mesure 32°, $\overline{AB} = 7$ et $\overline{AC} = 8$. Trouver l'angle entre les médianes AM et BN.

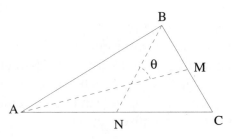

SITUATION 13.14

Une usine fabrique des meubles en plastique moulé avec armatures de métal. Les armatures sont taillées puis soudées à l'atelier de soudure et les parties moulées sont produites à l'atelier de moulage. Les différentes composantes sont ensuite acheminées à l'atelier d'assemblage. Les temps (en minutes) requis pour produire ces meubles sont donnés dans le tableau ci-contre.

a) Quel est le temps requis dans chaque atelier pour produire 50 exemplaires de chaque modèle?

b) Le salaire horaire est de 8,50 $ à l'atelier de soudure, de 9,45 $ à l'atelier de moulage et de 6,15 $ à l'atelier d'assemblage. Déterminer le coût total pour produire 50 exemplaires de chaque modèle.

c) Déterminer le coût de production de chaque modèle de meuble.

	M_1	M_2	M_3
Soudure	20	24	30
Moulage	20	15	30
Assemblage	15	18	20

SITUATION 13.15

Une papetière veut, à partir d'une photo aérienne, évaluer la quantité de bois qu'elle pourra encore tirer d'une de ses concessions. La région R_1 de la photo est la partie déjà exploitée. Dans cette partie, on a récupéré un total de 976 cordes de bois destiné à la papeterie. Au planimètre, l'aire de R_1 mesure 2,8 cm^2 et la longueur $\overline{ab}$ mesure 1,9 cm alors que la longueur correspondante sur le terrain mesure 2,3 km. Sur la photo, la distance $\overline{ac}$ mesure 7,6 cm et l'aire de R_2 mesure 45,4 cm^2.

a) Calculer l'aire R_1 de la surface déjà exploitée.
b) Trouvez la longueur de $\overline{ac}$ sur le terrain.
c) Trouvez l'aire R_2 de la concession forestière.
d) Si la densité de bois récupérable s'avère uniforme, combien de cordes de bois la papetière peut-elle espérer tirer de la concession?

SITUATION 13.16

On veut poser un tuyau de ventilation dans l'entretoit d'un édifice sans avoir à couper les fermes. Les contraintes sont données dans le plan ci-contre. Déterminer le diamètre extérieur du plus grand tuyau qu'on peut faire passer.

SITUATION 13.17

La firme qui vous emploie s'est vue confier la construction d'un petit quai au bord d'un lac. Il faut couler huit piliers de béton formant des prismes hexagonaux tel qu'illustré à la figure ci-contre. On vous demande de calculer la quantité de béton nécessaire pour réaliser cet ouvrage.

SITUATION 13.18

Calculer la hauteur du pylône sachant que $\alpha = 62°$, $\beta = 67°$ et $\theta = 58°$.

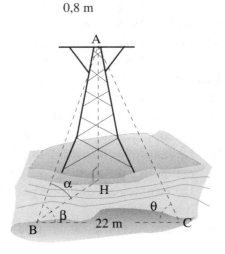

SITUATION 13.19

On vous a demandé de compléter le plan pour l'ajout d'une lucarne sur un toit. On donne les longueurs suivantes: $\overline{ED}$ = 1,2 m, $\overline{EF}$ = 1,4 m et $\overline{GH}$ = 0,9 m. Trouver les longueurs $\overline{DB}$, $\overline{BC}$, $\overline{GC}$, l'angle HCG et l'angle θ permettant de pratiquer l'ouverture dans le toit.

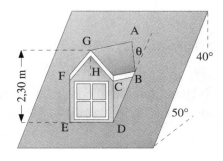

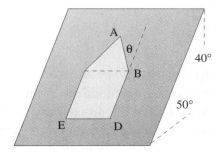

SITUATION 13.20

La poutre de la situation illustrée pèse 1 200 N. Déterminer la tension dans le câble BC et les composantes de la réaction de l'appui en A.

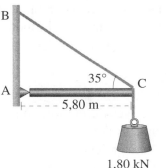

SITUATION 13.21

La poutre de la situation illustrée pèse 1,4 kN et fait un angle θ de 50° avec l'horizontale. Cette poutre supporte un poids de 3,8 kN à 4,2 m de son point d'appui. Déterminer la tension dans le câble BC et les composantes de la réaction de l'appui en A.

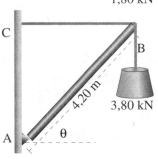

SITUATION 13.22

Trouver l'équation du plan passant par les points P_1 et P_2 et parallèle à la droite dont l'équation est donnée.

a) P_1 (1;3;–2) , P_2 (3;–2;0) et $\Delta : \begin{cases} 4x + 3y - z - 2 = 0 \\ 3x - 5y + 2z - 6 = 0 \end{cases}$

b) P_1 (3;–1;2) , P_2 (4;0;3) et $\Delta : \begin{cases} 2x - y + z - 1 = 0 \\ -3x + 2y + 4z - 6 = 0 \end{cases}$

c) P_1 (3;–1;2) , P_2 (4;0;3) et $\Delta : \dfrac{x-1}{2} = \dfrac{3-y}{2} = \dfrac{z+1}{4}$

SITUATION 13.23
Sachant que le pied de la hauteur est le point de rencontre des médianes de la base, trouver le volume de la pyramide illustrée.

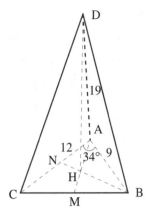

SITUATION 13.24
Vous avez demandé des soumissions à deux entrepreneurs pour faire sabler et vernir le plancher d'une maison dont la compagnie qui vous emploie vient de compléter la construction. Le premier entrepreneur demande 25 $ du mètre carré pour le sabler et 180 $ pour le vernir. Le second demande 29,50 $ du mètre carré incluant le vernissage.
a) Décrire algébriquement le coût du travail en fonction de la superficie pour chaque entrepreneur.
b) Représenter graphiquement les deux fonctions et déterminer pour quelle superficie il est plus avantageux de retenir les services du premier entrepreneur.

SITUATION 13.25
a) Trouver l'équation du plan Π et l'équation de chacun des plans du prisme triangulaire.
b) Trouver les équations paramétriques des côtés et les points sommets du triangle défini par l'intersection du prisme triangulaire et du plan Π.
c) Calculer la longueur du prisme, l'aire de sa surface et son volume.
d) Calculer l'aire de la surface du triangle d'intersection.
e) Calculer l'angle entre le plan Π et le plan BCHI.
f) Calculer l'angle entre la droite CG et le plan Π.
g) Calculer la distance du point B au plan Π.
h) Calculer la distance du point G au plan Π.

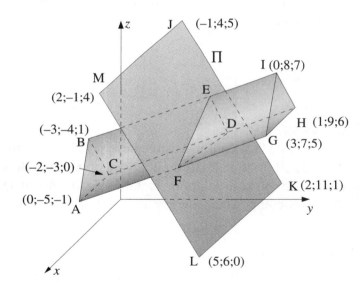

SITUATION 13.26
Trouver la tension dans chacun des câbles.

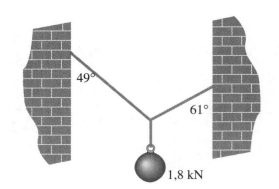

SITUATION 13.27

Le coût annuel d'utilisation d'une automobile, incluant les frais d'enregistrement, les assurances, l'essence et l'entretien, dépend de la distance parcourue annuellement. Une association d'automobilistes a demandé à ses membres de lui communiquer la distance qu'ils avaient parcourue et le coût d'utilisation pour la dernière année. L'association a dressé un tableau de ces données pour la voiture la plus populaire auprès de ses membres.

D (km)	5 000	10 000	15 000	20 000	25 000	30 000
C (\$)	2 250	3120	4050	4850	5840	6 740

a) Trouver un modèle mathématique décrivant la correspondance entre les variables.

b) Donner une mesure de la précision du modèle par le calcul des résidus.

c) Calculer le coût d'utilisation pour une distance annuelle de 40 000 km.

d) À l'aide des données, établir la correspondance entre le coût d'utilisation au kilomètre et la distance parcourue annuellement. Construire un modèle mathématique décrivant cette situation.

SITUATION 13.28

Le constructeur d'habitation pour lequel vous travaillez a décidé d'évaluer le coût de chauffage des maisons qu'il construit afin d'améliorer sa publicité. Il a fait évaluer la consommation moyenne d'huile à chauffage en fonction de la température à l'extérieur. Les relevés ont été faits pour des périodes de 24 heures en fonction de la température moyenne durant ces 24 heures. Les données obtenues ont été compilées dans le tableau suivant:

T (°F)	–12	–7	–2	2	5	11
Q (L)	49,0	43,0	34,0	29,0	21,0	13,0

a) Trouver le modèle affine décrivant la relation entre la température et la quantité d'huile à chauffage consommée.

b) Faire le calcul des résidus.

c) Déterminer la quantité d'huile consommée en une journée lorsque la température extérieure est de –9° F.

d) Si la moyenne des températures en janvier est de –12° F, estimer la consommation mensuelle.

e) Déterminer la quantité d'huile consommée en une journée lorsque la température extérieure est de –20° F.

SITUATION 13.29

a) Trouver les équations paramétriques des côtés et les points sommets du parallélogramme défini par l'intersection du prisme quadrangulaire et du plan Π.

b) Calculer la hauteur du prisme, l'aire de sa surface et son volume.

c) Calculer l'aire de la surface du parallélogramme d'intersection.

d) Calculer l'angle entre le plan Π et le plan ABCD.

e) Calculer la distance entre la droite CD et le point G.

f) Calculer la distance du point B au plan Π.

g) Calculer la distance du point C au plan Π.

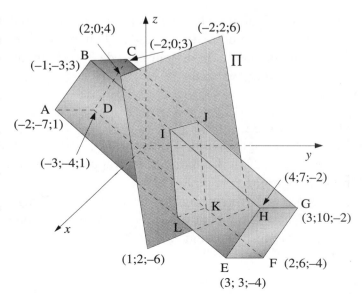

SITUATION 13.30

Un conduit de ventilation à section circulaire doit laisser passer un débit d'air de 12 m^3/s à la vitesse de 4 m/s.

a)   Trouver le rayon en mètres du conduit de ventilation.

b)   Le conduit principal comporte un embranchement et se subdivise en deux conduits secondaires d'égale capacité. Sachant que le débit total et la vitesse doivent être constants dans le système, trouver le diamètre des deux conduits secondaires.

c)   Chacun des conduits secondaires comporte un embranchement et se subdivise en deux conduits tertiaires d'égale capacité. Sachant que le débit total et la vitesse doivent être constants dans le système, trouver le diamètre des conduits tertiaires.

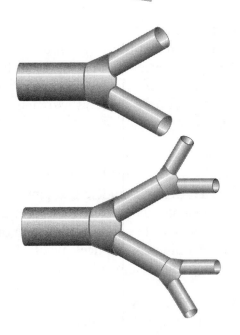

SITUATION 13.31

L'esquisse ci-contre représente le détail des engrenages d'un tapis roulant.

a)   Sachant que le diamètre de l'engrenage e_1 est de 12 cm, que sa vitesse ω_1 est de 450 tours par minute et que le diamètre de E_2 est de 28 cm, calculer sa vitesse ω_2 en tours par minute et en radians par minute.

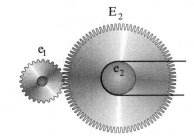

b)   Sachant que le diamètre de la poulie e_2 est de 14 cm, déterminer la vitesse du tapis roulant en mètres par minutes.

c)   Quel devrait être le diamètre de la poulie e_2 pour que la vitesse du tapis roulant soit de 60 m/min?

d)   Si la vitesse de l'engrenage e_1 était de 400 t/min, quelles seraient la vitesse ω_2 et la vitesse du tapis roulant?

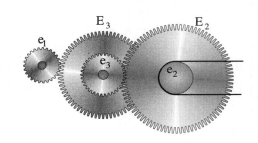

e)   Si l'on ajoutait un troisième engrenage E_3e_3 (figure ci-contre) tel que le diamètre de e_3 soit de 14 cm et celui de E_3 de 24 cm et que la vitesse du moteur était de 300 t/min, quelle serait la vitesse du tapis roulant?

SITUATION 13.32

Les roues d'engrenage de l'illustration ci-contre ont un rayon de 42 cm et de 22 cm. Le moment par rapport à l'essieu de la petite roue d'engrenage est de 8,4 kJ.

a)   Calculer la force exercée sur les dents de l'engrenage.

b)   Calculer le moment transmis à l'essieu de la plus grande des deux roues d'engrenage.

SITUATION 13.33

a) Trouver les équations paramétriques des côtés et les points sommets du parallélogramme défini par l'intersection du prisme quadrangulaire et du plan Π.

b) Calculer le volume du prisme.

c) Calculer l'angle entre le plan Π et le plan ABCD.

d) Calculer la distance entre la droite CD et le point G.

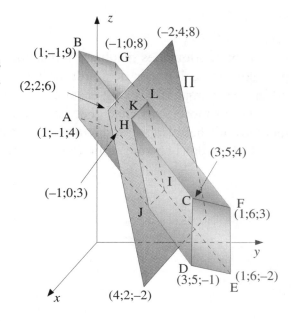

SITUATION 13.34

a) Trouver le diamètre d_2 de la petite poulie dans l'assemblage ci-contre.

b) Quel devrait être le diamètre d_2 pour doubler la vitesse de la courroie?

c) À la suite d'une panne, on doit changer le moteur du système. Deux modèles de moteurs sont disponibles sur le marché: l'un tourne à 750 t/min et l'autre à 1 000 t/min. Quelle sera la vitesse v de la courroie selon le moteur choisi?

d) On veut que la vitesse de la courroie demeure de 80 m/min après avoir changé le moteur. Pour ce faire, on doit également changer la roue centrale. Quel devrait être le diamètre d_2 selon le moteur choisi pour que la vitesse de la courroie soit conservée?

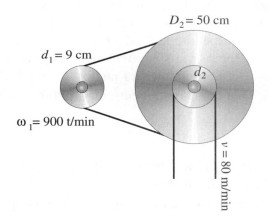

SITUATION 13.35

Un marteau-pilon sert à enfoncer des piliers métalliques dans le sol. Un mécanisme soulève une masse de 400 kg dans un tube de métal à 3 m au-dessus du pilier et la laisse retomber.

a) Calculer l'énergie potentielle E_p gagnée par la masse lorsqu'elle est soulevée de 3 m. ($E_p = mgh$, où m est la masse (kg), g est la constante 9,8 m/s^2 et h est la hauteur (m)).

b) Calculer la vitesse de la masse lorsqu'elle frappe le pilier. (L'énergie cinétique lors de l'impact au sol est égale à l'énergie potentielle de la masse lorsqu'elle amorce sa chute et $E_c = \frac{1}{2}mv^2$, où v est la vitesse (m/s).

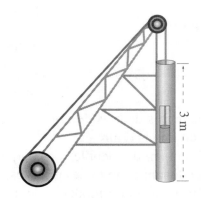

SITUATION 13.36

Une usine fabrique des meubles en plastique moulé avec armatures de métal. Les armatures sont taillées puis soudées à l'atelier de soudure et les parties moulées sont produites à l'atelier de moulage. Les différentes composantes sont ensuite acheminées à l'atelier d'assemblage. La direction a constaté qu'il y a des temps morts dans chacun de ces ateliers et, pour les éliminer, elle a décidé d'ajouter trois nouveaux modèles de chaises à sa production. Les temps requis en minutes pour produire ces chaises ainsi que les temps libres dans chaque atelier sont donnés dans le tableau suivant:

	M_1	M_2	M_3	Temps libres mensuellement
Soudure	20	24	30	930
Moulage	20	15	30	840
Assemblage	15	18	20	660

a)   Combien de chaises de chaque modèle la compagnie peut-elle produire en un mois?

b)   Étant donné la demande importante pour ces nouveaux modèles de chaises, la compagnie décide de suspendre la production de deux anciens modèles, libérant ainsi du temps dans les trois ateliers. Les temps qui s'ajoutent sont 1 190 minutes à l'atelier de soudure, 1 055 minutes à l'atelier de moulage et 850 minutes à l'atelier d'assemblage. Dans ces conditions, combien de chaises de chaque modèle la compagnie peut-elle produire mensuellement?

SITUATION 13.37

Une industrie fabrique trois types de meubles pour remiser les disques. Les montants de ces meubles sont en bois de pin, les tablettes en contreplaqué et les portes en acrylique fumé. Les quantités de ces matériaux nécessaires pour chaque modèle ainsi que les quantités en réserve sont données dans le tableau suivant:

	M_1	M_2	M_3	Réserve
Bois de pin	16	14	18	370
Contreplaqué	1,3	1,8	2,2	42
Acrylique	0,6	0,8	1	19

Les quantités de bois de pin sont données en unité de longueur, les quantités de contreplaqué et d'acrylique en unités d'aire.

a)   Combien de meubles de chaque modèle peut-on fabriquer avec les quantités en réserve?

b)   En tenant compte des réserves, si la compagnie reçoit une commande pour 20 meubles du modèle 1, 16 meubles du modèle 2 et 15 meubles du modèle 3, quelles quantités supplémentaires de chaque matériau doit-elle commander pour répondre à la demande?

c)   La production de ces meubles comporte trois étapes: sciage, assemblage et sablage. Les temps requis en minutes pour chaque modèle sont donnés dans le tableau suivant. Quel sera le temps de travail nécessaire dans chaque département pour produire les modèles en commande?

	M_1	M_2	M_3
Sciage	60	75	80
Assemblage	45	60	50
Sablage	80	95	100

d) Les travailleurs du département de sciage gagnent 12,50 $ l'heure, ceux de l'assemblage 9,75 $ l'heure et ceux du sablage 8,10 $ l'heure. Quel sera le coût en salaires pour produire les meubles en commande?

e) Le coût à l'unité des matériaux est donné par le vecteur (1,15; 26,60; 34,50). Déterminer le coût des matériaux permettant de produire les meubles en commande ainsi que le coût total de cette production.

SITUATION 13.38

La figure ci-contre illustre une coupe d'un roulement à billes traversé par un essieu.

a) Calculer le diamètre des billes et de l'essieu.

b) Exprimer le diamètre des billes et de l'essieu en fonction du nombre de billes et du diamètre intérieur.

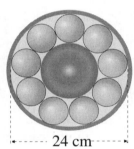

SITUATION 13.39

Une entreprise projette la production d'arrêts de béton pour bloquer l'accès de véhicules motorisés sur les pistes cyclables. Les dimensions sont données à la figure ci-contre. Calculer le volume de béton nécessaire pour fabriquer un tel bloc.

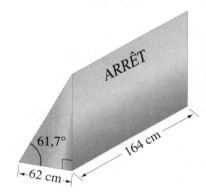

PRÉPARATION À L'ÉVALUATION

Pour préparer votre examen, assurez-vous d'avoir atteint les objectifs suivants.

Si vous avez atteint l'objectif , cochez.

 RÉSOUDRE DES PROBLÈMES APPLIQUÉS AU BÂTIMENT ET AU TERRITOIRE

 MANIPULER LES GRANDEURS PHYSIQUES SELON LES EXIGENCES TECHNOLOGIQUES.

 MODÉLISER DES SITUATIONS METTANT EN CAUSE DES VARIATIONS DIRECTEMENT PROPOR- TIONNELLES OU INVERSEMENT PROPORTIONNELLES.

 MODÉLISER DES SITUATIONS NÉCESSITANT L'EXPLICITATION DU LIEN ENTRE LES VARIABLES EN CAUSE.

 UTILISER LES NOTIONS ET MODÈLES TRIGONOMÉTRIQUES POUR ANALYSER DES SITUATIONS METTANT EN CAUSE DES VITESSES ANGULAIRES.

 RÉSOUDRE DES PROBLÈMES FAISANT APPEL À LA TRIGONOMÉTRIE DES TRIANGLES.

 RÉSOUDRE DES PROBLÈMES DU DOMAINE DE LA TOPOMÉTRIE FAISANT APPEL À LA TRIGONO- MÉTRIE DES TRIANGLES.

 RÉSOUDRE DES PROBLÈMES NÉCESSITANT LE CALCUL D'AIRES DE FIGURES GÉOMÉTRIQUES SIMPLES.

 RÉSOUDRE DES PROBLÈMES NÉCESSITANT DES CALCULS DE VOLUMES DE SOLIDES GÉOMÉ- TRIQUES SIMPLES.

 RÉSOUDRE DES PROBLÈMES D'ALGÈBRE LINÉAIRE.

 ANALYSER DES SITUATIONS DIVERSES NÉCESSITANT L'UTILISATION DES VECTEURS.

 RÉSOUDRE DES PROBLÈMES À L'AIDE DES PRODUITS DE VECTEURS.

 RÉSOUDRE DES PROBLÈMES DE GÉOMÉTRIE VECTORIELLE.

Signification des symboles:  Compétence visée par le cours ☆ Élément de compétence

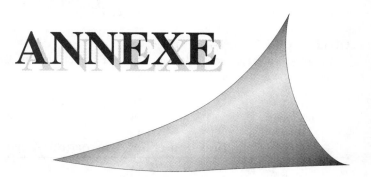

ANNEXE

ACTIVITÉS DE LABORATOIRE AVEC EXCEL

PRÉAMBULE

Cette partie de l'ouvrage comporte des feuilles de route pour réaliser des activités de laboratoire avec le logiciel Excel. Ces feuilles sont conçues selon une approche de résolution de problème. Elles comportent une mise en situation et la mise en forme de la démarche de résolution. Les parties « Action » expliquent comment programmer la feuille de calcul pour résoudre le problème proposé dans la mise en situation. Des commentaires et des conseils techniques vous guideront dans votre démarche. Ces activités vous permettront de voir comment tirer profit du logiciel pour résoudre les problèmes qui vous sont proposés.

Lorsque l'activité comporte une initiation à des fonctionnalités particulières, la liste de celles-ci est donnée dans les objectifs du laboratoire. Nous aurons peu recours aux raccourcis-clavier; le lecteur les découvrira par lui-même en observant les menus. Nous supposerons cependant que l'utilisateur a déjà eu une initiation de base lui permettant d'utiliser la souris, d'ouvrir le logiciel, d'imprimer et de sauvegarder sur une disquette. Pour simplifier l'écriture d'utilisation des menus, nous utiliserons le symbole « < » pour indiquer le sous-menu ou l'option à sélectionner dans un menu. Ainsi, nous écrirons « choisir **Format < Ligne < Hauteur** » au lieu d'écrire « choisir l'option **Hauteur** dans le sous-menu **Ligne** du menu **Format** ».

Les activités 1, 2 et 3 comportent une initiation aux fonctionnalités les plus courantes de cette série de laboratoires. À la fin de chaque activité, il y a des exercices qui permettent de réutiliser la feuille programmée durant la première partie du laboratoire. Ces laboratoires ont été développés en utilisant la version 8,0 pour Macintosh du logiciel Excel. Toutefois, les utilisateurs de versions antérieures ou de la plate-forme Windows pourront réaliser tous les laboratoires.

Pour obtenir des informations plus détaillées sur les différentes fonctionnalités d'Excel utilisées dans les laboratoires, référez-vous à la page indiquée dans la liste suivante. Vous y trouverez une description détaillée des procédures et des commentaires pratiques sur l'utilisation de la fonctionnalité. À ceux qui ne sont pas familiers avec Excel, nous suggérons de commencer par le laboratoire 1 qui présente les notions de base utiles à l'ensemble des laboratoires subséquents.

LA FEUILLE D'EXCEL

OUVERTURE DU LOGICIEL

Double-cliquer sur l'icône de l'application Excel et attendre. Une fois ouvert, le logiciel affiche une « feuille de calcul » dont l'aspect est le suivant.

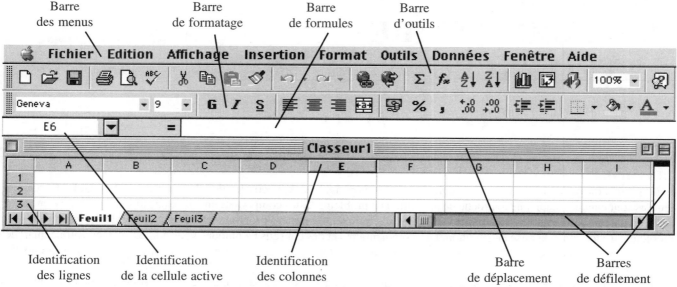

Barre des menus — Barre de formatage — Barre de formules — Barre d'outils

Identification des lignes — Identification de la cellule active — Identification des colonnes — Barre de déplacement — Barres de défilement

Excel affiche une barre de menus, une barre d'outils, une barre de formatage et une barre de formules. De plus, la feuille de calcul est constituée de « cellules » disposées en lignes et en colonnes. Les lignes sont identifiées par des nombres et les colonnes par des lettres. Si les colonnes ne sont pas identifiées par des lettres, referez-vous à l'encadré « Commentaire » ci-contre avant d'aller plus loin. L'identification d'une cellule est alors donnée par une lettre et un chiffre. Ainsi, la cellule A1 est la première cellule de la colonne A alors que la cellule B4 est la quatrième cellule de la colonne B.

Nous n'utiliserons pas tous les boutons des barres d'outils et de mise en forme. Ceux dont nous nous servirons sont les suivants:

COMMENTAIRE

Il est possible que les colonnes de votre feuille de calcul ne soient pas désignées par des lettres, mais par des chiffres. Pour remédier à cette situation et pouvoir suivre les instructions, choisir : « **Outils < Préférences** » (c'est **Outils < Options** sur PC). Une fenêtre qui ressemble à une pile de chemises renfermant des dossiers apparaît. Chaque chemise portant le titre de son contenu, cliquer sur le titre de la chemise « Général » pour l'amener sur le dessus de la pile. Dans le rectangle portant la mention « Référence », il y a deux options. S'assurer que l'option L1C1 est désactivée puis cliquer sur **OK** à sa gauche.

Choix de la police et de sa taille

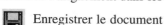

Choix du caractère (**gras**, *italique*, souligné)

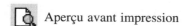

Choix de l'alignement dans les cellules (gauche, centre, droite)

 Enregistrer le document

Imprimer

Aperçu avant impression

 Couper

Σ Sommation

f_x Appel de la banque de fonctions

Représentation graphique

Affichage de la barre d'options de dessin

Affichage en unités monétaire

%   Affichage en pourcentage

Diminution du nombre de décimales affichées

Augmentation du nombre de décimales affichées

Insertion d'un pavé de texte (barre d'options de dessin)

LABORATOIRE 1: VARIATIONS DIRECTES ET INVERSES

OBJECTIFS:
- Utiliser le logiciel Excel pour faire calculer des valeurs correspondantes par une fonction et les représenter graphiquement;
- Présenter les fonctionnalités suivantes:
  - Insertion d'un pavé de texte.
  - Validation de l'écriture dans une cellule.
  - Entrée des données dans un tableau.
  - Copie incrémentée d'une fonction.
  - Sélection d'une plage de cellules contiguës et non contiguës.
  - Représentation graphique d'un tableau de valeurs.
  - Impression du travail.

MISE EN SITUATION

Le Conseil d'administration d'une entreprise a reçu un rapport montrant que la durée et le coût des pannes sont plus importants lorsque la fréquence de l'entretien préventif diminue. Le rapport contient des données sur le coût de l'entretien préventif et sur le coût des pannes en fonction de la fréquence annuelle de cet entretien pour l'ensemble des usines administrées par l'entreprise. Dans certaines usines, il n'y a qu'une vérification annuelle alors que dans d'autres usines, les vérifications sont mensuelles. Les données recueillies sont consignées dans le tableau suivant:

Fréquence (Nombre de vérifications annuelles)	Coût annuel de l'entretien (milliers de $)	Coût annuel des pannes (milliers de $)
1	2,6	50,0
2	5,1	26,0
3	7,7	17,0
4	11,1	12,0
5	13,2	10,0
6	14,9	8,3
7	18,0	7,1
8	21,1	6,3
9	23,0	5,6
10	26,0	5,0
11	28,0	4,6
12	30,0	4,0

Les membres du Conseil d'administration pensent que le coût annuel d'entretien est directement proportionnel à la fréquence des vérifications et que le coût annuel des pannes est inversement proportionnel à cette fréquence.
On vous demande de vérifier si:
- la correspondance entre la fréquence de l'entretien préventif et son coût est une variation directement proportionnelle.
- la correspondance entre la fréquence de l'entretien préventif et le coût des pannes est une variation inversement proportionnelle.

Vous devrez également recommander au Conseil d'administration la fréquence des vérifications pour laquelle le coût total (entretien et réparations) sera minimal.

Vous trouverez un bref rappel sur les variations directes et inverses en page 372.

INSERTION D'UN PAVÉ DE TEXTE

Dans tous les exercices de laboratoire, vous aurez à présenter votre feuille de calcul en indiquant l'objet du laboratoire, votre nom et la date du jour de création du fichier. On peut utiliser un pavé de texte pour faire la présentation de la feuille de calcul, pour écrire les directives utiles lors d'utilisations ultérieures, pour écrire des conclusions, des remarques, etc.

ACTION

1. Ouvrir l'application Excel et faire afficher la fenêtre de dessin en cliquant sur le bouton ⏁ . Dans la fenêtre de dessin, sélectionner, en cliquant dessus, le pavé de texte ▤ . Le curseur se transforme alors en point d'insertion de pavé de texte (+ ou ↓). Amener le curseur sur la cellule A1, enfoncer le bouton de la souris et, en le maintenant enfoncé, déplacer la souris jusqu'à la cellule E8. En relâchant le bouton, apparaît un rectangle et une barre d'insertion clignote à l'intérieur.

2. Utiliser le clavier pour écrire le texte apparaissant dans le rectangle suivant:

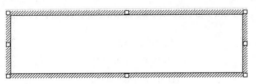

> Fichier : Modélisation
> Sujet : Variations directes et inverses
> Auteur : Votre nom
> Date : Aujourd'hui

Après avoir écrit le texte, il faut cliquer n'importe où hors du pavé pour le désactiver.

3. Sauvegarder sous le nom « 1Vadiri01.xls ».

COMMENTAIRE

On peut déplacer ce pavé sur la feuille de la façon suivante:
- amener le curseur sur le cadre gris;
- enfoncer le bouton;
- en le maintenant enfoncé, déplacer la souris. Le cadre se déplace dans le même sens.

On peut redimensionner le pavé de la façon suivante:
- utiliser la souris pour amener le curseur sur l'un des carrés blancs du cadre;
- enfoncer le bouton;
- en le maintenant enfoncé, déplacer la souris. Le pavé s'agrandit ou se rapetisse selon le carré choisi et selon le sens du déplacement de la souris.

Avec les boutons, vous pouvez mettre un texte sélectionné en caractères gras, en italique ou en caractères soulignés.

G *I* <u>S</u>

REMARQUE

Toutes les activités de laboratoire débuteront par l'instruction:
Ouvrir l'application Excel. Personnaliser une feuille de calcul en insérant un pavé de texte et sauvegarder le nouveau document sous le nom « 00abcdef.xls » ou tout autre nom accepté par le système d'exploitation. Il faudra alors refaire les étapes ci-contre.

ENTRÉE DES DONNÉES, VALIDATION ET SÉLECTION D'UNE PLAGE DE CELLULES

Dans la préparation d'une feuille de calcul, nous aurons à écrire dans les cellules pour y entrer une valeur numérique ou textuelle, pour y définir une opération ou pour y coller une fonction prédéfinie. Nous allons voir comment procéder en construisant un tableau pour représenter les données de l'étude.

ACTION

1. Sélectionner la cellule A10, écrire « Fréquence ». Le texte écrit apparaît maintenant à la fois dans la cellule et dans la barre de formules en haut de la feuille de calcul. À gauche de la barre de formules sont également apparus les boutons ✖ et ✔. En cliquant sur le ✖, on annule l'opération effectuée dans la cellule; en cliquant sur le crochet, on la valide. Cliquer sur ✔.

2. Sélectionner la cellule A11, écrire « 1 » et presser la touche « Retour » (ou Entrée selon la plate-forme).

3. Excel a validé l'expression écrite en A11 et a sélectionné la cellule A12. Écrire « 2 » et presser à nouveau la touche « Retour ». Continuer ainsi pour entrer les valeurs des fréquences jusqu'à « 12 ».

4. Amener la souris sur la cellule B10, enfoncer le bouton de gauche de la souris et, en le maintenant enfoncé, déplacer la souris jusqu'à ce que le curseur soit sur la cellule B22 et relâcher le bouton.

   La plage B10:B22 est maintenant sélectionnée, on le constate parce que les cellules de cette plage sont contrastées. De plus, la cellule B10 est activée. On le constate visuellement. De plus, son nom est écrit dans la zone d'identification de la cellule active.

5. Écrire « Coût d'entretien ($) », puis presser la touche « Tab » (ou Tabulateur). Excel valide l'expression et sélectionne la cellule suivante de la plage, soit B11.

6. Écrire « 2600 » et presser la touche « Tab ». L'expression est validée et B12 est activée. Continuer ainsi jusqu'en B22 en écrivant les coûts d'entretien.

7. Sélectionner la plage de cellules D10:D22. La cellule D10 étant active, écrire « Coût des pannes ($) » et valider en pressant la touche « Tab ».

8. D11 étant sélectionnée, écrire « 50000 » et valider de la même façon. Continuer l'entrée des données jusqu'en D22. Sauvegarder ce travail.

Pour faire indiquer que les valeurs sont des montants en $, il suffit de sélectionner la plage des valeurs en glissant la souris, bouton de gauche tenu enfoncé. Après avoir relâché le bouton de la souris, cliquer sur le bouton de style monétaire 🖩. Choisir « **Format < Style** » et modifier le style monétaire défini s'il ne s'agit pas de celui utilisé au Canada français.

COMMENTAIRE

Lorsque la validation est faite, l'assignation est complétée. On peut avoir à assigner des valeurs dans plusieurs cellules avant de procéder à un traitement mathématique de ces valeurs.

Vous pouvez modifier le caractère d'imprimerie d'un texte en le sélectionnant et en ayant recours au bouton:

Geneva	▼	9	▼

Les pointes de flèche signalent la présence de menus déroulants. Il est possible de choisir le caractère et la dimension des caractères d'imprimerie dans ces menus.

À l'étape 4, nous avons sélectionné une plage de cellules contiguës. Dans la suite du texte, lorsqu'il faudra sélectionner une plage de cellules contiguës, nous indiquerons simplement la plage à sélectionner. Ainsi, dans ce cas, l'instruction aurait été « sélectionner la plage B10:B22 ».

À l'étape 5, nous utilisons une procédure de validation qui est intéressante pour entrer des données dans une plage.

10	Fréquence	Coût d'entretien ($)
11	1	2 600,00 $
12	2	5 100,00 $
13	3	7 700,00 $
14	4	11 100,00 $
15	5	13 200,00 $
16	6	14 900,00 $
17	7	18 000,00 $
18	8	21 100,00 $
19	9	23 000,00 $
20	10	26 000,00 $
21	11	28 000,00 $
22	12	30 000,00 $

REMARQUE

L'en-tête d'un tableau doit indiquer, pour chaque colonne, le nom de la variable dont les valeurs sont données dans la colonne et les unités de mesure de cette variable. Dans les exercices de laboratoire, les titres de colonnes et leurs unités seront précisés et il suffira d'écrire ces titres dans la plage indiquée.

COPIE INCRÉMENTÉE D'UNE OPÉRATION OU D'UNE FONCTION

Lorsqu'on doit définir une même opération, ou fonction, dans plusieurs cellules d'une même colonne ou d'une même ligne, on définit l'opération une fois et on fait une copie incrémentée. Dans la mise en situation, il faut vérifier si l'hypothèse des membres du Conseil d'administration est plausible. Si le coût annuel d'entretien est directement proportionnel au nombre de vérifications annuelles, le coût divisé par le nombre de vérifications devrait donner un rapport constant. Nous allons faire calculer ces valeurs dans les cellules de la plage C11:C22. Si le coût annuel des pannes est inversement proportionnel au nombre de vérifications, le produit du coût des pannes et du nombre de vérifications devrait être constant. Nous allons faire calculer ces valeurs dans les cellules de la plage E11:E22.

ACTION

1. Dans la cellule C10, écrire « Quotients » sans laisser d'espace et valider.

2. Dans la cellule C11, écrire « =B11/A11 », sans laisser d'espace, et valider. Excel affiche alors « 2600 » dans la cellule.

3. Pour faire une copie incrémentée dans la plage C12:C22, amener le pointeur de la souris sur la cellule C11, dans laquelle est définie la fonction à incrémenter, enfoncer le bouton et, en le maintenant enfoncé, déplacer la souris jusqu'à la cellule C22. Relâcher le bouton de la souris.

4. La plage C11:C22 est maintenant sélectionnée et la cellule C11 est activée. Choisir l'option : « **Édition < Recopier < Vers le bas** » pour faire une copie incrémentée. Excel affiche alors les valeurs des quotients dans les cellules de la plage.

5. Dans la cellule E10, écrire « Produits » et valider.

6. Dans la cellule E11, écrire « =A11*D11 » et valider.

7. Sélectionner à nouveau la cellule E11. On remarque un petit carré dans le coin inférieur droit de la cellule. À l'aide de la souris, amener le curseur sur ce carré, la croix du curseur change alors de coloration. Enfoncer le bouton de la souris et, en le maintenant enfoncé, déplacer la souris jusqu'à la cellule E22. En relâchant le bouton de la souris, Excel incrémente automatiquement.

8. Sélectionner la cellule F10, écrire « Coût total ($) » et valider.

9. Dans la cellule F11, définir l'opération « =B11+D11 » et valider.

10. Faire une copie incrémentée de la fonction définie en F11 dans la plage de cellules F12:F22. Sauvegarder ce travail.

COMMENTAIRE

Pour bien comprendre ce qui s'est passé à l'étape 4, cliquer dans la cellule C11. Dans la barre de formules apparaît la définition de la fonction « =B11/A11 ». Presser la touche « Retour » et la cellule C12 devient active à son tour. Dans la barre de formules, on peut lire « =B12/A12 ». Presser à nouveau la touche « Retour », la cellule C13 devient active et l'on peut maintenant lire « =B13/A13 ». Excel a compris qu'il devait redéfinir la même opération sur chaque ligne en modifiant l'indice de la ligne.

On peut faire une copie incrémentée sur une ligne ou sur une colonne.

L'étape 7 présente une autre procédure d'incrémentation consistant à:
- sélectionner la cellule dans laquelle est définie la fonction à incrémenter;
- amener le curseur sur le carré du coin inférieur droit de la cellule. La croix du curseur change alors de coloration;
- enfoncer le bouton de la souris et, en le maintenant enfoncé, glisser la souris vers le bas pour sélectionner toutes les cellules de la colonne dans lesquelles cette fonction doit être incrémentée.

Quotients	Coût des pannes ($)	Produits
2 600,00 $	50 000,00 $	50 000,00 $
2 550,00 $	26 000,00 $	
2 566,67 $	17 000,00 $	
2 775,00 $	12 000,00 $	

Pour incrémenter sur la ligne, on glisse la souris vers la droite.

REMARQUE

Dans la suite des activités, lorsqu'il faudra incrémenter, on indiquera simplement la cellule dans laquelle est définie la fonction à incrémenter et la plage dans laquelle elle doit être incrémentée. Ainsi, l'étape 7 aurait pu s'écrire: « faire une copie incrémentée de l'opération de la cellule D11 dans la plage D12:D22 ».

SÉLECTION DE PLAGES NON CONTIGUËS

Les valeurs calculées dans les colonnes C et E sont relativement constantes, ce qui semble confirmer l'hypothèse des membres du Conseil d'administration. Nous allons maintenant représenter graphiquement les données du tableau, ce qui nous amènera à sélectionner des plages de cellules non contiguës du tableau.

ACTION

1. Sélectionner la plage de cellules B10:B22 en glissant la souris, bouton enfoncé.

2. Enfoncer la touche « Control » (ou Ctrl, ou Commande sur Mac) et, en la maintenant enfoncée, sélectionner la plage D10:D22.

3. Maintenir la touche « Control » enfoncée et sélectionner la plage F10:F22. Relâcher la touche et le bouton de la souris. Les trois plages sont maintenant sélectionnées.

> **REMARQUE**
>
> La procédure décrite ci-contre est celle qu'il faudra suivre à chaque fois que l'instruction sera « sélectionner les plages de cellules non contiguës... ».

REPRÉSENTATION GRAPHIQUE D'UN TABLEAU DE DONNÉES

ACTION

1. Les plages à représenter graphiquement étant sélectionnées, cliquer sur le bouton 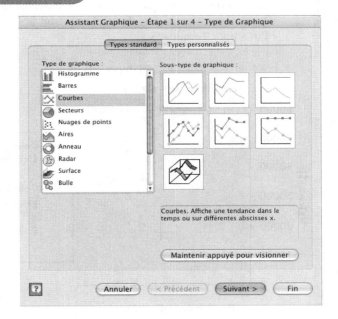 pour indiquer au logiciel que vous voulez représenter graphiquement ces plages. Une fenêtre de dialogue intitulée « Assistant graphique-Étape 1 sur 4 » apparaît à l'écran.

2. À cette première étape, il faut choisir le type de graphique que l'on souhaite tracer. Dans la liste «Types standards », choisir le type « Courbes » et, dans la liste « Sous-type », choisir le premier sous-type. Cliquer sur le bouton « Suivant » pour passer à l'étape 2. Vous pouvez revenir sur vos pas en cliquant sur le bouton « Précédent ».

3. À cette deuxième étape, cliquer sur l'onglet « Série ». Il faut alors indiquer au logiciel la plage contenant les valeurs à utiliser en abscisse. Cliquer dans la case intitulée « Étiquette des abscisses ». La façon la plus simple d'indiquer ces valeurs au logiciel est de sélectionner la plage de cellules A11:A22 en déplaçant la souris, bouton enfoncé. On peut également écrire au clavier
   « =Feuil1!$A11:$A$22 ».
   Lorsque cette indication est donnée, cliquer sur le bouton « Suivant ».

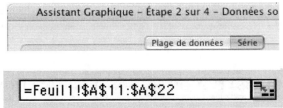

> **REMARQUE**
>
> Pour une représentation graphique du type « Courbes », on ne sélectionne que les variables dépendantes (ordonnées). On indique par la suite les valeurs de la variable indépendante (abscisses) selon la procédure ci-contre.

4. À cette troisième étape, vous devez indiquer le titre du graphique et identifier les axes en indiquant les unités de mesure dans les cases appropriées.

Cliquer sur l'onglet « Titres » et entrer les titres dans les cases appropriées.

Cliquer sur l'onglet « Quadrillage », pour accéder aux options permettant de choisir si un quadrillage doit accompagner la représentation graphique. Choisir vos options. Cliquer sur chacun des onglets pour connaître les différentes possibilités. Cliquer sur le bouton « Suivant » pour passer à la prochaine étape.

Titre du graphique:

Analyse des coûts

Axe des abscisses (X):

Nombre de vérifications

Axe des ordonnées (Y):

Valeur ($)

5. La quatrième étape permet de choisir à quel endroit sera placé le graphique. L'option « en tant qu'objet dans: Feuil1 » est normalement sélectionnée par défaut, sinon sélectionner cette option. Puis cliquer sur le bouton « Fin » ou « Terminer ».

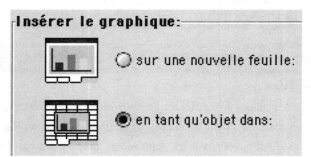

Excel affiche alors le graphique.

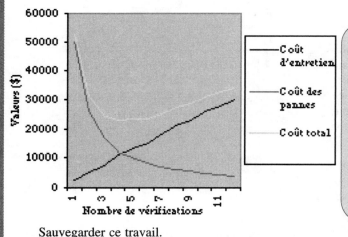

COMMENTAIRE

Vous pouvez en tout temps déplacer ou modifier les dimensions du pavé graphique. Il suffit de cliquer sur son cadre. On le déplace en amenant le pointeur sur le cadre et en glissant la souris, bouton enfoncé. On modifie les dimensions en amenant le pointeur sur un des carrés de la bordure du pavé et en glissant la souris, bouton enfoncé. La fenêtre de dialogue donne également accès à différentes options qui permettent de personnaliser votre graphique. On peut aussi modifier ces paramètres en double-cliquant sur le graphique existant à l'endroit souhaité. Vous pourrez explorer ces options par vous-même.

Sauvegarder ce travail.

UTILISATION DU BOUTON DE SOMMATION

Notre traitement de l'information contenue dans le tableau confirme que le coût annuel de l'entretien préventif peut être modélisé par une variation directement proportionnelle à la fréquence des vérifications et le coût des pannes par une variation inversement proportionnelle à cette fréquence. Le Conseil d'administration voulait savoir comment faire pour que le total des coûts soit minimal. En observant les graphiques, on constate qu'il y a possibilité de minimiser ce coût. Il suffit de trouver l'abscisse du point de rencontre de la fonction décrivant le coût annuel de l'entretien préventif et de la fonction décrivant le coût annuel des pannes. Nous allons donc construire les modèles mathématiques, ce qui signifie calculer une valeur pour les constantes de proportionnalité. Pour la constante de proportionnalité directe, nous allons opter pour la valeur moyenne des quotients calculés dans la colonne C. Pour la constante de proportionnalité inverse, nous allons prendre la valeur moyenne des produits calculés dans la colonne E.

ACTION

1. Sélectionner la cellule C23 et cliquer sur le bouton de sommation Σ. Excel affiche dans la cellule C23 et dans la barre de formule l'opération

   « =SOMME(C11:C22) »

   Valider.

2. Sélectionner la cellule C25 et définir l'opération « =C23/12 », pour faire calculer la valeur moyenne des quotients. Valider; Excel affiche « 2 585,41 $ ».

3. Sélectionner la cellule E23 et cliquer sur le bouton de sommation Σ. Excel affice l'opération

   « =SOMME(E11:E22) »

   Valider.

4. Sélectionner la cellule E25 et définir l'opération « =E23/12 », pour faire calculer la valeur moyenne des produits. Valider. Excel affiche « 49 991,67 $ ».

CONCLUSIONS DE L'ÉTUDE

C'est l'abscisse du point de rencontre des deux fonctions qui donne la condition pour que le coût total soit minimal. On doit donc chercher n tel que

$$2\ 600n = \frac{50\ 000}{n}$$

Ce qui donne

$$n^2 = \frac{50\ 000}{2\ 600} \quad \text{et} \quad n = \sqrt{\frac{50\ 000}{2\ 600}} = 4,39$$

Le coût annuel total sera minimal lorsque le nombre de vérifications annuelles sera de 4,39. Le Conseil d'administration devra faire un choix entre 4 et 5 vérifications annuelles, en calculant C_e et C_p pour ces valeurs de n.

Vous deviez préparer un rapport pour le Conseil d'administration. Insérez un pavé de texte pour consigner vos observations et faire ces suggestions. Sauvegarder ce travail.

IMPRESSION DU TRAVAIL

ACTION

1. Cliquer sur le bouton d'aperçu avant impression.

   Une fenêtre apparaît à l'écran qui permet de visualiser la disposition des objets sur la feuille. Il est possible que le graphique chevauche deux pages. Dans ce cas, cliquer sur le bouton « Fermer » en haut de la fenêtre.

2. Excel affiche à nouveau la feuille de calcul et des lignes pointillées sont apparues indiquant la limite des pages. Déplacer les objets sur la feuille pour vous assurer que le résultat de l'impression sera celui souhaité. Vérifier à nouveau en retournant dans l'aperçu avant impression. Lorsque la disposition est satisfaisante, cliquer sur « Imprimer ».

EXERCICES

1. Une expérience de laboratoire a été réalisée pour déterminer le lien entre deux variables, soit le courant I et la résistance R dans un circuit électrique. Les mesures effectuées ont été consignées dans le tableau suivant:

I (A)	1,2	2,3	3,4	4,6	5,2	6,3	7,5	8,2	8,9	10,1	10,9
R (Ω)	13,3	6,96	4,70	3,56	3,08	2,54	2,13	1,95	1,80	1,58	1,47

Utiliser la procédure du labratoire pour analyser les résultats de ces mesures. Votre analyse de ces résultats indique-t-elle qu'ils sont conformes à la loi d'Онм? Expliquer (On trouvera $I = 16{,}034/R$).

2. Un réservoir cylindrique fermé par un piston est rempli d'huile et relié à un manomètre. Lorsqu'on applique une force sur le piston, la pression du fluide augmente et cette hausse est indiquée par l'aiguille du manomètre. On a relevé les correspondances dans le tableau suivant:

Force: F (N)	50	100	150	200	250	300	350	400	450	500
Pression: p (kPa)	1,59	3,18	4,80	6,35	7,94	9,50	11,15	12,70	14,32	15,90

Déterminer s'il existe un lien de proportionnalité entre les variables et décrire ce lien, le cas échéant (On trouvera $p = 0{,}032F$).

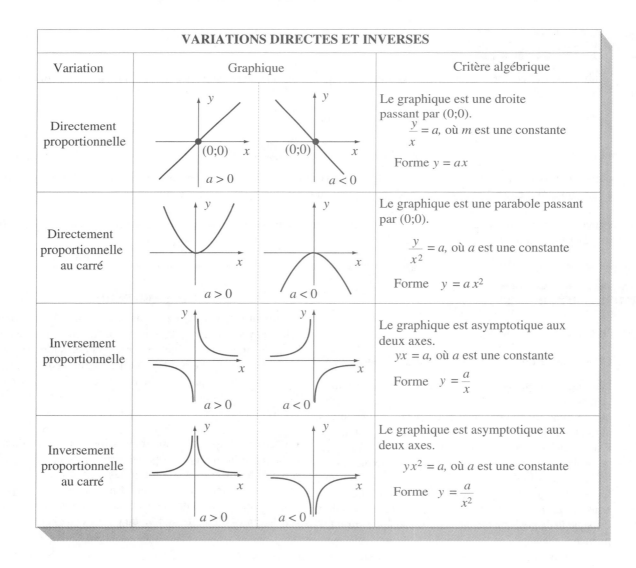

VARIATIONS DIRECTES ET INVERSES		
Variation	Graphique	Critère algébrique
Directement proportionnelle	$a > 0$ $a < 0$	Le graphique est une droite passant par (0;0). $\dfrac{y}{x} = a$, où m est une constante Forme $y = ax$
Directement proportionnelle au carré	$a > 0$ $a < 0$	Le graphique est une parabole passant par (0;0). $\dfrac{y}{x^2} = a$, où a est une constante Forme $y = a x^2$
Inversement proportionnelle	$a > 0$ $a < 0$	Le graphique est asymptotique aux deux axes. $yx = a$, où a est une constante Forme $y = \dfrac{a}{x}$
Inversement proportionnelle au carré	$a > 0$ $a < 0$	Le graphique est asymptotique aux deux axes. $yx^2 = a$, où a est une constante Forme $y = \dfrac{a}{x^2}$

LABORATOIRE 2: MODÉLISATION AFFINE

OBJECTIFS:
- Utiliser le logiciel Excel pour calculer les paramètres d'un modèle affine.
- Présenter la fonctionnalité suivante:
  - Banque de fonctions du logiciel.

MISE EN SITUATION

La résistance R d'un conducteur a été mesurée à différentes températures et les données ont été compilées dans le tableau suivant:

Température (°C)	t	– 6	– 2	4	6	8	10	15	18
Résistance (Ω)	R	47,2	48,0	49,2	49,6	50,0	50,4	51,4	52,0

Trouver le modèle affine décrivant la relation entre la température et la résistance du conducteur.

MISE EN FORME DE LA SOLUTION

Pour résoudre ce problème, il faut:
1. construire un tableau et entrer les données en colonnes;
2. représenter graphiquement les données;
3. faire calculer les paramètres $m = \dfrac{n\sum x_i y_i - \left(\sum x_i\right)\left(\sum y_i\right)}{n\sum x_i^2 - \left(\sum x_i\right)^2}$ et $b = \dfrac{\left(\sum y_i\right) - m\left(\sum x_i\right)}{n}$ en ayant recours à la banque de fonctions statistiques d'Excel;
4. faire calculer le coefficient de corrélation;
5. analyser et critiquer le résultat et la démarche de résolution.

CONSTRUCTION DU TABLEAU ET ENTRÉE DES DONNÉES

ACTION

1. Ouvrir l'application Excel. Personnaliser une feuille de calcul en insérant un pavé de texte et sauvegarder le nouveau document sous le nom « 2Affin01.xls » ou tout autre nom accepté par le système d'exploitation.

2. Dans la plage de cellules A10:B10, écrire l'en-tête de tableau. Les identifications de colonnes sont: « Température (°C) » et « Résistance (Ω) ».

3. Sélectionner la plage A11:A18 et entrer les valeurs de la variable indépendante du tableau des correspondances.

4. Sélectionner la plage B11:B18 et entrer les valeurs de la variable dépendante du tableau des correspondances.

COMMENTAIRE

La préparation et l'entrée en tableau de données est une procédure qui se répète souvent, il est suggéré de développer votre habileté dans cette procédure.

REPRÉSENTATION GRAPHIQUE

ACTION

Représenter graphiquement la résistance en fonction de la température extérieure en choisissant l'option graphique « Nuage de points » et le premier sous-type. Sélectionner les plages A11:A30 et B11:B30 pour pouvoir réutiliser la feuille pour résoudre d'autres problèmes comportant plus de données.

COMMENTAIRES

La représentation graphique est importante afin d'évaluer la pertinence du modèle affine pour décrire la situation. Si les points sont trop dispersés pour donner l'impression d'une droite, le modèle n'est pas pertinent.

Si le nuage de points forme une droite, le phénomène est descriptible par un modèle affine et nous pouvons en calculer les paramètres.

UTILISATION DE LA BANQUE DE FONCTIONS

Il faut maintenant faire calculer la valeur des paramètres m et b par la méthode des moindres carrés. Dans sa catégorie « Statistiques », la banque de fonctions du logiciel comporte déjà des fonctions appelées « PENTE » et « ORDONNÉE.ORIGINE » qui calculent les expressions :

$$m = \frac{n\sum x_i y_i - \left(\sum x_i\right)\left(\sum y_i\right)}{n\sum x_i^2 - \left(\sum x_i\right)^2}$$

$$\text{et } \ b = \frac{\left(\sum y_i\right) - m\left(\sum x_i\right)}{n}$$

Nous allons utiliser ces fonctions, en tenant compte du fait que nous souhaitons conserver la feuille de calcul pour l'utiliser dans l'ensemble des exercices sans avoir à redonner les indications à chaque fois.

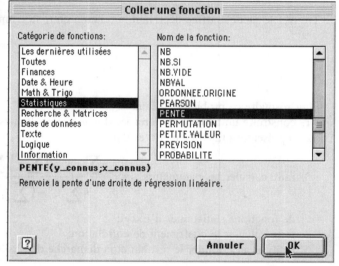

ACTION

1. Sélectionner la cellule A33 et écrire « $m=$ », puis valider.

2. Sélectionner la cellule B33 et cliquer sur le bouton f_x dans la barre d'outils. Excel affiche la fenêtre de sa banque de fonctions.

3. Cliquer sur la catégorie « Statistiques ». Excel affiche alors, dans la colonne de droite, les fonctions de cette catégorie par ordre alphabétique. Sélectionner la fonction « PENTE », puis cliquer sur « OK » pour confirmer votre choix.

4. Une nouvelle fenêtre apparaît dans laquelle vous devez indiquer les plages de cellules sur lesquelles devront porter les calculs pour trouver la pente. Sur la ligne réservée aux valeurs de la variable dépendante (y), écrire « B11:B30 ». Presser la touche **Tabulateur**.

COMMENTAIRES

Les fonctions sont classées par catégories. Les noms des catégories sont donnés dans la colonne de gauche de la fenêtre.

À l'étape 4, nous indiquons la plage B11:B30 comme valeurs de la variable dépendante, même si les cellules B19 à B30 sont vides. Cela va nous permettre de réutiliser la feuille pour résoudre d'autres problèmes comportant plus de données que celui de la mise en situation.

Y_connus	B11:B30
X_connus	A11:A30

5. La barre d'insertion de texte se déplace sur la ligne suivante qui permet d'indiquer la plage de cellules de la variable indépendante (x). Écrire « A11:A30 » puis cliquer sur « OK ».

6. La fenêtre se ferme. Valider la fonction et la valeur « 0,2 » apparaît dans la cellule B33.

7. Sélectionner la cellule A34, écrire « $b =$ » et valider.

8. Sélectionner la cellule B34, appeler la banque de fonctions et, dans la catégorie « Statistiques », sélectionner la fonction « ORDONNÉE.ORIGINE ». Écrire les mêmes arguments qu'aux étapes 4 et 5. Cliquer sur « OK » pour retourner à la feuille de calcul. Valider la fonction; la valeur « 48,4 » devrait apparaître dans la cellule B34.

9. Sélectionner la cellule A35, écrire « $r =$ » et valider.

10. Retourner dans la banque de fonctions, sélectionner la fonction « COEFFICIENT.CORRÉLATION » dans la catégorie « Statistiques ». Indiquer les mêmes plages pour les valeurs des variables à considérer, soit « B11:B30 » pour les y connus et « A11:A30 » pour les x connus. Cliquer sur « OK » pour retourner à la feuille de calcul. Valider la fonction; la valeur qui apparaît dans la cellule B35 dépend du nombre de décimales affichées. À quatre décimales, la valeur est « $-0,9964$ ». Sauvegarder ce travail.

REMARQUE

Après l'étape 8, le calcul des paramètres est terminé. On a trouvé

$$m = 0,2 \text{ et } b = 48,4$$

Le modèle est donc

$$y = 0,2x + 48,4$$

En utilisant le modèle pour calculer des valeurs particulières, il ne faut pas oublier d'arrondir en tenant compte du nombre de chiffres significatifs des données expérimentales.

L'étape 10 donne le coefficient de corrélation linéaire, qui mesure la concentration des points dans le voisinage de la droite trouvée en calculant le coefficient de corrélation linéaire r ($-1 \leq r \leq 1$). Plus r s'approche de 1 ou de -1, plus cette concentration est forte.

CALCUL DES VALEURS PAR LE MODÈLE

Vous pouvez utiliser le modèle obtenu pour faire calculer des valeurs intermédiaires. Il suffit d'entrer dans une colonne les valeurs que vous voulez faire calculer et d'indiquer dans la colonne adjacente les opérations à effectuer en faisant une copie incrémentée.

CONSEILS D'UTILISATION

La feuille de calcul que vous venez de programmer peut être utilisée toutes les fois que vous avez un tableau de valeurs correspondantes. La représentation graphique permet de voir si le nuage de points suggère une droite. Si c'est le cas, la correspondance peut être décrite par un modèle affine et le logiciel calcule les paramètres. Pour utiliser le programme avec un autre ensemble de correspondances, il suffit d'entrer les valeurs de la variable indépendante dans la colonne A à partir de la cellule A11 et suivantes et d'entrer les valeurs de la variable dépendante dans la colonne B. Le programme ne tiendra compte que des cellules non vides pour calculer les paramètres.

Si vous avez plus de 20 correspondances, vous pouvez ajouter des lignes au tableau. Pour ce faire, sélectionner la ligne 30 en cliquant sur la cellule contenant ce chiffre. Choisir l'option: « **Édition < Copier** », puis l'option: « **Insertion < Cellule copiée** ». Une ligne s'ajoute au tableau dont les cellules contiennent les même valeurs que la ligne 30. Les formules sont déplacées et modifiées en conséquence.

EXERCICES

1. Utiliser le programme pour déterminer si le lien entre les variables données dans les tableaux suivants est descriptible par un modèle affine.

a) x	y	b) x	y	c) x	y
2,0	20,61	8,1	36,81	2,7	− 17,4
2,6	21,62	9,9	53,01	3,9	− 16,2
3,1	22,48	11,4	68,98	4,9	− 15,2
4,0	24,02	14,1	103,41	6,7	− 13,4
4,7	25,19	16,2	135,22	8,1	− 12,1
5,0	25,69	17,1	150,21	8,7	− 11,4
5,5	26,54	18,6	176,98	9,7	− 10,4
6,0	27,41	20,1	206,01	10,7	− 9,4
6,8	28,75	22,5	257,12	12,3	− 7,8
7,5	29,93	24,6	306,58	13,7	− 6,4
8,2	31,16	26,7	360,45	15,1	− 5,2
9,4	33,19	30,3	463,05	17,5	− 2,6
9,9	34,05	31,8	509,62	18,5	− 1,6
10,2	34,52	32,7	538,65	19,1	− 1,1
11,0	35,91	35,1	620,01	20,7	0,6
11,7	37,11	37,2	695,92	22,1	1,9
12,3	38,13	39,0	764,51	23,3	3,2
12,9	39,11	40,8	836,32	24,5	4,4
13,4	39,95	42,3	898,65	25,5	5,4
14,0	40,98	44,1	976,41	26,7	6,6
		47,7	1 141,65	29,1	9,1
		49,8	1 244,02		

(On trouvera $y = 1{,}70x + 17{,}21$)   (On trouvera $y = 28{,}53x − 324{,}99$)   (On trouvera $y = 1{,}00x − 20{,}13$)

2. On a réalisé une expérience qui consistait à plonger un manomètre dans un récipient rempli de liquide pour mesurer la pression à différentes profondeurs. Les données suivantes indiquant la pression absolue en fonction de la profondeur ont été recueillies.

Profondeur: h (m)	2	3	4	5	6	7	8	9	10	11
Pression : p (kPa)	121,51	131,61	141,70	151,80	161,89	171,98	182,08	192,17	202,26	212,36

a) Décrire mathématiquement le lien entre ces variables (on trouvera $p = 10{,}09h + 101{,}33$).

b) Montrer que ces données permettent de vérifier la loi fondamentale de l'hydrostatique qui s'énonce ainsi:

La différence de pression entre deux niveaux d'un liquide est égale au poids d'une colonne de liquide ayant pour section l'unité de surface et pour hauteur la différence des niveaux.

3. On a mesuré la longueur d'une tige d'acier à différentes températures pour étudier son élongation. On a obtenu les données suivantes:

Température: T (°C)	10	20	30	40	50	60
Longueur: L (m)	25,64806	25,65102	25,65394	25,65688	25,65982	25,66276

a) Décrire mathématiquement la relation entre les variables (on trouvera $L = 0{,}0003T + 25{,}645$).

b) Montrer que l'élongation de la tige est directement proportionnelle à la variation de température.

LABORATOIRE 3: APPLICATIONS DU MODÈLE AFFINE

OBJECTIFS: – Utiliser le logiciel Excel pour faire calculer des valeurs correspondantes par une fonction et les représenter graphiquement.
– Présenter les fonctionnalités suivantes:
- Définition d'un nom de paramètre ou de variable.
- Construction d'un tableau de valeurs.
- Utilisation d'un test logique.

MISE EN SITUATION

L'entreprise qui vous emploie envisage la location d'une automobile pour le représentant des ventes qui parcourt parfois jusqu'à 1 200 kilomètres par semaine. On vous demande de préparer, pour le Conseil d'administration, un dossier permettant d'analyser le coût d'une telle location pour l'entreprise. Après avoir effectué des négociations avec une compagnie de location, vous avez obtenu les coûts suivants:

100 $ par semaine plus 0,18 $ du kilomètre parcouru.

a) Définir un modèle mathématique décrivant le lien entre les variables en cause.

b) Représenter graphiquement le lien entre les variables en cause.

c) Pour tenir compte de la dépréciation, des réparations et des coûts de l'essence, la politique de l'entreprise est de rembourser 0,38 $ du kilomètre lorsqu'un employé utilise sa voiture personnelle pour le travail. Déterminer s'il est plus avantageux pour la compagnie de louer une automobile pour son représentant des ventes ou de rembourser les frais d'utilisation de sa voiture personnelle.

PRÉPARATION DE LA FEUILLE DE CALCUL

1. Ouvrir l'application Excel. Personnaliser une feuille de calcul en insérant un pavé de texte et sauvegarder le nouveau document sous le nom « 3Conso01.xls » ou tout autre nom accepté par le système d'exploitation.

2. Dans la plage A10:C10, écrire l'en-tête du tableau. Les identifications sont: « Distance (km) », « Remboursement ($) » et « Location ($) ».

COMMENTAIRE

Puisque nous voulons comparer le coût selon que la compagnie loue une automobile ou rembourse les frais de la voiture personnelle, nous avons besoin d'un tableau comportant trois colonnes, une pour la distance parcourue, une pour le coût de la location et l'autre pour le coût d'utilisation de la voiture personnelle.

DÉFINITION D'UN PARAMÈTRE OU D'UNE VARIABLE

ACTION

1. Sélectionner la cellule A7, écrire « Inf = » au clavier et valider en pressant la touche « Tabulateur ».

COMMENTAIRE

En pressant la touche « Tabulateur » ou « Tab » ou « → », Excel valide l'expression écrite et sélectionne automatiquement la cellule à droite. En suivant ce protocole de validation, le logiciel va suggérer lui-même le nom à donner à la cellule à l'étape suivante.

2. La cellule B7 étant sélectionnée choisir dans le menu l'option « **Insertion < Nom < Définir** ». Une fenêtre apparaît à l'écran et, dans celle-ci, Excel suggère le nom « Inf »: cliquer sur « **OK** ». La fenêtre se referme et la cellule B7 est toujours active. Écrire « 0 » et valider l'entrée.

Avant de passer à l'étape 3, lire le commentaire ci-contre.

3. Dans la plage de cellules A8:B8, définir le paramètre « Pas», donner la valeur « 50 » au paramètre et valider.

4. Dans la plage de cellules C7:D7, définir le paramètre « F.fixes = », pour les frais fixes et donner la valeur « 100 » au paramètre, soit les frais fixes hebdomadaires.

5. Dans la plage de cellules E7:F7, définir le paramètre « F.varia », pour les frais variables et donner la valeur « 0,18 » au paramètre, soit le coût par kilomètre parcouru.

6. Dans la plage de cellules C8:D8, définir le paramètre « Remb », pour les frais de remboursement du kilomètre et donner la valeur « 0,38 » au paramètre.

COMMENTAIRE

On donne un nom à une cellule lorsqu'on veut que le logiciel lise la valeur consignée dans cette cellule pour l'utiliser dans un calcul. Si la valeur inscrite dans la cellule à laquelle on a donné un nom est modifiée, le logiciel refait le calcul et affiche le résultat dans la case que nous avons choisie à cet effet.

Il faut tenir compte que, lors des utilisations subséquentes, nous devrons repérer rapidement la cellule contenant la valeur qui doit être modifiée, surtout lorsque la feuille de calcul comporte plusieurs cellules auxquelles on a donné un nom. Lors de l'affectation d'un nom à une cellule, nous utiliserons donc toujours deux cellules adjacentes. Celle de gauche pour écrire le nom de la variable et celle de droite pour indiquer la valeur affectée à cette variable.

REMARQUE

Dans les instructions pour préparer les feuilles de calcul lors des laboratoires, s'il faut affecter un nom à une cellule, nous indiquerons simplement la plage de cellules et le nom à donner. Par exemple: définir le paramètre « Inf » dans la plage de cellules A7:B7. Le lecteur devra conclure que cela signifie suivre la procédure décrite en 1 et 2.

CONSTRUCTION D'UN TABLEAU DE VALEURS

L'en-tête d'un tableau doit indiquer, pour chaque colonne, le nom de la variable dont les valeurs sont données dans la colonne et les unités de mesure de cette variable. Dans les exercices de laboratoire, les titres de colonnes et leurs unités seront précisées et il suffira d'écrire ces titres dans la plage indiquée. Ainsi, dans cet exercice on inscrira dans la plage de cellules A10:C10 l'en-tête suivant: « Distance (km) », « Remboursement ($) » et « Location ($) ».

ACTION

1. Dans la cellule A11, écrire « =Inf » sans laisser d'espace et valider. Excel affiche alors la valeur « 0 » dans la cellule car il a lu la valeur inscrite sous le nom « Inf » dans la cellule B7 et a affiché cette valeur.

2. Dans la cellule A12, écrire « =A11+Pas » et valider. Excel affiche alors « 50 » dans la cellule.

3. Faire une copie incrémentée de la fonction définie en A12 dans la plage A13:A35. Excel affiche alors les valeurs de 0 à 1 200 par intervalles de 50 dans les cellules de la plage A11:A35.

COMMENTAIRE

Il est intéressant, lorsqu'on veut représenter une fonction, de pouvoir contrôler l'intervalle qui sera représenté. Ainsi, en changeant la valeur de « Inf » dans la cellule B7 ou la valeur de «Pas » dans la cellule B8, on peut modifier l'intervalle qui sera représenté.

On pourrait également définir la borne inférieure « Inf » et la borne supérieure « Sup » de l'intervalle et faire calculer le pas en définissant, dans la cellule nommée « Pas », l'opération « =(Sup–Inf)/n », où n est le nombre de cellules que nous aurons réservé pour les valeurs de la variable indépendante.

4. Sélectionner la cellule B11, définir la fonction « =A11*Remb » dans la cellule B11.

5. Sélectionner la cellule C11, définir la fonction « =A11*F.varia+F.fixes » et valider. Excel affiche alors « 100 ».

6. Faire une copie incrémentée des fonctions de la plage B11:C11, « =A11*F.varia+F.fixes » et « =A11*Remb », dans la plage de cellules B12:C35. Les premières lignes de votre tableau devraient avoir l'aspect suivant:

10	Distance (km)	Remboursement($)	Location ($)
11	0	0	100
12	50	19	109
13	100	38	118
14	150	57	127
15	200	76	136
16	250	95	145
17	300	114	154
18	350	133	163
19	400	152	172
20	450	171	181
21	500	190	190

REMARQUE

Dans la définition d'une opération, on a parfois à utiliser une valeur consignée dans une cellule dont l'adresse doit demeurer constante lors de l'incrémentation. Dans l'adresse, il y a l'indice de la ligne et celui de la colonne. Si on veut que l'un des indices demeure constant, on le fait précéder du signe « $ ». Ainsi, à l'étape 5, on aurait pu écrire la valeur « 0,18 » dans la cellule A6 et définir l'opération de la façon suivante: « =A$6*A11+100 » pour indiquer au logiciel qu'il devait effectuer le produit du nombre de la cellule A6 et de celui de la cellule A11. En incrémentant une telle opération, Excel ne modifie pas le « 6 » de l'adresse de la cellule.

À l'étape 6, l'incrémentation peut se faire comme suit:
• sélectionner la plage B11:C11;

10	Distance (km)	Remboursement($)	Location ($)
11	0	0	100
12	50		

• amener le curseur sur le carré au bas de la cellule C11;
• enfoncer le bouton;
• glisser la souris avec le bouton enfoncé jusqu'en C35 et relâcher le bouton.

REPRÉSENTATION GRAPHIQUE ET CONCLUSION

Représenter graphiquement les fonctions du tableau en utilisant le type « Courbes ».

Vous deviez préparer un rapport pour le Conseil d'administration. Insérer un pavé de texte pour consigner vos observations. Est-il plus avantageux de louer une automobile ou de rembourser les dépenses de l'automobile personnelle du représentant? Quelles sont vos suggestions au Conseil d'administration ?

Insérer un pavé de texte donnant les conclusions de votre travail et vos recommandations au Conseil d'administration.

Imprimer votre travail après avoir fait un aperçu avant impression.

MISE EN SITUATION (SUITE)

Après avoir pris connaissance de votre rapport, le conseil d'administration a négocié une entente avec le représentant des ventes. Celui-ci doit maintenant planifier à l'avance ses déplacements et il est libre de prendre son automobile personnelle ou d'en louer une. Cependant, ses frais de déplacement seront remboursés de la façon suivante:
– si la distance à parcourir durant la semaine est inférieure ou égale à 500 km, il recevra le montant du remboursement des frais d'utilisation de son automobile personnelle;
– si la distance à parcourir durant la semaine est supérieure à 500 km mais inférieure à 1 000 km, il recevra le montant de la location d'une automobile;
– si la distance à parcourir durant la semaine est supérieure ou égale à 1 000 km, ses frais ne seront remboursés que pour 1 000 km au taux de la location.

On vous demande d'ajouter à votre feuille Excel une fonction qui calculera les frais à rembourser selon la distance parcourue.

UTILISATION D'UN TEST LOGIQUE

On utilise un test logique lorsqu'on veut donner des instructions particulières au logiciel afin qu'il fasse lui-même un choix. Dans ce cas, il faut définir un test logique qui permettra au logiciel de déterminer quelle fonction il doit utiliser pour calculer le remboursement à effectuer. Dans la mise en situation, la fonction est:

$$C(x) = \begin{cases} 0,38x & \text{si } x \leq 500 \\ 0,18x + 100 & \text{si } 500 < x < 1\,000 \\ 280 & \text{si } x \geq 1\,000 \end{cases}$$

On trouve les tests dans la banque de fonctions, catégorie « Logique ». Les tests permettent d'indiquer au logiciel ce qu'il doit faire si la condition particulière est satisfaite (valeur_si_vrai) et ce qu'il doit faire si cette condition n'est pas satisfaite (valeur_si_faux). Pour utiliser un test, on peut l'écrire au clavier ou le faire insérer par la banque de fonctions.

Ainsi, si on veut donner des instructions différentes selon qu'une variable appelée « Dis » et représentant la distance parcourue est plus petite que 500, on écrira:

=SI(Dis<500;valeur_si_vrai;valeur_si_faux)

L'expression « valeur_si_vrai » est alors remplacée par l'instruction que l'on donne au logiciel lorsque le paramètre est plus petit que 500 et l'expression « valeur_si_faux » est remplacée par l'instruction que l'on donne au logiciel dans le cas contraire. L'instruction peut être une valeur numérique que le logiciel va écrire, une opération à effectuer, une valeur à calculer par une fonction ou un texte.

Dans la situation présente, le logiciel devra vérifier si la distance est plus petite ou égale à 500, il faudra donc avoir recours à un test imbriqué, ce qui signifie un test à l'intérieur d'un autre test. Il faudra alors écrire:

« =SI(OU(Dis<500;DIS=500);Remb*Dis;" ") »

Les guillemets « "..." » indiquent au logiciel qu'il doit écrire l'expression contenue entre les guillemets. En ne mettant rien entre les guillemets, ou une espace, Excel n'écrira rien ou une espace.

On remarque que, dans le langage courant, on dit « si la distance est plus petite *ou* égale à 500 » alors que dans le langage du logiciel, on annonce le test logique d'abord et les deux propositions à vérifier sont énoncées entre parenthèses. Il en est de même pour le test ET(). Dans le langage courant, on dit « si la distance est plus grande que 500 *et* plus petite que 1 000 », ce qui se traduit dans le langage du logiciel par « ET(Dis>500;Dis<1000) ».

ACTION

1. Sélectionnez la cellule B37, écrire « Distance » et valider en pressant la touche « Tabulateur ».

2. La cellule C37 est maintenant activée, suivre la procédure pour donner un nom. Excel suggère « Distance », ce qui est un peu long à utiliser dans une formule. Donner plutôt le nom « Dis » et cliquer sur « OK ».

3. Sélectionner la cellule B40, écrire « Remboursement » et valider.

4. Sélectionner la cellule C39 et écrire au clavier le test « =SI(OU(Dis<500;Dis=500);Remb*Dis;" ") » et valider. Ne pas laisser d'espace dans l'écriture du test, sauf entre les guillemets.

COMMENTAIRE

Par le test de l'étape 4, Excel vérifie si la distance est plus petite ou égale à 500 km. Il y a deux réponses possibles, vrai ou faux. S'il est vrai que la valeur est plus petite ou égale à 500 km, Excel affichera le résultat du produit « Remb*Dis » dans la cellule C39. Ce produit est la « valeur_si_vrai » et « Dis » est la valeur affichée dans la cellule C37 réservée à la variable distance. Si la distance n'est pas plus petite ou égale à 500, Excel n'affichera rien dans la cellule C39, soit la « valeur_si_faux ». En effet, les guillemets « " " » indiquent au logiciel d'écrire le texte compris entre les guillemets. Dans ce cas, nous avons simplement laissé une espace entre les guillemets et rien ne sera affiché dans la cellule C39.

5. Sélectionner la cellule C40 et définir le test:
« =SI(ET(Dis>500;Dis<1000);F.varia*Dis+F.fixes;" ") »
et valider.

6. Sélectionner la cellule C41 et écrire le test:
« =SI(OU(Dis >1000;Dis=1000);280;" ") »
et valider.

Pour vérifier que le programme fonctionne comme prévu, procéder de la façon suivante:
- sélectionner la cellule C37, écrire « 300 » et valider. Excel devrait alors afficher « 114 » comme remboursement à effectuer. En effet

$$0,38 \times 300 = 114$$

- écrire « 500 » dans la cellule C37 et valider. Excel devrait alors afficher « 190 » comme remboursement à effectuer. En effet:

$$0,38 \times 500 = 190$$

- compléter la vérification en entrant différentes valeurs en C37. Sauvegarder ce travail.

COMMENTAIRE

On peut utiliser les guillemets pour faire écrire des phrases complètes par le logiciel. On doit faire précéder l'expression du signe « = » lorsqu'elle ne fait pas partie d'un test logique. Cependant, si on veut que la phrase soit suivie du résultat d'une opération, il faut faire suivre les guillemets du symbole « & » avant de donner la formule ou la cellule dans laquelle il doit lire le résultat du calcul à écrire. On aura ainsi:

« ="Le résultat de l'opération est "&A11*B11 »

EXERCICES

1. Analyser la démarche suivie pour résoudre le problème et identifier les améliorations possibles.

2. Est-il possible d'imbriquer tous les tests logiques pour en faire un seul plutôt que trois dans les cellules C39:C41?

3. Est-il possible, en utilisant le fruit de vos réflexions à la question 2, de faire représenter graphiquement le montant à rembourser en fonction de la distance parcourue, dans l'intervalle [0;1 200]?

4. Une entreprise gère un restaurant du centre-ville. Ce restaurant offre sur l'heure du dîner un bar à salade très prisé par le personnel de bureau. Les clients se servent eux-mêmes au bar à salade et peuvent consommer à volonté pour un coût de 6,50 $. Cependant, l'expérience démontre que le coût moyen des denrées consommées est de 3,25 $ par personne. De plus, l'entreprise doit assumer des frais fixes de 158 $ pour la préparation.

   En faisant une copie de la feuille de calcul préparée durant l'activité 3, vous devez utiliser le logiciel Excel pour procéder à une étude de rentabilité de cette entreprise en analysant son coût de production, son revenu et son profit en fonction du nombre de clients par jour. (S'assurer d'avoir sauvegardé le fichier « 3Conso01.xls », l'ouvrir puis choisir l'option « **Fichier < Enregister sous** » et donner le nom « 3Restau.xls »). Vous aurez alors une nouvelle copie de votre feuille avec laquelle il est possible de résoudre ce problème sans altérer la version originale.

5. Avant de procéder à la production d'un nouvel article, le Conseil d'administration de l'entreprise qui vous emploie vous demande d'en faire l'étude de rentabilité. Pour produire cet article, il faudrait procéder à l'achat d'appareils dont le paiement serait effectué par des mensualités de 2 500 $. De plus, il faut prévoir un coût de 45 $ l'unité et le prix de vente envisagé est de 150 $. En faisant une copie de la feuille de calcul préparée durant l'activité 3, vous devez utiliser le logiciel Excel pour procéder à cette étude de rentabilité (Donner le nom « 3Produc.xls »).

6. La compagnie qui vous emploie produit un article dont le coût de production comporte des frais fixes de 1 600 $ par mois et des frais variables de 24 $ l'unité. On vous propose d'investir pour implanter un nouveau procédé de fabrication qui porterait les frais fixes à 2 200 $ par mois et les frais variables à 12 $ l'unité. En faisant une copie de la feuille de calcul préparée durant l'activité 3, vous devez procéder à la comparaison de ces deux procédés de fabrication et déterminer leur niveau d'indifférence (Donner le nom « 3Indiff.xls »).

LABORATOIRE 4: ANALYSE PARAMÉTRIQUE D'UNE FONCTION SINUSOÏDALE

OBJECTIF : Programmer une feuille de calcul pour analyser le rôle d'un paramètre dans la forme générale d'une fonction sinusoïdale.

MISE EN SITUATION

Vous avez à comparer deux ondes décrites par les modèles mathématiques suivants:
$$v_1(t) = 3 \sin (2t + \pi/2)$$
$$v_2(t) = 2 \sin(t)$$
Votre rapport doit inclure une représentation graphique comparée des vitesses en fonction du temps.

INTERVALLE DE VARIATION

ACTION

1. Ouvrir l'application Excel. Personnaliser une feuille de calcul en insérant un pavé de texte et sauvegarder le nouveau document sous le nom « 4Sinus01.xls » ou tout autre nom accepté par le système d'exploitation.

2. Dans la plage A8:B8, définir le paramètre « Inf = » et donner la valeur « 0 » à ce paramètre.

3. Dans la plage A9:B9, définir le paramètre « Pas = » et donner la valeur « 0,2 » à ce paramètre.

4. Dans la plage A10:B10, définir le paramètre « Sup = », faire calculer sa valeur par la fonction
   « =Inf+50*Pas »
   et valider. La valeur « 10 » apparaît dans la cellule.

VALEUR DES PARAMÈTRES

ACTION

1. Dans la plage C8:D8, définir le paramètre « Amp1 = » et donner la valeur « 3 » à ce paramètre.

2. Dans la plage C9:D9, définir le paramètre « Amp2 = » et donner la valeur « 2 » à ce paramètre.

3. Dans la plage C10:D10, définir le paramètre « PI = » et donner la valeur « 3,1416 » à ce paramètre. (Il est également possible d'utiliser la valeur prédéfinie dans la banque de fonctions.)

4. Dans la plage E8:F8, définir le paramètre « v.ang1 = » et donner la valeur « 2 » à ce paramètre.

5. Dans la plage E9:F9, définir le paramètre « v.ang2 = » et donner la valeur « 1 » à ce paramètre.

6. Dans la plage E10:F10, définir le paramètre « dph1 = » et faire calculer sa valeur par la fonction
   « =PI/2 »
   et valider.

COMMENTAIRE

Il est pertinent de remarquer que les deux modèles sont de la même forme
$$v(t) = a \sin(\omega t + \varphi)$$
Ainsi, ils diffèrent seulement par la valeur des paramètres a (amplitude), ω (vitesse angulaire) et φ (angle de phase). Nous allons donc programmer notre feuille de calcul en tenant compte du fait que nous pourrons éventuellement avoir à refaire cette étude avec d'autres valeurs pour les paramètres, ce qui signifie que nous allons prévoir des cellules pour indiquer la valeur des paramètres. Pour pouvoir utiliser des noms de paramètres acceptés par le logiciel, on peut décrire la forme générale de la façon suivante
$$v(t) = \text{Amp} \sin(\text{v.ang } t + \text{dph})$$
Comme nous voulons représenter deux fonctions, nous aurons donc les paramètres Amp1 et Amp2 pour l'amplitude de la première et de la deuxième fonction. Les paramètres v.ang1 et v.ang2 donneront la vitesse angulaire, alors que dph1 et dph2 indiqueront l'angle de phase initial.

7. Dans la plage E11:F11, définir le paramètre « dph2 = » et donner la valeur « 0 » à ce paramètre.

TABLEAU DES CORRESPONDANCES

ACTION

1. Dans la plage A12:C12, écrire l'en-tête du tableau en utilisant les identifications « t », « v1(t) » et v2(t).

2. Dans la cellule A13, écrire « =Inf » et valider; la valeur « 0 » apparaît dans la cellule.

3. Dans la cellule A14, écrire « =A13+Pas » puis valider. La valeur « 0,2 » apparaît dans la cellule.

4. Dans la plage A15:A63, faire une copie incrémentée de la fonction définie en A14. Excel calcule alors les valeurs de la variable indépendante de 0 à 10 avec un pas de 0,2 unité.

5. Dans la cellule B13, définir la fonction
   « =Amp1*SIN(v.ang1*A13+dph1) »
   et valider. La valeur « 3 » apparaît dans la cellule.

6. Dans la cellule C13, définir la fonction
   « =Amp2*SIN(v.ang2*A13+dph2) »
   et valider. La valeur « 0 » apparaît dans la cellule.

7. Dans la plage B14:C63 faire une copie incrémentée des fonctions de la plage B13:C13.

REPRÉSENTATION GRAPHIQUE

ACTION

Sélectionner la plage B13:C63 et représenter graphiquement en choisissant le type « Courbes » et le premier sous-type. À l'étape 2, cliquer sur l'onglet « Série » et indiquer que les valeurs de la variable indépendante sont données dans la plage A13:A63.

COMMENTAIRE

En modifiant les valeurs des paramètres et du pas, vous pouvez analyser le rôle des paramètres dans le comportement graphique. Ne pas oublier que, pour indiquer la valeur de l'angle de phase initial, il faut écrire « =PI/n » ou donner directement une valeur numérique.

EXERCICES

Modifier votre feuille de calcul en ajoutant une quatrième colonne dans laquelle la fonction est la somme des deux fonctions
$$v_1(t) = 3 \sin (2t + \pi/2) \text{ et } v_2(t) = 2 \sin(t).$$
Écrire la règle de correspondance de cette fonction.
Représenter v_1, v_2 et $v_1 + v_2$ sur un même système d'axes.

Déterminer, à partir de la représentation graphique, l'amplitude, l'angle de phase initial, la fréquence et la période de cette somme de sinusoïdes.

COMMENTAIRE

En modifiant la valeur des paramètres, explorer le comportement de la fonction définie comme une somme de sinusoïdes. Analyser l'impact d'un changement des paramètres sur l'amplitude, l'angle de phase initial, la fréquence et la période.

LABORATOIRE 5: OPÉRATIONS MATRICIELLES

OBJECTIF: Utiliser le logiciel Excel pour effectuer des opérations sur les matrices.

MISE EN SITUATION

Soient les matrices

$$A = \begin{pmatrix} 2 & 3 & 1 \\ -4 & 1 & 2 \\ 3 & 2 & 2 \end{pmatrix}, \ B = \begin{pmatrix} 3 & 4 & 2 \\ -1 & 3 & 5 \\ -2 & 2 & -2 \end{pmatrix} \text{ et } C = \begin{pmatrix} 5 & 7 \\ -3 & 2 \\ 6 & -8 \end{pmatrix}$$

Utiliser le logiciel Excel pour faire effectuer les opérations suivantes sur ces matrices: $A + B$, kA, $A \bullet C$, C^t.

MISE EN FORME DE LA SOLUTION

Pour réaliser cette tâche, il faut:
1. sélectionner des plages pour afficher les matrices;
2. entrer les éléments des matrices;
3. indiquer au logiciel les opérations à effectuer et les plages dans lesquelles il devra afficher les résultats de ces opérations.

ENTRÉE D'UNE MATRICE

ACTION

1. Ouvrir l'application Excel. Personnaliser une feuille de calcul en insérant un pavé de texte et sauvegarder le nouveau document sous le nom « 5Matric.xls ».

2. Sélectionner la cellule A11, écrire « A = » et valider.

3. Sélectionner la plage de cellules B10:D12. Écrire « 2 » puis presser la touche « Tabulateur », Excel valide l'expression écrite et la cellule C10 est maintenant activée: écrire « 3 » et presser la touche « Tabulateur ».

4. Continuer l'entrée des éléments de la matrice *A* selon la même procédure.

5. Sélectionner la cellule F11, écrire « B = » et valider.

6. Sélectionner maintenant les cellules G10:I12 et entrer les éléments de la matrice B en utilisant une autre procédure que celle utilisée pour entrer les éléments de la matrice *A*. (voir le commentaire)

7. Sélectionner la cellule K11, écrire « C = » et valider.

8. Sélectionner les cellules L10:M12 et entrer les éléments de la matrice C.

COMMENTAIRE

Pour entrer une matrice dans Excel, il faut sélectionner une plage de cellules comportant le nombre de lignes et de colonnes de la matrice que l'on veut entrer sur la feuille de calcul. Lorsqu'une plage de cellules est sélectionnée, il y a une seule cellule active à la fois et on peut se déplacer d'une cellule à l'autre de la plage en utilisant la touche « Tabulateur », la touche « Retour » ou la touche « Entrée » du bloc numérique.

Le déplacement dans la matrice peut, selon la touche utilisée, s'effectuer selon la ligne ou selon la colonne. Explorer les différentes façons et utiliser celle qui vous avec laquelle vous êtes le plus à l'aise.

Il peut s'avérer pertinent d'ajuster la largeur des colonnes pour ne pas avoir des matrices trop étirées.

ADDITION DE MATRICES

ACTION

1. Sélectionner la cellule A15, écrire « A + B = » et valider.

2. Sélectionner la plage de cellules B14:D16. La cellule B14 étant activée, écrire « =B10:D12+G10:I12 ».

3. Valider comme opération matricielle selon l'un des protocoles suivants:
   – sur PC, enfoncer les touches **Control** et **Majuscule** puis enfoncer la touche **Entrée**;
   – sur Mac, enfoncer la touche **Commande** et presser la touche **Entrée (ou Retour)**.
   Excel place alors la définition de l'opération entre accolades pour préciser qu'il s'agit d'une opération matricielle. Il n'est plus possible de modifier une cellule de la matrice somme, mais on peut modifier les valeurs des deux autres.

COMMENTAIRE

Pour additionner des matrices, celles-ci doivent avoir la même dimension. Dans notre mise en situation, ce sont des 3×3 et la somme sera une matrice de même dimension. Il faut donc
- sélectionner une plage comportant le nombre de cellules requises;
- définir la somme des matrices;
- valider comme opération matricielle.

Après la validation, Excel devrait afficher la matrice suivante dans les cellules B14:D16.

$$A + B = \begin{pmatrix} 5 & 7 & 3 \\ -5 & 4 & 7 \\ 1 & 4 & 0 \end{pmatrix}$$

MULTIPLICATION PAR UN SCALAIRE

ACTION

1. Sélectionner la cellule F15, écrire « 2*A = » et valider.

2. Sélectionner la plage de cellules G14:I16, écrire « =2*B10:D12 ».

3. Valider en suivant le protocole de validation des opérations matricielles.

COMMENTAIRE

La multiplication 2A donne une matrice 3×3. Il faut donc
- sélectionner une plage comportant le nombre de cellules requises;
- définir la multiplication par un scalaire;
- valider comme opération matricielle.
Excel exécute le calcul et, dans les cellules G14:I16, devrait afficher la matrice

$$2 * A = \begin{pmatrix} 4 & 6 & 2 \\ -8 & 2 & 4 \\ 6 & 4 & 4 \end{pmatrix}$$

À l'étape 2, on peut procéder comme suit: écrire « =2* » puis, à l'aide de la souris, sélectionner la plage de cellules de la matrice A, soit les cellules B10:D12, en tenant le bouton enfoncé et valider.

PRODUIT MATRICIEL

ACTION

1. Sélectionner la cellule K15, écrire « A*C = » et valider.

2. Sélectionner la plage de cellules L14:M16 puis cliquer sur le bouton d'appel de la banque de fonctions f_x.

3. Dans la catégorie « Math & Trigo », sélectionner la fonction « PRODUITMAT » puis cliquer sur le bouton « OK » pour passer à l'étape suivante.

COMMENTAIRE

Pour afficher le résultat du produit matriciel, il faudra sélectionner une plage de cellules respectant les conditions de définition du produit. Le produit

$$A \bullet C = \begin{pmatrix} 2 & 3 & 1 \\ -4 & 1 & 2 \\ 3 & 2 & 2 \end{pmatrix} \bullet \begin{pmatrix} 5 & 7 \\ -3 & 2 \\ 6 & -8 \end{pmatrix}$$

donne une matrice de dimension 3×2. Il faut donc sélectionner une plage de cellules ayant cette dimension.

4. Une autre fenêtre apparaît à l'écran. Elle comporte deux lignes pour indiquer les plages de cellules des matrices dont on veut faire effectuer le produit.

Matrice1 | B10:D12
Matrice2 | L10:M12

Dans la case de la matrice 1, indiquer la plage de cellules de cette matrice « B10:D12 ». Dans la case de la matrice 2, indiquer la plage de cellules de cette matrice « L10:M12 ».

5. Cliquer sur le bouton « OK ». La fenêtre se ferme. Cliquer dans la barre de formules, puis enfoncer les touches **Control** et **Majuscule** et presser la touche **Entrée**. Excel effectue l'opération. Sur Macintosh, enfoncer les touches **Commande** et **Majuscule** et presser la touche **Entrée**.

COMMENTAIRE

À l'étape 4, on peut également sélectionner la plage de la matrice en gardant la fenêtre ouverte et en sélectionnant la plage B10:D12 en tenant le bouton de la souris enfoncé.

En déplaçant la souris, placer le point d'insertion de texte à droite de la définition de la fonction dans la barre de formules. Cliquer pour insérer le point et valider en suivant le protocole de validation des opérations matricielles propre à l'appareil que vous utilisez. La matrice suivante devrait apparaître.

$$A \bullet C = \begin{pmatrix} 7 & 12 \\ -11 & -42 \\ 21 & 9 \end{pmatrix}$$

On peut définir l'opération dans la barre de formules lorsqu'on connaît le nom de la fonction à utiliser. On écrit alors
« =PRODUITMAT(B10:D12;L10:M12) »
et on valide matriciellement. Toutes les fonctions peuvent être définies au clavier lorsqu'on connaît leur nom.

TRANSPOSITION DE MATRICES

ACTION

1. Sélectionner la cellule A19, écrire « trans(C) = » et valider.

2. Sélectionner la plage de cellules B19:D20 puis cliquer sur le bouton d'appel de la banque de fonctions f_x.

3. Dans la catégorie « Recherche & Matrices », sélectionner la fonction « TRANSPOSE » puis cliquer sur le bouton « OK ».

4. Une autre fenêtre apparaît à l'écran. Elle comporte une ligne pour indiquer la plage de cellules de la matrice que l'on veut transposer. Écrire « L10:M12 ».

Tableau | L10:M12

5. Cliquer sur le bouton « OK ». La fenêtre se ferme. Cliquer dans la barre de formules, puis enfoncer les touches **Control** et **Majuscule** et presser la touche **Entrée**. Excel effectue l'opération. Sur Macintosh, enfoncer les touches **Commande** et **Majuscule** et presser la touche **Entrée**. Sauvegarder ce travail.

COMMENTAIRE

La matrice

$$C = \begin{pmatrix} 5 & 7 \\ -3 & 2 \\ 6 & -8 \end{pmatrix}$$

est de dimension 3×2. Sa transposée est une matrice de dimension 2×3. Il faut donc
- sélectionner une plage comportant le nombre de cellules requises;
- définir la transposition de la matrice;
- valider comme opération matricielle.

Pour définir l'opération au clavier, écrire
« =TRANSPOSE(L10:M12) »
et valider comme opération matricielle.

La transposée est

$$C^t = \begin{pmatrix} 5 & -3 & 6 \\ 7 & 2 & -8 \end{pmatrix}$$

CONSEILS D'UTILISATION

Pour vérifier la force de la feuille que vous venez de programmer, sélectionner une des cellules de la matrice A et changer la valeur assignée à cette cellule puis valider. Les résultats de toutes les opérations portant sur la matrice A sont modifiés. Vous pouvez donc conserver cette feuille et l'ouvrir à chaque fois que vous aurez à effectuer des opérations sur les matrices. Vous pouvez ajouter d'autres cas avec des matrices de dimensions différentes. En modifiant les valeurs des éléments, vous pourrez alors faire effectuer tous les exercices par le logiciel et vous consacrer à l'interprétation dans le contexte.

L'exercice suivant vous permettra d'utiliser le chiffrier électronique pour effectuer différents calculs définis sur des matrices.

EXERCICE

Vous venez d'ouvrir un comptoir de restauration naturelle dans un centre d'achats. Votre menu est constitué de trois sortes de salades: salade du jardin, salade au tofu et salade du chef. Lorsque vous préparez la facture d'un client, le système de facturation électronique enregistre automatiquement la sorte de salade vendue. Le système donne le rapport hebdomadaire des ventes sous forme d'une matrice dont les lignes représentent les six jours d'ouverture de la semaine. La première colonne représente les ventes de salade du jardin; la deuxième, les ventes de salade au tofu et la troisième, les ventes de salade du chef. Pour les quatre premières semaines d'opération, les matrices sont les suivantes:

	Première semaine			Deuxième semaine			Troisième semaine			Quatrième semaine		
Lundi	254	128	302	276	112	343	284	97	322	218	85	337
Mardi	435	134	287	397	86	376	428	78	305	457	74	306
Mercredi	367	127	345	417	69	326	389	65	338	389	52	325
Jeudi	289	98	439	347	76	418	312	59	427	319	41	426
Vendredi	378	67	397	356	58	403	387	47	388	399	35	378
Samedi	456	46	542	412	32	564	443	25	561	427	14	573

a) Déterminer une matrice donnant les ventes de chaque sorte de salade pour chaque jour de la semaine pour le mois écoulé.

b) La salade du jardin est à 5,65 \$, celle au tofu à 4,95 \$ et celle du chef à 6,25 \$. Calculer le revenu par jour pour chacune des quatre semaines.

c) Calculer le revenu moyen pour chaque jour de la semaine durant le mois écoulé. Durant le mois écoulé, quelle journée de la semaine génère le meilleur revenu?

d) Les coûts de préparation sont de 2,25 \$ pour la salade du jardin, 1,75 \$ pour la salade au tofu et 3,15 \$ pour la salade du chef. De plus, les frais d'opération sont de 350 \$ par jour les lundis, mardis, mercredis et samedis. Ces frais incluent la location de l'emplacement, les frais d'électricité et de chauffage, le salaire du serveur et le salaire du chef. Les jeudis et vendredis, le comptoir est ouvert quatre heures de plus et les frais sont de 460 \$ par jour. Déterminer une matrice donnant le coût d'opération pour chacun des jours de la première semaine d'opération. Faire de même pour les trois autres semaines.

e) Donner sous forme de matrice le coût de production moyen pour chaque jour de la semaine de ce premier mois d'opération.

f) Donner sous forme de matrice le profit moyen pour chaque jour de la semaine de ce premier mois d'opération.

LABORATOIRE 6: SYSTÈMES D'ÉQUATIONS LINÉAIRES

OBJECTIF: Programmer une feuille d'Excel pour résoudre un système de trois équations linéaires à trois inconnues.

MISE EN SITUATION

Résoudre le système d'équations suivant:

$$2x - 3y + 4z = 24$$
$$3x + 2y - 7z = 10$$
$$5x + 2y - 4z = 52$$

MISE EN FORME DE LA SOLUTION

Pour résoudre ce problème, nous allons programmer une feuille de calcul pour faire effectuer la réduction des lignes d'une matrice. Les étapes sont:

1. entrer les éléments de la matrice sur la feuille de calcul.
2. indiquer les transformations à effectuer sur la matrice. Ces transformations auront pour but d'obtenir des 0 dans les cellules hors diagonale, ce qui permettra de programmer une feuille qui nous donnera la solution, lorsqu'elle existe, sans qu'il soit nécessaire de faire des substitutions sur papier.
3. interpréter les résultats.

ENTRÉE DES ÉLÉMENTS DE LA MATRICE

ACTION

1. Ouvrir l'application Excel. Personnaliser une feuille de calcul en insérant un pavé de texte et sauvegarder sous le nom « 6Gausjo.xls ».

2. Sélectionner la plage A10:D12 (plage de trois lignes et quatre colonnes) en glissant la souris, bouton enfoncé. Lorsqu'on relâche la souris, la plage est sélectionnée et la cellule A10 est activée.

3. Entrer les éléments de la matrice en utilisant la procédure que vous préférez. (revoir ces procédures à la page 384)

COMMENTAIRE

La matrice du système d'équations est

$$\begin{pmatrix} 2 & -3 & 4 & 24 \\ 3 & 2 & -7 & 10 \\ 5 & 2 & -4 & 52 \end{pmatrix}$$

C'est une matrice 3×4. Il faut donc sélectionner une plage ayant les mêmes dimensions. On ne se préoccupe pas des lignes pointillées utilisées dans la théorie pour séparer la matrice des coefficients de celle des constantes. Cependant, il est possible d'insérer des éléments graphiques sur la feuille pour séparer ces matrices. Explorer les possibilités de la barre d'options de dessin.

MÉTHODE DE GAUSS-JORDAN

Pour résoudre matriciellement ce système d'équations à trois inconnues dans Excel, il faut indiquer les transformations à effectuer en utilisant les noms de cellules d'Excel. Le système à résoudre est:

$$2x - 3y + 4z = 24$$
$$3x + 2y - 7z = 10$$
$$5x + 2y - 4z = 52$$

et les coefficients sont donnés dans les cellules A10 à C12.

Nous allons faire écrire les matrices en faisant effectuer les calculs pour annuler tous les éléments hors diagonale.

Il nous faut d'abord comprendre comment indiquer les opérations à effectuer, en se rappelant que la première étape d'élimination vise à faire apparaître des 0 dans les cellules hors diagonale de la première colonne par des transformations de ligne sur la matrice. Nous allons choisir les lignes 17, 18 et 19 d'Excel pour écrire la matrice résultant de la première transformation.

À la première étape de la transformation matricielle, la première ligne demeure inchangée. Il suffit donc de la faire réécrire sur une autre ligne d'Excel pour constituer la matrice de la première transformation.

Nous allons faire réécrire la première ligne de notre matrice de départ (L10) sur la ligne 17 d'Excel (L17), ce qui est symbolisé par

$$L17 \rightarrow L10$$

La deuxième ligne de la matrice est sur la onzième ligne d'Excel (L11) et nous voulons faire écrire le résultat de la transformation sur la ligne 18 (L18), une fois les opérations effectuées, ce que l'on peut symboliser par

$$L18 \rightarrow A10*L11 - A11*L10$$

Les coefficients A10 et A11 sont les valeurs qu'Excel lira dans les cellules correspondantes, soit les éléments de la première matrice. De la même façon, la troisième ligne de la matrice est sur la douzième ligne d'Excel (L12) et le résultat des transformations sera consigné dans les cellules de la ligne 19 (L19), ce qui est symbolisé par

$$L19 \rightarrow A10*L12 - A12*L10$$

Les opérations à effectuer, en utilisant les noms de lignes et de cellules d'Excel, sont donc:

$$L17 \rightarrow L10$$
$$L18 \rightarrow A10*L11 - A11*L10$$
$$L19 \rightarrow A10*L12 - A12*L10$$

La matrice, une fois transformée, donnera dans les plages A17 à D19 les valeurs résultant des opérations en bas de page.

On constate que pour transformer la deuxième ligne, les coefficients A10 et A11 se répètent d'une cellule à l'autre alors que pour transformer la troisième ligne, les coefficients A10 et A12 se répètent d'une cellule à l'autre. Nous allons tirer profit de ces constatations en définissant des opérations matricielles sur les lignes pour faire effectuer les opérations.

$$\begin{pmatrix} A17 & B17 & C17 & D17 \\ A18 & B18 & C18 & D18 \\ A19 & B19 & C19 & D19 \end{pmatrix}$$

$$= \begin{pmatrix} A10 & B10 & C10 & D10 \\ A10*A11-A11*A10 & A10*B11-A11*B10 & A10*C11-A11*C10 & A10*D11-A11*D10 \\ A10*A12-A12*A10 & A10*B12-A12*B10 & A10*C12-A12*C10 & A10*D12-A12*D10 \end{pmatrix}$$

RÉDUCTION DE LA PREMIÈRE COLONNE

ACTION

1. Sélectionner la plage de cellules A17:D17, écrire « =A10:D10 » et valider comme opération matricielle.

2. Sélectionner la plage de cellules A18:D18, écrire « =A10*A11:D11-A11*A10:D10 » et valider comme opération matricielle.

3. Sélectionner la plage de cellules A19:D19, écrire « =A10*A12:D12-A12*A10:D10 » et valider comme opération matricielle.

COMMENTAIRE

Pour réduire la première colonne, on laisse la première ligne inchangée. Il suffit de faire réécrire les valeurs de cette ligne.

Excel effectue les calculs et devrait afficher la matrice suivante dans la plage A17:D19

$$\begin{pmatrix} 2 & -3 & 4 & 24 \\ 0 & 13 & -26 & -52 \\ 0 & 19 & -28 & -16 \end{pmatrix}$$

RÉDUCTION DE LA DEUXIÈME COLONNE

ACTION

1. Sélectionner la plage de cellules A22:D22, écrire « =B18*A17:D17-B17*A18:D18 » et valider comme opération matricielle.

2. Sélectionner la plage de cellules A23:D23, écrire « =A18:D18 » et valider comme opération matricielle.

3. Sélectionner la plage de cellules A24:D24, écrire « =B18*A19:D19-B19*A18:D18 » et valider comme opération matricielle.

COMMENTAIRE

Dans cette deuxième réduction, on veut que la deuxième ligne demeure inchangée et que les autres soient réduites pour obtenir une matrice diagonale. On souhaite donc transformer la matrice pour faire apparaître des 0 dans les cellules hors diagonale de la deuxième colonne. Les résultats de cette deuxième étape seront écrits dans les cellules A22:D24.

On peut faire une analyse semblable à celle de la première étape, on constate alors que les transformations à effectuer sont:

$$L22 \rightarrow B18*L17 - B17*L18$$
$$L23 \rightarrow L18$$
$$L24 \rightarrow B18*L19 - B19*L18$$

Après cette deuxième étape, Excel devrait afficher la matrice suivante dans les cellules A22:D24.

$$\begin{pmatrix} 26 & 0 & -26 & 156 \\ 0 & 13 & -26 & -52 \\ 0 & 0 & 130 & 780 \end{pmatrix}$$

On remarque, en observant cette matrice, qu'il est possible de simplifier en divisant par 13 chacune des lignes, mais il faut résister à la tentation pour avoir une feuille qui permettra de résoudre n'importe quel système de trois équations à trois inconnues.

RÉDUCTION DE LA TROISIÈME COLONNE

ACTION

1. Sélectionner la plage de cellules A27:D27, écrire « =C24*A22:D22-C22*A24:D24 » et valider comme opération matricielle.

2. Sélectionner la plage de cellules A28:D28, écrire « =C24*A23:D23-C23*A24:D24 » et valider comme opération matricielle.

3. Sélectionner la plage de cellules A29:D29, écrire « =A24:D24 » et valider comme opération matricielle.

COMMENTAIRE

En réduisant la troisième colonne, la troisième ligne demeure inchangée et les autres sont réduites. Il faut donc faire apparaître des 0 dans les cellules hors diagonale de la troisième colonne. Nous allons faire afficher la matrice résultant de cette troisième étape dans les cellules des lignes 27, 28 et 29.

Les transformations à effectuer sont

$$L27 \rightarrow C24*L22 - C22*L24$$
$$L28 \rightarrow C24*L23 - C23*L24$$
$$L29 \rightarrow L24$$

Excel devrait afficher la matrice suivante dans la plage A27:D29.

$$\begin{pmatrix} 3380 & 0 & 0 & 40560 \\ 0 & 1690 & 0 & 13520 \\ 0 & 0 & 130 & 780 \end{pmatrix}$$

SOLUTION DU SYSTÈME

ACTION

1. Sélectionner la cellule F27, écrire « X = » et valider en pressant la touche **Tabulateur**. La cellule G27 est maintenant activée, écrire « = D27/A27 » puis valider; la valeur 12 devrait apparaître dans la cellule G27.

2. Sélectionner la cellule F28, écrire « Y = » et valider en pressant la touche **Tabulateur**. La cellule G28 est maintenant activée, écrire « = D28/B28 » puis valider; la valeur 8 devrait apparaître dans la cellule G28.

3. Sélectionner la cellule F29, écrire « Z = » et valider en pressant la touche **Tabulateur**. La cellule G29 est maintenant activée, écrire « = D29/C29 » puis valider; la valeur 6 devrait apparaître dans la cellule G29. Sauvegarder ce travail.

COMMENTAIRE

La première ligne de la matrice représente l'équation
$$3\,380x = 40\,560$$

Il faut donc faire calculer $x = 40\,560/3\,380$ tout en conservant la généralité de la démarche. Pour ce faire, on définit l'opération « =D27/A27 » dans la cellule G27. C'est la valeur de la première inconnue du système.

En procédant avec la même généralité, on aura les valeurs des autres inconnues dans les cellules G28 et G29.

On pourra dès lors changer les coefficients du système d'équations de départ, les calculs seront toujours effectués de la même façon.

Les valeurs des cellules de la plage G27:G29 indiquent que la solution du système d'équations est (12; 8; 6).

Pour résoudre d'autres systèmes d'équations en utilisant cette feuille de calcul, il suffit de sélectionner la plage A10:D12 et d'entrer les valeurs des coefficients en validant entre chaque valeur selon le protocole que vous préférez. Dès que la dernière valeur sera entrée, Excel affichera les résultats de ses calculs. Lorsque la solution n'est pas unique ou s'il n'y a pas de solution, on doit interpréter le résultat des calculs selon le contexte.

EXERCICES

Utiliser le programme élaboré ci-dessus pour résoudre les systèmes d'équations suivants:

1. $2x + 3y - 4z = -41$
   $4x - 3y + 2z = -7$
   $3x + 2y - 6z = -74$ $(-4; 5; 12)$

2. $x + 4y - 7z = -60$
   $5x - 4y + 2z = 53$
   $9x + 3y - 2z = -4$ $(3; -7; 5)$

3. $2x + 3y - 3z = -15$
   $4x - 3y + 2z = 28$
   $2x - 6y + 5z = 43$
   $[x = (t + 13)/6, y = (8t - 58)/9, z = t]$

4. $x + 4y - 7z = -25$
   $5x - 4y + 2z = 34$
   $3x - 12y + 16z = 84$
   $[x = (5t + 9)/6; y = (37t - 159)/24; z = t]$

5. $2x + 4y - 5z = -1$
   $3x - 3y + 6z = 48$
   $x - 7y + 11z = 12$ (aucune solution)

6. $3x - 7y - 2z = -27$
   $8x + 4y + 5z = -35$
   $4x + 11y - 12z = 53$ $(-4; 3; -3)$

7. Le logiciel semble incapable de résoudre les systèmes des numéros 3, 4 et 5; dire pourquoi. Expliquer comment on peut résoudre à l'aide de l'information donnée sur la feuille de calcul.

Vérifier s'il est possible d'utiliser le même programme pour résoudre les systèmes d'équations suivants:

8. $2x + 4y = 8$
   $5x - 3y = 7$
   $4x - 7y = 1$ $(2; 1)$

9. $3x - 7y = 61$
   $4x - 3y = 37$ $(4; -7)$

10. $3x + 2y = 28$
    $4x - 3y = 26$
    $5x - 9y = 22$ $(8; 2)$

11. $2x - 5y = -27$
    $7x - 6y = 70$ $(512/23; 329/23)$

Les exercices 8 à 11 ont permis de constater que lorsqu'une ligne ou une colonne ne contient que des valeurs nulles, ces dernières restent inchangées par les transformations visant à réduire la matrice. On devrait donc pouvoir, après avoir enregistré sous un autre nom, ajouter, en incrémentant, des lignes et des colonnes aux matrices du programme pour résoudre des systèmes d'équations comportant plus d'inconnues et plus d'équations.

LABORATOIRE 7: PROGRAMMATION LINÉAIRE

| OBJECTIF: | Utiliser le logiciel Excel pour résoudre des problèmes de programmation linéaire à deux produits et trois contraintes. |

MISE EN SITUATION

Afin d'affecter les surplus hebdomadaires de ressources, un industriel désire ajouter deux nouveaux produits à sa gamme de production: une bibliothèque et une table de nuit. Ces meubles seront en contreplaqué et en acrylique. La fabrication du modèle de table de nuit nécessite une heure de travail, 1 m² de contreplaqué et 3 m² d'acrylique. La fabrication d'une bibliothèque nécessite 1 heure de travail, 3 m² de contreplaqué et 1 m² d'acrylique. Les ressources excédentaires par semaine sont: 38 m² de contreplaqué, 42 m² d'acrylique et 16 heures de temps de travail. On prévoit un profit de 32 $ par table de nuit et de 50 $ par bibliothèque. Trouver le nombre d'articles à produire par semaine pour maximiser le profit.

MISE EN FORME DE LA SOLUTION

Pour résoudre ce problème, il faut:
1. entrer le tableau de données;
2. trouver les points d'intersection des droites de contraintes;
3. représenter graphiquement le polygone de contraintes;
4. identifier les points sommets et calculer la valeur de la fonction profit en chacun des points sommets.

Le tableau des contraintes est le suivant:

	Tables de nuit	Bibliothèques	Disponibilités
Contreplaqué	1	3	38
Acrylique	3	1	42
Temps	1	1	16
Profits	32 $	50 $	

PRÉPARATION DU TABLEAU

ACTION

1. Ouvrir l'application Excel. Personnaliser une feuille de calcul en insérant un pavé de texte et sauvegarder le nouveau document sous le nom « 7Proli01.xls ».

2. Dans la plage B10:D10, écrire les en-têtes de colonnes, « P1 », « P2 », « D » et valider.

3. Dans les cellules A11:A14, écrire les en-têtes de lignes, « C1 », « C2 », « C3 », « Profits » et valider.

4. Sélectionner la plage de cellules B11:D14 et entrer les données numériques.

COMMENTAIRE

Les produits sont représentés par « P1 » et « P2 » alors que les contraintes sont représentées par « C1 », « C2 » et « C3 ». La feuille sera alors plus facilement réutilisable dans un autre contexte de programmation linéaire.

CALCUL DES POINTS D'INTERSECTION

ACTION

1. Dans la cellule A16, écrire « C1 » pour indiquer que cette ligne sera réservée à la première contrainte et, dans la cellule A17, écrire « C2 » pour la deuxième contrainte.

2. Sélectionner la plage B16:D16, écrire « = », et, avec la souris, sélectionner la plage B11:D11. Valider comme opération matricielle. Excel effectue la copie.

3. Sélectionner la plage B17:D17, écrire « = » et, avec la souris, sélectionner la plage B12:D12. Valider comme opération matricielle. Excel effectue la copie.

4. Sélectionner la plage F16:H16, écrire « = » et, avec la souris, sélectionner la plage B16:D16. Valider comme opération matricielle.

5. Sélectionner la plage F17:H17, écrire « =B16* » puis sélectionner la plage B17:D17 avec la souris. Écrire, à la suite de l'expression déjà consignée, « -B17* » et sélectionner la plage B16:D16 avec la souris. La barre de formule devrait afficher:
   « =B16*B17:D17-B17*B16:D16 »
   Valider comme opération matricielle.

6. Sélectionner la plage J16:L16, écrire « =G17* » puis sélectionner la plage F16:H16 avec la souris. Écrire, à la suite de l'expression déjà consignée, « -G16* » et sélectionner la plage F17:H17 avec la souris. La barre de formule devrait afficher:
   « =G17*F16:H16-G16*F17:H17 »
   Valider comme opération matricielle.

7. Sélectionner la plage J17:L17, écrire « = » et, avec la souris, sélectionner la plage F17:H17. Valider comme opération matricielle.

8. Sélectionner la plage N16:P16, écrire « = » puis sélectionner la plage J16:L16 avec la souris. Écrire, à la suite de l'expression déjà consignée, « /J16 ». Valider comme opération matricielle.

9. Sélectionner la plage N17:P17, écrire « = » puis sélectionner la plage J17:L17 avec la souris. Écrire à la suite de l'expression déjà consignée, « /K17 ». Valider comme opération matricielle.

10. Procéder de la même façon sur les lignes 20 et 21 pour trouver l'intersection des contraintes C1 et C3 (Voir le commentaire ci-contre).

11. Procéder de la même façon sur les lignes 24 et 25 pour trouver l'intersection des contraintes C2 et C3.

COMMENTAIRE

Le problème comporte trois équations de contraintes, il faut donc résoudre trois systèmes de deux équations à deux inconnues. On peut appliquer la méthode de résolution de GAUSS-JORDAN. Ce qui signifie: transformer la matrice augmentée pour que la matrice des coefficients soit la matrice identité. La colonne des constantes donnera alors directement la solution du système d'équations.

L'objet des étapes 2 et 3 est de former la matrice représentant le système d'équations des droites frontières des deux premières contraintes.

L'objet des étapes 4 et 5 est de réduire la première colonne de cette matrice et l'objet des étapes 6 et 7 est de réduire la deuxième colonne. Aux étapes 8 et 9, on obtient directement les coordonnées du point de rencontre.

La plage P16:P17 indique que le point de rencontre des deux droites frontières représentant les deux premières contraintes est (11;9), ce qui signifie qu'en tenant compte seulement des deux premières contraintes, il est possible de produire 11 tables de nuit et 9 bibliothèques.

Il n'est pas suffisant de trouver le point de rencontre de deux droites frontières, il faut s'assurer que ce point représente une solution réalisable. La représentation graphique est indispensable pour nous en assurer. Elle permet d'identifier le polygone de contraintes dont les sommets sont des solutions réalisables.

Pour les étapes 10 et 11, on peut procéder de la façon suivante:
- sélectionner la plage A16:P17, choisir « **Édition < Copier** »;
- sélectionner la cellule A20 et choisir « **Édition < Coller** », les opérations seront copiées mais les données de B20:D21 seront incorrectes;
- sélectionner B20:D20, écrire « = », puis sélectionner la plage B11:D11 avec la souris et valider comme opération matricielle;
- sélectionner la plage B21:D21, écrire « = », puis sélectionner la plage B13:D13 avec la souris et valider comme opération matricielle;
- ne pas oublier d'indiquer dans la plage A20:A21 que ces lignes représentent les contraintes C1 et C3.

Suivre le même cheminement pour les contraintes C2 et C3.

REPRÉSENTATION GRAPHIQUE DES DROITES DE CONTRAINTE

ACTION

1. Dans la plage B32:C32, définir le paramètre « Pas » et donner la valeur « 4 » à ce paramètre.

2. Dans la plage B33:E33, définir l'en-tête du tableau, en utilisant les titres « x », « C1 », « C2 » et « C3 », puis valider.

3. Dans la cellule B34, écrire « 0 » et valider.

4. Dans la cellule B35, écrire « =B34+Pas » et valider. Faire une copie incrémentée de cette fonction dans la plage B36:B59.

5. Sélectionner la cellule C34, écrire la fonction
   « =(-B34*B$11+D$11)/C$11 »
   et valider. Faire une copie incrémentée de cette fonction dans la plage C35:C59.

6. Suivre la même procédure pour les contraintes C2 et C3 dans les plages D34:E59 et représenter graphiquement les trois contraintes. Sauvegarder ce travail.

COMMENTAIRE

Pour représenter les droites de contraintes, il faut faire calculer des correspondances dans un tableau de valeurs tout en contrôlant le pas de variation pour pouvoir ajuster la représentation à différentes situations.

Pour voir comment définir les opérations à effectuer, considérons la première contrainte,
$$x + 3y = 38.$$
On doit assigner des valeurs à x et faire calculer les valeurs de y. La correspondance s'écrit alors
$$y = (- x + 38)/3$$
Pour que la feuille soit réutilisable, il est préférable de faire lire les valeurs des coefficients et de la constante plutôt que de les écrire à chaque fois. La contrainte est de la forme
$$ax + by = c,$$
d'où
$$y = (-ax + c)/b.$$
Nous allons donc définir la correspondance par
$$= (-\$B\$34*B\$11+D\$11)/C\$11$$
puisque les coefficients et la constante de la première contrainte sont écrites dans la plage B11:D11. On procède de la même façon pour les autres contraintes.

CALCUL DU PROFIT EN CHACUN DES POINTS SOMMETS

Vous pouvez maintenant modifier la valeur du pas dans la cellule C32 pour voir l'impact de cette modification sur la représentation graphique. Vous pouvez également identifier les points sommets du polygone de contraintes sur le graphique et faire calculer le profit en chacun de ces points. Dans notre problème, le profit maximum est de 710 $, il est obtenu à (5;11). Votre feuille programmée est réutilisable pour des problèmes à deux variables et trois contraintes. Si le problème comporte plus de trois contraintes, vous pouvez adapter la feuille pour faire calculer les intersections des droites frontières représentant les contraintes additionnelles.

EXERCICES

Utiliser la feuille programmée pour analyser les situations suivantes:

1. Une compagnie fabrique des compléments alimentaires pour le bétail. Ces compléments alimentaires doivent respecter certaines contraintes quant à leur contenu en vitamines A, B et C. La variété SuperA doit contenir 400 g de vitamine A, 300 g de vitamine B et 300 g de vitamine C. La variété ExtraC doit contenir 200 g de vitamine A, 300 g de vitamine B et 500 g de vitamine C. Les fournisseurs de la compagnie peuvent garantir 38 kg de vitamine A, 30 kg de vitamine B et 45 kg de vitamine C par semaine. Sachant que la compagnie est assurée d'écouler toute sa production et que le profit escompté est de 3 $/kg sur la variété SuperA et de 2 $/kg sur la variété ExtraC, quel doit être le plan de production de la compagnie? Quelle quantité de chaque vitamine la compagnie doit-elle commander par semaine pour ne pas accumuler de surplus? [Sommets: (0; 90), (25; 75), (90; 10) et (95; 0). Profit de 290 $ à (90; 10)].

2. Une compagnie de jouets désire ajouter à sa gamme de production une table pour enfants et une maison de poupée. Ces articles seront fabriqués en bois. Pour fabriquer une table, il faut 6 minutes à l'atelier de sciage, 8 minutes à l'atelier d'assemblage et 8 minutes à l'atelier de peinture. Pour fabriquer une maison, il faut 4 minutes à l'atelier de sciage, 12 minutes à l'atelier d'assemblage et 8 minutes à l'atelier de peinture. Les temps libres par semaine dans ces ateliers sont actuellement de 72 minutes à l'atelier de sciage, 144 minutes à l'atelier d'assemblage et 112 minutes à l'atelier de peinture. La compagnie fera un profit de 50 $ par table et de 60 $ par maison. Trouver combien d'exemplaires de chaque article il faut produire pour maximiser le profit de la compagnie. Quels seront alors les temps libres dans chaque atelier? [Sommets: (0;12), (6;8), (8;6) et (12;0). Profit de 780 $ à (6;8)]. Il reste 4 minutes de temps libre à l'atelier de sciage.

RÉPONSES AUX EXERCICES

RÉPONSES AUX EXERCICES

CHAPITRE 1

EXERCICES 1.2

1. *a)* 3   *b)* 3
    c) 5   *d)* 3
    e) 4   *f)* 5
    g) 4   *h)* 3

2. *a)* 0,07; un chiffre significatif
    b) 5,27; trois chiffres significatifs
    c) 813,52; cinq chiffres significatifs
    d) 0,00; aucun chiffre significatif
    e) 51,39; quatre chiffres significatifs
    f) 2,04; trois chiffres significatifs
    g) 37,53; quatre chiffres significatifs
    h) 0,38; deux chiffres significatifs
    i) 234,78; cinq chiffres significatifs
    j) 21,88; quatre chiffres significatifs

3. *a)* 253,6   *b)* 54,38
    c) 353,7   *d)* 357,3
    e) 532,8   *f)* 42,72
    g) 37,72   *h)* 0,1237
    i) 0,000 357 8   *j)* 3 580,
    k) − 543,8   *l)* − 14,54

4. *a)* 36,0   *b)* 32,5
    c) 0,005 68   *d)* − 54,3
    e) − 27,6   *f)* − 0,003 48

5. *a)* 279,1   *b)* 13,48
    c) 239   *d)* 4,0
    e) 5,352   *f)* 3,319
    g) 17,11   *h)* 36

6. 555,2 m   7. $A = 237 \text{ cm}^2$

8. 3 050 cm²   9. 232 cm²

10. 160 000 cm³

11. *a)* 185,9   *b)* 55,3
    c) 79,8   *d)* 345

e) 648   *f)* 1,99
g) 0,669   *h)* 195
i) 3,7   *j)* 29,8
k) 0,75   *l)* 7,829

12. *a)* 840,   *b)* − 257
    c) 507   *d)* 158
    e) 7,84   *f)* 6,65
    g) 1,72   *h)* 0,326

13. *a)* $\approx 1\ 230 \text{ cm}^3$ *b)* $\approx 18\ 700 \text{ cm}^3$
    c) $\approx 23\ 100 \text{ cm}^3$.

14. *a)* $3,864 \times 10^5$ *b)* $5,63 \times 10^7$
    c) $2,5 \times 10^{-4}$ *d)* $3,45 \times 10^{-6}$

15. *a)* 1 230 000   *b)* 0,003 14
    c) 73 500   *d)* 0,000 008 92

16. *a)* $8,27 \times 10^2$ *b)* $2,56 \times 10^1$
    c) $2,04 \times 10^5$ *d)* $7,40 \times 10^6$
    e) $7,98 \times 10^{-2}$ *f)* $3,64 \times 10^{-1}$

17. *a)* 53 kΩ   *b)* 27 MHz
    c) 1,8 kW   *d)* 280 pF
    e) 225 kV   *f)* 152 km

18. *a)* 0,034 s   *b)* 0,048 m
    c) 2 340 W   *d)* 456 000 V
    e) 235 000 m   *f)* 0,000 000 000 233 F
    g) 0,0246 A   *h)* 0,000 027 F

EXERCICES 1.4

1. $\dfrac{8}{12} = \dfrac{18}{27}$, proportionnelles

2. Proportionnelles

3. Proportionnelles   4. $d = 20$

5. $d = y^2$ 6. $d = x$

7. $d = (x + y)^2$

8. $\pm\sqrt{276}$

9. $\pm 1/8$

10. $\pm(x + y)\sqrt{xy}$

11. $b = \pm (x - 3)$

12. 8/100

13. a) $x = 26$
    b) $x = 40$
    c) $x = 7$ et $x = -2$
    d) $-1/2$ et 9

14. a) 18
    b) y^2
    c) $x^2 + 8x + 16$
    d) $x^2 + 3x - 10$
    e) $(x^2 - 3x + 4)(x + 3)$

15. a) $m = \pm 18$
    b) $m = \pm 25$
    c) $m = \pm 42$
    d) $m = \pm 2(x + 4)\sqrt{x}$
    e) $m = \pm a^2 bc$

16. a) 4
    b) 2^2

17. a) b^2
    b) $(ab)^2$

18. a) 64
    b) 4^3

19. a) b^3
    b) $(ab)^3$

20. $\approx 3^7/2$ kg

21. ≈ 514 kg

22. $\approx 18,8$ cm

23. 42 g

24. 4/3 km. La constante de proportionnalité représente la distance en kilomètres qui nous sépare de la foudre pour chaque seconde de délai.

25.

x	1	2	3	4	5	6	7	8	9
y	0,17	0,33	0,50	0,67	0,83	1,00	1,17	1,33	1,5

26.

x	1	2	3	4
y	0,5	1,0	1,5	2,0

27. $x = 3,0$ m

28. 896 kg

29. $\approx 5,8$ cm

30. a) $9,0 \times 10^3$ kg/m^3
    b) 9
    c) Probablement du cuivre.

31. Dénivellation de 16 mètres pour une distance horizontale de 100 mètres.

32. 0,016 m^3

33. 0,19 m^3

34. a) ≈ 20 kPa
    b) $\approx 4,4$ kPa

CHAPITRE 2

EXERCICES 2.2

1. a) $C(x) = 29,6\, x$
    b) $C(8) \approx 237$ kg

2. a) $C(x) = 10,2\, x^2$
    b) $C(7) \approx 500$ kg

3. a) $C(x) = 11\,550\, /x$
    b) $C(9) = 11\,550\, /9 \approx 1\,283$ kg

4. a) La pression
    b) Correspondance inversement proportionnelle
    c) $PV = 2\,240$
    d) $V = \dfrac{2\,240}{P}$

5. a) La résistance
    b) Correspondance inversement proportionnelle
    c) $RI = 7,32$
    d) $I = \dfrac{7,32}{R}$

6. a) Le courant
    b) Correspondance directement proportionnelle au carré
    c) $\dfrac{P}{I^2} = 1,70$
    d) $P(I) = 1,70\, I^2$

7. a) La pression
    b) Correspondance inversement proportionnelle
    c) $PV = 4\,200$
    d) $V = \dfrac{4\,200}{P}$

8. c) Lien inversement proportionnel au carré entre les variables. La correspondance est alors décrite par
    $$R(d) = \dfrac{0,0234}{d^2}$$
    d) Les unités du paramètre 0,0234 de ce modèle mathématique sont des $\Omega\cdot$mm^2.

EXERCICES 2.4

1.

2.

x (cm)	3	8	6,25	13,75
y (km)	60	160	125	275

3. 11 t/s

4. a) $\approx 0,0129$ m^3
    b) ≈ 109 kg

5. 22,5 t/s et 30 t/s

6. 4 et 1

7. a) 80 km/h
    b) $d(t) = 80\, t$
    c) Six heures et quart

8. *a)* 120 kg/cm^2 *b)* $C = 50 \lambda$ kg
 c) $C = 4h^2$ kg   *d)* $C = 9,6 \times 10^4/d$ kg

9. 101,4 W ≈ 100 W

10. $d(t) = 4,9t^2$, $d(3) = 44,1$ m, 2,47 s

11. $P ≈ 820$ N   12. ≈ 11,2 km

13. *a)* $d(10) = 100$ m   *b)* $d(120) = 1\ 200$ m

14. $A(8) = 256\ \pi$ cm^2, $A(17) = 1\ 156\ \pi$ cm^2

15. $V = kr^3$, $288\pi = k6^3$, d'où $k = 4\pi/3$ ce qui donne:
 $V(r) = 4\pi r^3/3$.
 $V(12) = 2\ 304\ \pi$ cm^3, $V(15) = 4\ 500\ \pi$ cm^3

16.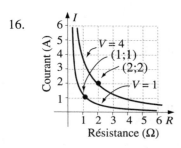

17. *a)* La variable indépendante est V et la variable dépendante est I. La correspondance est décrite par
$$I(V) = \frac{P}{V}$$

b)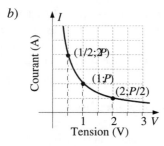

c) Parce que le courant est inversement proportionnel à la tension lorsqu'on garde la puissance fixe.

d) Pour la même raison.

18. *a)* 16 cm   *b)* 32 cm
 c) $v(1\ 300\pi) ≈ 65$ m/min,
  $v(800\pi) ≈ 40$ m/min
 d) 12 cm et 20 cm

CHAPITRE 3

EXERCICES 3.2

1. *a)* $y = \dfrac{-x}{10} + \dfrac{17}{10}$ *b)* $y = \dfrac{-8x}{7} + \dfrac{27}{7}$

 c) $y = \dfrac{-10x}{7} - \dfrac{9}{7}$

2. *a)* $y = \dfrac{-x}{5} + \dfrac{18}{5}$ *b)* $y = \dfrac{3x}{4} + \dfrac{17}{4}$

 c) $y = 4x - 13$

3. *a)* La variable indépendante est le nombre de demi-heures t et la variable dépendante est le coût pour la main-d'œuvre. Les frais fixes sont de 20 $ et les frais variables, de 30 $. Le modèle est
$$c(t) = 30t + 20$$
 b) $c(1) = 30 \times 1 + 20 = 50$ $

4. *a)* $f(x) = 2,2x$
 b) $f(80) = 176$; $f(100) = 220$
 c) 3,6 kg

5. *a)* $C = \dfrac{5}{9}(F - 32)$

 b)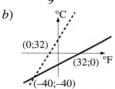

 c) $-3,9°$; $37,8°$; $82,2°$

 d) $F = \dfrac{9}{5}C + 32$, permet de transformer les degrés Celsius en degrés Fahrenheit.

6. *a)* La variable indépendante est la longueur de la haie x et la variable dépendante est le coût C.
 b) Le coût comporte des frais fixes de 50 $ et des frais variables de 36 $ le mètre. Représentons par x la longueur de la haie et par C le coût, on a alors
$$C(x) = 36x + 50$$
 c) $C(32) = 1\ 202$ $; $C(64) = 2\ 354$ $; $C(20) = 770$ $; $C(84) = 3\ 074$ $
 d) $m = 28,50$ $ / m

7. *a)* La superficie est la variable indépendante et le coût est la variable dépendante.
 b) $C_1(x) = 1,8\ x + 120$ et $C_2(x) = 2,1\ x$
 c) $C_1(300) = 660$ $ et $C_2(300) = 630$ $. La deuxième entreprise exige le moins cher.
 d) Il est plus avantageux de choisir le premier entrepreneur lorsque la superficie est supérieure à 400 m^2.

8. a) $C_1(x) = 10x$ et $C_2(x) = 6x + 180$
   b) $C_1(30) = 300$ \$ et $C_2(30) = 360$ \$, $C_1(90) = 900$ \$ et $C_2(90) = 720$ \$
   c) 45 jours. Choisir le fournisseur 1 si la durée prévue est inférieure à 45 jours.

9. a) $C_1(x) = 0,5x + 60$
   b) $C_1(200) = 160$ \$, $C_1(250) = 185$ \$
   c) 230 m²   d) 280 m²

10. a) $d_1(t) = 50t$ b) $d_2(t) = 30t + 52,5$
    d) L'abscisse représente le temps écoulé entre le moment où la camionnette prend le départ et le moment où elle rattrape les cyclistes. L'ordonnée est la distance parcourue par la camionnette et les cyclistes au moment où la camionnettte rejoint le groupe.
    e) $t = 2,625$, soit 2 heures 37 minutes et 30 secondes. $d_1(2,625) = 131,25$ km

11. a) Représentons par t le temps en heures écoulé depuis le moment du départ, par d_A la distance d'André par rapport au point A et par d_B la distance de Bertrand par rapport au point A. On a alors
    $$d_A(t) = 22t$$
    $$d_B(t) = 300 - 26t$$

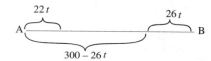

b)
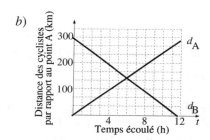

c) L'abscisse du point de rencontre des droites représente le temps écoulé entre le départ des cyclistes et leur rencontre. L'ordonnée du point de rencontre des droites indique à quelle distance du point A les cyclistes vont se rencontrer.
d) $t = 6,25$, soit 6 heures 15 minutes.
e) $d_A(6,25) = 137,50$ km et $d_A(6,25) = 162,50$ km.

EXERCICES 3.4

1. b) La variable indépendante est le prix du billet et la variable dépendante est le nombre de spectateurs.
   c) $n = -200p + 2\,104$. On pourrait sans problème arrondir et $n = -200p + 2\,100$
   d) 6,52 \$ ou 6,50 \$ si on a arrondi le modèle.
   e) [7;8,50]

2. b) $Q(T) = -1,61T + 30,1$ conserver trois chiffres significatifs comme dans les données.
   c) $Q(9) = 15,6$ L
   d) $Q(-12) = 49,4$; la consommation mensuelle sera $49,4 \times 31 = 1\,530$ L, en arrondissant.
   e) $Q(-20) = 62,3$ L

3. a) La variable indépendante est le prix de l'article (p) et la variable dépendante est le volume des ventes (V).

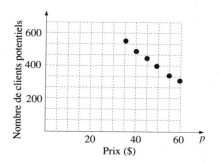

b) $V(p) = -10p + 896$

c)

Prix de l'article	Clients potentiels	Prévisions du modèle
35	540	546
40	492	496
45	458	446
50	406	396
55	336	346
60	294	296

d) La somme des carrés des résidus est alors 400 et le coefficient de corrélation est −0,995. Ces deux résultats indiquent que le modèle affine est pertinent et présente peu de distorsion par rapport à la situation. On peut accorder une bonne fiabilité aux prévisions du modèle.

4. b) $N(s) = 0,0039s + 55$ en arrondissant.
   c) Environ 270 h
   d) Le coefficient de corrélation est de 0,82.

5. b) $N(T) = -500T + 16\,000$ en arrondissant à deux chiffres significatifs.
   c) Le coefficient de corrélation est de −0,675: il indique que la corrélation est négative et très faible. Cela signifie que le modèle affine est peu représentatif du phénomène. Il y a certainement d'autres facteurs qui interviennent dans le nombre de mises en chantier.

6. a) La variable indépendante et le prix de l'article et la variable dépendante est le nombre de clients.
   b) $N(a) = -2,11a + 1\,710$.
   d) Le coefficient de corrélation est de −0,9962: il indique que la corrélation est négative et très forte et que

le modèle affine est très représentatif du phénomène. La somme des carrés des résidus et de 1539. Ces deux résultats indiquent que le modèle affine est pertinent et présente peu de distorsion par rapport à la situation. On peut accorder une bonne fiabilité aux prévisions du modèle.

CHAPITRE 4

EXERCICES 4.2

1. *a)* 137°30'36"   *b)* 186°12'41"
   Les données du problème sont des valeurs exactes et non des mesures. Dans ce cas, on n'arrondit pas le résultat.

2. *a)* 1,25 rad   *b)* 0,686 rad

3. *a)* 1,57 rad   *b)* 2,598 rad

4. *a)* $\pi/6$ rad   *b)* $\pi/4$ rad
   c) $\pi/2$ rad   *d)* $\pi/5$ rad
   e) $2\pi/5$ rad   *f)* $2\pi/3$ rad
   g) $7\pi/4$ rad   *h)* $4\pi/3$ rad

5. *a)* 180°   *b)* 360°
   c) 60°   *d)* 225°
   e) 57°17'45"   *f)* 150°
   g) 240°   *h)* 315°

6. *a)* $L = 10\pi$ *b)* $L = 18,850$ ou 6π
7. *a)* 3,183 et 20   *b)* 27,5 et 172,80
8. *a)* 0,4 tours/s   *b)* 48π rad/min
   c) $4\pi/5$ rad/s

9. *a)* 12,57 cm   *b)* 21,99 cm

10. Environ 3337 km   11. 3°54'07"

12. 10 rad/s   13. $d = 4,58$ m

14. 24°33'19"   15. $\approx 6\ 100$ km

16. 585 t/min   17. $\omega(v) = 2,86v$

18. 31,3 t/min   19. 126 t/min

20. 103 t/min et 223 t/min

21. La vitesse de la courroie est $v_c = r_1\omega_1 = r_2\omega_2$, où r_1 est le rayon de la roue motrice et ω_1 est la vitesse angulaire de la roue motrice. On a donc,

$$\frac{\omega_2}{\omega_1} = \frac{r_1}{r_2}$$

et le rapport des vitesses angulaires est égal au rapport inverse des rayons.

EXERCICES 4.4

1. Les modèles sinusoïdaux sont
   $$f(t) = \sin t \text{ et } g(t) = 0,5 \sin t$$
   L'amplitude de $f(t)$ est de une unité et celle de $g(t)$ est de 0,5 unité. Leur période est 2π s et leur fréquence est $1/(2\pi)$ Hz. L'angle de phase initial est nul dans chaque cas, le déphasage de chacune des fonctions est donc nul.

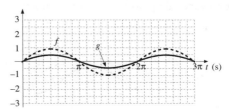

2. Les modèles sinusoïdaux sont
   $$f(t) = \sin t \text{ et } g(t) = \sin 2t$$
   L'amplitude des deux fonctions est de une unité. La période de $f(t)$ est 2π s et sa fréquence est $1/(2\pi)$ Hz. La période de $g(t)$ est de π s et sa fréquence est de $1/\pi$ Hz. L'angle de phase initial est nul dans chaque cas, le déphasage de chacune des fonctions est donc nul.

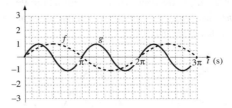

3. Les modèles sinusoïdaux sont
   $$f(t) = \sin t \text{ et } g(t) = 3 \sin t$$
   L'amplitude de $f(t)$ est de une unité et celle de $g(t)$ est de 3 unités. Leur période est 2π s et leur fréquence est $1/(2\pi)$ Hz. L'angle de phase initial est nul dans chaque cas, le déphasage de chacune des fonctions est donc nul.

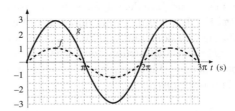

4. Les modèles sinusoïdaux sont
   $$f(t) = \sin t \text{ et } g(t) = 2 \sin t$$
   L'amplitude de $f(t)$ est de une unité et celle de $g(t)$ est de 2 unités. Leur période est 2π s et leur fréquence est $1/(2\pi)$ Hz. L'angle de phase initial est nul dans chaque cas, le déphasage de chacune des fonctions est donc nul.

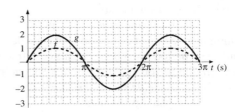

5. Les modèles sinusoïdaux sont
$$f(t) = \sin t \text{ et } g(t) = \sin(t + \pi/2)$$
L'amplitude des deux fonctions est de une unité. Leur période est 2π s et leur fréquence est $1/(2\pi)$ Hz. L'angle de phase initial de $f(t)$ est nul, son déphasage est donc nul. L'angle de phase initial de $g(t)$ est $\pi/2$, cette fonction a un déphasage de $-\pi/2$ seconde. La fonction $g(t)$ est en avance de phase sur la fonction $f(t)$.

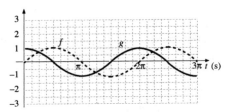

6. Les modèles sinusoïdaux sont
$$f(t) = \sin t \text{ et } g(t) = 2,5 \sin(t + \pi/2)$$
L'amplitude de $f(t)$ est de une unité et celle de $g(t)$ est de 2,5 unités. Leur période est 2π s et leur fréquence est $1/(2\pi)$ Hz. L'angle de phase initial de $f(t)$ est nul, son déphasage est donc nul. L'angle de phase initial de $g(t)$ est $\pi/2$ rad, cette fonction a un déphasage vers la gauche de $\pi/2$ seconde. La fonction $g(t)$ est en avance de phase sur la fonction $f(t)$.

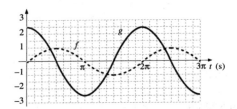

7. Les modèles sinusoïdaux sont
$$f(t) = \sin t \text{ et } g(t) = 2 \sin(t - \pi/2)$$
L'amplitude de $f(t)$ est de une unité et celle de $g(t)$ est de 2 unités. Leur période est 2π s et leur fréquence est $1/(2\pi)$ Hz. L'angle de phase initial de $f(t)$ est nul, son déphasage est donc nul. L'angle de phase initial de $g(t)$ est $-\pi/2$ rad, cette fonction a un déphasage vers la droite de $\pi/2$ seconde. La fonction $g(t)$ est en retard de phase sur la fonction $f(t)$.

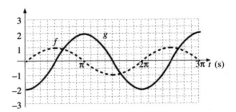

8. Les modèles sinusoïdaux sont
$$f(t) = \sin t \text{ et } g(t) = 2 \sin 2t$$
L'amplitude de $f(t)$ est de une unité et celle de $g(t)$ est de 2 unités. La période de $f(t)$ est de 2π s et sa fréquence est $1/(2\pi)$ Hz. La période de $g(t)$ est de π s et sa fréquence est $1/\pi$ Hz. L'angle de phase initial des deux fonctions est nul, leur déphasage est donc nul.

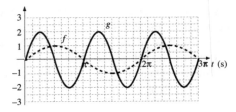

9. Les modèles sinusoïdaux sont
$$f(t) = \sin t \text{ et } g(t) = 2 \sin(2t - \pi)$$
L'amplitude de $f(t)$ est de une unité et celle de $g(t)$ est de 2 unités. La période de $f(t)$ est de 2π s et sa fréquence est $1/(2\pi)$ Hz. La période de $g(t)$ est de π s et sa fréquence est $1/\pi$ Hz. L'angle de phase initial de $f(t)$ est nul, son déphasage est donc nul. L'angle de phase initial de $g(t)$ est $-\pi$ rad, cette fonction a un déphasage de $\pi/2$ seconde vers la droite.

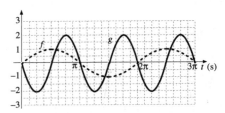

10. Les modèles sinusoïdaux sont
$$f(t) = \sin t \text{ et } g(t) = 2 \sin(2t - \pi/2)$$
L'amplitude de $f(t)$ est de une unité et celle de $g(t)$ est de 2 unités. La période de $f(t)$ est de 2π s et sa fréquence est $1/(2\pi)$ Hz. La période de $g(t)$ est de π s et sa fréquence est $1/\pi$ Hz. L'angle de phase initial de $f(t)$ est nul, son déphasage est donc nul. L'angle de phase initial de $g(t)$ est $-\pi/2$ rad, cette fonction a un déphasage de $\pi/4$ seconde vers la droite.

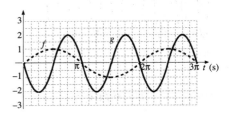

11. $T = 2\pi$ s, $f = 1/(2\pi)$ Hz, $-\phi/\omega = 0$ s, $|A| = 4$,
$f(t) = 4 \sin t$

12. $T = 2\pi$ s, $f = 1/(2\pi)$ Hz, $-\phi/\omega = -\pi/2$ s, $|A| = 2$,
$f(t) = 2 \sin(t + \pi/2)$

13. $T = \pi$ s, $f = 1/\pi$ Hz, $-\phi/\omega = 0$ s, $|A| = 4$,
$f(t) = 4 \sin(2t)$

14. $T = \pi/2$ s, $f = 2/\pi$ Hz, $-\phi/\omega = -\pi/4$ s, $|A| = 3$,
$f(t) = 3 \sin(4t + \pi)$

15. $T = \pi/2$ s, $f = 2/\pi$ Hz, $-\phi/\omega = 0$ s, $|A| = 2$,
$f(t) = 2 \sin(4t)$

16. $T = 3/4$ s, $f = 4/3$ Hz, $-\phi/\omega = -1/4$ s, $|A| = 2$,
$f(t) = 2 \sin(8\pi t/3 + 2\pi/3)$

17. $T = 1/2$ s, $f = 2$ Hz, $-\phi/\omega = 0$ s, $|A| = 3$,
$f(t) = 3 \sin(4\pi t)$

18. $T = 2$ s, $f = 1/2$ Hz, $-\phi/\omega = -1/4$ s, $|A| = 3$,
$f(t) = 3 \sin(\pi t + \pi/4)$

19. *a*) 15 Hz   *b*) 1/15 s
    c) 30 π rad/s   *d*) $f(t) = 4 \sin(30\pi t)$
    e) $f(1/60) = 4 \sin(\pi/2) = 4$

20. *a*) $f = 8\pi/2\pi = 4$ Hz   *b*) 1/4 s
    c) 4 t/s   *d*) $f(t) = 2 \sin(8\pi t + \pi/2)$
    e) $f(1/32) = 2 \sin(\pi/4 + \pi/2) = 2 \sin(3\pi/4) \approx 1,41$

21. *a*) 50 Hz   *b*) 100π rad/s
    c) $f(t) = 6 \sin(100\pi t - \pi/2)$
    d) $f(t) = 6 \sin(\pi/2 - \pi/2) = 6 \sin(0) = 0$

22. *a*) $A = 6$ *b*) $T = 1/3$ s et $f = 3$ Hz
    c) 6π rad/s   *d*) $-\pi/2$ rad

23. *a*) 10π rad/s   *b*) Longueur 4 et φ = π/2 rad
    c) $A = 4$, $T = 1/5$ s $f = 5$ Hz et $-\varphi/\omega = -1/20$
        $f(t) = 4 \sin(10\pi t + \pi/2)$

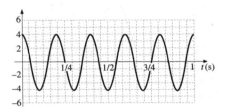

24. *a*) 16π rad/s   *b*) Longueur 5 et φ = 0 rad
    c) $A = 5$, $T = 1/8$ s $f = 8$ Hz et $-\varphi/\omega = 0$
        $f(t) = 5 \sin(16\pi t)$

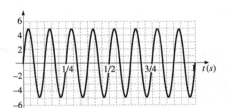

CHAPITRE 5

EXERCICES 5.2

1. *a*) π/2 rad   *b*) −π/6 rad
    c) −π/4 rad   *d*) −π/2 rad
    e) π/4 rad   *f*) 5π/6 rad
    g) − π/3 rad   *h*) π/3 rad
    i) π rad   *j*) π/6 rad
    k) π/3 rad   *l*) 0 rad
    m) π/4 rad   *n*) π/2 rad
    o) 3π/4 rad

2. *a*) 4,2175 rad, 241,64°   *b*) 2,1778 rad, 124,78°
    c) 5,3559 rad, 306,87°   *d*) 4,1054 rad, 235,22°

3. *a*) π/9 rad ou 20°   *b*) π/12 rad ou 15°
    c) 2π/3 rad ou120°   *d*) 0 rad ou 0°
    e) 0 et −63,43°   *f*) 90° et −30°

4. *a*) 40°59'09" et 49°00'51"
    b) 55°31'32" et 34°28'28"

5. *a*) 149,04°   *b*) 225°
    c) 201,80°   *d*) 111,80°
    e) 306,87°   *f*) 210,96°

6. 34°10'37"

7. *a*) Soit un angle θ quelconque. Le rayon ayant subi une rotation d'un angle θ intercepte sur la circonférence un point de coordonnées (*a*;*b*) tel que
        cos θ = *a* et sin θ = *b*.

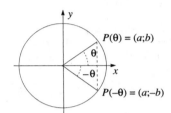

    Par ailleurs, le rayon ayant subi une rotation d'un angle −θ intercepte sur la circonférence le point de coordonnées (*a*;−*b*) et sin(−θ) est l'ordonnée de ce point, on a donc
        sin(−θ) = −*b*
    Et puisque sin θ = *b* par hypothèse, on peut conclure que
        sin(−θ) = −sin θ
    b) De la même façon, on a cos(−θ) = *a* = cos θ

EXERCICES 5.4

1. $\overline{BD} = 12,29$, $\overline{CB} = 24,59$, $\overline{AC} = 30,11$

2. $\overline{AC} = 15,59$, $\overline{AB} = 18$, $\overline{BD} = 12,73$

3. ∠C = 28,55°, ∠B = 109,45° et *b* = 9,86

4. *a* = 11,21 et *b* = 13,17

5. ∠A = 50,70°, ∠B = 95,74° et ∠C = 33,56°

6. *a* = 5,26, ∠C = 37,62° et ∠B = 102,38°

7. 8,66 cm   8. 11,55 cm

9. ≈ 64 m   10. ≈ 1 490 m

11. ≈ 76 m   12. ≈ 49 m

13. *a* = −3,59, *b* = 1,24   14. ≈ 2,93 cm

15. 55,72°   16. *R* = 0,77 cm

17. 3,7 cm

18. *a)* 93,6°   *b)* 11,8 cm

19. 45,4 m et 36,1 m   20. 8,75 m

21. 123 m   22. 0,27 m

23. 12,1 et 5,7   24. 427 cm

25. 6,86 cm et 13,7 cm   26. 231 m

27. Dans le triangle BCH, on a

$\tan C = \dfrac{h}{x}$, d'où $x = \dfrac{h}{\tan C}$

Dans le triangle ABH, on a

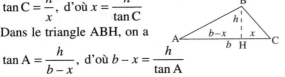

$\tan A = \dfrac{h}{b-x}$, d'où $b - x = \dfrac{h}{\tan A}$

En additionnant l'un à l'autre, on obtient

$b = \dfrac{h}{\tan A} + \dfrac{h}{\tan C}$ et $b = h\left(\dfrac{1}{\tan A} + \dfrac{1}{\tan C}\right)$

d'où $h = \dfrac{b}{\left(\dfrac{1}{\tan A} + \dfrac{1}{\tan C}\right)}$. En mettant au même déno-

minateur et en simplifiant, on a alors $h = \dfrac{b \ \tan A \tan C}{\tan C + \tan A}$.

28. Dans le triangle BCH, on a

$\tan C = \dfrac{h}{x}$, d'où $x = \dfrac{h}{\tan C}$

Dans le triangle ABH, on a

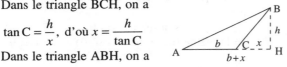

$\tan A = \dfrac{h}{b+x}$, d'où $b + x = \dfrac{h}{\tan A}$

En soustrayant l'un de l'autre, on obtient

$b = \dfrac{h}{\tan A} - \dfrac{h}{\tan C}$ et $b = h\left(\dfrac{1}{\tan A} - \dfrac{1}{\tan C}\right)$

d'où $h = \dfrac{b}{\left(\dfrac{1}{\tan A} - \dfrac{1}{\tan C}\right)}$. En mettant au même déno-

minateur et en simplifiant, on a alors $h = \dfrac{b \ \tan A \tan C}{\tan C - \tan A}$

CHAPITRE 6

EXERCICES 6.2

1. 1 115 m   2. 1 314 m

3. 65,1 m   4. $\phi = 22°, \theta = 40°, 1\ 515$ m

5. $\phi = 45°, \theta = 42°; 358$ m   6. $\phi = 59°, \theta = 51°, 261$ m

7. $\gamma = 119°, \phi = 19°; \theta = 18°, 245$ m

9. 587,2 m et 477,1 m

EXERCICES 6.4

1. $\alpha = 40,26°$, $\beta = 28,44°$, 582,0 m

2. $\alpha = 41,52°$, $\beta = 22,78°$, 710,7 m

3. $\delta = 56°$, $\alpha = 32,06°$, $\beta = 40,06°$, 808,4 m

4. 115,07°, 66,6 m et 78,8 m

5. 54,27°, 86,81°

6. 266,6 m, 30°52' et 42°08'

7. 55,93°, 61,67°, 103,5 m

8. 59°17', 31°43', 28°43' et 303 m

9. 43,5°, 100,2 m et 90,7 m

10. 57,57°, 71,54°

11. *a)* (77,8;77,2)   *b)* 40,18°

12. *a)* ≈ 185 m   *b)* 113°36'
    c) ≈ 156 m

CHAPITRE 7

EXERCICES 7.2

1. *a)* 102 m²   *b)* 243 m²
    c) 892 m²

2. *a)* 112 cm²   *b)* 128 cm²
    c) 180 cm²   *d)* 440 cm²
    e) 211,7 cm²   *f)* 308,2 cm²
    g) 187,5 cm²   *h)* 384 cm²

3. *a)* 384 m²   *b)* 672 m²
    c) 672 m²

4. 177 504 m²   5. 29 675 m²

6. 6 526 m²

7. *a)* 1 119 093 m²   *b)* 283 373 m²

8. *a)* 2 888 m²   *b)* 2 603 m²
    c) 21,9 cm²   *d)* 3 934 m²

9. *a)* 40,6 m   *b)* 71,2 m
    c) 75,6 m   *d)* 59,3 m

10. *a)* 89 213 m²   *b)* 19 864 m²
    c) 321 647 m²   *d)* 1 416 557 m²
    e) 35 871 m²   *f)* 63 517 m²

11. *a)* 32 m²   *b)* 248 m²

12. *a)* 2 883 m²   *b)* 5 217 m²

13. Il faut considérer les aires des trapèzes formés par les lignes de projection des sommets sur l'axe des *x*.

EXERCICES 7.4

1. *a)* 15,6 cm   *b)* 841,8 cm²
   c) L'aire de chaque segment est 29,35 cm². L'aire totale des segments circulaires est 176,10 cm².

2. *a)* $a = r\cos\left(\dfrac{\pi}{n}\right)$

   b) $c = 2r\sin\left(\dfrac{\pi}{n}\right)$ et $P = 2nr\sin\left(\dfrac{\pi}{n}\right)$

   c) L'aire du polygone est $Aire = ap$, où $p = \dfrac{P}{2}$, on a donc

   $$Aire = r\cos\left(\frac{\pi}{n}\right) \times nr\sin\left(\frac{\pi}{n}\right) = \frac{nr^2}{2}\sin\left(\frac{2\pi}{n}\right)$$

   Puisque $2\sin\theta\cos\theta = \sin 2\theta$.

3. *a)* 3,77 cm²   *b)* 46,23 cm²
   c) 24,53 cm²   *d)* 5,70 cm²
   e) 55,21 cm²   *f)* 35,24 cm²

4. *a)* 4,33 cm   *b)* $P = 26,48$ cm
   c) 52,96 cm² et 58,90 cm²

5. *a)* 2,57 m²   *b)* 2,12 m et 4,5 m²

6. 6,93 m² et 9,83 m²

7. Par les trapèzes, 21,9 km² et par Simpson, 22,2 km².

8. Par les trapèzes, 18 555 m² et par Simpson, 18 520 m².

9. 151 m² et 1 525 m²

12. 23,9 cm   14. 0,55 m

15. *a)* $\sin\dfrac{\theta}{2} = \dfrac{r}{x}$, d'où $x = \dfrac{r}{\sin\theta/2}$ et

   $$R = x + r = \frac{r}{\sin\theta/2} + r = \frac{r + r\sin\theta/2}{\sin\theta/2}$$

   $$= \frac{r(1 + \sin\theta/2)}{\sin\theta/2}$$

   et $r = \dfrac{R\sin\theta/2}{1 + \sin\theta/2}$

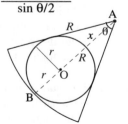

b) Puisque $R = \dfrac{r}{\sin\theta/2} + r$

on a $\sin\theta/2 = \dfrac{r}{R - r}$

L'aire du cercle est donc

$$Aire = \pi r^2 = \frac{\pi R^2 \sin^2\theta/2}{(1 + \sin\theta/2)^2}$$

$$= \frac{\pi R^2 \sin^2\theta/2}{\left(1 + \dfrac{r}{R-r}\right)^2} = \pi(R - r)^2 \sin^2\theta/2,$$

après simplifications.

16. *a)* 151 m²   *b)* 1 392 m²

17. 12 194 m²   18. 27 319 m²

19. 33 960 m²

EXERCICES DIVERS 7.5

1. Le rapport de similitude est le rapport de deux lignes homologues. Le rapport de similitude de deux cercles est obtenu en prenant le rapport de la longueur des rayons ou le rapport des circonférences. Considérons deux cercles de rayon r_1 et r_2 *respectivement*. Le rapport de similitude est alors

   $$\frac{r_1}{r_2}$$

   Si on prend le rapport des aires, on a:

   $$\frac{A_1}{A_2} = \frac{\pi r_1^2}{\pi r_2^2} = \frac{r_1^2}{r_2^2} = \left(\frac{r_1}{r_2}\right)^2$$

   Le rapport des aires est donc égal au carré du rapport de similitude.

2. Soit ABC et A'B'C' deux triangles semblables. Abaissons des sommets A et A' les hauteurs AH et A'H'. Les triangles AHB et A'H'B' sont semblables puisqu'ils ont deux angles égaux, d'où

   $$\frac{a - x}{a' - x'} = \frac{h}{h'} = k$$

   où *k* est le rapport de similitude.

   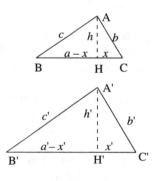

   De plus les triangles AHC et A'H'C' sont semblables pour la même raison, d'où

   $$\frac{x}{x'} = \frac{h}{h'} = k$$

   où *k* est le rapport de similitude.

   De $\dfrac{a - x}{a' - x'} = \dfrac{h}{h'} = k$, on tire $a - x = ka' - kx'$,

   et de $\dfrac{x}{x'} = \dfrac{h}{h'} = k$, on tire $x = kx'$. En substituant, on obtient $a - x = ka' - x$, d'où $a = ka'$ et $\dfrac{a}{a'} = k$. Le rapport

des aires est alors

$$\frac{A}{A'} = \frac{ah/2}{a'h'/2} = \frac{a}{a'} \times \frac{h}{h'} = k \times k = k^2.$$

Le rapport des aires est donc égal au carré du rapport de similitude.

3. Tout polygone est divisible en triangles en traçant les diagonales à partir d'un sommet et l'aire du polygone est la somme des aires des triangles ainsi formés. Le rapport des aires est donc égal au carré du rapport de similitude.

4. 1 000 000 m²

5. 10 000 m²

6. 529 000 m², 52,9 hectares et 0,529 km²

CHAPITRE 8

EXERCICES 8.2

1. L'aire latérale d'un prisme droit est la somme des aires des surfaces latérales. Chacune des surfaces est un rectangle dont l'aire est le produit de la base par la hauteur. On a donc
$$A_L = b_1 h + b_2 h + b_3 h + ... + b_n h$$
$$= (b_1 + b_2 + b_3 + ... + b_n)\, h$$
$$= Ph$$

2. Volume par pilier, 4,81 m³, volume total, 38,5 m³.

3. $\approx 39,4$ m³   4. 17 700 m³

5. 113 m³

6. a) $r = 2 \tan 30° = 1,15$ m et $A = 4,15$ m²
    b) $h = 2 \tan 60° = 3,46$ m et $A = 2,77$ m²
    c) 2,70 m³   d) 0,78 m³

7. a) $h = 4,5 \sin 60° = 3,90$ m et $V = 3,95$ m³
    b) $r = 2,25 \sec 30° = 2,6$ m et $V = 1,16$ m³
        $V_T = 3,48$ m³

8. a) $V = 19,9$ m³   b) $V = 5,8$ m³
    c) 16,0 m³

9. a) 124 m³   b) 11,6 m³
    c) 56,5 m³

10. a) 7 dm   b) 6 dm
    c) 8 dm

11. 485 m³ par pilier, 1 940 m³ de béton.

12. a) 37,5 m³   b) 30,1 m³

13. a) $V = 32$ m³   b) $V = 3,9$ m³
    c) 23,1 m³

14. ≈ 16 m³ de béton   15. 12 940 m³

16. a) $h \approx 1,63$ m   b) 600 m²
    c) 1 204 m³

17. 15 910 m³

18. 4,045 m³, 4,514 m³, 5,064 m³

19. 12,5 m³

20. $h = 38,3$ m, diagonale = 9,2 m, et $V = 1 633$ m³

EXERCICES 8.4

1. $V = 340$ m³   2. $V = 90$ m³

3. ≈ 138 m³

4. a) 6,93   b) 7,75
    c) 53,4 unités carrées   d) 17,69 unités cubes

5. 114 m³   6. 1 119 m³ et 602,4 m²

7. a) 561 cm² et 3367 cm²   b) $h = 31,75$ cm
    c) $a = 44,5$ cm
    d) Aire latérale, 4 806 cm² et aire totale, 8 173 cm²
    e) $V = 35 634$ cm³

8. $A_L = 7 058$ cm², $h \approx 37,4$ cm , $V \approx 88 600$ cm³

9. $V = 186 606$ cm³

10. a) $A_t = 8,13$ m²   b) $V = 3,00$ m³

11. $A = 2 974$ cm², $V = 25 465$ cm³
    $A = 991$ cm², $V = 4 937$ cm³

12. $A = 1 215$ cm² et $V = 4 047$ cm³

13. a) Les diamètres des extrémités des troncs de cône sont de 5,4 m, 1,9 m et 1,02 m. L'aire latérale du tronc de cône supérieur est 37,9 m² et celle du tronc de cône inférieur est 11,6 m². L'aire totale est donc 49,5 m².
    b) Le volume du tronc de cône supérieur est 31,5 m³ et celui du tronc de cône inférieur est 4,3 m³. Le volume total est donc 35,8 m³.

14. a) La hauteur du tronc de cône est 1,86 m. La hauteur de la partie cylindrique est 2,22 m. L'aire de la partie cylindrique est 8,79 m². L'aire du tronc de cône est 16,65 m². L'aire totale est 25,44 m².

b) Le volume de la partie cylindrique est 2,77 m³. Le volume du tronc de cône est 9,21 m³. Le volume total est 11,98 m³.

15. $A = 5\ 814$ cm² et $V = 58\ 684$ cm³
$A = 2\ 364$ cm² et $V = 15\ 336$ cm³

EXERCICES DIVERS 8.5

1. Le volume d'un parallélépipède rectangle est le produit de ses trois dimensions.

2. Le volume d'un prisme est égal au produit de l'aire de sa base par sa hauteur.

3. On détermine la hauteur du prisme ayant même base et dont le volume est équivalent. La hauteur de ce prisme est la moyenne des hauteurs du tronc de prisme.

4. Ils sont tous les deux obtenus en faisant le produit de l'aire de la base par la hauteur. Dans le cas d'un prisme, la base est un polygone et dans le cas d'un cylindre, la base est un cercle.

5. Ils sont tous les deux obtenus en faisant le tiers du produit de l'aire de la base par la hauteur. Dans le cas de la pyramide, la base est un polygone et dans le cas d'un cône, la base est un cercle.

6. Ils sont tous les deux obtenus en faisant le tiers du produit de la hauteur par la somme de l'aire des bases et le moyen proportionnel entre les aires des bases.

CHAPITRE 9

EXERCICES 9.2

1. *a)* $\begin{pmatrix} 264 & 281 & 242 \\ 313 & 246 & 322 \\ 339 & 216 & 331 \\ 473 & 192 & 447 \\ 506 & 165 & 482 \\ 543 & 147 & 519 \end{pmatrix}$ *b)* $\begin{pmatrix} 139 & 143 & 128 \\ 166 & 125 & 170 \\ 179 & 110 & 175 \\ 250 & 97 & 236 \\ 267 & 84 & 254 \\ 287 & 75 & 274 \end{pmatrix}$

2. *a)* $\begin{pmatrix} 15\ 500 & 16\ 800 & 18\ 200 & 19\ 300 \\ 18\ 300 & 19\ 700 & 22\ 600 & 24\ 500 \\ 24\ 000 & 26\ 500 & 29\ 400 & 31\ 200 \\ 35\ 000 & 39\ 500 & 43\ 200 & 46\ 800 \end{pmatrix}$

b) $\begin{pmatrix} 17\ 435 & 18\ 897 & 20\ 472 & 21\ 709 \\ 20\ 585 & 22\ 159 & 25\ 421 & 27\ 559 \\ 26\ 996 & 29\ 808 & 33\ 070 & 35\ 095 \\ 39\ 369 & 44\ 431 & 48\ 593 & 52\ 642 \end{pmatrix}$

c) $\begin{pmatrix} 17\ 650 & 18\ 950 & 20\ 350 & 21\ 450 \\ 20\ 450 & 21\ 850 & 24\ 750 & 26\ 650 \\ 26\ 150 & 28\ 650 & 31\ 550 & 33\ 350 \\ 37\ 150 & 41\ 650 & 45\ 350 & 48\ 950 \end{pmatrix}$

3. *a)* $\begin{pmatrix} 6,05 & 7,43 & 9,02 & 11,28 \\ 7,15 & 8,64 & 9,46 & 11,83 \\ 8,69 & 10,01 & 11,28 & 12,76 \\ 9,02 & 10,34 & 12,82 & 13,70 \end{pmatrix}$

b) $\begin{pmatrix} 6,05 & 7,45 & 9,00 & 11,30 \\ 7,15 & 8,65 & 9,45 & 11,85 \\ 8,70 & 10,00 & 11,30 & 12,75 \\ 9,00 & 10,35 & 12,80 & 13,70 \end{pmatrix}$

c) $\begin{pmatrix} 6,96 & 8,57 & 10,35 & 13,00 \\ 8,22 & 9,95 & 10,87 & 13,63 \\ 10,01 & 11,50 & 13,00 & 14,67 \\ 10,35 & 11,91 & 14,72 & 15,76 \end{pmatrix}$

4. *a)* $\begin{pmatrix} 11 & 7 & 11 \\ 15 & 2 & 7 \\ 1 & 5 & 0 \\ 1 & 2 & 3 \end{pmatrix}$ *b)* $\begin{pmatrix} 7 & 1 & 6 \\ 12 & -3 & 5 \\ -3 & 5 & -3 \\ -2 & -2 & -2 \end{pmatrix}$

Tous les articles dont les quantités sont négatives doivent être produits en priorité pour répondre à la demande.

5. *a)* $\begin{pmatrix} 1 & -3 \\ 3 & 7 \end{pmatrix}$ *b)* $\begin{pmatrix} 3 & -2 \\ -1 & 16 \end{pmatrix}$

c) $\begin{pmatrix} -3 & 2 & 4 \\ -2 & -2 & 4 \end{pmatrix}$ *d)* $\begin{pmatrix} 1 & 0 \\ 0 & 1 \end{pmatrix}$

e) $\begin{pmatrix} 7 & -5 \\ 4 & -3 \end{pmatrix}$ *f)* $\begin{pmatrix} -2 & 15 \\ 19 & 0 \end{pmatrix}$

g) $\begin{pmatrix} -11 \\ -23 \end{pmatrix}$ *h)* $\begin{pmatrix} 13 & 0 \\ 44 & 3 \\ -9 & 0 \end{pmatrix}$

i) $\begin{pmatrix} 0 & 0 \\ 0 & 0 \end{pmatrix}$ *j)* $\begin{pmatrix} 1 & 0 & 0 \\ 0 & 1 & 0 \\ 0 & 0 & 1 \end{pmatrix}$

k) $\begin{pmatrix} 7 & 0 & 0 \\ 0 & 7 & 0 \\ 0 & 0 & 7 \end{pmatrix}$ *l)* $\begin{pmatrix} 5 & 4 & 22 \\ -27 & -1 & 3 \\ 2 & 17 & 22 \end{pmatrix}$

6. Non: $A \cdot B = \begin{pmatrix} 8 & -7 \\ 17 & -3 \end{pmatrix}$ et $B \cdot A = \begin{pmatrix} -9 & -17 \\ 13 & 14 \end{pmatrix}$

7. a) $\begin{pmatrix} 3 & 2 & 3 \\ 2 & 1 & 2 \\ 2 & 1 & 1 \end{pmatrix} \cdot \begin{pmatrix} 25 \\ 32 \\ 16 \end{pmatrix} = \begin{pmatrix} 187 \\ 114 \\ 98 \end{pmatrix}$

   Soit 187 heures à l'atelier de sciage, 114 heures à l'atelier d'assemblage et 98 heures à l'atelier de sablage.

   b) Pour trouver le coût de production en salaire, il faut effectuer le produit matriciel de la matrice des temps de réalisation par la matrice des salaires horaires, soit

   $(9{,}75 \quad 6{,}53 \quad 7{,}25) \cdot \begin{pmatrix} 187 \\ 114 \\ 98 \end{pmatrix} = 3\ 278{,}17\ \$$

   c) Le coût de réalisation d'un exemplaire est obtenu en multipliant la matrice des temps de réalisation de chaque article par la matrice des salaires horaires, soit

   $(9{,}75 \quad 6{,}53 \quad 7{,}25) \cdot \begin{pmatrix} 3 & 2 & 3 \\ 2 & 1 & 2 \\ 2 & 1 & 1 \end{pmatrix}$
   $= (56{,}81 \quad 33{,}28 \quad 49{,}56)$

   Le coût est donc de 56,81 $ pour un bureau, 33,28 $ pour une chaise et 49,56 $ pour une table.

8. a) $\begin{pmatrix} 9 & 12 & 11 \\ 1{,}2 & 2 & 1{,}6 \\ 1{,}2 & 0{,}8 & 1{,}4 \end{pmatrix} \cdot \begin{pmatrix} 50 \\ 65 \\ 52 \end{pmatrix} = \begin{pmatrix} 1\ 802 \\ 273{,}2 \\ 184{,}8 \end{pmatrix}$

   Soit 1 802 unités de bois, 273,2 unités de contreplaqué et 184,8 unités de panneau particule.

   b) $\begin{pmatrix} 60 & 70 & 65 \\ 35 & 40 & 45 \\ 40 & 55 & 70 \end{pmatrix} \cdot \begin{pmatrix} 50 \\ 65 \\ 52 \end{pmatrix} = \begin{pmatrix} 10\ 930 \\ 6\ 690 \\ 9\ 215 \end{pmatrix}$

   La réalisation nécessite donc 182 heures et 10 minutes de travail à l'atelier de sciage, 111 heures et 30 minutes à l'atelier d'assemblage et 153 heures et 35 minutes à l'atelier de sablage.

9. a) $\begin{pmatrix} 530 & 240 & 645 \\ 832 & 220 & 663 \\ 784 & 196 & 671 \\ 636 & 174 & 857 \\ 734 & 125 & 800 \\ 868 & 78 & 1\ 106 \end{pmatrix}$

   b) Les revenus de la première semaine sont dans l'ordre 3 956,20 $, 4 914,80 $, 4 858,45 $, 4 861,70 $, 4 948,60 $ et 6 191,60 $.

Les revenus de la deuxième semaine sont 4 257,55 $, 5 018,75 $, 4 735,10 $, 4 949,25 $, 4 817,25 $, 6 011,20 $.

c) Revenu moyen par jour: 4 106,88 $, 4 966,78 $, 4 796,78$, 4 905,48 $, 4 882,93 $, 6 101,40 $.
   Le samedi est le jour de la semaine qui donne le meilleur revenu moyen.

d) Première semaine: 1 746,80 $, 2 117,30 $, 2 134,75 $, 2 204,60 $, 2 218,30 $, 2 813,80 $.
   Deuxième semaine: 1 897,45 $, 2 228,15 $, 2 085,90 $, 2 230,45 $, 2 171,95 $, 2 759,60 $.

e) Première semaine: 2 096,80 $, 2 467,30 $, 2 484,75 $, 2 654,60 $, 2 668,30 $, 3 163,80 $.
   Deuxième semaine: 2 247,45 $, 2 578,15 $, 2 435,90 $, 2 680,45 $, 2 621,95 $, 3 109,60 $.

f) 2 172,13 $, 2 522,73 $, 2 460,33 $, 2 667,53 $, 2 645,13 $, 3 136,70 $.

g) 1 934,75 $, 2 444,05 $, 2 336,45 $, 2 237,95 $, 2 237,80 $, 2 964,70 $.

10. a) $\begin{pmatrix} 6 & -4 \\ -8 & 10 \end{pmatrix}$ b) $\begin{pmatrix} 6 & 9 \\ -9 & 3 \\ 12 & 15 \end{pmatrix}$

    c) $\begin{pmatrix} 6 & -9 & 12 \\ 9 & 3 & 15 \end{pmatrix}$ d) Pas défini

    e) $\begin{pmatrix} 0 & -13 & 13 \\ 7 & 29 & -22 \end{pmatrix}$ f) $\begin{pmatrix} -6 & -23 & 17 \\ 11 & 27 & -16 \end{pmatrix}$

    g) $\begin{pmatrix} 19 & 20 \\ -17 & 4 \end{pmatrix}$ h) Pas défini

    i) $\begin{pmatrix} -6 & -13 & -8 \\ 11 & 11 & 17 \end{pmatrix}$ j) $\begin{pmatrix} 13 & 13 & 0 \\ -3 & 8 & -11 \\ 23 & 21 & 2 \end{pmatrix}$

    k) $\begin{pmatrix} -6 & 11 \\ -13 & 11 \\ -8 & 17 \end{pmatrix}$ l) Pas défini

    m) Pas défini   n) $\begin{pmatrix} 91 & 52 \\ -161 & -60 \end{pmatrix}$

    o) Pas défini   p) $\begin{pmatrix} 0 & -78 & 78 \\ 42 & 174 & -132 \end{pmatrix}$

    q) $\begin{pmatrix} -114 & -120 \\ 102 & -24 \end{pmatrix}$ r) $\begin{pmatrix} 91 & -161 \\ 52 & -60 \end{pmatrix}$

11. En effectuant le produit des matrices, on trouve
    $$\begin{pmatrix} 2a+c & 2b+d \\ 4a+2c & 4b+2d \end{pmatrix} = \begin{pmatrix} 0 & 0 \\ 0 & 0 \end{pmatrix}$$
    On cherche donc a et c tels que $2a+c=0$ et $4a+2c=0$.

Ces deux équations ont les mêmes solutions et la condition s'écrit $c = -2a$. En donnant une valeur particulière à a dans cette équation, on aura donc une valeur c qui satisfait à la condition. En posant $a = 1$, par exemple, on trouve $c = -2$.

De plus, on cherche b et d tels que $2b + d = 0$ et $4b + 2d = 0$. Ces deux équations ont les mêmes solutions et la condition s'écrit $d = -2b$. En donnant une valeur particulière à b dans cette équation, on aura une valeur d qui satisfait à la condition. En posant $b = 4$, par exemple, on trouve $d = -8$. La matrice

$$B = \begin{pmatrix} 1 & 4 \\ -2 & -8 \end{pmatrix}$$

satisfait donc à la condition posée; en effet

$$A \bullet B = \begin{pmatrix} 2 & 1 \\ 4 & 2 \end{pmatrix} \bullet \begin{pmatrix} 1 & 4 \\ -2 & -8 \end{pmatrix} = \begin{pmatrix} 0 & 0 \\ 0 & 0 \end{pmatrix}$$

On remarque que la matrice B satisfaisant à la condition posée n'est pas unique.
De plus,

$$B \bullet A = \begin{pmatrix} 1 & 4 \\ -2 & -8 \end{pmatrix} \bullet \begin{pmatrix} 2 & 1 \\ 4 & 2 \end{pmatrix} = \begin{pmatrix} 18 & 9 \\ -36 & -18 \end{pmatrix}$$

Donc, $A \bullet B \neq B \bullet A$

12. $A \bullet B = \begin{pmatrix} 2 & -3 & 4 \\ 4 & 7 & 5 \end{pmatrix} \bullet \begin{pmatrix} 1 & 4 \\ -2 & 5 \\ 3 & 6 \end{pmatrix} = \begin{pmatrix} 20 & 17 \\ 5 & 81 \end{pmatrix}$

$B \bullet A = \begin{pmatrix} 1 & 4 \\ -2 & 5 \\ 3 & 6 \end{pmatrix} \bullet \begin{pmatrix} 2 & -3 & 4 \\ 4 & 7 & 5 \end{pmatrix} = \begin{pmatrix} 18 & 25 & 24 \\ 16 & 41 & 17 \\ 30 & 33 & 42 \end{pmatrix}$

Le produit n'est pas commutatif car dans un cas la matice obtenue est une 2×2 et dans l'autre cas une 3×3. Les matrices $A \bullet B$ et $B \bullet A$ ne sont donc pas égales.

13. Les deux produits donnent une matrice 2×2. Cependant, les deux matrices sont différentes car leurs éléments sont différents.

14. Les deux produits donnent une matrice 3×3. Cependant, les deux matrices sont différentes car leurs éléments sont différents.

15. Soit $A = \begin{pmatrix} 3 & 0 \\ 0 & 3 \end{pmatrix}$ et $B = \begin{pmatrix} 2 & 0 \\ 0 & 2 \end{pmatrix}$. On a alors $A \bullet B = B \bullet A$.

Il y a une infinité de réponses possibles.

16. $\begin{pmatrix} -1 & 37 \\ 16 & 6 \end{pmatrix}$ 17. $\begin{pmatrix} 20 & 5 \\ 17 & 81 \end{pmatrix}$

18. $\begin{pmatrix} 33 & 26 & 55 \\ 32 & 35 & 50 \\ -2 & 2 & -6 \end{pmatrix}$

19. La matrice B n'existe pas.

20. $\begin{pmatrix} 1/5 & 1/5 \\ 3/5 & -2/5 \end{pmatrix}$ 21. $\begin{pmatrix} 4/22 & 2/22 \\ -5/22 & 3/22 \end{pmatrix}$

22. a) $\begin{pmatrix} 5 & -3 \\ 3 & -2 \end{pmatrix}$ b) Pas définie

c) $\begin{pmatrix} 3 & -4 \\ -2 & 3 \end{pmatrix}$ d) $\begin{pmatrix} -4/6 & 5/6 \\ 2/6 & -1/6 \end{pmatrix}$

EXERCICES 9.4

1. a) $(4; -2; 5)$ b) $(-3; 4; 4)$
c) $\{(x;y;z) \mid x = 2 + 7t \, ; \, y = 1 - 3t \, ; \, z = t\}$
d) $\{(x;y;z) \mid x = 9 + 8t/13 \, ; \, y = 23t/13 \, ; \, z = t\}$
e) $\{(x;y;z) \mid x = 13 + 13t \, ; \, y = 2 + 5t \, ; \, z = t\}$
f) $(7; -5; 4)$
g) $\{(x;y;z) \mid x = 13 + 4t \, ; \, y = 2 + 2t \, ; \, z = t\}$
h) $(2; -3; 4; 5)$ i) $(12; 34; 22)$
j) $(2; -5; 7; 4)$

2. a) Soit x le nombre de paquets de 100 lames de première qualité et y le nombre de paquets de 100 lames de deuxième qualité. Les contraintes imposées par les quantités d'acier en réserve s'écrivent
$5x + 9y = 195$ pour l'acier ordinaire
$7x + 3y = 129$ pour l'acier spécial
La solution de ce système d'équations est $(12;15)$; la compagnie peut donc fabriquer 12 paquets de lames de première qualité et 15 paquets de lames de deuxième qualité.

b) Les réserves sont maintenant de 833 unités d'acier ordinaire et 523 unités d'acier spécial, les contraintes deviennent
$5x + 9y = 833$ pour l'acier ordinaire
$7x + 3y = 523$ pour l'acier spécial
dont la solution est $(46;67)$. La compagnie peut donc fabriquer 46 paquets de lames de première qualité et 67 paquets de lames de deuxième qualité.

3. a) Soit x le nombre de bureaux,
y le nombre de chaises,
et z le nombre de tables.
L'achat d'une scie supplémentaire permettant d'augmenter la production de l'atelier de sciage en générant un surplus de 140 heures par mois, les contraintes dues aux temps de réalisation s'écrivent
$5x + 2y + 3z = 140$ pour l'atelier de sciage,
$3x + y + 2z = 75$ pour l'atelier d'assemblage,
$3x + y + 3z = 85$ pour l'atelier de sablage,
dont la solution est $(0;55;10)$.

b) L'achat d'une scie supplémentaire permet donc de produire 55 chaises et 10 tables supplémentaires par mois tout en éliminant les temps morts dans les ateliers.

4. *a)* Soit x le nombre de camions de type C_1,
     y le nombre de camions de type C_2,
   et z le nombre de camions de type C_3.
   Les contraintes d'espace et de poids s'écrivent alors
   $5x + 3y + 4z = 43$ pour l'équipement de type E_1,
   $3x + 4y + 2z = 29$ pour l'équipement de type E_2,
   $2x + 4y + 3z = 27$ pour l'équipement de type E_3,
   dont la solution est $(5;2;3)$.
   Il faut donc louer cinq camions de type C_1, deux camions de type C_2, et trois camions de type C_3.

   b) Pour cette nouvelle commande, les contraintes sont
   $5x + 3y + 4z = 58$ pour l'équipement de type E_1,
   $3x + 4y + 2z = 50$ pour l'équipement de type E_2,
   $2x + 4y + 3z = 54$ pour l'équipement de type E_3,
   dont la solution est $(2;8;6)$.

5. *a)* Soit x le nombre de bureaux du modèle M_1,
     y le nombre de bureaux du modèle M_2,
   et z le nombre de bureaux du modèle M_3.
   Les contraintes découlant des unités en réserve s'écrivent alors
   $12x + 16y + 14z = 530$ pour le bois,
   $1,5x + 2y + 1,8z = 66,9$ pour le contreplaqué,
   $0,8x + 0,6y + 1,2z = 31,8$ pour le panneau particule,
   dont la solution est $(9;15;13)$.

   b) La compagnie ayant en réserve les quantités nécessaires à la réalisation de neuf bureaux du modèle M_1, quinze bureaux du modèle M_2 et treize bureaux du modèle M_3, le nombre de bureaux qui manqueront pour remplir cette commande est donné par la différence des matrices suivantes

   $$\begin{pmatrix} 29 \\ 55 \\ 43 \end{pmatrix} - \begin{pmatrix} 9 \\ 15 \\ 13 \end{pmatrix} = \begin{pmatrix} 20 \\ 40 \\ 30 \end{pmatrix}$$

   La compagnie doit donc commander les matériaux pour réaliser vingt bureaux du modèle M_1, quarante bureaux du modèle M_2 et trente bureaux du modèle M_3. Les quantités de bois que la compagnie doit commander sont données par le produit de la matrice des contraintes avec la matrice formée par le nombre de bureaux de chaque modèle.

   $$\begin{pmatrix} 12 & 16 & 14 \\ 1,5 & 2 & 1,8 \\ 0,8 & 0,6 & 1,2 \end{pmatrix} \cdot \begin{pmatrix} 20 \\ 40 \\ 30 \end{pmatrix} = \begin{pmatrix} 1\,300 \\ 164 \\ 76 \end{pmatrix}$$

   Il faut donc commander 1 300 unités de bois, 164 unités de contreplaqué et 76 unités de panneau particule.

   c) Les contraintes de temps s'écrivent:
   $75x + 90y + 85z = 5\,010$ pour le sciage,
   $45x + 50y + 65z = 3\,170$ pour l'assemblage,
   $50x + 65y + 90z = 4\,050$ pour le sablage,
   dont la solution est $(20;22;18)$. La compagnie peut donc produire vingt bureaux du modèle M_1, vingt-deux bureaux du modèle M_2 et dix-huit bureaux du modèle M_3 à chaque semaine.

6. *a)* Le système a plusieurs solutions. Celles satisfaisant aux contraintes de la demande estimée à partir de l'étude de marché sont $(18;10;11)$, $(15;10;13)$ et $(12;10;15)$. Il est plus avantageux de choisir la solution $(18;10;11)$ car le profit est alors de 1 296 $.

   b) Le système d'équations devient
   $20x + 24y + 30z = 2\,120$ pour la soudure,
   $20x + 15y + 30z = 1\,895$ pour le moulage,
   $30x + 27y + 45z = 2\,955$ pour l'assemblage.
   La solution satisfaisant la contrainte d'un minimum de 10 unités par mois pour chacun des modèles et donnant le profit maximal est $(61;25;10)$ pour un profit mensuel de 3 052 $.

   c) La solution est alors $(40;25;24)$ pour un profit de 2 940 $.

7. *a)* Le prix de vente devrait être $(14,10 \quad 14,26 \quad 15,11)$
   b) 70 sachets de mélange velouté, 80 sachets de régulier et 90 sachets de corsé.
   c) 48 kg de grain brésilien, 60 kg d'africain et 72 kg de colombien.

8. *a)* 9 kg d'arachides, 9 kg de raisins et 18 kg de noix d'acajou
   b) $(0,72 \quad 0,69 \quad 0,66)$ *c)* $(0,90 \quad 0,87 \quad 0,84)$
   d) $1,8 \times (0,90 \quad 0,87 \quad 0,84) = (1,62 \quad 1,57 \quad 1,51)$
   e) $\{(x;y;z) \mid x = t \,;\, y = 400 - 2t \,;\, z = t\}$
   f) $(0,10 \quad 0,04 \quad 0,26)$, $(0,70 \quad 0,72 \quad 0,80)$
   $(0,88 \quad 0,90 \quad 0,98)$, prix: $(1,58 \quad 1,62 \quad 1,76)$
   g) $\begin{pmatrix} 40 & 25 & 20 \\ 10 & 20 & 20 \\ 10 & 15 & 20 \end{pmatrix} \cdot \begin{pmatrix} 100 \\ 100 \\ 100 \end{pmatrix} = \begin{pmatrix} 8\,500 \\ 5\,000 \\ 4\,500 \end{pmatrix}$

9. *a)* 648 mètres linéaires de bois, 83 m^2 de contreplaqué et 88 m^2 de panneau particule.
   b) $(143,25 \quad 189,25 \quad 161,25)$
   c) $8,50 \times (6 \quad 5 \quad 4) = (51 \quad 42,50 \quad 34)$
   d) $(143,25 \quad 189,25 \quad 161,25) + (51 \quad 42,50 \quad 34)$
   $= (194,25 \quad 231,75 \quad 195,25)$
   e) $(291,38 \quad 347,63 \quad 292,88)$
   f) $(407,93 \quad 486,68 \quad 410,03)$
   g) 10 bureaux du modèle colonial, 8 du modèle espagnol et 6 du modèle canadien.
   h) 12 bureaux du modèle colonial, 10 du modèle espagnol et 22 du modèle canadien.

DÉFIS 9.5

1. En substituant (2;2) à $(x;y)$ dans $y = ax^2 + bx + c$, on trouve: $4a + 2b + c = 2$.

   En posant $(x;y) = (4;4)$, on trouve $16a + 4b + c = 4$.

   En posant $(x;y) = (6;7)$, on trouve $36a + 6b + c = 7$.

   En résolvant le système d'équations, on trouve

   $$y = \frac{x^2}{8} + \frac{x}{4} + 1$$

2. *a*) La matrice associée au système d'équations est

   $$\begin{pmatrix} 1 & a & -1 & \vdots & 2 \\ 2 & -1 & 3 & \vdots & 3 \\ 3 & 1 & a & \vdots & 5 \end{pmatrix}$$

   En échelonnant, on trouve

   $$\begin{pmatrix} 1 & a & -1 & \vdots & 2 \\ 0 & -1-2a & 5 & \vdots & -1 \\ 0 & 0 & 2a^2 - 8a + 8 & \vdots & a-2 \end{pmatrix}$$

   En décomposant en facteurs, on a

   $$\begin{pmatrix} 1 & a & -1 & \vdots & 2 \\ 0 & -1-2a & 5 & \vdots & -1 \\ 0 & 0 & 2(a-2)^2 & \vdots & a-2 \end{pmatrix}$$

   Si $a = 2$, la dernière ligne s'annule complètement et le système a une infinité de solutions car il y a une variable libre.

   Si $a \neq 2$, on a une solution unique car il reste trois équations pour trois inconnues dans la matrice échelonnée.

   b) Le système n'a pas de solution si $a = 1$ ou $a = 7$. Le système a une solution unique si $a \neq 1$ et $a \neq 7$.

   c) Le système n'a pas de solution si $a = 1$ ou $a = -3$. Le système a une solution unique si $a \neq 1$ et $a \neq -3$.

   d) Le système n'a pas de solution si $a = 3$, il a une infinité de solutions si $a = 5$ et une solution unique si $a \neq 3$ et $a \neq 5$.

   e) Le système n'a pas de solution si $a = 2$, il a une infinité de solutions si $a = -4$ et une solution unique si $a \neq 2$ et $a \neq -4$.

   f) Le système n'a pas de solution si $a = 2$, il a une infinité de solutions si $a = -5$ et une solution unique si $a \neq 2$ et $a \neq -5$.

3. *a*) La matrice échelonnée est

   $$\begin{pmatrix} 1 & 2 & -3 & \vdots & a \\ 0 & 2 & -5 & \vdots & b-2a \\ 0 & 0 & 0 & \vdots & c+2b-5a \end{pmatrix}$$

   Le système admet une infinité de solutions lorsque $c + 2b - 5a = 0$.

   b) Le système admet une infinité de solutions lorsque $c - b + 2a = 0$.

   c) Le système admet une solution unique quelles que soient les valeurs de a, b et c.

EXERCICES 9.7

1.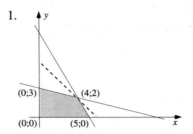

$(x;y)$	(0;0)	(0;3)	(5;0)	(4;2)
z	0	9	15	18

La valeur maximale, atteinte à (4;2), est 18.

2.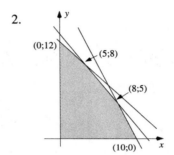

$(x;y)$	(0;0)	(0;12)	(5;8)	(8;5)	(10;0)
z	0	96	89	80	50

La valeur maximale, atteinte à (0;12), est 96.

3.

$(x;y)$	(0;0)	(0;12)	(5;8)	(8;5)	(10;0)
z	0	48	52	52	40

La valeur maximale, atteinte à (5;8), est 52, mais cette solution n'est pas unique. La même valeur est obtenue en (8;5) et pour tous les points du segment de droite joignant les points (5;8) et (8;5). Il y a d'autres solutions entières en (6;7) et (7;6) pour lesquelles la fonction économique prend la même valeur. La droite représentant la fonction économique est donc parallèle à la droite frontière passant par ces deux points.

4.

$(x;y)$	(0;0)	(0;12)	(5;8)	(8;5)	(10;0)
z	0	96	109	112	90

La valeur maximale, atteinte à (8;5), est 112.

5.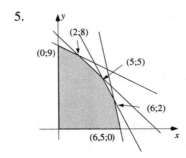

$(x;y)$	$(0;0)$	$(0;9)$	$(2;8)$	$(5;5)$	$(6;2)$	$(6,5;0)$
z	0	36	38	35	26	19,5

La valeur maximale, atteinte à (2;8), est 38.

6.

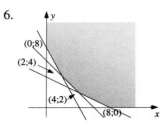

$(x;y)$	$(0;8)$	$(2;4)$	$(4;2)$	$(8;0)$
w	56	38	34	40

La valeur minimale, atteinte à (4;2), est 34.

7.

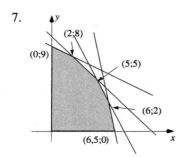

$(x;y)$	$(0;0)$	$(0;9)$	$(2;8)$	$(5;5)$	$(6;2)$	$(6,5;0)$
z_1	0	27	30	30	24	19,5

La valeur maximale, atteinte à (2;8), est 30, mais cette solution n'est pas unique. La même valeur est obtenue en (5;5) et pour tous les points du segment de droite joignant les points (2;8) et (5;5). La droite représentant la fonction économique est donc parallèle à la droite frontière passant par ces deux points.

$(x;y)$	$(0;0)$	$(0;9)$	$(2;8)$	$(5;5)$	$(6;2)$	$(6,5;0)$
z_2	0	45	52	55	46	39

La valeur maximale, atteinte à (5;5), est 55.

$(x;y)$	$(0;0)$	$(0;9)$	$(2;8)$	$(5;5)$	$(6;2)$	$(6,5;0)$
z_3	0	27	40	55	54	52

La valeur maximale, atteinte à (5;5), est 55.

8.

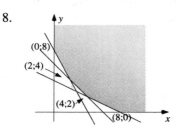

$(x;y)$	$(0;8)$	$(2;4)$	$(4;2)$	$(8;0)$
w_1	24	18	18	24

La valeur minimale, atteinte à (2;4), est 18, mais cette solution n'est pas unique. La même valeur est obtenue en (4;2) et pour tous les points du segment de droite joignant les points (2;4) et (4;2). La droite représentant la fonction économique est donc parallèle à la droite frontière passant par ces deux points.

$(x;y)$	$(0;8)$	$(2;4)$	$(4;2)$	$(8;0)$
w_2	16	10	8	8

La valeur minimale, atteinte à (4;2), est 8, mais cette solution n'est pas unique. La même valeur est obtenue en (8;0) et pour tous les points du segment de droite joignant les points (4;2) et (8;0). La droite représentant la fonction économique est donc parallèle à la droite frontière passant par ces deux points.

9.

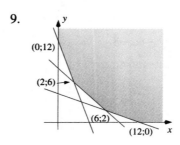

$(x;y)$	$(0;12)$	$(2;6)$	$(6;2)$	$(12;0)$
w	108	66	54	72

La valeur minimale, atteinte à (6;2), est 54.

10.

$(x;y)$	$(0;12)$	$(1;7)$	$(9;1)$	$(12;0)$
w	36	23	21	24

La valeur minimale, atteinte à (9;1), est 21.

11. Si x est le nombre d'exemplaires du modèle 1 produits, et y le nombre d'exemplaires du modèle 2 produits, maximiser $z = 60x + 60y$ sujette aux contraintes
$$x + 3y \leq 105$$
$$2x + 3y \leq 120$$
$$4x + 3y \leq 180$$
$$x \geq 0 \text{ et } y \geq 0.$$
On trouve $z = 3\ 000$ \$ à (30;20).

12. Si x est le nombre d'armoires Antique produites, et y le nombre d'armoires Traditionnel produites, maximiser $z = 225x + 200y$ sujette aux contraintes
$$2x + 3y \leq 60$$
$$x + y \leq 25$$
$$3x + 2y \leq 60$$
$$x \geq 0 \text{ et } y \geq 0.$$
On trouve $z = 5\ 100$ \$ à (12;12).

13. *a*) Si x est le nombre d'exemplaires du modèle 1 produits,
et y le nombre d'exemplaires du modèle 2 produits,
maximiser $z = 80x + 60y$ sujette aux contraintes
$2x + 3y \leq 240$
$3x + 2y \leq 210$
$3x + y \leq 180$
$x \geq 0$ et $y \geq 0$.
On trouve $z = 6\,000$ \$ à $(30; 60)$.

b) Maximiser $z = 90x + 60y$ sujette aux mêmes contraintes qu'en *a*.
On trouve $z = 6\,300$ \$ à $(50; 30)$ ou à $(30; 60)$ et en tout point du segment de droite joignant ces deux points car la fonction économique, qui s'écrit aussi

$$y = -\frac{3}{2}x + \frac{z}{60}$$

a la même pente que ce segment de droite. Il existe neuf autres solutions entières.

14. *a*) Si x est le nombre d'exemplaires du modèle 1 produits,
et y le nombre d'exemplaires du modèle 2 produits,
maximiser $z = 40x + 50y$ sujette aux contraintes
$3x + 5y \leq 250$
$2x + y \leq 100$
$x + y \leq 60$
$x \geq 0$ et $y \geq 0$.
On trouve $z = 2\,750$ \$ à $(25; 35)$.

b) En effectuant le produit de la matrice des contraintes par la matrice de la solution optimale, on a

$$\begin{pmatrix} 3 & 5 \\ 2 & 1 \\ 1 & 1 \end{pmatrix} \cdot \begin{pmatrix} 25 \\ 35 \end{pmatrix} = \begin{pmatrix} 250 \\ 85 \\ 60 \end{pmatrix}$$

Avant de décider de fabriquer ces étagères, la matrice des surplus était $\begin{pmatrix} 250 \\ 100 \\ 60 \end{pmatrix}$. La matrice des matériaux que le plan de production permet d'utiliser est

$\begin{pmatrix} 250 \\ 85 \\ 60 \end{pmatrix}$. Les matériaux en surplus seront alors

$$\begin{pmatrix} 250 \\ 100 \\ 60 \end{pmatrix} - \begin{pmatrix} 250 \\ 85 \\ 60 \end{pmatrix} = \begin{pmatrix} 0 \\ 15 \\ 0 \end{pmatrix}$$

Il restera donc 15 feuilles de contreplaqué en surplus.

15. *a*) Si x est le nombre de sachets de mélange Corsé produits,
et y le nombre de sachets de mélange Velouté produits,
minimiser $w = 3x + 4y$ sujette aux contraintes
$100x + 100y \geq 6\,000$
$300x + 100y \geq 10\,000$
$100x + 300y \geq 10\,000$
$x \geq 0$ et $y \geq 0$.
On trouve $w = 200$ \$ à $(40; 20)$.

b) Il doit commander 6 kg de brésilien, 14 kg de colombien et 10 kg d'africain.

16. *a*) Si x est le nombre d'unités de P_1 produites,
et y le nombre d'unités de P_2 produites,
minimiser $w = 5x + 5y$ sujette aux contraintes
$4x + 5y \geq 380$
$3x + y \geq 120$
$x + 4y \geq 150$
$x \geq 10$ et $y \geq 10$.
On trouve $w = 400$ \$ à $(20; 60)$.

b)
$$\begin{pmatrix} 4 & 5 \\ 3 & 1 \\ 1 & 4 \end{pmatrix} \cdot \begin{pmatrix} 20 \\ 60 \end{pmatrix} = \begin{pmatrix} 380 \\ 120 \\ 260 \end{pmatrix}$$

17. *a*) Si x est le nombre de kilogrammes de SuperA produits
et y le nombre de kilogrammes d'ExtraC produits,
maximiser $z = 3x + 2y$ sujette aux contraintes
$0{,}4x + 0{,}2y \leq 38$
$0{,}3x + 0{,}3y \leq 30$
$0{,}3x + 0{,}5y \leq 45$
$x \geq 0$ et $y \geq 0$.
On trouve $z = 290$ \$ à $(90; 10)$.

b) Il faut commander 38 kg de vitamine A, 30 kg de vitamine B et 32 kg de vitamine C.

18. *a*) Si x est le nombre de tables produites
et y le nombre de maisons de poupée produites,
maximiser $z = 50x + 60y$ sujette aux contraintes
$6x + 4y \leq 72$
$8x + 12y \leq 144$
$8x + 8y \leq 112$
$x \geq 0$ et $y \geq 0$.
On trouve $z = 780$ \$ à $(6; 8)$.

b) 4 minutes à l'atelier de sciage seulement.

19. *a*) Le coût de main-d'œuvre pour produire la chaise Grand-mère est de $21{,}20$ \$ et il en coûte $18{,}20$ \$ pour produire la chaise Grand-père.

b) Si x est le nombre de chaises Grand-mère produites et y le nombre de chaises Grand-père produites,
minimiser $w = 21{,}2x + 18{,}2y$ sujette aux contraintes

$20x + 40y \geq 240$
$60x + 30y \geq 360$
$24x + 24y \geq 240$
$x \geq 1$ et $y \geq 1$.
On trouve $w = 188$ \$ à $(2;8)$.

$c)$ $\begin{pmatrix} 20 & 40 \\ 60 & 30 \\ 24 & 24 \end{pmatrix} \cdot \begin{pmatrix} 2 \\ 8 \end{pmatrix} = \begin{pmatrix} 360 \\ 360 \\ 240 \end{pmatrix}$

donc 6 heures à l'atelier de sciage, 6 heures pour le tournage et 4 heures pour l'assemblage.

20. $a)$ Si x est le nombre de litres du mélange *Brillenet* produits,

et y le nombre de litres du mélange *Clairnet* produits,

maximiser $z = 1,50x + 1,20y$ sujette aux contraintes
$0,4x + 0,5y \leq 94$
$0,3x + 0,2y \leq 51$
$0,3x + 0,3y \leq 60$
$x \geq 0$ et $y \geq 0$.
On trouve $z = 273$ \$ à $(110; 90)$.

$b)$ Il faut commander 89 L du premier ingrédient, 51 L du deuxième et 60 L du troisième.

$c)$ En ajoutant la contrainte $x \leq 70$, le plan de production est $(70;130)$ et alors $z = 261$ \$.

$d)$ Il faut modifier le plan d'acquisition et commander hebdomadairement 93 L du premier ingrédient, 47 L du deuxième et 60 L du troisième.

CHAPITRE 10

EXERCICES 10.2

1. $a)$ $\overrightarrow{AB} = \overrightarrow{DC} = \overrightarrow{EH} = \overrightarrow{FG}$

$b)$ $\overrightarrow{AB} + \overrightarrow{BC} = \overrightarrow{AC} = \overrightarrow{FH}$

$c)$ $\overrightarrow{FA} + \overrightarrow{AB} = \overrightarrow{FB} = \overrightarrow{EC}$

$d)$ $\overrightarrow{FG} + \overrightarrow{GH} + \overrightarrow{HC} = \overrightarrow{FC}$

$e)$ $\overrightarrow{FG} - \overrightarrow{FE} = \overrightarrow{EG} = \overrightarrow{DB}$

$f)$ $\overrightarrow{FA} + \overrightarrow{FG} = \overrightarrow{FB} = \overrightarrow{EC}$

$g)$ $\overrightarrow{FE} + \overrightarrow{EH} + \overrightarrow{HC} = \overrightarrow{FC}$

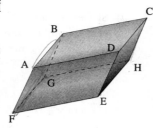

2. $a)$ $\overrightarrow{AB} + \overrightarrow{BD} = \overrightarrow{AD}$

$b)$ $\overrightarrow{BA} + \overrightarrow{AC} = \overrightarrow{BC}$

$c)$ $\overrightarrow{AD} + \overrightarrow{DC} + \overrightarrow{CB} = \overrightarrow{AB}$

$d)$ $\overrightarrow{DA} + \overrightarrow{AC} + \overrightarrow{CB} + \overrightarrow{BD} = \vec{0}$

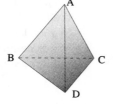

3. $\overrightarrow{OQ} = \overrightarrow{OP} + \overrightarrow{PQ}$ et $\overrightarrow{OQ} = \overrightarrow{OR} + \overrightarrow{RQ}$.
En additionnant ces deux expressions,
$2\overrightarrow{OQ} = \overrightarrow{OP} + \overrightarrow{OR}$ puisque
$\overrightarrow{PQ} + \overrightarrow{RQ} = \vec{0}$, d'où
$\overrightarrow{OQ} = \frac{1}{2}\left(\overrightarrow{OP} + \overrightarrow{OR}\right) = \frac{1}{2}\overrightarrow{OP} + \frac{1}{2}\overrightarrow{OR}$.

4. $a)$ $\vec{A} = \sqrt{10}\angle 71,57°$ $b)$ $\vec{B} = \sqrt{13}\angle 123,69°$

$c)$ $\vec{C} = \sqrt{20}\angle 243,43°$ $d)$ $\vec{D} = \sqrt{26}\angle 348,69°$

5. $a)$ $\vec{A} = (4;3)$ ou $\vec{A} = (-4;-3)$

$b)$ $\vec{A} = (15;20)$ ou $\vec{A} = (-15;-20)$

$c)$ $\vec{A} = (3;2)$ ou $\vec{A} = (-3;-2)$

$d)$ $\vec{A} = (6;4)$ ou $\vec{A} = (-6;-4)$

6. $a)$ $(4;4)$ $b)$ $(-4;-4)$
$c)$ $(10;7;-3)$ $d)$ $(-7;10;1)$

7. $a)$ $(-2;2)$ $b)$ $(-6;-4)$
$c)$ $(2;7)$ $d)$ $(31;-9)$
$e)$ $(0;0)$ $f)$ $(-43;-11)$

8. $a)$ $\left(\dfrac{2}{\sqrt{13}}; \dfrac{2}{\sqrt{13}}\right)$ $b)$ $\left(\dfrac{-3}{5}; \dfrac{4}{5}\right)$

$c)$ $\left(\dfrac{-5}{13}; \dfrac{-12}{13}\right)$ $d)$ $\left(\dfrac{-4}{5}; \dfrac{-3}{5}\right)$

9. $a)$ $(-1;-1;5)$ $b)$ $(13;-12;-10)$
$c)$ $(35;-1;-19)$ $d)$ $(-28;-7;17)$

10. $a)$ $14,07$ $b)$ 12
$c)$ 3 $d)$ $9,11$
$e)$ $4,58$ $f)$ $4,69$

11. $a)$ $\left(\dfrac{1}{\sqrt{3}}; \dfrac{-1}{\sqrt{3}}; \dfrac{1}{\sqrt{3}}\right)$ $b)$ $(2/3;2/3;1/3)$

$c)$ $(-2/3;1/3;-2/3)$ $d)$ $\left(\dfrac{3}{\sqrt{17}}; \dfrac{2}{\sqrt{17}}; \dfrac{-2}{\sqrt{17}}\right)$

$e)$ $\left(\dfrac{-13}{\sqrt{198}}; \dfrac{2}{\sqrt{198}}; \dfrac{5}{\sqrt{198}}\right)$ $f)$ $\left(\dfrac{7}{\sqrt{62}}; \dfrac{2}{\sqrt{62}}; \dfrac{-3}{\sqrt{62}}\right)$

12. $a)$ $(20,48;14,34)$ $b)$ $(-79,41;117,72)$
$c)$ $(-38,42;-24,01)$ $d)$ $(26,66;-9,18)$

13. $a)$ $55,23\angle 114,94°$ $b)$ $34,23\angle 236,17°$
$c)$ $71,17\angle 21,84°$ $d)$ $73,99\angle 44,97°$

14. F (41,28;80,31), C (52,82;46,24), D (117,73;66,88), E (106,19;100,95)

15.
$$\vec{OP} = (610\cos 52°; 610\sin 52°)$$
$$= (375,5; 480,6)$$
$$\vec{PQ} = (812\cos 132°; 812\sin 132°)$$
$$= (-543,3; 603,4)$$
$$\vec{OQ} = (-167,8; 1\,084)$$
$$= 1\,097\angle 98,8°$$

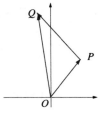

16.
$$\vec{OP} = (420\cos 62°; 420\sin 62°)$$
$$= (197,2; 370,8)$$
$$\vec{PQ} = (948\cos 146°; 948\sin 146°)$$
$$= (-785,9; 530,1)$$
$$\vec{QR} = (364\cos 206°; 364\sin 206°)$$
$$= (-327,2; -159,6)$$
$$\vec{OR} = (-915,9; 741,3)$$
$$= 1\,178\angle 141°$$

17. La configuration du terrain donne la figure ci-contre. On peut déterminer les angles intérieurs du polygone. Supposons que l'on détermine l'angle en P. On trouve alors 64°. On connaît la longueur des côtés OP et PQ. On peut donc, à l'aide de la loi des cosinus, trouver la longueur du segment OQ. Ce qui donne

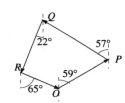

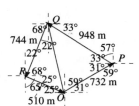

$$\vec{OQ} = \sqrt{732^2 + 948^2 - 2\times 732\times 948\cos 64°} = 909 \text{ m}.$$
On peut alors utiliser la formule de HÉRON pour calculer l'aire de chacun des triangles puisque l'on connaît la longueur de chaque côté. Ce qui donne:
pour le triangle OPQ, $p = 1\,294,5$ et $A = 311\,871$ m²;
pour le triangle QRO, $p = 1081,5$ et $A = 189\,693$ m².
Cependant, puisque l'on connaît deux côtés du triangle et l'angle compris entre les deux, on peut également utiliser plutôt la formule $A = \dfrac{ab}{2}\sin C$. Ce qui donne:
pour le triangle OPQ, $A = 311\,852$ m² et pour le triangle QRO, $A = 189\,459$ m². On peut donc estimer l'aire du terrain polygonal à 501 400 m².

18. Le parcours polygonal étant fermé, cela signifie que la somme des projections orthogonales (composantes des vecteurs) est nulle. On a donc

À l'horizontale
126,6cos 40,8° + 84,1cos 17,4° + bcos 104,2°
+ 102,4cos 184,9° + 168,5cos 223,2° + acos 308,8° = 0
d'où 0,55630 a − 0,24531 b − 48,76979 = 0

À la verticale
126,6sin 40,8° + 84,1sin 17,4° + bsin 104,2°
+ 102,4sin 184,9° + 168,5sin 223,2° + asin 308,8° = 0
d'où −0,83098 a + 0,96945 b − 16,22050 = 0

Il faut donc résoudre le système d'équations
0,55630 a − 0,24531 b = 48,76979
−0,83098 a + 0,96945 b = 16,22050

En isolant l'inconnue a dans la première équation, on trouve a = 87,66813 + 0,44097 b
En substituant cette valeur de a dans la deuxième équation, on trouve
−0,83098(87,66813 + 0,44097 b) + 0,96945 b = 16,22050
Ce qui donne
0,60391 b = 89,07096, d'où b = 147,7 m
En substituant cette valeur dans a = 87,66813 + 0,44097b, on trouve a = 152,8 m.

EXERCICES 10.4

1. $C = 659$ N et $P = 553$ N

2. $C = 1,00$ kN et $P = 1,22$ kN

3. $T_x = -396$ N, $T_y = -396$ N

4. $C = 1,31$ kN et $P = 1,18$ kN

5. 18,20°   6. 606 N

7. $F_x = 566$ N, $F_y = 459$ N, $F_z = 331$ N

8. $T = 1,14$ kN, $C = 765$ N

9. a) 462 N   b) 426 N

10. $\vec{R} = (0;7)$ 11. 10,42 N, 94,74°

12. 28,43 N, 137,57°   13. 100,0 N

14. 2,61 kN et 108,35°   15. 16,4 kN, −88,48°

16. 771 N et 919 N   17. 1,01 kN et 1,57 kN

18. 998 N et 1,41 kN

CHAPITRE 11

EXERCICES 11.2

1. *a)* 1   *b)* 1
   c) 0   *d)* 0
   e) 1   *f)* 2
   g) 15   *h)* 51
   i) –51   *j)* –40

2. $\overrightarrow{B_1} = (2; -1)$ et $\overrightarrow{B_2} = (-2; 1)$

3. Le produit scalaire est nul, donc les vecteurs sont perpendiculaires.

   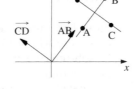

4. Soit les points $A = (a_1; a_2)$; $B = (b_1; b_2)$; $C = (c_1; c_2)$ et $D = (d_1; d_2)$. Les pentes des segments de droite sont alors

   $$m_{AB} = \frac{b_2 - a_2}{b_1 - a_1} \text{ et } m_{CD} = \frac{d_2 - c_2}{d_1 - c_1}$$

   De plus, les vecteurs

   $$\overrightarrow{AB} = (b_1 - a_1; b_2 - a_2) \text{ et } \overrightarrow{CD} = (d_1 - c_1; d_2 - c_2)$$

   sont des vecteurs algébriques parallèles aux segments de droites AB et CD respectivement. Si les segments de droites sont perpendiculaires, alors les vecteurs $\overrightarrow{AB}$ et $\overrightarrow{CD}$ sont également perpendiculaires et leur produit scalaire est nul, d'où

   $$\overrightarrow{AB} \bullet \overrightarrow{CD} = (b_1 - a_1; b_2 - a_2) \bullet (d_1 - c_1; d_2 - c_2) = 0$$

   d'où $(b_1 - a_1)(d_1 - c_1) + (b_2 - a_2)(d_2 - c_2) = 0$
   et $(b_2 - a_2)(d_2 - c_2) = -(b_1 - a_1)(d_1 - c_1)$, ce qui donne

   $$\frac{(b_2 - a_2)(d_2 - c_2)}{(b_1 - a_1)(d_1 - c_1;)} = -1 \text{ et } m_{AB} m_{CD} = -1.$$

5. *a)* Les vecteurs étant unitaires, on a
   $a_1 = \cos \alpha$; $a_2 = \sin \alpha$
   d'où $\overrightarrow{A} = (\cos \alpha; \sin \alpha)$
   $b_1 = \cos \beta$; $b_2 = \sin \beta$
   d'où $\overrightarrow{B} = (\cos \beta; \sin \beta)$

   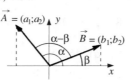

   b) L'angle entre $\overrightarrow{A}$ et $\overrightarrow{B}$ est $\alpha - \beta$ et puisque

   $\| \overrightarrow{A} \| = \| \overrightarrow{B} \| = 1$, il s'ensuit que

   $\cos(\alpha - \beta) = \overrightarrow{A} \bullet \overrightarrow{B} = (\cos \alpha; \sin \alpha) \bullet (\cos \beta; \sin \beta)$
   $\cos (\alpha - \beta) = \cos \alpha \cos \beta + \sin \alpha \sin \beta$
   Selon le second schéma ci-contre,
   $\overrightarrow{A} = (\cos \alpha; \sin \alpha)$

   et $\overrightarrow{B} = (\cos \beta; -\sin \beta)$
   puisque $\cos (-\beta) = \cos \beta$
   et $\sin (-\beta) = -\sin \beta$.

   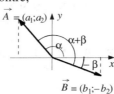

Dans ce cas, l'angle entre les vecteurs est $\alpha + \beta$, d'où

$$\cos(\alpha + \beta) = \overrightarrow{A} \bullet \overrightarrow{B} = (\cos \alpha; \sin \alpha) \bullet (\cos \beta; -\sin \beta)$$
$$= \cos \alpha \cos \beta - \sin \alpha \sin \beta$$
$$\cos (\alpha + \beta) = \cos \alpha \cos \beta - \sin \alpha \sin \beta$$

6. *a)* 42°11'13" ou 42,19°   *b)* 26°59'44" ou 26,996°
   c) 104°53'59" ou 104,90°

7. 11,2 kJ

8. *a)* ≈ 3,51 kJ   *b)* ≈ 213 N
   c) ≈ 585 N

9. *a)* 1 kJ   *b)* 250 N
   c) ≈ 333 N

10. *a)* 18 kJ   *b)* 3,6 kN

11. ≈ 4 kJ

12. *a)* $3x - y - 2 = 0$ *b)* $-2x + 3y + 16 = 0$
    c) $4x - 7y - 2 = 0$ *d)* $2x + 7y - 50 = 0$

13. *a)* Passe par l'origine et parallèle à $\overrightarrow{D} = (1; 2)$.
    b) Passe par (–4; 2) et parallèle à $\overrightarrow{D} = (3; 1)$.

    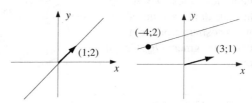

    c) Passe par (2; 1) et parallèle à $\overrightarrow{D} = (-1; 4)$.
    d) Passe par (4; 1) et parallèle à $\overrightarrow{D} = (-3; 1)$.

    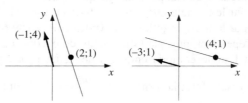

14. *a)* $9/\sqrt{34}$ unités   *b)* $3/\sqrt{29}$ unités
    c) $37/\sqrt{41}$ unités

15. *a)* $7/\sqrt{13}$ unités   *b)* $64/\sqrt{41}$ unités
    c) $22/\sqrt{68}$ ou $11/\sqrt{17}$ unités

16. Soit un cercle de rayon a, traçons un système d'axes dont l'origine coïncide avec le centre du cercle, l'équation de ce cercle est donc $x^2 + y^2 = a^2$.

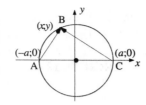

Traçons un triangle dont l'un des côtés est le diamètre du cercle. Les coordonnées des sommets à l'extrémité du diamètre sont donc $(-a;0)$ et $(a;0)$, les coordonnées de l'autre sommet sont $(x;y)$, un point quelconque du cercle. Les composantes des vecteurs $\overrightarrow{AB}$ et $\overrightarrow{CB}$ formés par les côtés du triangle sont

$$\overrightarrow{AB} = (x + a; y) \text{ et } \overrightarrow{CB} = (x - a; y)$$

Le produit scalaire de ces vecteurs donne

$$\overrightarrow{AB} \cdot \overrightarrow{CB} = (x + a; y) \cdot (x - a; y) = (x + a)(x - a) + y^2$$
$$= x^2 - a^2 + y^2$$

et puisque $x^2 + y^2 = a^2$, on obtient $\overrightarrow{AB} \cdot \overrightarrow{CB} = 0$. Le produit scalaire étant nul, cela signifie que les vecteurs $\overrightarrow{AB}$ et $\overrightarrow{CB}$ sont perpendiculaires. Puisque le point $(x;y)$ est un point quelconque de la circonférence, il s'ensuit que tout angle inscrit dans un demi-cercle est un angle droit.

EXERCICES 11.4

1. $M = 387$ J
2. $M = 609$ J

3. $M = 116$ J

4. a) 771,3 N b) 898,9 N
   c) Non
   d) On peut centrer la tige transversale, mais on peut également se demander si la résistance du matériau dont est constitué le mât peut lui permettre de supporter sans dommage ce déséquilibre.

5. $M = 98$ J
6. $M = 75$ J

7. a) $R = 8,60$, $\theta = 35,54°$, $d = -2,32$, sens horaire

b) $R = -3$, $\theta = 0°$ ou $180°$, $d = 8,67$, sens antihoraire

c) $R = 7,13$, $\theta = 50,81°$, $d = 4,71$, sens antihoraire

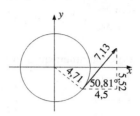

d) $R = 5,60$, $\theta = -64,40°$, $d = -3,16$, sens horaire

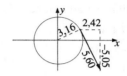

8. a) $2\vec{j} + 2\vec{k}$ b) $8\vec{i} - \vec{j} - 5\vec{k}$
   c) $5\vec{i} + 7\vec{j} - \vec{k}$

9. Il y a plusieurs réponses possibles.
   a) $(1;1;1)$ b) $(-13;7;22)$
   c) $(13;10;-4)$

10. a) $\sqrt{14}$ u^2 b) $\sqrt{160}$ u^2
    c) $\sqrt{1\,323}$ u^2 d) $\sqrt{1\,275}$ u^2

11. $T = 1\,478$ N, $A_x = 1\,132$ N, $A_y = 450$ N

12. $T = 1\,736$ N, $A_x = 1\,116$ N, $A_y = 70$ N

13. $T = 1\,407$ N, $A_x = 1\,153$ N, $A_y = 593$ N

14. $T = 3\,360$ N, $A_x = 3\,360$ N, $A_y = 3\,600$ N

15. $T = 4\,800$ N, $A_x = 4\,800$ N, $A_y = 4\,200$ N

16. $T = 2\,853$ N, $A_x = 2\,853$ N, $A_y = 3\,800$ N

CHAPITRE 12

EXERCICES 12.2

2. a) $5x - 2y + z - 15 = 0$
   b) $x + 2y - 5z + 4 = 0$
   c) $2x - 3y - 4z + 7 = 0$
   d) $-3x - 2y + 2z - 2 = 0$

3. a) Équations paramétriques   Équations cartésiennes

$$\begin{cases} x = 2 + \lambda \\ y = -3 + 4\lambda \\ z = 4 - 2\lambda \end{cases} \qquad \begin{cases} 4x - y - 11 = 0 \\ 2x + z - 8 = 0 \end{cases}$$

b) Équations paramétriques   Équations cartésiennes

$$\begin{cases} x = -3 + 2\lambda \\ y = 5 - 5\lambda \\ z = 2 + 3\lambda \end{cases} \qquad \begin{cases} 5x + 2y + 5 = 0 \\ 3x - 2z + 13 = 0 \end{cases}$$

c) Équations paramétriques   Équations cartésiennes

$$\begin{cases} x = 1 + 7\lambda \\ y = -4 - 3\lambda \\ z = -2 - 5\lambda \end{cases} \qquad \begin{cases} 3x + 7y + 25 = 0 \\ 5x + 7z + 9 = 0 \end{cases}$$

d) Équations paramétriques   Équations cartésiennes

$$\begin{cases} x = 7 + 4\lambda \\ y = -5 - 8\lambda \\ z = 4 + 3\lambda \end{cases} \qquad \begin{cases} 2x + y - 9 = 0 \\ 3x - 4z - 5 = 0 \end{cases}$$

4. a) Équations paramétriques   Équation cartésienne

$$\begin{cases} x = 3 - 5\lambda + 4\mu \\ y = 2 + 7\lambda - 5\mu \\ z = -1 + 3\lambda - 2\mu \end{cases} \qquad x + 2y - 3z - 10 = 0$$

b) Équations paramétriques   Équation cartésienne

$$\begin{cases} x = -5 + 4\lambda - 4\mu \\ y = 2 - 6\lambda + 3\mu \\ z = -3 + 2\lambda - \mu \end{cases} \qquad y + 3z + 7 = 0$$

c) Équations paramétriques   Équation cartésienne

$$\begin{cases} x = 2 + 2\lambda + 3\mu \\ y = -3 - 5\lambda + 2\mu \\ z = 4 - 3\lambda - 5\mu \end{cases} \qquad 31x + y + 19z - 135 = 0$$

d) Équations paramétriques   Équation cartésienne

$$\begin{cases} x = -3 + \lambda + 4\mu \\ y = -2 - 4\lambda + \mu \\ z = 4 + 3\lambda + 7\mu \end{cases} \qquad 31x - 5y - 17z + 151 = 0$$

5. a) $(4;-2;5)$ b) $(-3;4;4)$

   c) $(2;1;0)$

   d) $\{(x;y;z) \mid x = 9 + 8t/13; \ y = 23t/13; \ z = t\}$

   e) $\{(x;y;z) \mid x = 13 + 13t; \ y = 2 + 5t; \ z = t\}$

   f) $(7;-5;4)$ g) $(5;-16;8)$

   h) $(1/2;3/2;-5/2)$

   i) $\{(x;y;z) \mid x = 11 - 13t/2; \ y = 5 - 3t; \ z = t\}$

   j) $(38/77;-27/77;107/77)$

   k) $(-5;-21;-7)$ l) $(18;-12;4)$

6. $(2;-1;4)$ 7. $(-2;3;5)$

8. a) Parallèles distinctes   b) Gauches

   c) Concourantes en $(-1;7;1)$

9. a) Parallèles distinctes   b) Concourantes en $(5;5;-5)$

   c) Droites gauches

EXERCICES 12.4

1. $2x - 5y + 4z - 53 = 0$

2. a) $61°$ b) $43,3°$

   c) $61°$ d) $90°$

   e) $14°$ f) $70,6°$

   g) $55,9°$ h) $42,1°$

3. a) $20/3$ unités   b) $81/(5\sqrt{2})$ unités

   c) $92/\sqrt{62}$ unités   d) $11/\sqrt{2}$ unités

4. $52,95°$ 5. $65,59°$

6. $\sqrt{374}$ unités   7. $55/\sqrt{69}$ unités

8. $46/\sqrt{38}$ unités

9. a) $x + y + z - 7 = 0$

   b) $13x - 7y - 22z + 57 = 0$

   c) $13x + 10y - 4z - 104 = 0$

10.

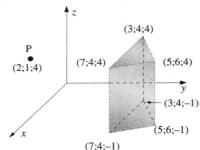

Les équations des plans définissant les bases sont $z + 1 = 0$ et $z + 4 = 0$.

Les équations des plans définissant les faces latérales sont:

Pour la face ABEF: $y - 4 = 0$

Pour la face ACDF: $x + y - 11 = 0$

Pour la face BCDE: $x - y + 1 = 0$

Les distances du point P aux plans définissant les faces latérales sont:

Pour la face ABEF: 3 unités.

Pour la face ACDF: $4\sqrt{2}$ unités.

Pour la face BCDE: $\sqrt{2}$ unités.

L'aire de chacune des bases est de 4 unités carrées, l'aire de la face ABEF est de 20 unités carrées et l'aire des autres faces latérales est de $10\sqrt{2}$ unités carrées. L'aire totale est de $28 + 20\sqrt{2}$ unités carrées.

11.

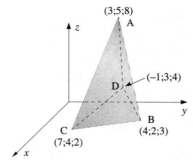

Les équations des plans définissant les faces sont:
Pour la face ADC: $2x - 10y + 3z + 20 = 0$
Pour la face BCD: $3x + 2y + 13z - 55 = 0$
Pour la face ABC: $13x - 14y + 11z - 57 = 0$
Pour la face ABD: $x + 12y - 7z - 7 = 0$
La hauteur est la distance du sommet au plan BCD, on trouve $68 / \sqrt{182}$ unités.

12.

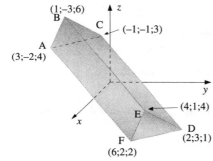

Les équations des plans définissant les faces sont:
Pour la face ABC: $x + 10y + 6z - 7 = 0$
Pour la face EFD: $x + 10y + 6z - 38 = 0$
Pour la face BCDE: $8x - 13y - 14z + 37 = 0$
Pour la face ABEF: $6x - 2y + 5z - 42 = 0$
Pour la face ACDF: $2x - 11y - 19z + 48 = 0$

$A = 2 \times \sqrt{137} + \sqrt{65} + \sqrt{486} + \sqrt{429} = 74{,}2$ unités carrées

$V = 15{,}5$ unités cubes

$\theta = \arccos\left(\dfrac{|4|}{\sqrt{65}\sqrt{429}}\right) = 88{,}6°$

13.

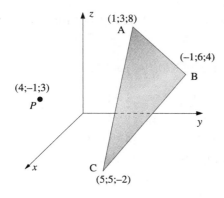

L'équation du plan ABC est $11x + 18y + 8z - 129 = 0$
La distance est $79 / \sqrt{509}$ unités. La droite est définie par

$$\begin{cases} x = 4 + 11t \\ y = -1 + 18t \\ z = 3 + 8t \end{cases}$$

Le point de rencontre est $\left(\dfrac{2\,905}{509}; \dfrac{913}{509}; \dfrac{2\,159}{509}\right)$.
Les angles sont de 60,8°, 37,1° et 69,2°.
Les intersections du plan avec les axes sont
$(129/11;0;0)$, $(0;129/18;0)$ et $(0;0;129/8)$.

14. a) 0 unité cube   b) 2 unités cubes
     c) 6 unités cubes

15. a) Le produit mixte est non nul, les vecteurs ne sont pas coplanaires.
     b) Oui   c) Oui
     d) Non

16. a) $19x - 5y + 35z + 12 = 0$
     b) $8x + 7y + 3z - 47 = 0$
     c) $3x - 23y - 41z + 25 = 0$
     d) $17x - 22y + 14z - 182 = 0$

17. $\begin{cases} x = 2 + 3t \\ y = 3 - 5t \\ z = -5 + 2t \end{cases}$

18. a) $\vec{AC} = (3;3;-10)$ et $\vec{AB} = (1;4;-5)$

     b) $\begin{cases} x = 3 + 3t + u \\ y = 5 + 3t + 4u \\ z = 8 - 10t - 5u \end{cases}$ c) $\sqrt{731} / 2$ unités carrées

     d) $\vec{N} = 25\vec{i} + 5\vec{j} + 9\vec{k}$ e) $25x + 5y + 9z - 172 = 0$

     f) On obtient toujours le même résultat car le produit scalaire donne à chaque fois le module du vecteur normal par la projection sur le vecteur normal. Puisque les trois points A,B et C sont des points du plan Π, la longeur de cette projection est la même.

     g) $27 / \sqrt{731}$ unité   h) $\begin{cases} x = 5 + 25t \\ y = 4 + 5t \\ z = 0 + 9t \end{cases}$

     i) 27 unités cubes

CHAPITRE 13

1. 135 minutes

2. 1 litre à 30 cm, 2 litres à 38 cm et 3 litres à 44 cm.

3. $d = 0,03v^2$; $d(70) = 147$ m; $d(80) = 192$ m; $d(120) = 432$ m

4. a) $\theta = 30,84°$ et 167,7 cm
   b) $\theta = 37,67°$ et 181,9 cm

5. a) 554 m   b) 127°13'
   c) 439 m

6. 85 m et 185 m

7. 2 748 m^2

8. a) 6 815 kg   b) 74,74 cm
   c) ≈ 45 cm   d) 66,8 kN

9. a) 3,4 m et 0,76 m   b) $V(t) = 0,2\, t + 5,4$ m^3
   c) 2,8 cm/min, $h(t) = 2,8t + 76$ cm, $t = 94$ minutes

10. 16 mètres

11. a) 4 137 cm^3 b) 5,2 m^3
    c) 44 200 kg   d) $h = 50$ cm

12. $\theta = 126°$, $\alpha = 42°$, $\beta = 23°$, angle du toit: 36°

13. 47,5°

14. a) 61 heures et 40 minutes à l'atelier de soudure, 54 heures et 10 minutes à l'atelier de moulage et 44 heures et 10 minutes à l'atelier d'asemblage.
    b) 1 307,75 $
    c) 7,52 $ pour le modèle M$_1$, 7,61 $ pour le modèle M$_2$, 11,03 $ pour le modèle M$_3$.

15. a) 4,15 km^2 b) 9,2 km
    c) 66,4 km^2 d) 14 640 cordes de bois

16. 47,2 cm

17. 41 m^3

18. ≈ 20 m

19. $\overline{DB} = 1,83$ m, $\overline{BC} = 1,17$ m, $\overline{GC} = 1,08$ m, $\angle HCG = 56,3°$ et $\theta = 28°$

20. $T = 4\ 184$ N, $A_x = 3\ 427$ N et $A_y = 600$ N

21. $T = 3\ 776$ N, $A_x = 3\ 776$ N et $A_y = 5\ 200$ N

22. a) $167x + 60y - 17z - 381 = 0$
    b) $12x - 7y - 5z - 33 = 0$

23. 181,2 unités cubes

24. a) $C_1(x) = 25x + 180$, $C_2(x) = 29,50x$
    b) Pour $x > 40$ m^2

25. a) Pour le plan GHI: $3x + y + 4z - 36 = 0$
    Pour le plan ABC: $3x + y + 4z + 9 = 0$
    Pour le plan ABIG: $18x - 24y + 39z - 81 = 0$
    Pour le plan ACHG: $y - 2z + 3 = 0$
    Pour le plan BCHI: $2x - y + z + 1 = 0$
    Pour le plan Π: $3x + y + 4z - 21 = 0$
    b) D $(0;5;4)$, E $(-1;4;5)$ et F $(2;3;3)$. Les droites sont définies par

$$\Delta_{EF} = \begin{cases} x = -1+3t \\ y = 4-t \\ z = 5-2t \end{cases} ; \quad \Delta_{ED} = \begin{cases} x = -1+t \\ y = 4+t \\ z = 5-t \end{cases} ;$$

$$\Delta_{FD} = \begin{cases} x = 2+2t \\ y = 3-2t \\ z = 3-t \end{cases}$$

   c) $d = 45/\sqrt{26}$ unités
   $A = \sqrt{2\ 421} + \sqrt{1\ 125} + \sqrt{486} + \sqrt{26} =$
       $= 109,89$ unités carrées
       $V = 45/2$ unités cubes.
   d) $A_{DEF} = \sqrt{26}/2$ unités carrées
   e) 43,9°   f) 46,1°
   g) $30/\sqrt{26}$ unités   h) $15/\sqrt{26}$ unités

26. 1 675 N et 1 446 N

27. a) $C(D) = 0,18D + 1\ 334$ b) 7 836
    c) $C(40\ 000) = 8\ 534$ $
    d) $C_u(D) = 0,18 + \dfrac{1\ 134}{D}$

28. a) $Q(T) = -1,61T + 30,69$
    b) 6,82   c) 45,2 L
    d) 1 550 L   e) 62,9 L

29. a) $\Delta_{AE}: \begin{cases} x = -2+5t \\ y = -7+10t \\ z = 1-5t \end{cases}$; $\Delta_{BH}: \begin{cases} x = -1+5t \\ y = -3+10t \\ z = 3-5t \end{cases}$;

   $\Delta_{CG}: \begin{cases} x = -2+5t \\ y = 0+10t \\ z = 3-5t \end{cases}$; $\Delta_{DF}: \begin{cases} x = -3+5t \\ y = -4+10t \\ z = 1-5t \end{cases}$;

   I$(1;1;1)$, J$(-1;2;2)$, K$(0;2;-2)$ et L$(2;1;-3)$;

   $\Delta_{IJ}: \begin{cases} x = 1-2t \\ y = 1+t \\ z = 1+t \end{cases}$; $\Delta_{IL}: \begin{cases} x = 1+t \\ y = 1 \\ z = 1-4t \end{cases}$;

   $\Delta_{KL}: \begin{cases} x = 0+2t \\ y = 2-t \\ z = -2-t \end{cases}$; $\Delta_{KJ}: \begin{cases} x = 0-t \\ y = 2 \\ z = -2+4t \end{cases}$

b) $h = 85/\sqrt{89}$ unités,

$A = 2(\sqrt{89} + \sqrt{875} + \sqrt{1\,925}) = 165,8$ unités carrées

$V = 85$ unités cubes

c) $\sqrt{66}$ unités carrées   d) $66,14°$

e) $9,57$ unités

f) $4,19$ unités   g) $2,09$ unités

30. a) $r = \sqrt{\dfrac{3}{\pi}}$

b) $r_1 = \sqrt{\dfrac{3}{2\pi}}$

c) $r_2 = \sqrt{\dfrac{3}{4\pi}}$

31. a) $1\,213$ rad/min   b) $84,91$ m/min
c) 10 cm   d) $75,18$ m/min
e) $32,99$ m/min

32 a) $38,2$ kN   b) $16,0$ kJ

33. Les équations des arêtes du parallélépipède sont:

$\Delta_{AD}:\begin{cases} x = 1 + 2t \\ y = -1 + 6t \\ z = 4 - 5t \end{cases}; \Delta_{BC}:\begin{cases} x = 1 + 2t \\ y = -1 + 6t; \\ z = 9 - 5t \end{cases}$

$\Delta_{GF}:\begin{cases} x = -1 + 2t \\ y = 0 + 6t \\ z = 8 - 5t \end{cases}; \Delta_{HE}:\begin{cases} x = -1 + 2t \\ y = 0 + 6t \\ z = 3 - 5t \end{cases}$

$\Delta_{IJ}:\begin{cases} x = \dfrac{13}{45} + \dfrac{86}{45}t \\ y = \dfrac{174}{45} - \dfrac{57}{45}t; \\ z = \dfrac{-10}{45} + \dfrac{55}{45}t \end{cases} \Delta_{IL}:\begin{cases} x = \dfrac{13}{45} - \dfrac{10}{45}t \\ y = \dfrac{174}{45} - \dfrac{30}{45}t \;; \\ z = \dfrac{-10}{45} + \dfrac{250}{45}t \end{cases}$

$\Delta_{KL}:\begin{cases} x = \dfrac{89}{45} + \dfrac{86}{45}t \\ y = \dfrac{87}{45} - \dfrac{57}{45}t \;; \\ z = \dfrac{295}{45} + \dfrac{55}{45}t \end{cases} \Delta_{KJ}:\begin{cases} x = \dfrac{89}{45} - \dfrac{10}{45}t \\ y = \dfrac{87}{45} - \dfrac{30}{45}t \\ z = \dfrac{295}{45} + \dfrac{250}{45}t \end{cases}$

Les sommets du parallélogramme sont:
J(11/5;13/5;1), K(89/45;87/45;295/45),
L(3/45;144/45;240/45), I(13/45;174/45;–10/45)

b) $V = 70$ unités cubes   c) $78,78°$
d) $6,40$ unités

34. a) 16 cm   b) 32 cm
c) $6\,786$ cm/min, $9\,048$ cm/min
d) 19 cm et 14 cm

35. a) $E_P = 11,76$ kJ   b) $v = 28$ km/h

36. a) $(12;10;15)$ b) $(28;25;32)$

37. a) $(6; 8; 9)$ b) $444; 45,8; 20,8$
c) $3\,600; 2\,610; 4\,620$
d) $1\,797,83$ \$ e) $4\,644,68$ \$, $6\,442,51$ \$

38. a) $6,12$ cm, $11,76$ cm

b) $d = 2R\dfrac{1 - \sin\left(\dfrac{180°}{n}\right)}{1 + \sin\left(\dfrac{180°}{n}\right)}$

39. 585 dm^3

BIBLIOGRAPHIE

Anton, Howard. *Algèbre linéaire*, adaptation de Pelletier, Jean-Yves, Repentigny, Les Éditions Reynald Goulet Inc., 1993, 261 p.

Baillargeon, Gérald. *Introduction à la programmation linéaire*, Trois-Rivières, Éditions SMG, 1977, 189 p.

Ball, W. W. R. *A Short Account of History of Mathematics,* New York, Dover Publications, Inc.,1960, 522 p.

Beaudoin, Germain. *Algèbre linéaire et géométrie vectorielle,* 2 tomes, Sainte-Foy, Les Presses de l'Université Laval, 1988, 946 p.

Beaudoin, Germain. *Math 105,* Montréal, Les Éditions BL, 1988, 430 p.

Benjamin, Gilles. *L'équerre de charpente et ses multiples applications*, Montréal, Éditions du Renouveau pédagogique, 1983, 138 p.

Boyer, Carl B. *A History of Mathematics*, New York, John Wiley & Sons, 1968, 717 p.

Bueche, J.Frederick. *Physique générale et appliquée: cours et problèmes,* Série Schaum, McGraw-Hill Inc, 1989, 417 p.

Charron, Gilles et Parent, Pierre. *Algèbre linéaire et géométrie vectorielle,* 2e édition, Laval, Éditions Études Vivantes, 1999, 470 p.

Collette, Jean-Paul. *Histoire des mathématiques*, Montréal, Éditions du Renouveau Pédagogique Inc., 1979, 2 vol., 587 p.

Davis, Philip J, Hersh, Reuben, Marchisotto, Elena Anne. *The Mathematical Experience,* Study edition, Boston, Birkhäuser, 1995, 485 p.

Dunham, William. *The Mathematical Universe,* New York, John Wiley & Sons, Inc., 1994, 314 p.

Eves, Howard. *An Introduction to the History of Mathematics,* New-york, Holt Rinehart and Winston, 1976, 588 p.

Figoli, Yves. *L'art de bâtir,* Mont-Royal, Modulo Éditeur, 1986, 3 vol.

Fletcher, T.J. *L'algèbre linéaire par ses applications,* Montréal, Éditions Hurtubise, 1972, 320 p.

Guérard, Jean-Claude. *Programmation linéaire,* Paris, Eyrolles, Montréal, Presses de l'Université de Montréal, 1978, 416 p.

Halliday, David et Resnick Robert. *Physics,* parts 1 & 2, John Wiley $ Sons, 1978, 1 131 p.

Ifrah, Georges. *Histoire universelle des chiffres,* Paris, Éditions Robert Laffont, 1994, 2 vol, 2 051 p.

Kemeny, John G., Snell, J. Laurie, Thompson, Gerald L. *Introduction to Finite Mathematics,* 3e Édition, Englewoods Cliffs, Prentice-Hall, Inc., New Jersey, 1974, 484 p.

Kemeny, John G., Snell, J. Laurie, Thompson, Gerald L. *Algèbre moderne et activités humaines,* Paris, Dunod, 1969, 415 p.

Kline, Morris. *Mathematical Thought from Ancient to Modern Times,* New York, Oxford University Press, 1972, 1238 p.

Kramer, Edna E. *The Nature and Growth of Modern Mathematics,* New York, Hawthorn Books, Inc. Publishers, 1970, 758 p.

Lacasse, Raynald, Laliberté, Jules. *Algèbre linéaire,* Sherbrooke, Loze-Dion éditeur Inc. 1991, 293 p.

Lauzon Ernest P. Duquette Roger. *Topométrie générale,* Montréal, École Polytechnique, 1983, 458 p.

Ouellet, Gilles. *Algèbre linéaire, vecteurs et géométrie,* Sainte-Foy, Les Éditions Le Griffon d'argile, 1994, 476 p.

Papillon, Vincent. *Vecteurs, matrices et nombres complexes,* Mont-Royal, Modulo éditeur, 1993, 387 p.

Rice, Karold S. et Knight, Raymond M. *Technical mathematics with calculus,* New York, McGraw-Hill Book Company, 1974, 954 p.

Sears, Francis W. et Zemansky, Mark W. *University Physics,* Reading Addison-Wesley Publishing Company, 1964, 1 028 p.

Smith, David Eugene. *History of Mathematics,* New York, Dover Publications, Inc. 1958, 2 vol. 1 299 p.

Struih, David. *A Concise History of Mathematics,* New York, Dover Publications, Inc. 1967, 195 p.

INDEX